索杆系统分析——理论与方法

Analysis of Cable-bar Assemblies—Theories and Methods

邓 华 著

科 学 出 版 社

北 京

内 容 简 介

本书主要介绍现代索杆系统分析理论与方法。本书具体内容包括大位移索杆单元分析、杆系的静动特征分析、杆系机构的刚体运动分析、杆系结构和机构的稳定性分析、索杆结构的预张力分析、预应力杆系机构的找形分析、受荷杆系机构的运动分析、松弛索杆系统的形态分析、结构预张力偏差的分析及控制、索杆张力结构的刚度解析。

本书可供空间结构及相关学科的教学、科研、设计人员参考使用，也可作为空间结构方向研究生的教材和参考书。

图书在版编目(CIP)数据

索杆系统分析：理论与方法＝Analysis of Cable-bar Assemblies—Theories and Methods/邓华著. —北京：科学出版社，2018.1

ISBN 978-7-03-055428-4

Ⅰ.①索… Ⅱ.①邓… Ⅲ.①空间结构-结构分析 Ⅳ.①TU399

中国版本图书馆 CIP 数据核字(2017)第 279852 号

责任编辑：牛宇锋 罗 娟 / 责任校对：桂伟利

责任印制：吴兆东 / 封面设计：蓝正设计

科学出版社 出版

北京东黄城根北街 16 号

邮政编码：100717

http://www.sciencep.com

北京中石油彩色印刷有限责任公司 印刷

科学出版社发行 各地新华书店经销

*

2018 年 1 月第 一 版 开本：720×1000 B5

2023 年 1 月第四次印刷 印张：15 1/2

字数：282 000

定价：118.00 元

（如有印装质量问题，我社负责调换）

作 者 简 介

邓华，浙江大学建筑工程学院空间结构研究中心教授。1989 年 6 月毕业于天津大学土木工程系，获土建结构工程和技术经济双学士学位。1998 年 1 月毕业于浙江大学土木工程学系，获结构工程专业工学博士学位。同年留校任教工作至今。主要从事空间结构的教学、科研和工程服务工作，研究兴趣涉及各类空间结构的计算分析理论、抗震抗风设计理论、形态学、结构监测理论和技术、结构优化等。先后在英国卡迪夫大学、剑桥大学学术访问。在国内外学术期刊上发表论文 70 余篇。国家一级注册结构工程师，完成各类空间结构设计、咨询、试验和监测项目近百项。详细情况请访问个人主页：mypage. zju. edu. cn/denghua。

序

传统的和创新的索穹顶结构、各种形式的索桁结构、预应力网架结构、各类支承的索网结构以及斜拉网格结构等都是由索单元和杆单元集合而成的索杆系统空间结构，是现代空间结构的重要代表。由于具有轻质、高强、高效、造型新颖的特点，这类空间结构已在我国大跨度结构工程中得到广泛应用，且常常成为城市或地区的标志性建筑，深得人们的欢迎、好评和重视。近年来随着索杆结构新体系、新形式的不断出现和拓展，研究人员在索杆系统理论分析和试验研究方面也已开展了大量卓有成效的工作，并取得了可喜的研究成果。邓华教授的著作《索杆系统分析——理论与方法》，便是一个范例。

该书内容有以下显著特点：①书中突破传统结构力学的界限，将以承载功能为主的索杆结构和以运动功能为主的索杆机构的分析理论及计算方法在统一的框架内进行论述。②从系统稳定性的角度对索杆结构和索杆机构的界定标准进行深入讨论，特别是在理论上阐明索杆机构如何被预应力或荷载效应“刚化”而能够成为稳定的承载系统。③预应力是索杆结构最重要的特征，书中全面深入地阐述预应力的实质、分析方法、偏差估计等理论，面向工程应用还建立了索杆结构施工阶段的分级分批张拉、张拉索优选以及服役期的预应力及结构刚度监测等方面问题的分析理论和方法。④该书是目前非常少见对索杆机构分析理论和方法进行系统性论述的著作，包括索杆机构的刚体运动分析、受荷索杆机构的刚体位移和弹性变形耦合分析等传统结构力学范畴外的内容。这些理论方法能有效解决 Pantadome、索穹顶的施工成形分析等复杂问题。

该书还具有以下特色：①创新性，书中收录了作者近二十年来开展索杆系统研究的众多成果，一些观点和方法非常新颖。②系统性，书中全面地阐述了索杆系统的分析理论和方法，内容基本涵盖了索杆系统分析的重要理论问题。③可读性，该书具有较高的理论性，但作者阐述清晰，深入浅出，一些复杂理论还通过算例加以说明。④实用性，书中内容理论联系实际，所讨论的理论问题大多是对工程实际问题的高度凝练。

邓华教授是我早年指导的优秀博士研究生，他在空间结构科技领域中是一位善于发现问题、研究问题和解决问题的中青年学者。该书也是近年来在国内外空间结构方面一本难能可贵的专著。相信该书的出版，必将对索杆系统的设计、施工、科研起到引领和指导作用。最后，衷心希望科技工作者能多多撰写和出版空间结构的专著，推动和促进我国空间结构进一步应用与发展，为我国早日从空间结构大国迈向空间结构强国而贡献力量。

中国工程院院士

董石麟

2017年6月于浙江大学

前　言

本书讨论的索杆系统是指由索、杆单元有效组合而成的结构或机构系统。在最近的半个世纪以来，索杆系统的新体系、新形式不断出现，工程应用的领域也不断拓宽。由于能充分发挥材料的高强性能，并可利用预应力来改善结构性能甚至提供结构刚度，索杆结构是现代高效结构体系的重要代表。当作为机构使用时，索杆系统由于具有赘余度低、索单元柔性以及节点铰接等特点，工程上能方便地满足大位移运动的需要。

作者的学科背景是结构工程，多年来对索杆系统的工程应用和理论发展有浓厚的兴趣，学习和研究过程中也深刻体会到此类力学系统的分析设计与常规结构相比出现了众多的新特点和新问题。以最典型的索杆张力结构——索穹顶为例，该类结构实际上属于几何可变体系，但是合理的预应力又可使其形态维持稳定，并具备与传统结构一样的承载功能。要准确理解索杆张力结构这种特殊的构成机理，就不得不对传统结构理论中的一些基本问题重新进行审视。例如，如何有效判定系统的几何可(不)变性；“结构”和“机构”到底应该怎样界定；预应力为何能使几何可变系统“刚化”等。另一方面，工程中用于满足运动需求的索杆机构也越来越多，如空间伸展臂、可展天线等。索杆机构的大位移运动主要来自刚体位移的贡献，而这也正是对系统几何可变性的利用。索杆机构的设计中，运动分析的重要性显然超过了承载性能的分析。于是，判别索杆系统是否具备可动性，系统刚体位移具备怎样的特性，如何进行系统运动路径的跟踪等，成为索杆机构分析必须面对的问题。实际上，现代结构工程实践中还存在更为复杂的索杆机构分析问题，如Pantadome、荷载缓和系统、索穹顶的成形等。对于这些系统，其运动形态不仅取决于刚体位移特性，还与所承受的荷载密切相关，因此分析时需要考虑弹性变形和刚体位移的耦合。突破传统结构理论的限制，使读者能系统地了解索杆系统(包括结构和机构)分析中存在的新特征，并在理论和方法上形成统一的框架是本书的主要目的。

本书将阐述三方面的内容。第一方面为基础性理论，包括索、杆单元的解析方法和杆系静动特征的分析方法。索、杆单元的解析重视对几何非线性的讨论，这是索杆系统受力和运动分析的共同要求。杆系静动特征分析则会对传统结构力学中定义的系统“静定和超静定”、“几何不变和几何可变”特性进行重新解释，讨论几何可变体系的刚体位移特性,从单元层面论述保证系统几何不变性的条件。第二方面的理论和方法是面向满足承载功能的索杆系统。理论方面,会将索杆机构的稳定问题统一用结构稳定理论来分析,解释索杆机构如何在预应力或荷载效应下得到"刚化"而成为稳定承载系统。对于几何可变程度较高的索杆机构,将讨论给定预应力条件下的平衡形状求解("找形")问题。预应(张)力是索杆结构的重要特征,因此将有较多的篇幅对索杆系统的预应力特性及分析方法进行讲述。这些内容包括:系统能够维持预应力的条件、张拉拉索在结构中产生预应力的实质、如何简便有效地分析结构的预张力。此外,还将阐述索杆结构施工过程的分级分批张拉、在役期的预张力监测和补偿、随机预张力偏差及其张拉控制等方面的分析理论和方法。结构刚度对索杆张力结构而言是最重要的性能指标。本书还将讲述结构刚度的解析方法,在结构和构件层面上解决不同刚度成分对系统整体刚度贡献度的定量评价问题,为此类结构的设计和监测服务。第三方面内容关注的是索杆机构的运动分析问题。本书将分别讲述索杆机构纯刚体运动的分析方法、以 Pantadome 为代表的受荷杆系机构的运动形态分析方法以及以索杆张力结构施工成形为背景的松弛索杆机构的运动形态分析方法。在这些运动分析理论中,还将讨论运动路径的极值点现象、受荷机构的运动形态稳定性以及运动路径分岔等问题。本书将用十个章节来阐述以上内容,但考虑理论方法的内在逻辑性,三个方面内容在章节分布上有所交叉。

本书是作者及其指导的研究生近十余年来开展索杆系统研究的工作总结,期间也多次获得国家自然科学基金的资助。这些资助项目包括"环形张力罩蓬结构的形体、成形分析和预应力优化研究"(50108014)、"非自应力大位移索杆机构系统的形态学研究"(50578139)、"柔性预张力结构施工张拉分析的几何误差理论研究"(50978226)、"柔性预张力结构的刚度解析和评价理论研究"(51578493)。以上项目的研究成果多数都收录在本书中。

应该承认和感谢作者历年来指导的研究生对本书内容的贡献。这包括祖义祯、姜群峰、伍晓顺、蒋本卫在受荷杆系机构和松弛索杆机构运动形态分析理论方面的工作;楼俊晖、谢艳花、徐静、蒋旭东在杆系可动性和机构运动路径分析理论方面的工作;夏巨伟、程军、宋荣敏、张民锐在索杆结构预张力偏差分析理论以及刚度解析方法方面的工作。

本书撰写过程中,诸德熙、王玮、伍晓顺、王新涛、赵奇聪、孙桐海、魏轩、李骁然、丁超等在排版、插图绘制、文字校对等方面付出了大量的劳动,在此表示感谢。作者还要感谢浙江大学董石麟教授、罗尧治教授和英国卡迪夫大学的 A. S. K.

Kwan 教授，他们对本书的撰写和出版给予了支持和鼓励。本书的最终完成还得益于作者家人在工作生活上的长期支持。

由于作者在理论和认识水平上的局限，书中难免存在不足之处，敬请读者批评指正。为增加本书的易读性，书中叙述多有繁复，有些表达偏口语化，还保留了一些公式的推导过程，也请读者能理解。

邓　华

2017 年 6 月于浙江大学

主要变量和符号说明

符号	说明
$\boldsymbol{a}_k$	杆系平衡矩阵 $\boldsymbol{A}$ 的第 k 列向量
A	索、杆单元的截面面积通称
A_k	单元 k 的截面面积
$\boldsymbol{A}$	杆系的平衡矩阵
b	系统的单元数
$\boldsymbol{b}_{\mathrm{L}k}$	杆 k 单元协调矩阵的线性部分
$\boldsymbol{b}_{\mathrm{N1}k}$	杆 k 单元协调矩阵中包含位移 $\boldsymbol{d}$ 一次项的非线性部分
$\boldsymbol{b}_{\mathrm{N}k}$	杆 k 单元协调矩阵的非线性部分
$\boldsymbol{B}$	杆系的协调矩阵
$\boldsymbol{B}_{\mathrm{L}}$	杆系协调矩阵的线性部分
$\boldsymbol{B}_{\mathrm{L}}^{\mathrm{e}}$	铰接板单元的一阶协调矩阵
$\boldsymbol{B}_{\mathrm{N1}}$	杆系协调矩阵包含位移 $\boldsymbol{d}$ 一次项的非线性部分
$\boldsymbol{B}_{\mathrm{N1}}^{\mathrm{e}}$	铰接板单元的二阶协调矩阵,包含位移 $\boldsymbol{d}$ 一次项的非线性部分
$\boldsymbol{B}_{\mathrm{N}}$	杆系协调矩阵的非线性部分
c	系统的自由度约束数
C	单索两端节点的支座高差
$\boldsymbol{C}$	动力松弛法中的系统虚拟阻尼矩阵
$\boldsymbol{C}^{\mathrm{s}}$	力密度法中的系统枝-点矩阵
C_{0k}^{e}	单元 k 的弹性刚度对 R_0 的贡献度
C_{0k}^{g}	单元 k 的几何刚度对 R_0 的贡献度
C_0^{e}	结构弹性刚度对 R_0 的贡献度
C_0^{g}	结构几何刚度对 R_0 的贡献度
$C_{\mathrm{p}k}^{\mathrm{e}}$	单元 k 的弹性刚度对 R_{p} 的贡献度
$C_{\mathrm{p}k}^{\mathrm{g}}$	单元 k 的几何刚度对 R_{p} 的贡献度
$\boldsymbol{d}$	系统节点位移向量
$\boldsymbol{d}_k$	杆 k 两端节点位移向量
$\boldsymbol{d}_0$	几何方程中位移 $\boldsymbol{d}$ 的通解
$\boldsymbol{d}_{\mathrm{e}}$	几何方程中位移 $\boldsymbol{d}$ 的特解
D_k	杆 k 的轴向线刚度
$\boldsymbol{D}$	系统的力密度矩阵
e_k	单元 k 的伸长量
e_k^0	单元 k 的长度误差、主动伸长量或初始缺陷长度

$\boldsymbol{e}$	杆件伸长量向量
$\boldsymbol{e}_0$	单元的长度误差向量、主动伸长量向量或初始缺陷长度向量
$\boldsymbol{e}^{\mathrm{s}}$	杆件的残余伸长向量
$\boldsymbol{e}_0^{\mathrm{a}}$	主动索的初始缺陷长度或长度误差
$\boldsymbol{e}_0^{\mathrm{p}}$	被动构件的长度误差
$\dot{\boldsymbol{e}}_0$	主动索长度牵引速率向量
E	材料的弹性模量通称，或动力松弛法中的系统动能
E_k	单元 k 的弹性模量
E_{eq}	拉索的等效弹性模量
$\boldsymbol{E}_0$	零弹性刚度子空间的特征向量构成的集合
$\boldsymbol{E}_{\mathrm{p}}$	关键刚度对应的所有特征向量(模态)的集合
f	单索的跨中垂度，或结构的最不利预张力偏差率
$\boldsymbol{f}$	分叉路径跟踪的单位干扰力向量
$\boldsymbol{F}_i$	第 i 个荷载内力模态或自应力模态对应的乘积力矩阵
$\boldsymbol{F}_k^0$	参考构型下单元 k 的节点力向量
$\boldsymbol{F}_k$	当前构型下单元 k 的节点力向量
$F_{ix}^0, F_{iy}^0, F_{iz}^0$	参考构型下单元在其端节点 i 处的三向节点力
F_{ix}, F_{iy}, F_{iz}	当前构型下单元在其端节点 i 处的三向节点力
g	重力加速度，或单索的协调方程
H、H_0、$H(x)$	索单元拉力的水平分量
J	系统的节点数
k_{c}	索单元的弦向刚度
$\boldsymbol{k}_0^k$	杆 k 的弹性刚度矩阵
$\bar{\boldsymbol{k}}_0^k$	局部坐标系下拉索 k 的弹性刚度矩阵
$\boldsymbol{k}_{\mathrm{g}}^k$	杆 k 的几何刚度矩阵
$\tilde{\boldsymbol{k}}_{\mathrm{T}}$	局部坐标系下悬链线索的切线刚度矩阵
$\boldsymbol{k}_{\mathrm{T}}^k$	单元的切线刚度矩阵
$K_{i\max}$	动力松弛法中自由节点 i 的最大可能刚度矩阵
$\boldsymbol{K}_0$	杆系的弹性刚度矩阵
$\boldsymbol{K}_{\mathrm{g}}$	杆系的几何刚度矩阵
$\boldsymbol{K}_{\mathrm{p}}$	关键刚度，即抵御外荷载的结构刚度矩阵部分
$\boldsymbol{K}_{\mathrm{s}}$	补偿刚度，即仅维持结构稳定的刚度矩阵部分
$\boldsymbol{K}_{\mathrm{T}}$	系统的切线刚度矩阵
l	杆单元的长度，或索单元两端节点的距离
l_k, l_k'	杆 k 的当前长度和变形后长度
L_0	初态时单索在 x 轴上的投影长度
L	终态时单索在 x 轴上的投影长度
m	杆系的机构位移模态数

$\boldsymbol{M}$	系统的构件刚度矩阵,或动力松弛法中系统的虚拟质量矩阵
N_{ij}	局部坐标系下拉索端节点 i 的节点力
$\overline{N}$	弧长法中预设迭代次数
$\widetilde{N}^{k-1}$	弧长法中 $k-1$ 步的迭代次数
$\boldsymbol{N}$	杆单元或拉索单元局部坐标系下的节点力向量
$\boldsymbol{N}_0^k$	拉索 k 由初始缺陷长度所产生的初内力向量
$o(\cdot)$	变量高阶项的和
$\boldsymbol{p}_i^0$	参考构型下节点 i 的荷载向量
$\boldsymbol{p}_i$	当前构型下节点 i 的荷载向量
$p_{ix}^0, p_{iy}^0, p_{iz}^0$	参考构型下节点 i 的三向荷载分量
p_{ix}, p_{iy}, p_{iz}	当前构型下节点 i 的三向荷载分量
P_{m}	遗传算法变异概率
P_{c}	遗传算法交叉概率
$\boldsymbol{P}$	系统节点荷载向量
$\overline{\boldsymbol{P}}$	预应力等效节点荷载向量
q	均布线荷载
q_k	单元 k 的力密度
$q_x(x)$	单索上沿跨度的水平分布荷载
$q_z(x)$	单索上沿跨度的竖向分布荷载
q_{s}	沿索长的均布荷载
r	矩阵的秩
$r(\cdot)$	对矩阵取秩
R_0	结构零弹性刚度的评价指标
R_{p}	结构关键刚度的评价指标
$\boldsymbol{R}$	由拉索 k 的方向余弦 θ_x、θ_y、θ_z 确定的坐标变换矩阵
$\boldsymbol{R}^t$	节点的不平衡力向量
s	杆系的自应力模态数(超静定次数),或索长
Δs	设计平衡态构件的弹性伸长量或者缩短量(对于杆)
s_0	单元的原长
s_1	成形后(即设计平衡态)单元的几何长度
s_i	矩阵的奇异值
s_{t}	主动索的牵引长度
S_0	初态沿索长的自然坐标系
S	平衡态沿索长的自然坐标系
S_{p}	当前刚度参数
$\Delta S^{t+\Delta t}$	弧长法中的控制弧长
$\boldsymbol{S}_{\mathrm{r}}$	矩阵的奇异值矩阵,为增广对角矩阵
$\boldsymbol{S}_{\mathrm{t}}$	系统的内力灵敏度矩阵

$\boldsymbol{S}_{\mathrm{t}}^{\mathrm{a}}$	主动索对应的内力灵敏度子矩阵
$\boldsymbol{S}_{\mathrm{t}}^{\mathrm{p}}$	被动构件对应的内力灵敏度子矩阵
$\boldsymbol{S}_{\mathrm{tq}}^{\mathrm{a}}$	$\boldsymbol{S}_{\mathrm{t}}^{\mathrm{a}}$ 中测点杆件对应的子矩阵
$\boldsymbol{S}_{\mathrm{tq}}^{b}$	$\boldsymbol{S}_{\mathrm{t}}^{\mathrm{p}}$ 中测点杆件对应的子矩阵
$\boldsymbol{S}_{\mathrm{tq}}^{\mathrm{m}}$	$\boldsymbol{S}_{\mathrm{tq}}^{\mathrm{p}}$ 中 m 根被动构件对应的子矩阵
$\boldsymbol{S}_{\mathrm{t}}^{\mathrm{R}}$	索力控制时系统的内力灵敏度矩阵
t	单元轴力的通称，或时间
$t(x)$	索单元的拉力函数
t_k	单元 k 的轴力
t_k^0	参考构型单元 k 的轴力，或预张力
$t_k{}^{\mathrm{p}}$	外荷载在单元 k 中产生的轴力
$t_k{}^{\mathrm{t}}$	拉索 k 的施工张拉力
$\tilde{t}_{ik}$	拉索 k 的单位预应力等效节点荷载在拉索 i 中产生的轴力
$\boldsymbol{t}$	系统的单元轴力向量
$\boldsymbol{t}_0$	平衡方程 $\boldsymbol{t}$ 的通解部分，或预张力
$\boldsymbol{t}_{\mathrm{p}}$	平衡方程 $\boldsymbol{t}$ 的特解部分
$\boldsymbol{t}^{\mathrm{a}}$	主动索的施工张拉力向量
$\boldsymbol{t}_0^{\mathrm{a}}$	初始缺陷长度 $\boldsymbol{e}_0$ 在主动索中产生的预张力向量
$\boldsymbol{t}_0^{\mathrm{p}}$	初始缺陷长度 $\boldsymbol{e}_0$ 在被动构件中产生的预张力向量
$\boldsymbol{t}_{\mathrm{P}}^{\mathrm{a}}$	外荷载 $\boldsymbol{P}$ 在主动索中产生的轴力向量
$\boldsymbol{t}_{\mathrm{P}}^{\mathrm{p}}$	外荷载 $\boldsymbol{P}$ 在被动构件中产生的轴力向量
T_i, T_j	索端节点 i、j 的张力
$\boldsymbol{T}$	坐标转换矩阵，或力密度法中向量 $\boldsymbol{t}$ 扩展的对角矩阵
$\boldsymbol{u}$	力密度法中单元两端节点的坐标差向量
$\boldsymbol{U}$	平衡矩阵 $\boldsymbol{A}$ 的左奇异矩阵，或力密度法中向量 $\boldsymbol{u}$ 扩展的对角矩阵
$\boldsymbol{U}_{\mathrm{r}}=\{\boldsymbol{u}_1, \boldsymbol{u}_2, \cdots, \boldsymbol{u}_{\mathrm{r}}\}$	杆系的变形位移模态矩阵
$\boldsymbol{U}_{\mathrm{m}}=\{\boldsymbol{u}_{r+1}, \boldsymbol{u}_{r+2}, \cdots, \boldsymbol{u}_{3J-c}\}$	杆系的机构位移模态矩阵
V、$V(x)$	索单元拉力的竖向分量，或杆件预张力偏差的方差
$\boldsymbol{V}$	平衡矩阵 $\boldsymbol{A}$ 的右奇异矩阵
$\boldsymbol{V}_{\mathrm{r}}=\{\boldsymbol{v}_1, \cdots, \boldsymbol{v}_{\mathrm{r}}\}$	杆系的荷载内力模态矩阵
$\boldsymbol{V}_{\mathrm{s}}=\{\boldsymbol{v}_{r+1}, \cdots, \boldsymbol{v}_b\}$	杆系的自应力模态矩阵
$\boldsymbol{x}, \boldsymbol{x}^{\mathrm{f}}$	力密度法中系统自由节点、约束节点的坐标向量
(u_i, v_i, w_i)	节点 i 的位移
(x_i, y_i, z_i)	节点 i 的坐标
w_k	杆 k 上的总荷载
$\boldsymbol{w}$	单元上总荷载向量
$\boldsymbol{x}_i$	节点 i 的坐标向量
$\boldsymbol{x}^{\mathrm{s}}$	系统的节点坐标向量

$\boldsymbol{X}^t$	运动路径上任一构型的描述
$z(x),z,z_0$	单索的曲线方程
α_j	组合系数,或模态 $\boldsymbol{\theta}_j$ 方向的广义位移
α^{p}	广义荷载的阈值
$\boldsymbol{\beta}_j$	组合系数
$\boldsymbol{\alpha},\boldsymbol{\beta}$	组合系数向量
$\theta_x,\theta_y,\theta_z$	杆单元对应整体坐标系三个坐标轴的方向余弦
$\boldsymbol{\theta}_j$	对质量归一化后的结构第 j 阶振型,或 $\boldsymbol{K}_{\mathrm{T}}$ 的第 j 个特征向量
$\boldsymbol{\theta}_j^{\mathrm{e}}$	$\boldsymbol{K}_0$ 的第 j 个特征向量
$\boldsymbol{\theta}_j^{\mathrm{g}}$	$\boldsymbol{K}_{\mathrm{g}}$ 的第 j 个特征向量
$\boldsymbol{\Theta}$	$\boldsymbol{K}_{\mathrm{T}}$ 的特征矩阵
$\boldsymbol{\Theta}^{\mathrm{e}}$	$\boldsymbol{K}_0$ 的特征矩阵
$\boldsymbol{\Theta}^{\mathrm{g}}$	$\boldsymbol{K}_{\mathrm{g}}$ 的特征矩阵
$\boldsymbol{\Theta}_0^{\mathrm{e}}$	$\boldsymbol{K}_0$ 的零特征向量张成的子空间
$\boldsymbol{\Theta}_+^{\mathrm{e}}$	$\boldsymbol{K}_0$ 的正特征向量张成的子空间
$\boldsymbol{\Theta}_+^{\mathrm{g}}$	$\boldsymbol{K}_{\mathrm{g}}$ 的正特征向量张成的子空间
$\boldsymbol{\Theta}_{-0}^{\mathrm{g}}$	$\boldsymbol{K}_{\mathrm{g}}$ 的非正特征向量张成的子空间
$\boldsymbol{\Theta}_{\mathrm{p}}$	表征关键刚度的特征向量张成的子空间
ε、ε_{R}、ε_{x}、ε_{E}、ε_λ	收敛容差
ρ	构件的绝对或相对预张力偏差平方和,或拉索的质量密度
ρ_1	构件的绝对预张力偏差平方和
ρ_2	构件的相对预张力偏差平方和
η	动力松弛法中的刚度增大系数
η_j	$\boldsymbol{K}_{\mathrm{T}}$ 的第 j 个特征值
η_j^{e}	$\boldsymbol{K}_0$ 的第 j 个特征值
η_j^{g}	$\boldsymbol{K}_{\mathrm{g}}$ 的第 j 个特征值
η_β^{e}	结构在 $\boldsymbol{\beta}$ 方向上的弹性刚度
η_β^{g}	结构在 $\boldsymbol{\beta}$ 方向上的几何刚度
γ	单索弦向坐标轴 $\bar{x}$ 与局部坐标系 $\tilde{x}$ 轴间的夹角
γ_j	模态 j 对关键刚度贡献度的指标
γ_{u}	模态对关键刚度贡献度的阈值
γ_{kj}^{e}	单元 k 的弹性刚度在特征方向 j 上的投影因子
γ_{kj}^{g}	单元 k 的几何刚度在特征方向 j 上的投影因子
μ	运动分析的控制参数
μ^*	运动过程中奇异点对应的控制参数
$\lambda_{\min}$	$\boldsymbol{K}_{\mathrm{T}}$ 的最小特征值
Δ_i	拉索端节点 i 的轴向位移

$\boldsymbol{\Delta}=\{\Delta_i, \Delta_j\}^{\mathrm{T}}$	局部坐标系下拉索节点位移向量
$\Delta, \delta, \mathrm{d}$	变量的增量、变分和微分
Π	系统势能
$\bar{\boldsymbol{\Phi}}$	单位驱动力向量
$\Lambda(*)$	取矩阵的最小特征值
Ω	所有与节点 i 相连单元的集合

目　　录

第1章　概　　论

1.1　索杆系统的特点

顾名思义，索杆系统是指由索和杆单元构成的力学系统。索是绳索、索链、钢丝绳、缆绳等类型构件的统称，而索单元是指没有抗弯刚度且只能承受拉力的单元。实际工程中，输电线、悬索桥的主缆索、斜拉桥的拉索、起重设备的吊索等一般被假定为索单元进行分析。杆单元则是指具有抗弯刚度、两端节点铰接且其间无横向荷载作用的直线单元，易知杆单元仅承受轴力。对于桁架、网架、输电塔架等一些常用结构，分析时一般将构件简化为杆单元。

索和杆单元仅承受轴力，横截面上应力分布均匀，材料的强度可得到充分利用，故两者都是高承载效率的结构单元。工程用的索材强度非常高，目前常用钢索中钢丝的极限强度可达到普通碳素钢的5～10倍，可以采用较小的截面来抵抗较大的荷载效应。此外，通过对索进行张拉还能在结构中产生预应力。

本书所讨论的索杆系统，重点是指一类由索、杆单元有效组合而成的结构或机构系统。实际工程中，此类系统主要满足两方面的应用需求。一方面索杆系统用以承受荷载，因此一般也称为“索杆结构”。在多数情况下，索杆结构会通过张拉索而引入预应力。根据引入预应力的目的，又可将索杆结构分为两类：一类是通过预应力来调整结构的内力分布和控制结构变形，如预应力桁架、预应力网格结构、斜拉网格结构等；另一类结构中的预应力主要是用来维持系统的稳定性并提供结构刚度，如索穹顶、张拉整体等。另一方面，索杆系统利用索单元的柔性、索和杆单元的端节点铰接、系统整体低赘余度的特点来满足运动的要求，其中最为典型的是太空飞行器中的伸展臂、可展天线等。这些索杆系统在发射阶段呈收纳状态，入轨后再展开进入工作状态。由于具有几何可变的性质，所以将这些系统称为“索杆机构”更为恰当。此外，实际工程中一些索杆系统同时具有承受荷载和大位移运动的特点，例如，采用整体提升或顶升法施工的大型结构、拉索驱动的开启式屋盖结构等。

正确理解现代工程中应用的索杆系统，首先要重新审视传统意义上关于“结构”(structure)和“机构”(mechanism)的定义。在工程术语学上，结构是指以承受荷载为目的受力系统，主要特点是在承受荷载的同时系统自身形态保持稳定[1]；而机构主要是具备运动功能的体系，以可发生刚体位移为特征[2]。在常规的结构力学教材中,保持几何不变是结构系统的基本特征和要求,判定体系的几何可变性也称为“机动分析”(kinematic analysis)。在机动分析中,又通常将系统按“几何不变体系”(geometrically invariant system)、“几何可变体系”(geometrically variant system)和“瞬变体系”(infinitesimal variant system)来划分[3]。虽然结构和机构在术语学上并非是相互对立的概念,但是在结构力学中一般将几何不变体系称为“结构”,而对于几何可变体系,由于其具有刚体位移的特性,也习惯称之为“机构”。对于那些同时具备承载功能的“机构”系统,也称之为“结构的机构”(structural mechanism)[4]。

值得注意的是,应用于现代工程中的一些索杆系统在一定程度上已经不能简单地划分为“索杆结构”或“索杆机构”。例如,按照传统的机动性判别准则(如Maxwell准则[5]),索网、索穹顶等结构系统实际上应归类为几何可变的“机构”,但是此类机构在合理引入预应力后又可以稳定地承受荷载,完全具备“结构”的功能。同样,对于一些大型结构的整体顶(提)升施工技术,结构在最终成形之前实际上为机构,成形过程表现为以刚体位移为主的大位移。而正是在结构和机构界限上的模糊性,这些索杆系统在构成机理、设计内容、分析方法等方面存在一些新的问题,并非可以利用传统的结构或机构理论来理解和解决。例如,如何解释索网、索穹顶此类机构系统的预应力特征,为何此类系统能够成为稳定的受力系统,如何进行索杆机构的运动分析以及受力和运动的耦合分析等。突破常规结构和机构的界限,用统一的理论来解释和分析这些索杆系统,这是本书的主要目的。

还需强调的是,本书所关注的索杆系统首先是以索的存在为基本特征的。无论索杆结构还是索杆机构,这些体系主要是利用索的一些重要力学特性,如索的长度可不受限制以满足大跨度需求,索的柔性可满足大变形运动要求,索材具有高强特性,对索进行张拉可在结构中引入预应力等。根据一般的经验,在较大的预张力作用下索单元被绷直,其受力性能相当于杆单元。于是,即便实际工程中索、杆构件所采用的材料存在明显区别,在高张力情况下索单元也是可以简化为杆单元来近似计算的,如斜拉结构、预应力网格结构中的拉索。再如索网结构,通常网格间的索段较短且预张力较高,故也可将索段作为杆单元来处理。即便是有垂度的悬索,理论上也可看作由若干段较短的杆单元组成。但应指出的是,要保证分析结果具有较高的精度,模拟索的杆单元应能充分考虑由两端节点大位移引起的几何非线性效应。因此,本书将用较大篇幅来讨论大位移杆单元的解析,一方面是为了能够有效模拟索单元,同时也是索杆机构大位移运动分析的要求。而正是由于大多数的索杆系统最终都可以简化为“杆系”来进行计算分析,本书中一些章节将直接针对杆系展开讨论,但应注意其中所阐述的理论方法恰恰都是为“索杆系统”分析服务的。

1.2 传统的索结构

索单元是索杆系统的最基本单元。虽然以索穹顶、张拉整体为代表的现代索杆结构的出现也就在最近的数十年,但索的工程应用却有相当悠久的历史,并形成了一些典型的结构形式。

1.2.1 悬索桥

悬索桥应该是工程上应用最早的索结构(cable structure)形式之一。从古时候以藤条等天然材料作为主缆索一直到现代使用钢缆索,悬索桥都是跨越能力最强的桥型。图 1.2.1 为 1937 年建成的美国旧金山金门大桥(Golden Gate Bridge),主跨约 1280m。当前世界上跨度最大的悬索桥——日本明石海峡大桥的主跨达 1991m。图 1.2.2 是英国伦敦泰晤士河上的千禧桥(Millenium Bridge),为一个造型新颖的悬索步行桥,主跨为 144m。

图 1.2.1 美国旧金山金门大桥

图 1.2.2 英国伦敦千禧桥

悬索桥中,悬垂的主缆索用来吊挂沿跨度方向分布的线荷载,这是索单元最基本的一种承载模式。悬索仅在竖向平面内刚度较大,而竖向平面外的刚度很弱,因此如何有效抵抗平面外的荷载(如横向风荷载)并避免结构出现较大振动往往是设计的要点。

1.2.2 塔线系统

塔线系统是由间隔的支承塔以及塔间的悬挂索构成的系统，其中最为典型的是输电塔线(图 1.2.3)。输电塔线中的铁塔主要起支承高压输电线的作用。普通输电塔的高度一般为数十米，输电线单跨跨距通常为数百米。随着输电电压的不断提高，近年来对输电塔的高度要求也增加，百米以上的高塔并不少见。目前最高的输电塔为中国舟山岛 370m 的输电塔，输电线最大跨距达到 2700m。输电塔通常采用格构式(空间网格)结构，常规高度铁塔构件一般为角钢。对于更高的输电塔，构件会采用钢管。实际工程中，观光索道车(cable car)(图 1.2.4)也是一种塔线系统。多数情况下塔的高度不高，因此一般采用单根钢管的塔柱来支承缆绳。对于较高的支承塔，也有采用格构式的做法。

图 1.2.3 输电塔线系统

图 1.2.4 观光索道车

对于格构式塔，其构件一般可简化为杆单元来分析，于是此类塔线系统是一种最简单的索杆系统。传统的设计方法中，一般将塔和索分开进行分析。分析索时可将其两端认为固定或弹性连接，然后采用悬索理论进行计算。而对于支承塔，则将索端节点的反力作为外加荷载作用到塔上，按杆系结构进行分析。但是，随着塔高度和索跨距的增加，需要精确考虑塔线的相互作用，因此将塔线在同一个结构模型中进行分析是非常必要的。

与悬索桥不同的是，由于自重较小，塔线在风荷载作用下会出现大位移，且主要是刚体位移。对于索道车，观光仓随索的牵引而移动，索形状也会随之发生大位移变化。可见，由于涉及刚体位移，采用常规的结构理论来进行塔线系统分析面临一定的困难。

1.2.3 悬索屋盖

建筑工程中,索结构主要应用于大跨度屋盖结构,但发展历史并不长。1952年建成的美国北卡罗来纳州罗利市 Dorton 体育馆(图 1.2.5)的悬索屋盖是最早的工程应用。该悬索屋盖平面为直径约 91.5m 的近似圆形,周圈采用两个斜放的抛物线拱来支承鞍形索网。此后,悬索屋盖结构的形式不断发展,并逐步形成了单层悬索、双层悬索、索网三类基本结构体系。

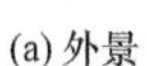

(a) 外景

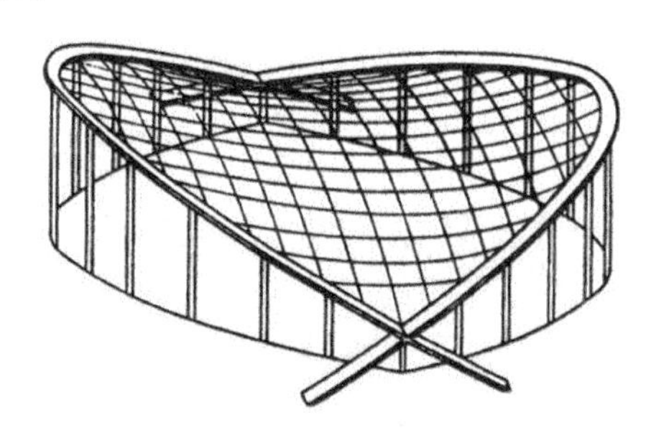

(b) 结构图

图 1.2.5 美国北卡罗来纳州罗利市 Dorton 体育馆

单层悬索结构(图 1.2.6),是由一系列平行的承重索(单索)构成的结构体系,可以为单跨,也可适应于连续多跨。美国华盛顿特区的杜勒斯机场(Dulles airport)候机楼(图 1.2.7)是最为著名的单层悬索结构工程,跨度约 43m。德国汉诺威商品交易会(Hanover trade fair)展馆屋盖(图 1.2.8)则为多跨单层悬索结构。单层悬索属于一般意义的几何可变系统,其初始形态不能施加预应力,故系统的稳定性一般需依靠屋面配重来维持,如采用混凝土等重量较大的屋面板。而正是由于单层悬索的几何可变性,此类结构也较难采用常规结构力学方法来进行分析。

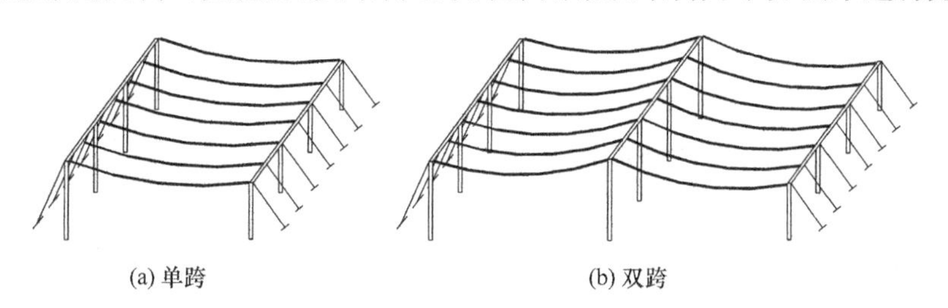

(a) 单跨　　(b) 双跨

图 1.2.6 单层悬索结构

图 1.2.7　美国华盛顿特区杜勒斯机场候机楼

图 1.2.8　德国汉诺威商品交易会展馆

双层悬索结构的基本组成单元为索桁架(图 1.2.9)。索桁架由承重索、稳定索以及联系两者的连杆构成。承重索和稳定索曲率相反,其预拉力可以相互平衡,因此索桁架中可以维持预应力。双层悬索屋盖结构中的索桁架一般为平行布置[图 1.2.10(a)]。为提高屋盖的整体纵向刚度和稳定性,也有将承重索和稳定索交错布置[图 1.2.10(b)]的做法。图 1.2.11 为 1989 年日本横滨世博会主入口的双层悬索屋盖,其索桁架为平行布置。对于圆形平面的建筑,可在中部设置一刚性拉环,将索桁架沿平面径向辐射式布置(图 1.2.12),即承重索和稳定索将中部拉环和周边支承构件联系起来。这种双层悬索结构也称为车辐式悬索结构(spoke wheel cable structure),典型工程如图 1.2.13 所示的北京工人体育馆屋盖结构。

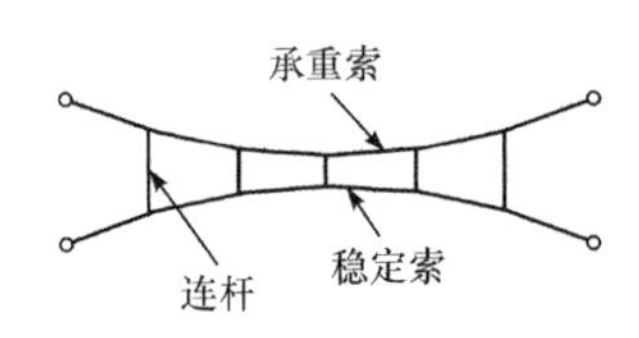

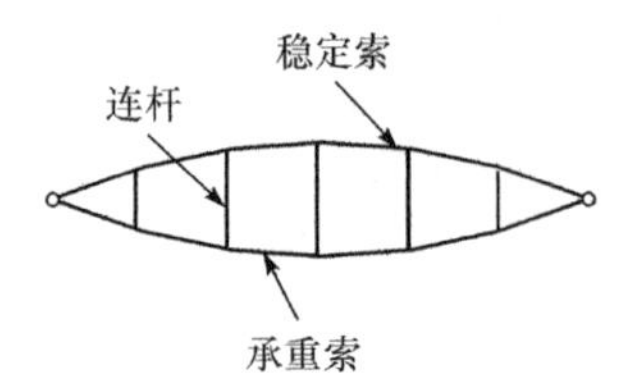

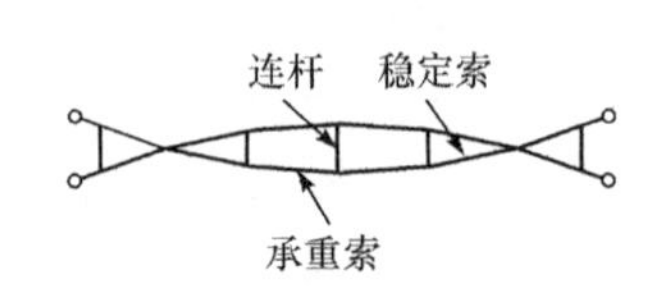

图 1.2.9　索桁架的一般形式

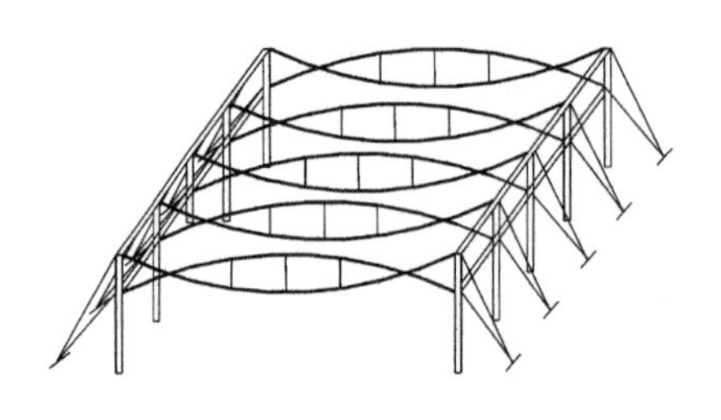

(a) 索桁架平行布置

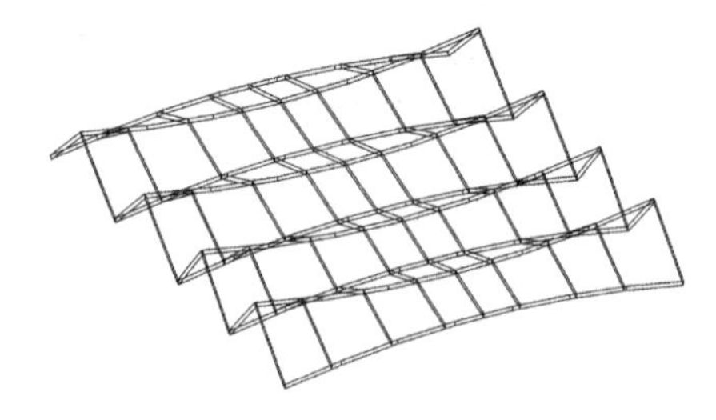

(b) 索桁架交错布置

图 1.2.10　预应力双层悬索结构

图 1.2.11　日本横滨 1989 年世博会主入口

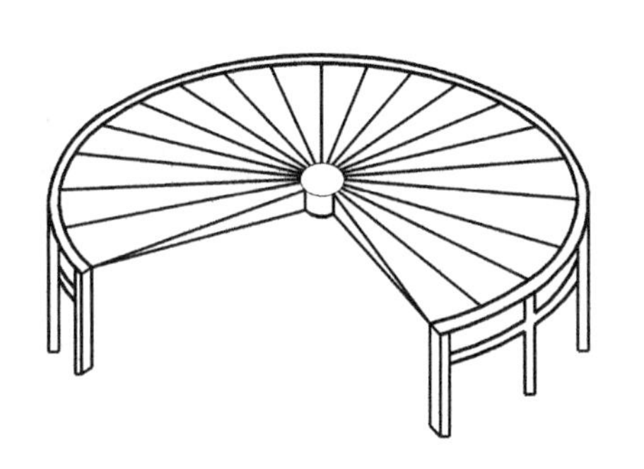

图 1.2.12　车辐式双层悬索结构

图 1.2.13　北京工人体育馆

实际上，索桁架也属于常规意义上的几何可变体系，但是可以通过张拉承重索或稳定索将索桁架“绷紧”，从而转化为具有一定刚度的“结构”系统。理论上讲，一个几何可变系统为何能够在施加预张力后“刚化”且成为稳定的受力系统是值得思考的问题。

图 1.2.5 所示的 Dorton 体育馆索网屋盖，由同一曲面上两组曲率相反的单层悬索系统相交而成。索网中下凹方向和上凸方向的索分别称为承重索和稳定索，如图 1.2.14 所示。由于两向索系的曲率相反，索单元的拉力具备在任一节点处相互平衡的条件，故可以在索网结构中建立预应力。索网结构的刚度较强，并具有很好的整体稳定性。如果每个方向的单层索为相同曲率的抛物线，则整个索网构成的曲面为双曲抛物面，也称为“马鞍面”。可以看出，索网结构也属于几何可变体系，但同样在施加预应力后能被“绷紧”而成为一个形态稳定的承重系统。

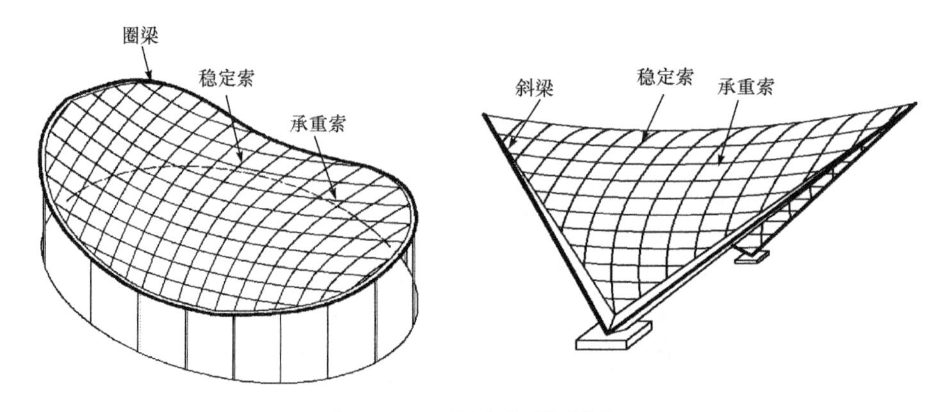

图 1.2.14　预应力索网结构

1.2.4　索桁架桥

前面介绍的悬索桥实际上属于非预应力单向悬索体系，其稳定性需要依靠桥面负重来保持。但对于桥面结构和铺装较轻、荷载也较小的人行桥，采用悬索桥则易于出现变形过大或振动难以控制的问题。英国伦敦千禧桥(图 1.2.2)在开放数日内就由于人行荷载引发的大位移摆动而迅速关闭，后通过增设阻尼装置来进行振动控制。索桁架桥是基于双层悬索结构的思想，通过在悬索桥下方增设稳定索并施加预应力而形成的一种索杆结构桥型。中国台湾的碧潭吊桥是索桁架桥的代表性工程(图 1.2.15)。可以发现，桥下方稳定索所处平面还与地面成一定夹角，这样稳定索不仅为整个桥梁提供竖向刚度，也能提供水平方向刚度，同时解决两个方向的变形和振动问题。

图 1.2.15　中国台湾碧潭人行桥

1.3 拉索-网格结构

网格结构是平板形网架结构和曲面形网壳结构的统称，是由杆件和节点按一定规律连接而成的空间受力体系[6]。网格结构一般将杆件假定杆单元来进行分析，故是最典型的杆系结构。网格结构的应用非常广泛，20世纪后期网格结构一度成为我国最主要的大跨度屋盖结构形式。为进一步改善网格结构的受力性能，也逐渐出现了将索单元与网格结构进行有效结合的拉索-网格结构体系，主要包括预应力网格结构和斜拉网格结构两类。

1.3.1 预应力网格结构

预应力网格结构是在常规网格结构中增设拉索，通过张拉拉索在结构中引入预应力，达到改变结构内力分布、降低构件内力峰值和控制结构变形的目的。图1.3.1为1994年建成的上海国际购物中心预应力组合网架楼盖，平面尺寸为27m×27m(截去12m腰边一角)，采用的是正放四角锥组合网架。楼层高度和使

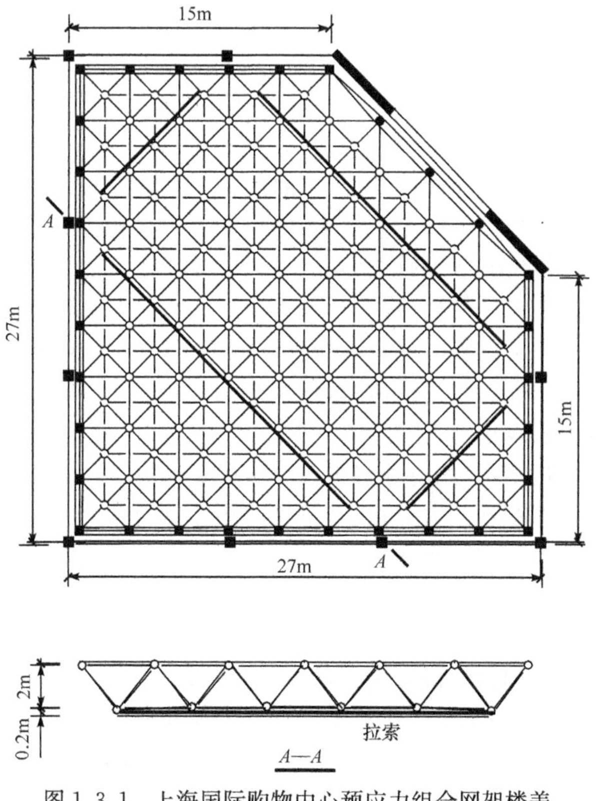

图1.3.1 上海国际购物中心预应力组合网架楼盖

用净高的要求限制了网架厚度的增加，从而难以满足跨中挠度限值的要求。通过在下弦平面布置四根高强平行钢丝束并施加预应力，不仅降低了跨中构件的内力峰值，也使得结构变形得到有效控制。图 1.3.2 为 1994 年建成的四川省攀枝花市体育馆屋盖，平面呈八角花瓣状。屋盖采用球面网壳，支承在外围八根混凝土圆柱上，支承柱对角柱距为 64.9m。由于屋盖跨度较大且采用了混凝土重屋面，在周边设置八道钢拉索并采用多次预应力技术[7]，有效降低了跨中构件的内力峰值和屋盖挠度，也平衡了网壳对外围支承柱的推力。

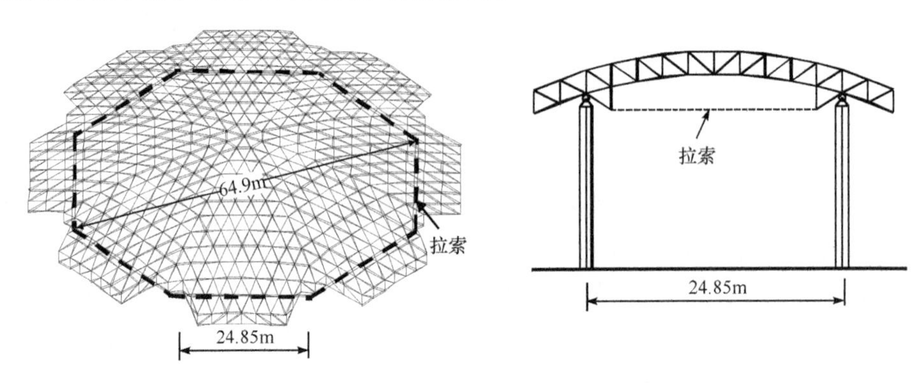

图 1.3.2　四川省攀枝花市体育馆预应力网壳屋盖

由于拉索能够灵活布置，设计时一般针对原网格结构中内力较大的区域，引入效应相反的预应力以达到降低内力峰值的目的。但如果施加的预应力过高，也会增加原结构中内力较小区域的内力值，反而会增加原结构的负担。其次，用于给结构施加预应力的拉索数量一般不会太多，增设的拉索理论上并不会使结构整体刚度产生的变化，故对结构变形的控制并不是由结构刚度变化引起的，而是张拉拉索使结构产生的弹性变形。例如，对于图 1.3.2 所示的预应力球面网壳，张拉拉索会引起网壳跨中发生向上的竖向变形，因此可抵消一部分屋盖自重所引起的挠度，相当于预起拱的作用。但是对于活荷载，网格结构中是否增设拉索对该荷载作用下跨中变形的影响一般较小。

对于预应力网格结构，如何理解张拉拉索在结构中产生预应（张）力的本质，简单准确地分析结构中的预张力分布，以及当采用分级分批张拉施工时如何保证结构预张力的有效建立等问题将在本书阐述。

1.3.2　斜拉网格结构

对于跨度较大的网格结构屋盖，可设置塔柱（桅杆）和斜拉索为网格结构跨中提供吊点。1992 年投入使用的德国慕尼黑机场汉莎航空公司飞机维修库是一个典型的斜拉网格结构（图 1.3.3）。我国斜拉网格结构的工程应用始于 20 世纪 80 年代，最早的工程实例是 1988 年建成的北京亚运会综合体育馆（图 1.3.4）。该体育馆屋盖采用双塔斜拉柱面网壳结构，平面尺寸为 70m×83.2m。2000 年建成的浙江杭州黄龙体育中心体育场看台罩棚(图 1.3.5)也为斜拉网格结构，两塔柱间的距离达 250m。

图 1.3.3　德国慕尼黑机场汉莎航空公司飞机维修库

图 1.3.4　北京亚运会综合体育馆

图 1.3.5　浙江杭州黄龙体育中心体育场

塔柱通过斜拉索可分担一部分网格结构上的竖向荷载,从而降低网格结构的内力。同时,斜拉索也相当于网格结构跨中的弹性支点,可有效降低屋盖的竖向变形。应该看到,斜拉索需具有一定的轴向刚度才能对网格结构提供充分的弹性支承并有效分担网格结构上的荷载,因此设计时其截面面积一般并不取决于强度验算,而是轴向刚度的需求。此外,施工时一般需要对拉索进行张拉,目的是让拉索能与网格结构协同工作,并按设计计算的要求精确地分担荷载。不同于预应力网格结构,张拉斜拉索试图在网格结构中建立预应力(附加应力)的目的往往是次要的。考虑过大附加应力反而会增加网格结构的负担,有些斜拉结构甚至避免出现超张拉,即这些结构实际上不属于预应力结构的范畴。

当屋盖结构较轻以至于风荷载可以将屋盖掀起时,设计中也存在对斜拉索进行超张拉的做法以保证其不退出工作。当风荷载在斜拉索中产生的压力效应较大时,超张拉所提供的预张力效应也需要较大,而这种较高的预张力对于没有风荷载参与组合的工况,显然会成为网格结构的额外负担,造成结构受力不利和经济性差。合理的处理方法则是通过下设拉索来平衡上吸风荷载,如杭州黄龙体育中心体育场的每块月牙形网壳上弦面设置了九道稳定索以抵抗向上的风荷载。

斜拉网格结构与预应力网格结构的计算分析方法基本相同。

1.4 索杆张力结构

索杆张力结构是由索和杆单元组成的、以张力为主的预应力结构系统,包括张拉整体、索穹顶、环形索桁结构等代表性形式。与拉索-网格结构不同,此类结构是以索作为主要的受力单元,而仅设置少量的非连续压杆单元以确保结构整体预张力的过渡。索杆张力结构必须依靠预张力来维持其设计形态的稳定性并提供结构刚度。

1.4.1 张拉整体

张拉整体(Tensegrity)是由不连续的受压单元(压杆)与连续的受拉单元(索)组成的自支承、存在自平衡应力(自应力)的空间受力结构。Tensegrity 的命名来源于英文 tensile(张拉)和 integrity(整体)的结合。美国雕塑家 Snelson 早在 1948 年就提出了张拉整体结构的原始模型 X-Piece(图 1.4.1)[8]。1959 年,美国建筑师、发明家 Fuller 首次以“Tensegrity”的名称申请了该结构形式的专利,并于 1962 年获得授权[9]。

可以借助一些标准棱柱体来理解张拉整体系统。图 1.4.2 给出底边为正三角形、正四边形、正五边形、正六边形的棱柱体。如果将这些棱柱体的两个底面如图所示分别相对旋转 $\alpha=30°,45°,54°,60°$,然后在棱柱体侧面的对角线位置设置压杆,便可形成张拉整体棱柱单元。

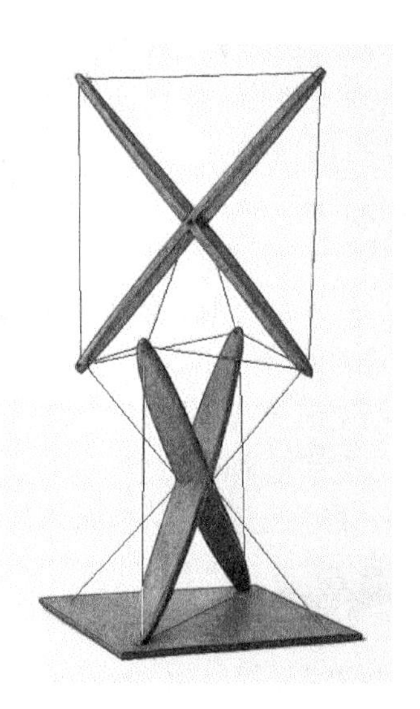

图 1.4.1 Snelson 的张拉整体模型 X-Piece

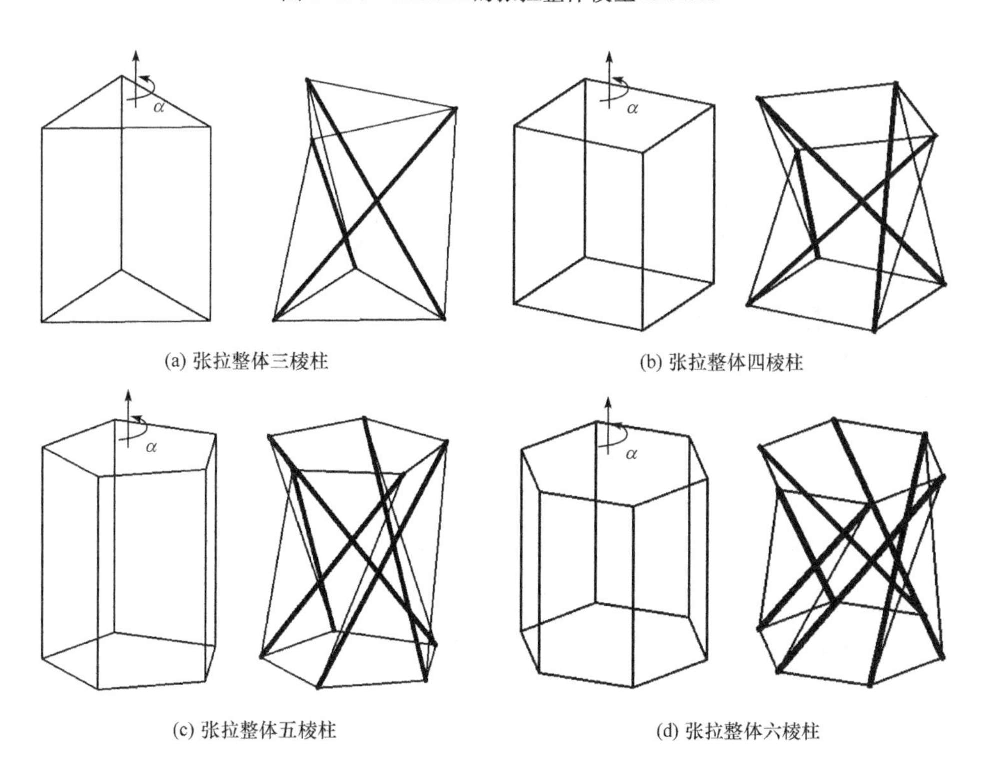

(a) 张拉整体三棱柱

(b) 张拉整体四棱柱

(c) 张拉整体五棱柱

(d) 张拉整体六棱柱

图 1.4.2 张拉整体棱柱单元

张拉整体特殊的结构构成机理在 20 世纪 70 年代以来引起了最为热烈的讨论。根据传统的几何可变性判定准则,张拉整体体系一般都应归类为机构。以图 1.4.2(b)所示的张拉整体四棱柱单元为例,其节点数 J 为 8,杆件数 b 为 16。为防止该单元出现整体的刚体位移,外设 $c=6$ 个支座约束数来限制三个方向的平动和三个方向的转动。根据 Maxwell 准则[5]可计算 $3J-c-b=2>0$,表明该单元为几何可变系统。然而,图 1.4.2 中的张拉整体棱柱单元都是稳定的受力系统,即在外部微小干扰之下单元不会产生不可恢复的变形。

继 Fuller 和 Snelson 提出张拉整体的概念后,Emmerich[10,11]、Vilnay[12]、Motro[13]、Hanaor[14,15]等也创造了多种张拉整体形式。图 1.4.3 为更复杂的多面体张拉整体模型,其中所有索、杆单元分布在多面体的外表面。由图可以看到,多面体的每个面仅对应一根压杆,压杆间不直接连接,仅通过柔性索相连并形成稳定系统。由于索单元较细,较粗的压杆看起来似乎稳定地悬浮于空中。目前在世界多地建造了很多张拉整体的艺术作品,其中以 Snelson 创作的“针塔”(Needle Tower,图 1.4.4)最为有名,并陈列于荷兰国家博物馆、美国华盛顿特区 Hirshhorn 博物馆等公共建筑前。

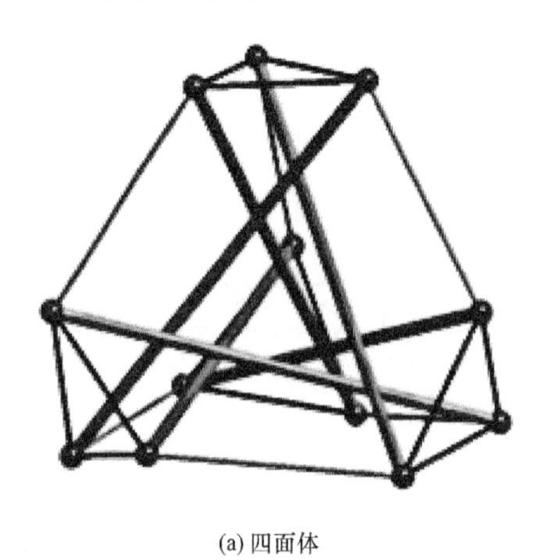
(a) 四面体

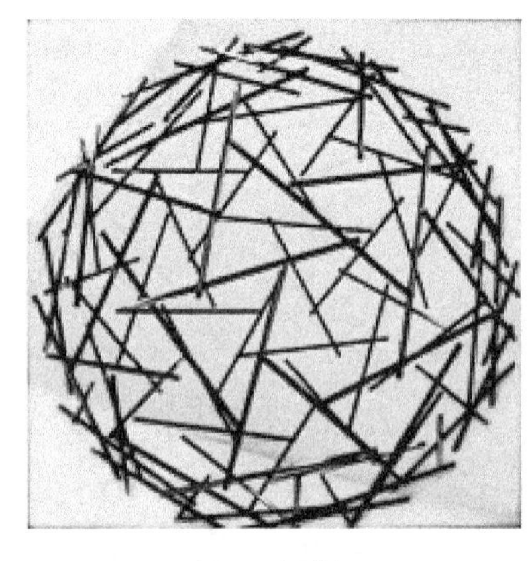
(b) 二十面体

图 1.4.3　张拉整体多面体

一个“常规” 意义上的几何可变性系统为何可以保持形态的稳定性,涉及结构和机构的界定问题,也引发了人们对传统 Maxwell 准则局限性的讨论[16],这些内容也将在本书讨论。

(a) 正视图 (b) 底视图

图 1.4.4 张拉整体艺术作品——针塔

1.4.2 索穹顶

由于缺乏足够的刚度，很长时间以来张拉整体仅作为艺术作品来展示，并没有在大尺度的建筑结构上应用。20 世纪 80 年代，美国工程师 Geiger 基于张拉整体的思想，提出了一种称为索穹顶(cable dome)[17]的索杆张力结构，并最早成功应用于跨度分别为 119.8m 和 89.9m 的汉城奥运会体操馆(图 1.4.5)和击剑馆的屋盖结构[18]。

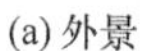
(a) 外景 (b) 内景

图 1.4.5 韩国汉城奥运会体操馆

索穹顶一般适用于圆形或椭圆形的屋盖平面，由连续的拉索和不连续的压杆构成。图 1.4.6 为一个典型 Geiger 型索穹顶的示意图，由中心张力环、上径向索、斜索、环索、压杆组成。施工时，由外而内逐圈张拉斜索，以提升该圈的上经向索、环索和压杆,最终使结构张拉成形。上径向索和最外圈斜索的拉力将传递到周边环梁,使得环梁受压。斜索的拉力在下端节点处与环索拉力和压杆压力相平衡。

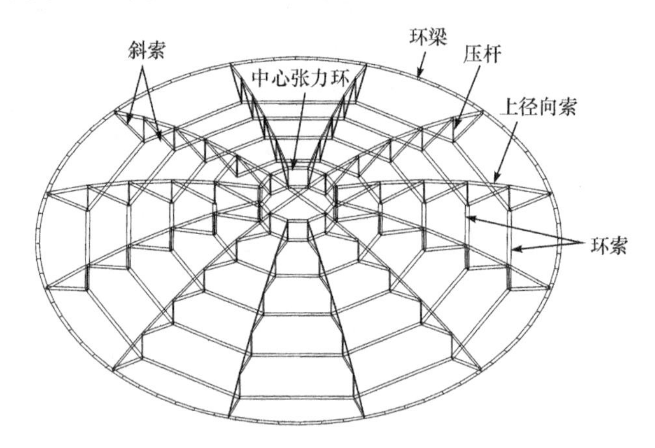

图 1.4.6　Geiger 型索穹顶

索穹顶的结构自重随跨度的增加并不显著增加,具有很好的经济性。Geiger 和他的公司此后又相继建成了美国伊利诺伊州大学的红鸟体育馆(Redbird Arena,长短轴分别为 91.4m 和 76.8m 的椭圆平面,图 1.4.7)和美国佛罗里达州的太阳海岸穹顶(Sun Coast Dome,直径 210m 的圆形平面,图 1.4.8)。

(a) 外景

(b) 内景

图 1.4.7　美国伊利诺伊州大学红鸟体育馆

1996 年,美国工程师 Levy 和 Jing 为亚特兰大奥运会设计了佐治亚穹顶(Georgia Dome)。该索穹顶为椭圆形平面(图 1.4.9),长短轴分别为 240.79m 和 192.02m,由联方型索网、三圈环索、压杆及中央桁架组成,是目前世界上最大的索穹顶。整个结构只有 156 个节点,分别在 78 根压杆的两端。此后,他们又成功设计了圣彼得堡的雷声穹顶(Thunder Dome)体育馆,并在沙特阿拉伯利雅得大学体育馆中实现了可开启的索穹顶。

(a) 外景

(b) 内景

图 1.4.8　美国佛罗里达州太阳海岸索穹顶

(a) 外景

(b) 内景

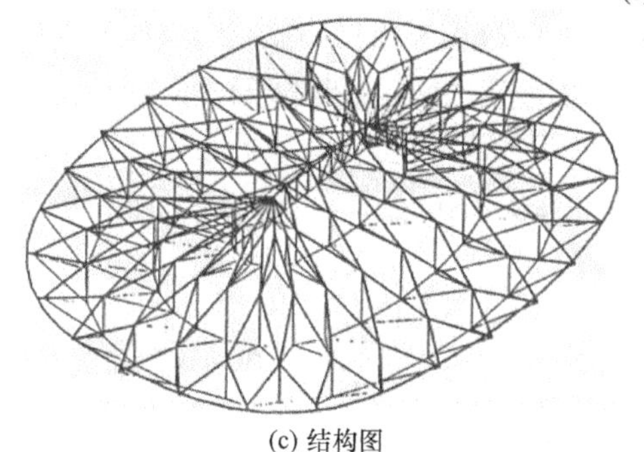

(c) 结构图

图 1.4.9　美国亚特兰大佐治亚穹顶

1.4.3　环形索桁结构

环形索桁结构是继索穹顶结构之后，已得到工程应用的另一种有代表性的索杆张力结构形式。图 1.4.10 为一典型的环形索桁结构示意图。由图可以看出，其外形为中部大开孔的环形，即此类结构主要用作圆形或椭圆形平面体育场的看台罩棚。径向索桁架是环形索桁结构的基本构成单元。索桁架由上、下弦索以及竖腹杆(拉索或压杆)构成,其一端固定在外围受压环梁或环桁架上,另一端与内环索连接。

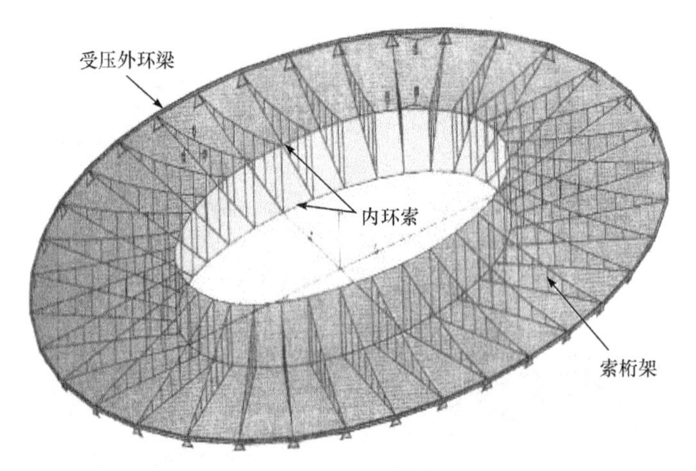

图 1.4.10　环形索桁结构

1993 年建成的德国斯图加特体育场罩棚(图 1.4.11)是环形索桁结构最有代表性的工程。该体育场的椭圆平面两主轴直径分别为 200m 和 280m,罩棚最大悬挑达 58m。40 榀辐射状索桁架固定在外围箱形截面受压钢环梁上,钢环梁支承在间距约 20m 的箱形钢柱上。1998 年为英联邦运动会而新建的马来西亚吉隆坡室外体育场(图 1.4.12)也采用环形索桁结构作为其罩棚。罩棚内外圈形状均为椭圆形,外圈椭圆两向主轴直径分别为 286m 和 225.6m,罩棚最大悬挑距离为 66.5m。其他的环形索桁结构代表性工程还包括 2012 年英国伦敦奥运会主场馆、2002 年韩国釜山亚运会主体育场——釜山体育场以及中国广东省深圳宝安体育场(图 1.4.13)等。

(a) 外景

(b) 内景

图 1.4.11　德国斯图加特体育场

(a) 外景

(b) 内景

图 1.4.12 马来西亚吉隆坡室外体育场

(a) 外景

(b) 内景

图 1.4.13 广东省深圳宝安体育场

对于环形索桁结构的理解，至今并不统一。一种观点认为该结构是车辐式双层悬索结构的衍生，无非是将中部钢拉环扩大，并用高强钢索代替。另一种观点是从张拉整体的角度来理解其结构构成，即由连续的受拉索和不连续的压杆组成预张力系统。客观地说，环形索桁结构吸收了悬索结构和张拉整体两者的结构特点，但是以前者的影响更大。根据 Fuller 的描述，张拉整体中的杆单元是作为连续张力场中的压力过渡，索穹顶能充分体现这种特征，但对于环形索桁结构中的竖腹杆却并非十分明显。无论何种理解，环形索桁结构符合索杆张力结构最一般的特点，即从几何上看该类结构属于机构的范畴，但又可借助预张力来维持系统形态的稳定并获得刚度。

1.4.4 月牙形索桁结构

环形索桁结构一般要求外环梁和环索呈封闭状态。近年，中国浙江省乐清市体育场采用一种月牙形的索桁罩棚结构[图 1.4.14(a)]，其环索和外环梁均非封闭，且索桁系统整体与水平面呈一定倾角。乐清市体育场南北长约 229m，东西宽约 211m，罩棚中部最大悬挑约 52.6m。该罩棚由 38 榀径向索桁架组成[图 1.4.14(b)]。各榀索桁架的上、下径向索外端分别锚固在外围弧形钢框架的上、下环梁上，内端则通过内环索连成一体，内环索和上、下外环梁在两端的角柱处交会。虽然环索不封闭，环索的拉力可以在角柱处与环梁的压力相平衡，也可满足内力间的自平衡。

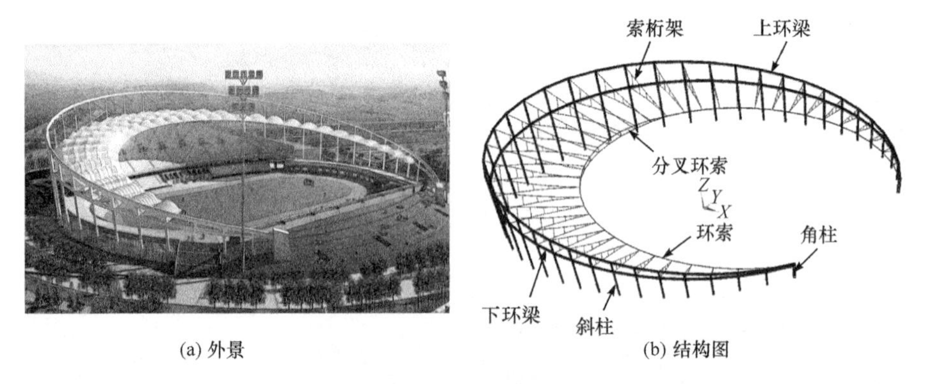

(a) 外景　　(b) 结构图

图 1.4.14　浙江乐清市体育场

具有索杆张力结构最一般的特性，月牙形索桁结构也需要依靠预张力来提供结构刚度和维持系统形态的稳定性。

1.4.5　桅杆支承斜拉索网系统

索、杆单元的组合还可以构成一些有特色的索杆张力结构形式。图 1.4.15(a)为中国浙江省杭州市浙江大学紫金港体育馆。该体育馆屋盖通过室外四根桅杆支承的斜拉索网张力系统来吊挂其下部刚性屋盖系统[图 1.4.15(b)]。桅杆支承斜拉索网系统中[图 1.4.15(c)]，桅杆顶标高 40m，每根桅杆顶由两根锚固在地面的后端斜拉索和六根前端斜拉索相连。所有的前端斜拉索在主屋盖上方通过两根锚固在地面的稳定索连接，并与水平索一起形成一个梭形的索网。

室外的桅杆支承斜拉索网系统是一个能自支承、预应力自平衡的独立结构，即通过合理引入的预应力来保证自身的稳定性。实际施工时，首先将上部桅杆支承斜拉索网系统独立张拉成形，同时也完成下部刚性结构的安装；然后安装吊索将上、下部结构连接；最后卸除下部刚性结构的临时支架以使上下部结构共同受力。可见，桅杆支承斜拉索网系统主要起到为下部刚性屋盖提供跨中弹性吊点并分担屋面荷载的作用。由于有桅杆支承斜拉索网系统分担荷载，下部刚性屋盖结构除中部局部采用双层桁架外，总体上为一个由单向箱形钢梁及屋面支承组成的单层网格结构，结构形式非常简洁。

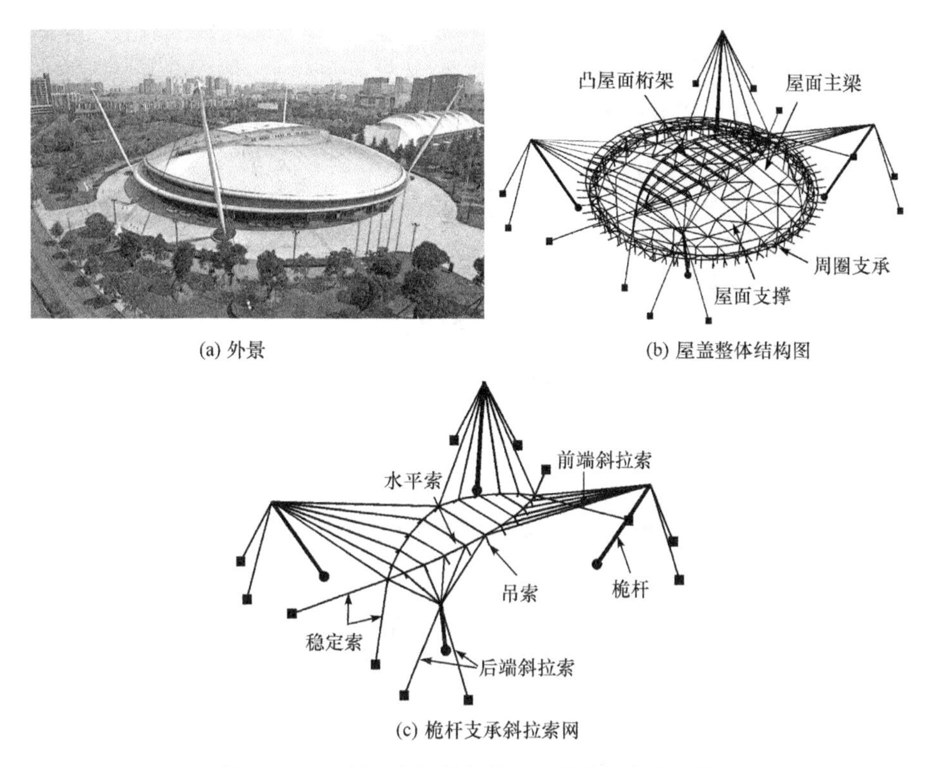

(a) 外景　(b) 屋盖整体结构图

(c) 桅杆支承斜拉索网

图 1.4.15 浙江省杭州市浙江大学紫金港体育馆

1.5 可运动的索杆机构

1.5.1 空间可展结构

卫星、空间站等航天器需要一些大型的结构或构件来固定舱外设备、完成信号传输和太阳能收集。由于运载工具有效舱容的限制，发射过程中这些结构或构件不得不处于小体积的折叠收纳状态。待发射入轨后，再按设计要求进行展开，锁定后才进入长期运行的状态。典型的空间可展结构主要有伸展臂（deplyable mast）、可展反射天线（deployable reflector antenna）和太阳帆（solar array，solar concentrator）等类型。

空间可展结构形式多样，但是索杆系统是最为传统和有效的形式。图 1.5.1 为一个可展天线的桁架式背架的收纳和展开过程[19]，其基本单元为索和桁架。图 1.5.2为美国 AEC-Able 工程公司开发的此类桁架式伸展臂（the able deployable articulated mast，ADAM）[20]，收纳时长度为 1.42m，而展开后长度达 60m。

收纳罐体的长度也仅为 2.92m，为展开长度的 4.8%。伸展臂纵向杆件间采用球铰连接，展开过程球铰转动角度接近 90°。桁架展开到位后，侧面交叉斜索利用特殊的插销终止展开过程并张紧桁架。

(a) 收纳状态

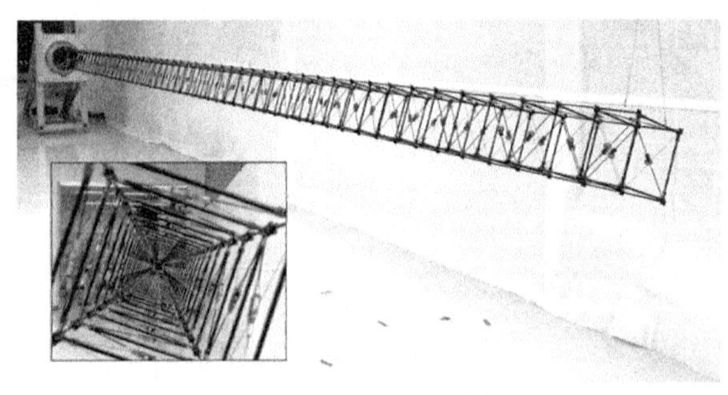

(b) 展开状态

图 1.5.1 构架式天线的可展背架[19]

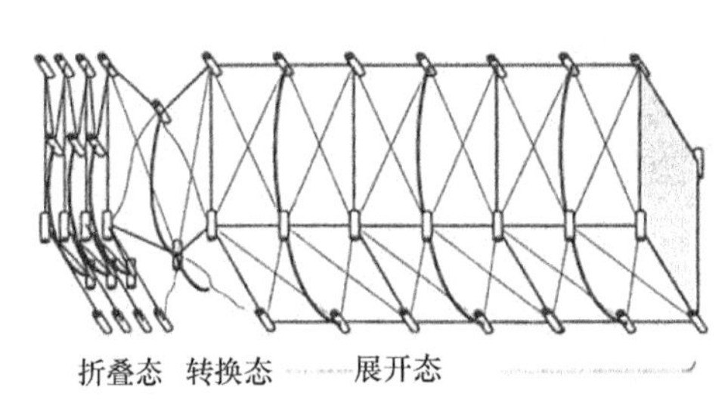

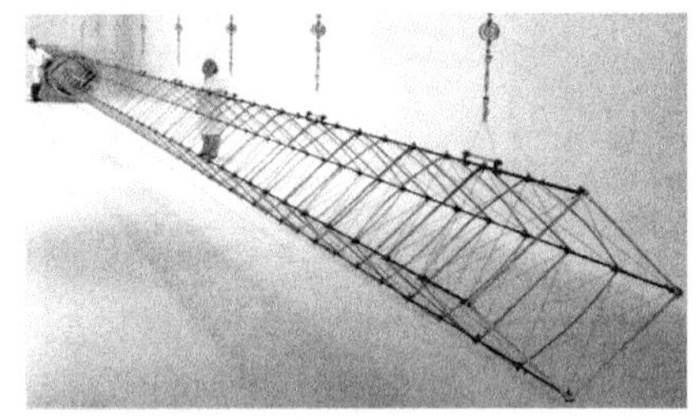

图 1.5.2 美国 AEC-Able 工程公司开发的桁架式伸展臂[20]

可展反射天线更为复杂。图 1.5.3 为 1990 年美国 Astro Aerospace 公司开发的一种索网天线[21]。该天线的主结构为前后两片镜像对称的索网。索网均固定在周围的可展环形桁架上，前后索网的镜像对称节点通过拉索连接。三角形网格反射网则固定在前片索网的背面。通过缩短环形桁架斜杆内的连续索，使得天线展开。该天线展开后的直径为 12.25m，质量为 55kg。在收纳状态下，天线的直径为 1.3m，高度为 3.8m。

1990 年代，剑桥大学可展结构实验室(DSL)也提出过一些索杆系统的可展天线形式。图 1.5.4 所示为索刚化剪式铰可展天线(cable-stiffened pantographic deployable antenna，CSPDA)[22,23]。该天线模型中，48 对相互连接的剪式铰杆件单元组成了一个可折叠的环状支承结构，直径为 3.5m。与图 1.5.3 所示的可展索网天线相似，将双层索网及反射网固定在该环状支承结构上，并使用一个主动索来驱动该天线展开。在收纳状态，该天线的直径和高度分别为 0.6m 和 1.2m。

图 1.5.3 Astro Aerospace公司开发的一种可展索网天线[21]

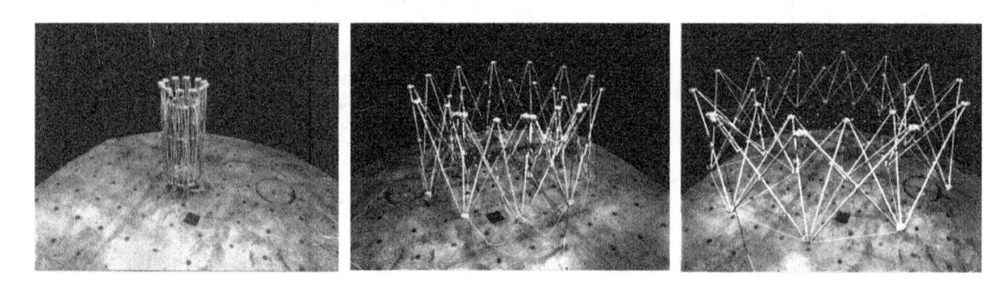

图 1.5.4 索刚化的剪式铰可展天线 CSPDA[23]

空间可展结构的设计涉及体系的展开和驱动机制、展开路径分析、形态控制等问题。相比常规结构，系统的承载性能分析反而是次要的。

1.5.2 Pantadome

随着最近数十年大跨度建筑建设数量的迅速增加，针对大型结构的高效施工新方法也不断出现。Pantadome[24]是由日本法政大学川口卫(Kawaguchi Mamoru)教授提出的一种将结构设计和施工统一考虑的网壳结构形式。Pantadome 施工(图 1.5.5)的基本思想是暂时撤除一部分杆件，使网壳成为一个可运动的机构，于是尽量靠近地面分片安装网壳，然后通过液压杆将机构顶升到设计形态，最后补装撤除的杆件使结构完整。Pantadome 在尽量接近地面的位置上完成大部分构件的组装，因此省去大量脚手架的费用并减少高空作业，也可显著地缩短工期。Pantadome 已成功应用于日本神户世界纪念堂、西班牙巴塞罗那圣乔地体育馆(Sant Jordi Sports Palace)(图 1.5.6)、新加坡国立体育馆、日本大阪浪速穹顶、日本奈良市民会堂和日本福井太阳穹顶等工程。基于 Pantadome 的思想，中国也提出了柱面网壳结构的折叠展开式整体提升施工方法[25]，并成功应用于河南鸭河口电厂干煤棚工程。如图 1.5.7 所示，该施工方法是沿网壳柱面母线方向拆除几道杆件，即将网壳沿跨度方向划分为若干片，且每片之间用单向活动铰连接成为“几何可变”的机构。与 Pantadome 类似，其施工步骤也是先在地面附近安装大部分构件，然后利用提升设备将该网壳“机构”同步提升，到达设计高度后再补装那些事先拆除的构件。

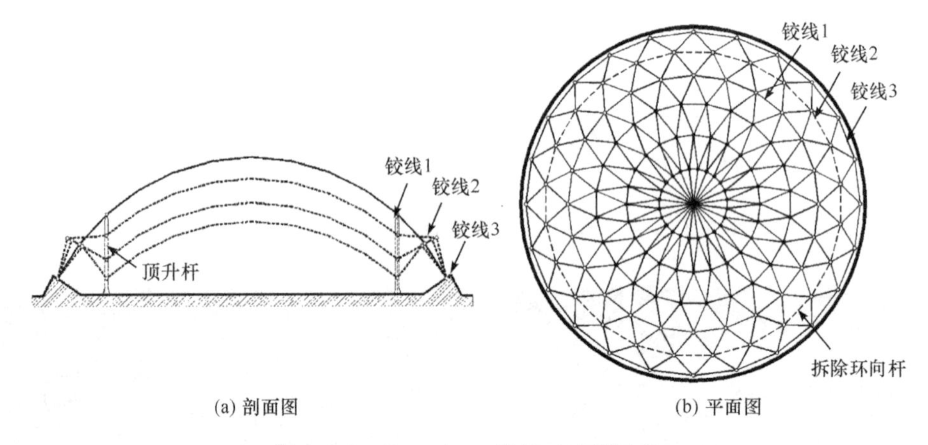

图 1.5.5　Pantadome 的施工过程示意

图 1.5.6　西班牙巴塞罗那圣乔地体育馆的施工[26]

Patadome 在施工过程中属于几何可变的机构，顶升或提升过程呈现出以刚体位移为主的大位移变化。与空间可展结构不同，Patadome 施工成形的分析内容不仅包括系统的运动形态和路径，也要验算其承载能力，而且系统运动形态与荷载密

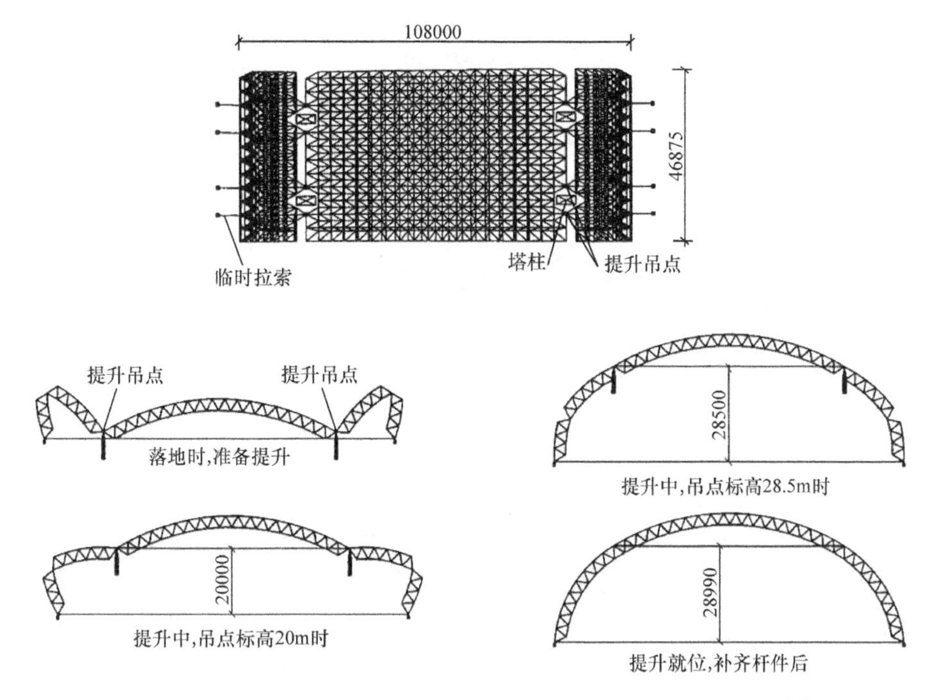

图 1.5.7 柱面网壳的折叠展开式整体提升施工方法(单位:mm)[27]

切相关。此类受荷索杆机构的运动形态分析是弹性变形和刚体位移相耦合的问题,也是本书要讨论的内容。

1.5.3 索杆张力结构的成形施工

现代工程结构施工中还面临更复杂的索杆机构分析问题,那就是以索穹顶为代表的索杆张力结构的施工成形分析[17,28]。这类结构的施工特点是通过牵引(张拉)其自身构件来实现结构的逐步提升,并最终整体成形。图 1.5.8 为 Geiger 型索穹顶(图 1.4.6)施工成形过程的示意图。首先在场地中心搭设一临时塔架,将中心张力环(或中心压杆)吊至塔架上;在地面装好上径向索上的索夹,然后将所有上径向索连于中心张力环和外环梁之间;安装好所有压杆上、下端的铸钢节点,同时将各圈环索连接到相应压杆的下端节点上;将环索连同压杆逐圈吊起,并将压杆的上端节点与上径向索上的索夹节点相连。安装斜索,然后由外而内逐圈在下端节点处张拉斜索,这样各圈环索、压杆以及上径向索逐步被提升,直到所有压杆和中心环均达到设计位置。最终局部调整斜索张力,使整体结构达到设计形状。

环形索桁结构(图 1.4.10)大致也采用索穹顶的施工成形方法。根据釜山体育场罩棚结构的相关报道[29],环形索桁结构的施工成形过程包括以下主要步骤(图 1.5.9)。首先在地面上将上环索拼装,再将上径向索一端与上环索连接,另一

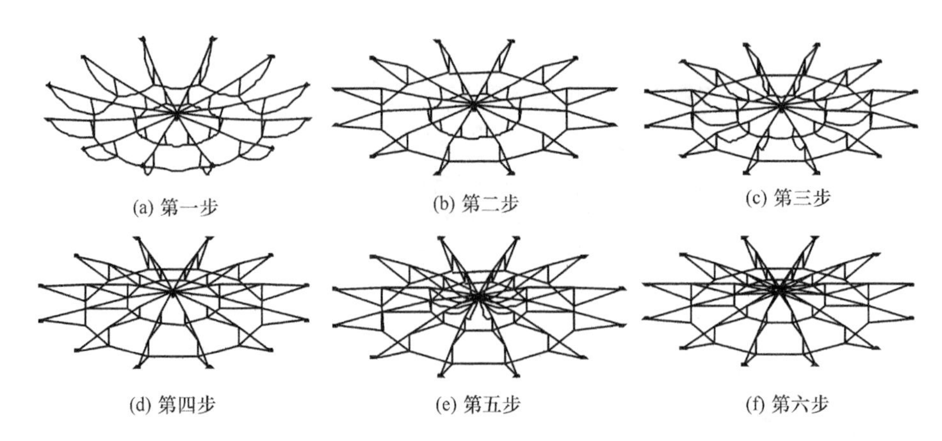

图 1.5.8 Geiger 索穹顶的施工成形步骤

端与外环梁处锚固节点连接;然后,在锚固节点处通过张拉设备收缩上径向索,并牵引上环索到一定的标高以方便安装压杆;将压杆的上节点与上弦索的相应节点相连,随后将事先在地面拼装好的下环索和下径向索连接于压杆的下节点;牵引上径向索到其理论长度位置,并固定;连接下弦径向索外段到环梁锚固节点处,并对其张拉提升整个结构;最终将下径向索张拉到其理论长度,则整个结构施工完毕,结构成形。

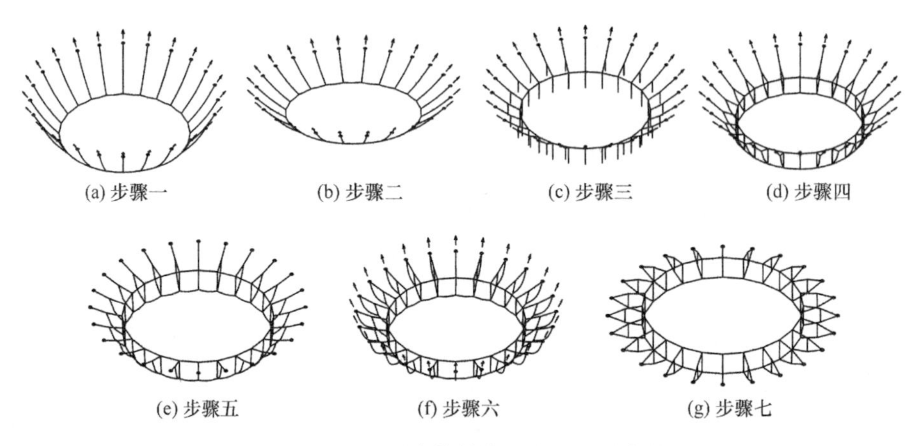

图 1.5.9 环形索桁结构的施工成形步骤

可以看出,索杆张力结构的施工成形分析面临的是高度几何不完整、低应力的机构系统,其体系几何可变性远远高于 Pantadome,且系统成形过程的运动形态与结构自重及施工顺序的关系更为密切。本书也将对此类松弛索杆机构的运动形态分析方法进行阐述。

1.6　可大变形的索杆结构

1.6.1　荷载缓和体系

常规结构的设计，一般不允许结构在外荷载作用下产生明显的变形。英国学者 Melboume 于 20 世纪 80 年代提出了荷载缓和体系(load relieving system)[30]，恰恰是利用结构的刚体大位移来抵抗短期作用的极端荷载效应。

如图 1.6.1 所示，荷载缓和体系的基本思想是允许单层索系屋盖中靠近周边支座的索段绕支座转动或滑动，于是屋盖的形状可随着外荷载的变化而改变。如果索段在滑(滚)动支座外悬挂固定质量的重物，那么无论外荷载怎样变化，索拉力可认为保持恒定，而仅是屋盖结构形状随外荷载发生调整。索力不随外荷载产生显著变化，因此即便结构遭遇短期极端荷载的作用，也不会对支承柱和基础产生较大的负担。荷载缓和体系最早用于仅需要简单遮蔽的海边垃圾场的屋盖，目的是阻止垃圾飞扬或被飞鸟啄食。

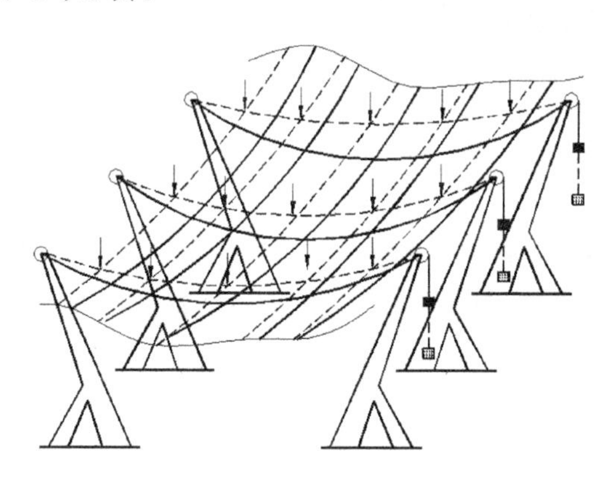

图 1.6.1　荷载缓和体系

荷载缓和体系显然为可大变形的机构，但不能维持预应力，这与张拉整体、索穹顶、预应力索网等预应力机构存在区别。但应该看到，一个机构系统同样可以承受荷载，且并不一定都需要预应力的存在来保证受荷状态的稳定性。荷载缓和体系的分析同样为刚体位移和弹性变形相耦合的问题，也不能借助传统结构力学方法来直接求解。

1.6.2　大型射电望远镜的支承索网

为满足宇宙探测和深空测控的要求，近年我国在贵州的天然溶岩山区完成了 500m 口径球面射电望远镜(five-hundred-meter aperture spherical radio telescope,FAST)的建设,如图 1.6.2 所示。FAST 的主动反射面系统由支承索网、反射面单元、促动器转置、地锚、圈梁组成,用于汇聚无线电波以供馈源接收机接收[31]。

图 1.6.2　我国 500m 口径球面射电望远镜

口径 500m 的反射面支承索网[图 1.6.3(a)]采用短程线型球面网格划分,由近万根钢索组成。支承索网外围固定在格构式环形圈梁上,索网上安装 4600 个铝合金网架的反射面单元。索网内部有 2400 个连接节点,每个节点通过下拉索与固定在地锚上的促动器连接[图 1.6.3(b)]。通过促动器牵引下拉索,可以主动改变支承索网以及反射面的形状,将 500m 口径球面转变为 300m 口径抛物面,以满足高精度信号接收的要求。

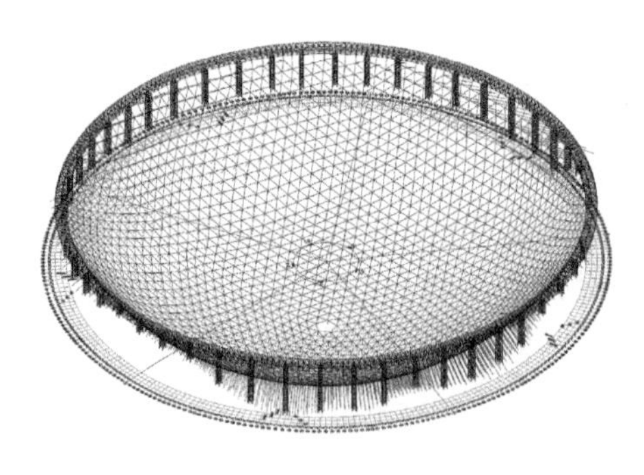

(a) 结构图

(b) 下拉索及促动器

图 1.6.3　FAST 的支承索网

虽然 FAST 的支承索网的形状调整有限，但应归类为允许大变形的机构系统。在促动器作用下，系统的形态分析依然属于刚体位移和弹性变形相耦合的问题。

1.7　本书的主要内容

1. 大位移索、杆单元的解析

从以上各类索杆系统的介绍可以看出，几何可变和大位移特性使得索杆系统的分析不能忽略几何非线性的影响。第 2 章将讨论允许节点大位移的杆单元，且重点关注其非线性协调方程。这不仅是模拟索单元的要求，更重要的是该方程是杆系机构运动分析的基础。还将给出非线性杆单元切线刚度矩阵的解析表达式，为解释索杆系统的稳定性条件和进行结构刚度解析创造条件。低应力大垂度索单元也是索杆系统分析的重要问题。基于经典单索理论，还将对大垂度索单元的协调方程进行分析，以期建立索上荷载、索长、节点位移和索力之间的解析关系。第 2 章将给出经典抛物线和悬链线索单元的精确协调方程，详细推导悬链线索单元的切线刚度矩阵，为索杆机构的稳定性判别以及运动分析奠定理论基础。

2. 杆系的静动特征分析

静动特征是系统静力和运动特征的简称。杆系静动特征分析实际上就是针对系统平衡方程和协调方程的分析，这将是第 3 章讨论的内容。平衡方程反映系统内力和外荷载的关系。第 3 章将讲述如何通过平衡矩阵的空间分解来判别杆系属于静定系统还是静不定(超静定)系统，解释为何只有静不定系统才能够维持自平衡的预应力。对于静不定系统，还将阐述其预应力所必须满足的特定条件。可以说，静力特征分析方法是索杆系统预应力分析的理论基础。另外，协调方程反映了系统位移和杆件变形之间的关系，决定系统的运动特征。利用该方程，可以分析系统是否能够发生不引起杆件变形的非零位移，即刚体位移。这表明，杆系运动特征分析包含了对系统几何可变性的判别。更重要的是，通过对协调矩阵的解析，还可以分析几何可变系统的刚体位移运动趋势，这也是索杆机构运动分析的理论基础。第 3 章还将从构件层面来讨论保持体系几何不变性的条件，阐述如何识别那些保证系统几何不变的“必需杆”，还会给出同时撤除多根杆件是否会造成杆系结构几何可变的判别准则。

3. 杆系的可动性及机构运动分析

运动分析是工程索杆机构设计的主要内容，而系统运动主要来自刚体位移的贡献。第 4 章将重点讨论杆系机构的刚体位移分析方法，将建立杆系机构的运动控制方程，基于分析该方程是否存在位移的非零解提出了杆系可动性判别的一般性准则。针对一类特殊的"无穷小机构"，理论解释其实际上并不具备可动性的原因。还将进一步给出跟踪杆系机构运动路径的数值求解策略，并对运动路径上存在的极值点现象进行理论解释。此外，还将讨论机构运动路径的分岔问题，提出分岔点定位方法以及分岔路径的求解方法。最后，将杆系机构运动路径分析方法推广到铰接板机构的运动分析。

4. 杆系稳定性的统一解释

为回答索网、索穹顶、张拉整体此类几何可变性体系为何能够成为稳定承载系统的问题，第 5 章将基于传统结构稳定理论中的能量准则，对杆系结构和杆系机构的稳定条件进行统一解释，并重点分析杆系的几何稳定性、杆系机构的稳定性、无穷小机构的稳定性问题。通过对系统切线刚度的解析，将阐明系统几何、拓扑、边界约束、杆件刚度、预应力等因素对系统稳定性的影响。指出几何不变性实际上就是系统无内力情况下的一类特殊稳定问题("几何稳定")。理论上将指出杆系机构完全可以在合理的预应力或荷载效应下成为稳定受力系统，并给出预应力杆系机构和受荷杆系机构的稳定条件。第 5 章最后还对不存在预应力及荷载效应的无穷小机构稳定问题进行理论解释。

5. 索杆结构的预张力分析

预张力是索杆结构最重要的特征，第 6 章将重点讨论预张力的分析方法，将会阐明对索进行张拉在结构中产生预张力的本质，指出结构能够维持预张力的基本条件，给出"不可预应力索"(即便对其张拉也不能在结构中产生预张力的索)的判别准则。对于拉索较少的刚性索杆结构，将讲述结构预张力分析的简便方法。还会关注索杆结构施工中存在的拉索分级分批张拉问题，提出一种快速准确地分析后批索张拉对前批索内力影响的方法。最后，还将对刚性索杆结构的预张力监测及补偿问题进行讨论，给出测点数量、布置以及补张拉力的分析计算方法。

6. 预应力杆系机构的找形

索网、索穹顶等系统的形态稳定性需要依靠预张力来维持。实际工程设计中，当索杆机构的几何可变性较严重时，任意给定其形状往往很难满足可维持预张力以及机构稳定性的条件，于是需要对系统进行合理形状的分析，即"找形"。第 7 章将介绍三种常用的索杆机构找形方法：力密度法、动力松弛法和有限元法，并详细阐述找形问题的本质及其数学描述、三种找形方法的思路以及具体的计算步骤。

7. 受荷杆系机构的运动分析

工程中以 Pantadome 为代表的杆系机构的运动形态除了与刚体位移相关，往往还取决于所承受的荷载。系统刚度矩阵易于奇异和刚体位移的存在，使得传统的结构分析方法受到限制。第 8 章将讨论此类受荷杆系机构的运动分析问题。对于机构位移模态数量不多的受荷杆系机构，依然可以利用有限元法中一些处理结构非线性和刚度矩阵奇异性的计算策略来实现其运动路径的跟踪。第 8 章将介绍一种以驱动杆长度为控制参数、基于有限元法的受荷杆系机构运动分析方法，并借助弧长法来进行运动路径的自动跟踪。此外，还将对受荷杆系机构运动形态稳定性和分岔路径问题进行讨论，包括形态稳定性的判别条件、运动路径分岔条件、奇异点的定位方法以及分岔路径的跟踪方法等内容。

8. 松弛索杆机构的形态分析

第 9 章将以索杆张力结构的施工成形分析为背景，讨论松弛索杆机构的形态分析问题。与第 8 章讨论的受荷杆系机构相比，这些索杆机构较高的几何可变性和低应力水平使得系统刚度矩阵更易于病态，故较难使用有限元方法来进行运动路径的求解。相比之下，同样能够进行平衡形态求解的力密度法和动力松弛法由于不需要直接建立系统的刚度矩阵，可以避免刚度矩阵病态所引起的数值计算困难，故可推广应用于这些松弛索杆机构的平衡形态求解。第 9 章将面向工程实践，对松弛索杆机构运动分析问题的特点进行阐述，然后讲述如何应用力密度法和动力松弛法进行松弛索杆机构的找形。进一步将弧长法引入动力松弛法中，同样可实现索杆机构运动过程的自动跟踪。最后，也将对松弛索杆机构运动形态的稳定性和路径分岔问题进行讨论。

9. 预张力偏差及张拉控制

实际工程中，以构件长度误差为主的各类加工安装误差不可避免，而这些因素将造成索杆张力结构出现预张力偏差，并影响结构的刚度性能。第 10 章将讨论索杆张力结构的预张力偏差分析方法及张拉控制问题。第 10 章将建立索长误差变量的随机数学模型，推导索长误差和预张力偏差间的解析关系式，将指出张拉施工时控制拉索原长和控制其索力所造成的预张力偏差大小不同，而且选择不同的主动索（张拉方案）也对预张力偏差的控制效果存在差异。第 10 章还将给出随机预张力偏差特征参数的计算方法，分析预张力偏差的有界性，提出最不利索长误差分布的分析方法。正是由于不同张拉方案对结构预张力偏差控制效果的不同，最后还将讨论主动索的优选问题。

10. 索杆张力结构的刚度解析

索杆张力结构需要依靠预张力提供的几何刚度来维持其形态稳定性，表明几何刚度和弹性刚度对结构整体刚度的贡献相当，也反映结构刚度是索杆张力结构最重要的性能指标。无论结构设计还是结构监测，一般都面临评价不同层面刚度成分对结构整体刚度贡献度的问题。第 11 章将讨论索杆张力结构的刚度解析方法。这些方法可在结构层面分析几何刚度和弹性刚度的贡献大小，还能够在构件层面来定量说明不同构件对结构整体刚度的贡献。第 11 章还将讨论如何从结构整体刚度中分离出对控制荷载起主要抵抗作用的刚度分量(即关键刚度)，以此作为结构设计或监测的重点。另外，由于动力测试是结构刚度最有效的监测方法，还会讨论如何求解那些最能体现关键刚度的结构模态参数，以作为结构动力监测的目标。

第 2 章　单 元 分 析

2.1　杆　单　元

2.1.1　基本特性

杆单元是指两端节点铰接、节点间无横向荷载且具有抗弯刚度的直线单元。杆单元具有如下基本力学特性：

(1) 杆单元仅承受轴力。由于具有抗弯刚度，杆单元不仅可以承受拉力，而且可以承受压力。

(2) 杆单元可以绕两端节点大角度转动。

工程中常用的桁架、网架等结构中，一般将构件假定为杆单元来进行结构分析。主要原因是此类结构中构件内力以轴力为主，同时构件上横向荷载通常只有自重，在构件中产生的弯曲应力较小并可以忽略。

一般工程结构中，将构件假定为杆单元主要依据其以承受轴力为主的特性，而非两端节点是否能产生大角度转动。例如，在双层网架结构中，不管节点采用抗弯刚度较小的螺栓球节点还是抗弯刚度较大的焊接空心球节点，构件一般均假定为杆单元进行结构分析。但是，对于空间可展天线一类的可运动系统，为确保系统能发生大位移运动，设计时主要利用杆单元两端节点可大角度转动的特性。

2.1.2　几何条件

几何条件反映的是杆单元两端节点位移和轴向伸长量(或应变)之间的关系。如图 2.1.1 所示的一根空间杆单元 k，在某个参考构型下两端节点 i、j 的坐标分别为(x_i, y_i, z_i)、(x_j, y_j, z_j)，则此时单元长度为

$$l_k=\sqrt{(x_i-x_j)^2+(y_i-y_j)^2+(z_i-z_j)^2} \tag{2.1.1}$$

如果杆 k 相对参考构型发生变形，其中节点 i、j 的位移分别为(u_i, v_i, w_i)，(u_j, v_j, w_j)，则其长度变化为

$$l'_k=\sqrt{(x_i+u_i-x_j-u_j)^2+(y_i+v_i-y_j-v_j)^2+(z_i+w_i-z_j-w_j)^2} \tag{2.1.2}$$

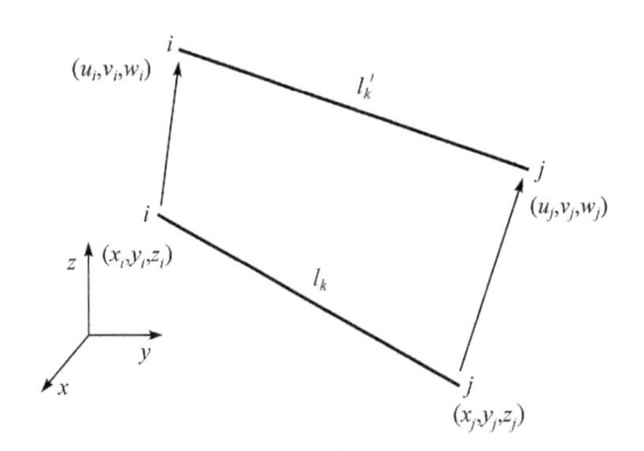

图 2.1.1　杆单元

由变形前后杆长表达式(2.1.1)和式(2.1.2),可得到

$$e_k=l_k'-l_k=\left(\frac{l_k'}{l_k}-1\right)l_k=\left(\sqrt{1+\frac{2\boldsymbol{b}_{\mathrm{L}k}\boldsymbol{d}_k}{l_k}+\frac{\boldsymbol{b}_{\mathrm{N1}k}\boldsymbol{d}_k}{l_k}}-1\right)l_k \tag{2.1.3}$$

$$l_k'^2-l_k^2=(2\boldsymbol{b}_{\mathrm{L}k}\boldsymbol{d}_k+\boldsymbol{b}_{\mathrm{N1}k}\boldsymbol{d}_k)l_k \tag{2.1.4}$$

式中,e_k为杆 k 的伸长量;其他变量的形式分别为

$$\boldsymbol{d}_k=\{u_i,v_i,w_i,u_j,v_j,w_j\}^{\mathrm{T}} \tag{2.1.5}$$

$$\boldsymbol{b}_{\mathrm{L}k}=\left\{\frac{x_i-x_j}{l_k},\frac{y_i-y_j}{l_k},\frac{z_i-z_j}{l_k},\frac{x_j-x_i}{l_k},\frac{y_j-y_i}{l_k},\frac{z_j-z_i}{l_k}\right\} \tag{2.1.6}$$

$$\boldsymbol{b}_{\mathrm{N1}k}=\left\{\frac{u_i-u_j}{l_k},\frac{v_i-v_j}{l_k},\frac{w_i-w_j}{l_k},\frac{u_j-u_i}{l_k},\frac{v_j-v_i}{l_k},\frac{w_j-w_i}{l_k}\right\} \tag{2.1.7}$$

式中,$\boldsymbol{d}_k$为杆 k 两端节点位移向量;$\boldsymbol{b}_{\mathrm{L}k}$为反映杆件两端节点坐标差的矩阵,表示参考构型时杆件对于整体坐标系三个坐标轴的方向余弦;$\boldsymbol{b}_{\mathrm{N1}k}$为反映杆件两端节点位移差的矩阵,表示位移 $\boldsymbol{d}_k$所造成杆件方向余弦的变化量。应该注意的是,$(\boldsymbol{b}_{\mathrm{L}k}+\boldsymbol{b}_{\mathrm{N1}k})$实际上是杆件变形后的两端节点坐标差矩阵,即变形后构型杆件对于整体坐标系三个坐标轴的方向余弦。此外,式(2.1.7)中 $\boldsymbol{b}_{\mathrm{N1}k}$实际上是 $\boldsymbol{d}_k$的函数,可表示为

$$\boldsymbol{b}_{\mathrm{N1}k}=\boldsymbol{d}_k^{\mathrm{T}}\boldsymbol{E} \tag{2.1.8}$$

式中,

$$\boldsymbol{E}=\frac{1}{l_k}\begin{bmatrix}1&0&0&-1&0&0\\0&1&0&0&-1&0\\0&0&1&0&0&-1\\-1&0&0&1&0&0\\0&-1&0&0&1&0\\0&0&-1&0&0&1\end{bmatrix}$$

根据高等数学的知识,幂函数的 Taylor 级数展开公式如下:

$$(1+x)^{\mu}=1+\mu x+\frac{\mu(\mu-1)}{2!}x^2+\frac{\mu(\mu-1)(\mu-2)}{3!}x^3+\cdots$$
$$+\frac{\mu(\mu-1)\cdots(\mu-n+1)}{n!}x^n+\cdots \tag{2.1.9}$$

对于式(2.1.3)右端的平方根项,可认为 $x=(2\boldsymbol{b}_{\mathrm{L}k}+\boldsymbol{b}_{\mathrm{N1}k})\boldsymbol{d}_k/l_k$,且 $\mu=1/2$,则

$$\left(1+\frac{2\boldsymbol{b}_{\mathrm{L}k}+\boldsymbol{b}_{\mathrm{N1}k}}{l_k}\boldsymbol{d}_k\right)^{\frac{1}{2}}=1+\frac{\boldsymbol{b}_{\mathrm{L}k}\boldsymbol{d}_k}{l_k}+\frac{1}{2}\frac{\boldsymbol{b}_{\mathrm{N1}k}\boldsymbol{d}_k}{l_k}-\frac{1}{2}\frac{(\boldsymbol{b}_{\mathrm{L}k}\boldsymbol{d}_k)^2}{l_k^2}$$
$$-\frac{1}{2}\frac{(\boldsymbol{b}_{\mathrm{L}k}\boldsymbol{d}_k)(\boldsymbol{b}_{\mathrm{N1}k}\boldsymbol{d}_k)}{l_k^2}-\frac{1}{8}\frac{(\boldsymbol{b}_{\mathrm{N1}k}\boldsymbol{d}_k)^2}{l_k^2}+\cdots \tag{2.1.10}$$

于是,式(2.1.3)可进一步表示为

$$e_k=\boldsymbol{b}_{\mathrm{L}k}\boldsymbol{d}_k+\frac{1}{2}\boldsymbol{b}_{\mathrm{N1}k}\boldsymbol{d}_k-\frac{1}{2}\frac{(\boldsymbol{b}_{\mathrm{L}k}\boldsymbol{d}_k)^2}{l_k}-\frac{1}{2}\frac{(\boldsymbol{b}_{\mathrm{L}k}\boldsymbol{d}_k)(\boldsymbol{b}_{\mathrm{N1}k}\boldsymbol{d}_k)}{l_k}-\frac{1}{8}\frac{(\boldsymbol{b}_{\mathrm{N1}k}\boldsymbol{d}_k)^2}{l_k}+\cdots$$
$$=\boldsymbol{b}_{\mathrm{L}k}\boldsymbol{d}_k+\frac{1}{2}\boldsymbol{b}_{\mathrm{N1}k}\boldsymbol{d}_k+o(\boldsymbol{d}_k^2) \tag{2.1.11}$$

式中,$o(\boldsymbol{d}_k^2)$代表含位移 $\boldsymbol{d}_k$ 二次方(除 $1/2\boldsymbol{b}_{\mathrm{N1}k}\boldsymbol{d}_k$ 外)及以上高阶项的和。注意,式(2.1.3)和式(2.1.11)实际上就是几何方程,且其推导过程没有引入任何假定,因此两式适用于杆件发生大位移的情况。

进一步可将式(2.1.11)写成如下的变分形式:

$$\delta e_k=\boldsymbol{b}_{\mathrm{L}k}\delta\boldsymbol{d}_k+(\boldsymbol{b}_{\mathrm{N1}k}+o(\boldsymbol{d}_k))\delta\boldsymbol{d}_k=(\boldsymbol{b}_{\mathrm{L}k}+\boldsymbol{b}_{\mathrm{N}k})\delta\boldsymbol{d}_k \tag{2.1.12}$$

式中,$\boldsymbol{b}_{\mathrm{L}k}$称为单元协调矩阵的线性部分;$\boldsymbol{b}_{\mathrm{N}k}=\boldsymbol{b}_{\mathrm{N1}k}+o(\boldsymbol{d}_k)$为单元协调矩阵的非线性部分;$o(\boldsymbol{d}_k)$为 $o(\boldsymbol{d}_k^2)$对 $\boldsymbol{d}_k$ 的一阶导数。

如果引入小变形假定,认为位移二次方及以上所有高阶项对杆件伸长量的贡献可以忽略,即 $\boldsymbol{b}_{\mathrm{N1}k}\boldsymbol{d}_k+o(\boldsymbol{d}_k)=\boldsymbol{0}$,则式(2.1.12)可写为

$$e_k=\boldsymbol{b}_{\mathrm{L}k}\boldsymbol{d}_k \tag{2.1.13}$$

2.1.3　平衡条件

平衡条件反映的是杆单元内力和节点荷载之间的平衡关系。对应于参考构型和变形后构型,令与节点 i 相连的单元 k 的轴力分别为 t_k^0 和 t_k,作用于节点 i 上的荷载分别为 $\boldsymbol{p}_i^0=\{p_{ix}^0,p_{iy}^0,p_{iz}^0\}^{\mathrm{T}}$、$\boldsymbol{p}_i=\{p_{ix},p_{iy},p_{iz}\}^{\mathrm{T}}$。易知,$t_k^0$ 和 t_k 对节点 i、j 提供的节点力分别为

$$\boldsymbol{F}_k^0=\{\boldsymbol{F}_{ki}^{0\mathrm{T}}\mid\boldsymbol{F}_{kj}^{0\mathrm{T}}\}^{\mathrm{T}}=\{F_{ix}^0,F_{iy}^0,F_{iz}^0,\mid F_{jx}^0,F_{jy}^0,F_{jz}^0,\}^{\mathrm{T}}=\boldsymbol{b}_{\mathrm{L}k}^{\mathrm{T}}t_k^0 \tag{2.1.14}$$

$$\boldsymbol{F}_k=\{\boldsymbol{F}_{ki}^{\mathrm{T}}\mid\boldsymbol{F}_{kj}^{\mathrm{T}}\}^{\mathrm{T}}=\{F_{ix},F_{iy},F_{iz},\mid F_{jx},F_{jy},F_{jz}\}^{\mathrm{T}}=(\boldsymbol{b}_{\mathrm{L}k}^{\mathrm{T}}+\boldsymbol{b}_{\mathrm{N1}k}^{\mathrm{T}})t_k \tag{2.1.15}$$

式中,$\boldsymbol{F}_k^0$ 和 $\boldsymbol{F}_k$ 分别为对应参考构型和变形后构型的节点力向量。于是,两个构型下节点 i 处的平衡方程可写为

$$\sum_{k\in\Omega}\boldsymbol{F}_{ki}^{0}=\boldsymbol{p}_{i}^{0} \tag{2.1.16}$$

$$\sum_{k\in\Omega}\boldsymbol{F}_{ki}=\boldsymbol{p}_{i} \tag{2.1.17}$$

式中，Ω 为所有与节点 i 相连单元的集合。

2.1.4　物理条件

物理条件反映的是杆单元内力和伸长量之间的关系。对于工程中的索杆系统，构件材料一般满足胡克定律（Hooke's law），即杆单元内力的变化可表示为

$$t_k-t_k^0=D_k e_k \tag{2.1.18}$$

式中，$D_k=E_kA_k/l_k$ 为杆 k 的轴向线刚度；E_k、A_k 分别为杆 k 的材料弹性模量和截面面积。

将物理方程式(2.1.18)表示为变分形式，可得

$$\delta t_k=D_k\delta e_k \tag{2.1.19}$$

2.1.5　单元刚度矩阵

单元刚度矩阵是反映杆件节点力 $\boldsymbol{F}_k$ 和节点位移 $\boldsymbol{d}_k$ 关系的矩阵。注意几何方程式(2.1.12)没有引入小变形假定，即考虑几何非线性效应。根据有限元法的基本理论，杆件节点力和节点位移之间的关系一般以变分形式来描述，即

$$\delta\boldsymbol{F}_k=\boldsymbol{k}_{\mathrm{T}}^{k}\delta\boldsymbol{d}_k \tag{2.1.20}$$

式中，$\boldsymbol{k}_{\mathrm{T}}^{k}$ 为单元切线刚度矩阵。

对变形后构型的平衡方程式(2.1.15)两边进行变分，可得

$$\delta\boldsymbol{F}_k=\delta(\boldsymbol{b}_{\mathrm{L}k}^{\mathrm{T}}+\boldsymbol{b}_{\mathrm{N1}k}^{\mathrm{T}})t_k+(\boldsymbol{b}_{\mathrm{L}k}^{\mathrm{T}}+\boldsymbol{b}_{\mathrm{N1}k}^{\mathrm{T}})\delta t_k \tag{2.1.21}$$

将式(2.1.12)和式(2.1.19)代入，则式(2.1.21)可进一步写为

$$\delta\boldsymbol{F}_k=\delta(\boldsymbol{b}_{\mathrm{L}k}^{\mathrm{T}}+\boldsymbol{b}_{\mathrm{N1}k}^{\mathrm{T}})t_k+(\boldsymbol{b}_{\mathrm{L}k}^{\mathrm{T}}+\boldsymbol{b}_{\mathrm{N1}k}^{\mathrm{T}})D_k(\boldsymbol{b}_{\mathrm{L}k}+\boldsymbol{b}_{\mathrm{N}k})\delta\boldsymbol{d}_k \tag{2.1.22}$$

由于 $\boldsymbol{b}_{\mathrm{L}k}^{\mathrm{T}}$ 与 $\boldsymbol{d}_k$ 无关，因此 $\delta\boldsymbol{b}_{\mathrm{L}k}^{\mathrm{T}}=0$。整理式(2.1.22)并与式(2.1.20)比较，则可得杆单元的切线刚度矩阵的表达式为

$$\boldsymbol{k}_{\mathrm{T}}^{k}=\boldsymbol{k}_{0}^{k}+\boldsymbol{k}_{\mathrm{g}}^{k}+\boldsymbol{k}_{\mathrm{d}}^{k} \tag{2.1.23}$$

式中，

$$\boldsymbol{k}_{0}^{k}=\boldsymbol{b}_{\mathrm{L}k}^{\mathrm{T}}D_k\boldsymbol{b}_{\mathrm{L}k} \tag{2.1.24}$$

$$\boldsymbol{k}_{\mathrm{g}}^{k}\delta\boldsymbol{d}_k=\delta(\boldsymbol{b}_{\mathrm{N1}k})t_k \tag{2.1.25}$$

$$\boldsymbol{k}_{\mathrm{d}}^{k}=\boldsymbol{b}_{\mathrm{L}k}^{\mathrm{T}}D_k\boldsymbol{b}_{\mathrm{N}k}+\boldsymbol{b}_{\mathrm{N1}k}^{\mathrm{T}}D_k\boldsymbol{b}_{\mathrm{L}k}+\boldsymbol{b}_{\mathrm{N1}k}^{\mathrm{T}}D_k\boldsymbol{b}_{\mathrm{N}k} \tag{2.1.26}$$

式(2.1.23)是单元 k 在变形后构型的切线刚度表达式，是相对参考构型的全量拉格朗日列式（total Lagrangian formulation，T. L.）。需要指出的是，以上推导过程并没有引入任何假定。

如果要考察单元 k 在参考构型的切线刚度矩阵，而此构型下 $\boldsymbol{d}_k=\boldsymbol{0}$，则 $\boldsymbol{b}_{\mathrm{N}k}=$

$\boldsymbol{b}_{\mathrm{N1}k}=\mathbf{0}$，故式(2.1.26)中的 $\boldsymbol{k}_{\mathrm{d}}^{k}$ 退化为零。于是，参考构型的单元切线刚度矩阵形式为

$$\boldsymbol{k}_{\mathrm{T}}^{k}=\boldsymbol{k}_{0}^{k}+\boldsymbol{k}_{\mathrm{g}}^{k} \tag{2.1.27}$$

式(2.1.27)称为切线刚度矩阵的修正拉格朗日列式(updated Lagrangian formulation)，简称 U. L. 列式。式(2.1.27)并不与系统当前平衡状态之前的变形历史相关，因此 U. L. 列式描述的 $\boldsymbol{k}_{\mathrm{T}}^{k}$ 最适合描述系统特定平衡状态的刚度特征。通常，$\boldsymbol{k}_{0}^{k}$ 被称为单元弹性刚度矩阵，而 $\boldsymbol{k}_{\mathrm{g}}^{k}$ 称为单元几何刚度矩阵，均为 6×6 的矩阵。如果将杆件在整体坐标系下的方向余弦简单表示为 $\theta_x=(x_i-x_j)/l_k$，$\theta_y=(y_i-y_j)/l_k$，$\theta_z=(z_i-z_j)/l_k$，式(2.1.6)可简写为

$$\boldsymbol{b}_{\mathrm{L}k}=\{\theta_x,\theta_y,\theta_z,-\theta_x,-\theta_y,-\theta_z\} \tag{2.1.28}$$

于是

$$\boldsymbol{k}_{0}^{k}=\frac{E_kA_k}{l_k}\begin{bmatrix} \theta_x^2 & & & & & \\ \theta_y\theta_x & \theta_y^2 & & \text{对} & & \\ \theta_z\theta_x & \theta_z\theta_y & \theta_z^2 & & \text{称} & \\ -\theta_x^2 & -\theta_x\theta_y & -\theta_x\theta_z & \theta_x^2 & & \\ -\theta_y\theta_x & -\theta_y^2 & -\theta_y\theta_z & \theta_y\theta_x & \theta_y^2 & \\ -\theta_z\theta_x & -\theta_z\theta_y & -\theta_z^2 & \theta_z\theta_x & \theta_z\theta_y & \theta_z^2 \end{bmatrix} \tag{2.1.29}$$

考虑式(2.1.8)，由式(2.1.25)可得

$$\boldsymbol{k}_{\mathrm{g}}^{k}=t_k^0\boldsymbol{E}=\frac{t_k^0}{l_k}\begin{bmatrix} 1 & & & & & \\ 0 & 1 & & \text{对} & & \\ 0 & 0 & 1 & & \text{称} & \\ -1 & 0 & 0 & 1 & & \\ 0 & -1 & 0 & 0 & 1 & \\ 0 & 0 & -1 & 0 & 0 & 1 \end{bmatrix} \tag{2.1.30}$$

2.2　单索的力学性能

2.2.1　基本假定

工程中索单元的计算分析，通常基于以下假定：

(1) 索是理想柔性的，即只能承受拉力，不能承受压力、弯矩和剪力。

(2) 索材的力学特性满足胡克定律。

2.2.2　单索的形状

索被假定为理想柔性，则索的形状会随着外荷载的变化而调整，并最终达到一

个平衡状态。也就是说,索的形状取决于所承受的外荷载。在没有外荷载作用时,索的形状不能确定。

图 2.2.1 所示为平面 o-xz 内的一根单索。在水平分布荷载 $q_x(x)$和竖向分布荷载 $q_z(x)$作用下,索的平衡形状为 $z(x)$。一般情况下,索中拉力是随索长变化的,故记为 $t(x)$。易知,只有 $t(x)$方向为 $z(x)$的切线方向,才不会在索截面中产生剪力和弯矩。

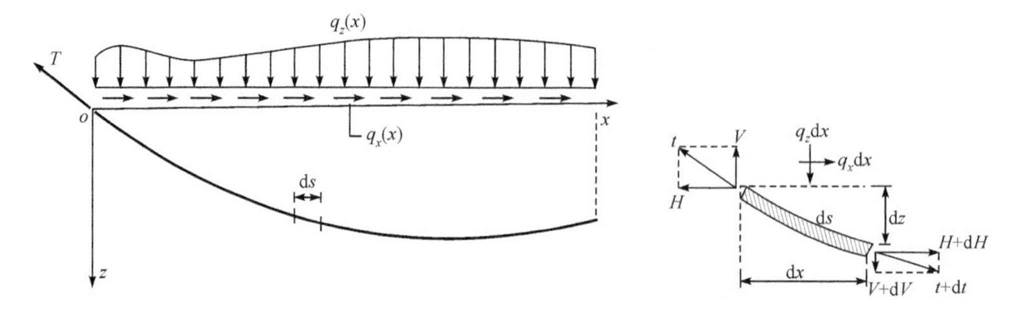

图 2.2.1 单索及其微小索段的平衡关系

设 $H(x)$、$V(x)$为 $t(x)$的水平分力和竖向分量,可得

$$H(x)=t(x)\frac{\mathrm{d}x}{\mathrm{d}s} \tag{2.2.1}$$

$$V(x)=H(x)\frac{\mathrm{d}z}{\mathrm{d}x} \tag{2.2.2}$$

式中,s 为索长。

对于任意一微小索段(图 2.2.1),可分别建立 x 和 z 向的平衡方程:

$$H(x)+q_x(x)\mathrm{d}x=H(x)+\mathrm{d}H(x) \tag{2.2.3}$$

$$V(x)-q_z(x)\mathrm{d}x=V(x)+\mathrm{d}V(x) \tag{2.2.4}$$

实际工程中,索上的水平分布荷载通常认为很小而可以忽略不计,即 $q_x(x)=0$,于是由式(2.2.3)可得

$$\mathrm{d}H(x)=0 \tag{2.2.5}$$

式(2.2.5)表明,在无水平分布荷载时,索拉力的水平分量为常数,以下将 $H(x)$简记为 H。

进一步考虑式(2.2.2),则式(2.2.4)可写为

$$H\frac{\mathrm{d}^2 z}{\mathrm{d}x^2}+q_z(x)=0 \tag{2.2.6}$$

如果已知竖向分布荷载 $q_z(x)$,根据式(2.2.6)并考虑两端节点的坐标,便可以求解索的曲线方程 $z(x)$。这也表明,仅利用平衡条件,就可以确定单索的形状。

2.2.3 荷载沿跨度均匀分布的单索

如图 2.2.2 所示，当 q_z 沿跨度均匀分布时，$q_z=q$ 为常数。将其代入式(2.2.6)，并引入两端支座的几何条件，可求得索的平衡曲线为

$$z(x)=\frac{q}{2H}x(L-x)+\frac{C}{L}x \tag{2.2.7}$$

式中，L 为索跨度方向的水平距离；C 为支座高差。可见，当索上承受沿跨度均匀分布的荷载时，索的平衡曲线为抛物线。由于 H 未知，式(2.2.7)实际代表一族抛物线。如果进一步给定索的跨中垂度 f，即 $x=L/2$ 时，$z=C/2+f$，代入式(2.2.7)可得

$$H=\frac{qL^2}{8f} \tag{2.2.8}$$

$$z(x)=\frac{4f}{L^2}x(L-x)+\frac{C}{L}x \tag{2.2.9}$$

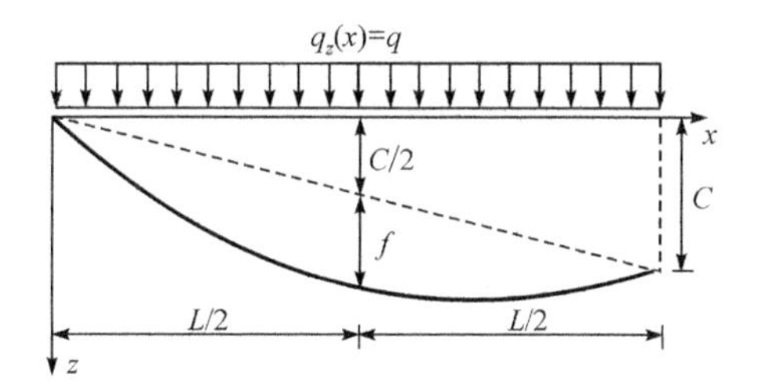

图 2.2.2 q_z 沿跨度均匀分布的单索

同样，如果已知 H，可利用式(2.2.8)求得 f，则抛物线索的形状也可确定。

进一步利用式(2.2.1)，可求得索上各截面的拉力为

$$t(x)=H\left(\frac{\mathrm{d}s}{\mathrm{d}x}\right)=H\sqrt{1+\left(\frac{\mathrm{d}z}{\mathrm{d}x}\right)^2}=H\sqrt{1+\left[\frac{4f}{L}\left(1-\frac{2x}{L}\right)+\frac{c}{L}\right]^2} \tag{2.2.10}$$

可见，索张力 t 沿索长是变化的。为便于计算，对于仅承受竖向荷载的单索，H 为常数，因此通常将 H 作为描述索力的参数。

2.2.4 荷载沿索长均匀分布的单索

在多数情况下，外荷载(包括自重)是沿索长均匀分布的(图 2.2.3)，即 $q_s=q$ 为常数。为利用平衡方程式(2.2.6)，可先按式(2.2.11)将 q_s 转换为 q_z：

$$q_s\mathrm{d}s=q_z\mathrm{d}x \tag{2.2.11}$$

于是，$q_z=q(\mathrm{d}s/\mathrm{d}x)$。代入式(2.2.6)，可得

$$H\left(\frac{\mathrm{d}^2 z}{\mathrm{d}x^2}\right)+q\sqrt{1+\left(\frac{\mathrm{d}z}{\mathrm{d}x}\right)^2}=0 \tag{2.2.12}$$

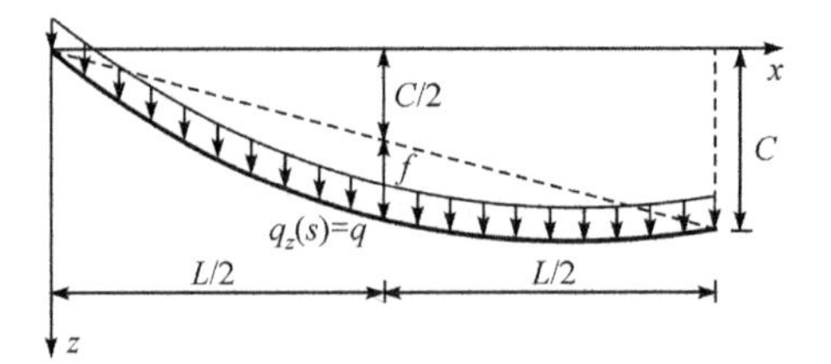

图 2.2.3 q_z 沿索长均匀分布的单索

为方便该微分方程的求解，令$\frac{\mathrm{d}z}{\mathrm{d}x}=\sinh u$，则式(2.2.12)可改写为

$$H\cosh u\frac{\mathrm{d}u}{\mathrm{d}x}+q\cosh u=0 \tag{2.2.13}$$

进而可得

$$H\frac{\mathrm{d}u}{\mathrm{d}x}+q=0 \tag{2.2.14}$$

于是

$$u=-\frac{q}{H}x+\alpha \tag{2.2.15}$$

$$\frac{\mathrm{d}z}{\mathrm{d}x}=\sinh\left(-\frac{q}{H}x+\alpha\right) \tag{2.2.16}$$

$$z=-\frac{H}{q}\cosh\left(-\frac{q}{H}x+\alpha\right)+\alpha_1 \tag{2.2.17}$$

式(2.2.15)～式(2.2.17)中，α、α_1 均为常数。将以下边界条件代入式(2.2.17)：

(1) $x=0,z=0$，则

$$\alpha_1=\frac{H}{q}\cosh\alpha \tag{2.2.18}$$

$$z=-\frac{H}{q}\cosh\left(-\frac{q}{H}x+\alpha\right)+\frac{H}{q}\cosh\alpha \tag{2.2.19}$$

(2) $x=L,z=C$，则

$$\begin{aligned}C&=\frac{H}{q}\left[\cosh\alpha-\cosh\left(\frac{qL}{H}-\alpha\right)\right]\\&=\frac{2H}{q}\sinh\left(\alpha-\frac{qL}{2H}\right)\sinh\frac{qL}{2H}\end{aligned} \tag{2.2.20}$$

易得

$$\alpha = \operatorname{arsinh}\left(\frac{qC}{2H\sinh\frac{qL}{2H}}\right) + \frac{qL}{2H} \tag{2.2.21}$$

于是,索曲线方程可表示为

$$z(x) = \frac{H}{q}\left[\cosh\alpha - \cosh\left(\frac{qx}{H} - \alpha\right)\right] \tag{2.2.22}$$

式(2.2.22)一般称为悬链线方程。可以看出,该方程形式复杂,实际计算中使用并不方便。但是如果索的垂度不是太大,可以发现同样跨度和垂度下的悬链线和抛物线非常接近。计算分析表明,对于两端支座等高的单索,当垂跨比 $f/l=0.2$ 时,两条曲线的最大竖向坐标差 Δz 与垂度 f 的比值仅为 0.11%。因此,在小垂度情况下,可采用抛物线方程来代替悬链线方程进行单索的分析。

2.2.5　承受非均匀分布荷载的单索

材料力学中梁弯矩 $M(x)$ 和梁上分布荷载 $q_z(x)$ 的关系式为

$$\frac{d^2M(x)}{dx^2} + q_z(x) = 0 \tag{2.2.23}$$

如果将式(2.2.23)与单索的平衡方程式(2.2.6)比较,可以发现两个方程形式上相似,差别仅为方程中的变量 z 和 M 相差一个参数 H。考虑 H 一般为常数,在相同的 $q_z(x)$ 作用下,只要梁的跨度和两端边界条件能与单索一致,则下列关系式成立:

$$M(x) = Hz(x) \tag{2.2.24}$$

即

$$z(x) = M(x)/H \tag{2.2.25}$$

简支梁弯矩图的求解被人们所熟悉,因此只要将单索上荷载作用到同跨度的简支梁上,便可按结构力学的方法求解梁的弯矩 $M(x)$;然后利用式(2.2.25)就可方便求出单索的形状,如图 2.2.4(a)所示。

应该注意的是,当索的两端支座不等高时[图 2.2.4(b)],即 $x=L$ 处的 $z=C$,根据式(2.2.24)还应在简支梁的右端支座处增加一个附加力矩 HC。根据这个思想,如果简支梁的弯矩分布求解出来,则相应索的平衡曲线便可通过式(2.2.26)求得:

$$z(x) = M_0(x)/H + (C/L)x \tag{2.2.26}$$

注意,式(2.2.26)中的 $M_0(x)$ 为仅由 q_z 引起的弯矩,不包括支座附加力矩产生的弯矩。

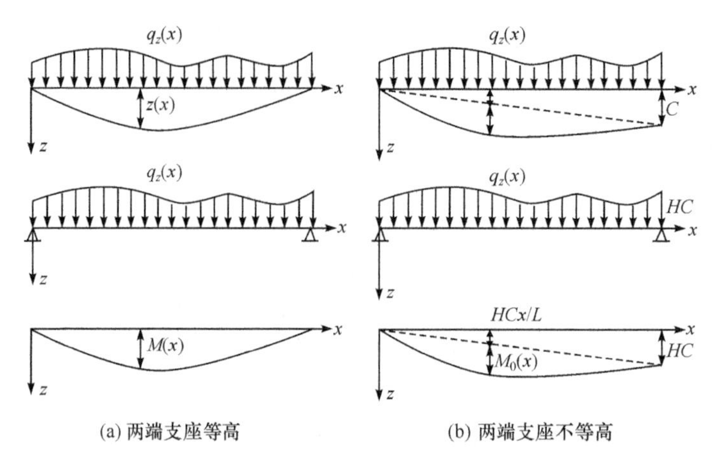

图 2.2.4　索的平衡曲线和简支梁的弯矩图比较

2.3　单索的协调方程

2.3.1　索的长度

如果求出了单索的平衡曲线 $z(x)$，则整根索的长度为(图 2.3.1)：

$$s=\int_A^B \mathrm{d}s=\int_0^L \sqrt{1+\left(\frac{\mathrm{d}z}{\mathrm{d}x}\right)^2}\,\mathrm{d}x \tag{2.3.1}$$

由于式(2.3.1)涉及无理式的积分，直接求解较为困难。通常可将 $\sqrt{1+(\mathrm{d}z/\mathrm{d}x)^2}$ 按式(2.1.9)进行 Taylor 级数展开，即

$$\sqrt{1+\left(\frac{\mathrm{d}z}{\mathrm{d}x}\right)^2}=1+\frac{1}{2}\left(\frac{\mathrm{d}z}{\mathrm{d}x}\right)^2-\frac{1}{8}\left(\frac{\mathrm{d}z}{\mathrm{d}x}\right)^4+\frac{1}{16}\left(\frac{\mathrm{d}z}{\mathrm{d}x}\right)^6-\frac{5}{128}\left(\frac{\mathrm{d}z}{\mathrm{d}x}\right)^8+\cdots \tag{2.3.2}$$

实际工程中，索的垂度 f 和支座高差 C 相对跨度 L 一般不大，$(\mathrm{d}z/\mathrm{d}x)^2$ 与 1 相比可认为是小量。因此，可取式(2.3.2)右端的两项或三项来近似计算索长。

当单索曲线为抛物线时，由式(2.2.9)可求得

$$\frac{\mathrm{d}z}{\mathrm{d}x}=\frac{4f+C}{L}-\frac{8f}{L^2}x \tag{2.3.3}$$

分别取式(2.3.2)右端的两项和三项代入式(2.3.3)，于是利用式(2.3.1)可求得抛物线索的近似索长为

$$s=L\left(1+\frac{C^2}{2L^2}+\frac{8f^2}{3L^2}\right) \tag{2.3.4}$$

$$s=L\left(1+\frac{C^2}{2L^2}+\frac{8f^2}{3L^2}-\frac{C^4}{8L^4}-\frac{32f^4}{5L^4}-\frac{4C^2f^2}{L^4}\right) \tag{2.3.5}$$

值得注意的是，不采用级数展开公式(2.3.2)，而是将式(2.3.3)代入式(2.3.1)后直接对该无理式进行积分，也可求得抛物线单索的索长精确计算公式：

$$s=\frac{L^2}{16f}[\ln(C-4f-\sqrt{\kappa_1})-\ln(C+4f-\sqrt{\kappa_2})]-\frac{C}{16f}(\sqrt{\kappa_1}-\sqrt{\kappa_2})+\frac{1}{4}(\sqrt{\kappa_1}+\sqrt{\kappa_2}) \tag{2.3.6}$$

式中，$\kappa_1=(C-4f)^2+L^2$；$\kappa_2=(C+4f)^2+L^2$。

当支座无高差，即 $C=0$ 时，抛物线索的索长计算公式为

$$s=\int_0^l\sqrt{1+\left(\frac{\mathrm{d}z}{\mathrm{d}x}\right)^2}\mathrm{d}x=\frac{L}{2}\sqrt{1+\frac{16f^2}{L^2}}+\frac{L^2}{8f}\ln\left(\frac{4f}{L}+\sqrt{1+\frac{16f^2}{L^2}}\right) \tag{2.3.7}$$

实际上，对于复杂的悬链线索，将式(2.2.16)代入式(2.3.1)，也可直接积分求得索长的精确计算公式：

$$\begin{aligned}s&=\int_0^L\sqrt{1+\left(\frac{\mathrm{d}z}{\mathrm{d}x}\right)^2}\mathrm{d}x=\int_0^L\cosh\left(\alpha-\frac{q}{H}x\right)\mathrm{d}x=\sinh\alpha-\sinh\left(\alpha-\frac{q}{H}L\right)\\&=\sinh\alpha-\sinh\beta\end{aligned} \tag{2.3.8}$$

式中，

$$\beta=\mathrm{arsinh}\left(\frac{qC}{2H\sinh\dfrac{qL}{2H}}\right)-\frac{qL}{2H}$$

2.3.2 协调方程

1. 一般方程

单索的协调方程反映的是外部条件变化(如荷载改变、支座位移、温度变化等)引起索形状和内力变化之间的关系。对于图2.3.1所示的单索，在竖向分布荷载 $q_0(x)$ 作用下的初态长度为 s_0，曲线方程为 $z_0(x)$，索张力的水平分量为 H_0；当产生变形后(终态)，索的长度为 s，平衡曲线方程为 $z(x)$，索张力的水平分量为 H。

从几何关系来看，索长由初态到终态的变化量为

$$s-s_0=\int_0^L\sqrt{1+\left(\frac{\mathrm{d}z}{\mathrm{d}x}\right)^2}\mathrm{d}x-\int_0^{L_0}\sqrt{1+\left(\frac{\mathrm{d}z_0}{\mathrm{d}x}\right)^2}\mathrm{d}x \tag{2.3.9}$$

式中，L_0、L 分别为初态和终态时单索在 x 轴上的投影长度。如果 f/L 和 C/L 均较小，则索长可取式(2.3.2)中右端前两项近似计算，于是式(2.3.9)可写为

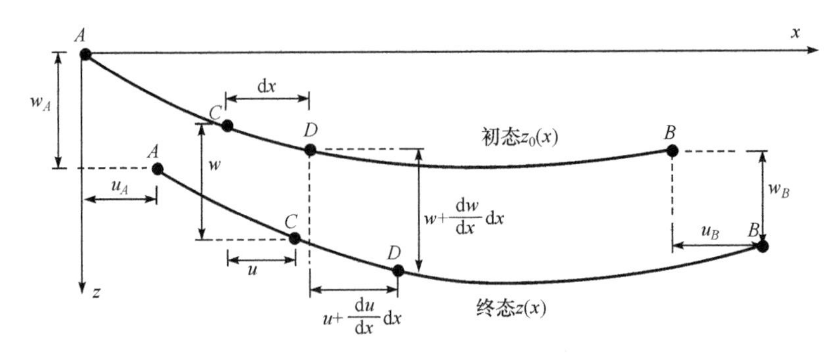

图 2.3.1 单索的初态和终态

$$s-s_0=\int_0^L\left[1+\frac{1}{2}\left(\frac{dz}{dx}\right)^2\right]dx-\int_0^{L_0}\left[1+\frac{1}{2}\left(\frac{dz_0}{dx}\right)^2\right]dx$$
$$\approx u_A-u_B+\frac{1}{2}\int_0^{L_0}\left[\left(\frac{dz}{dx}\right)^2-\left(\frac{dz_0}{dx}\right)^2\right]dx \tag{2.3.10}$$

式中，u_A 和 u_B 分别为索两端节点 A 和 B 的水平位移。

从物理关系来看，初态到终态的索长变化是由内力发生变化引起的，因此根据小应变假定也可由式(2.3.11)来近似计算索长变化值：

$$s-s_0=\int_A^B\frac{\Delta t ds_0}{EA}=\int_0^{L_0}\left(\frac{\Delta H}{EA}\frac{ds_0}{dx}\right)\frac{ds_0}{dx}dx=\frac{\Delta H}{EA}\int_0^{L_0}\left[1+\left(\frac{dz_0}{dx}\right)^2\right]dx \tag{2.3.11}$$

式中，Δt 为索轴力的变化量；$\Delta H=H-H_0$；E、A 分别为索的材料弹性模量和截面面积。

利用式(2.3.9)和式(2.3.11)的相等关系，单索的变形协调方程可写为

$$\frac{H-H_0}{EA}\int_0^{L_0}\left[1+\left(\frac{dz_0}{dx}\right)^2\right]dx=\int_0^L\sqrt{1+\left(\frac{dz}{dx}\right)^2}dx-\int_0^{L_0}\sqrt{1+\left(\frac{dz_0}{dx}\right)^2}dx \tag{2.3.12}$$

对于小垂度索，可考虑$(dz_0/dx)^2$ 与 1 比是小量，并引入近似表达式(2.3.10)，式(2.3.12)可简化为

$$\frac{H-H_0}{EA}=\frac{u_A-u_B}{L_0}+\frac{1}{2L_0}\int_0^{L_0}\left[\left(\frac{dz}{dx}\right)^2-\left(\frac{dz_0}{dx}\right)^2\right]dx \tag{2.3.13}$$

尽管式(2.3.13)已进行了相当程度的简化，但可清楚反映索两端支座水平位移、索曲线形状对索内力变化的关系，其中索曲线形状的改变又隐含了索上荷载的变化。

2. 抛物线索

假定 s_0 为单索的无应力原长。当作用沿跨度的均布荷载后，索的终态平衡形

状为抛物线。在小应变假定下，可通过终态形状 $z(x)$ 计算由拉力引起的索伸长量：

$$\Delta s=\frac{H}{EA}\int_0^L\left(\frac{\mathrm{d}s}{\mathrm{d}x}\right)^2\mathrm{d}x=\frac{H}{EA}\int_0^L\left(1+\left(\frac{\mathrm{d}z}{\mathrm{d}x}\right)^2\right)\mathrm{d}x=\frac{H}{EA}\left(L+\frac{C^2}{L}+\frac{q^2L^3}{12H^2}\right) \tag{2.3.14}$$

将式(2.3.6)和式(2.3.14)代入关系式 $s_0+\Delta s=s$，并考虑式(2.2.8)，经整理可以得到

$$\begin{aligned}g(H,q,L,C,s_0)=s-s_0-\Delta s=&\frac{H}{2q}\left[\ln\left(C-\frac{qL^2}{2H}-\sqrt{\kappa_1}\right)-\ln\left(C+\frac{qL^2}{2H}-\sqrt{\kappa_2}\right)\right]\\&-\frac{H}{2qL^2}(\sqrt{\kappa_1}-\sqrt{\kappa_2})+\frac{1}{4}(\sqrt{\kappa_1}+\sqrt{\kappa_2})-s_0\\&-\frac{H}{EA}\left(L+\frac{C^2}{L}+\frac{q^2L^3}{12H^2}\right)=0\end{aligned} \tag{2.3.15}$$

式(2.3.15)便是抛物线索的变形协调方程，形式较为复杂。

3. 悬链线索

对于无应力原长为 s_0 的悬链线索单元，在小应变假定下同样可通过终态形状 $z(x)$ 计算索伸长量：

$$\begin{aligned}\Delta s&=\frac{H}{EA}\int_0^L\left(\frac{\mathrm{d}s}{\mathrm{d}x}\right)^2\mathrm{d}x=\frac{H}{EA}\int_0^L\left(1+\left(\frac{\mathrm{d}z}{\mathrm{d}x}\right)^2\right)\mathrm{d}x\\&=\frac{H}{4qEA}[2qL+H\sinh(2\alpha)-H\sinh(2\beta)]\end{aligned} \tag{2.3.16}$$

利用关系式 $s_0+\Delta s=s$ 并代入式(2.3.8)和式(2.3.16)，也可以得到悬链线索单元的变形协调方程为

$$\begin{aligned}g(H,q,L,C,s_0)=&\frac{H}{q}(\sinh\alpha-\sinh\beta)\\&-\frac{H}{4qEA}[2qL+H\sinh(2\alpha)-H\sinh(2\beta)]-s_0=0\end{aligned} \tag{2.3.17}$$

式中，C 隐含在变量 α 和 β 中。

2.3.3 拉索单元

拉索通常指预应力网格结构、斜拉网格结构中的索单元。对于上述讨论的抛物线索单元或悬链线索单元，单元拉力主要源于所承受的竖向荷载，因此重点关注其垂度效应，且内力与变形间的非线性关系明显。相比之下，拉索主要承担预应

力，拉力的变化是由两端节点位移造成的。一般情况下，拉索上的竖向荷载只有其自重，荷载值较小且并不发生改变。

实际工程中，拉索承担的预应力较大，绷直后其平衡曲线接近直线，一般简化为杆单元进行分析。然而，拉索毕竟没有抗弯刚度，索曲线也不会是理想直线，因此有必要讨论拉索等代为杆单元的条件。

图 2.3.2(a)为一根两端支座等高、初态距离为 L 的拉索，其截面面积和弹性模量分别为 A 和 E，索上的均布荷载为 q。将该拉索等代为具有相同截面面积的杆单元[图 2.3.2(b)]，其初始态长度为 L，但弹性模量为 E_{eq}。应该注意，拉索和杆单元间能够等代的条件是在相同的 x 向拉力增量作用下，两个单元的伸长量 Δ 应相等。

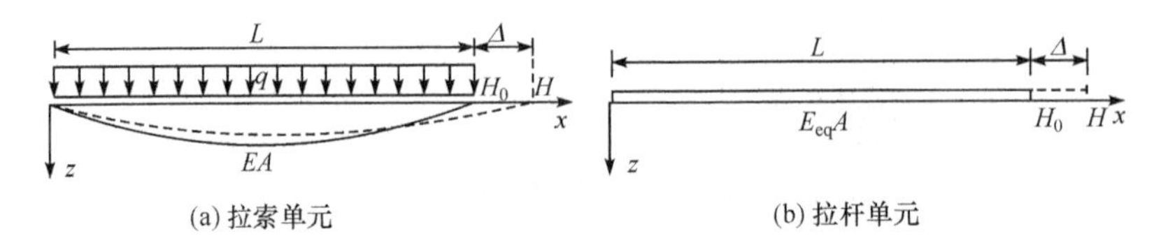

图 2.3.2　拉索单元及其等代拉杆单元

采用较简便的抛物线索来分析拉索单元，并设单元拉力由初态 H_0 增加到 H。将式(2.3.3)和式(2.2.8)代入变形协调方程(2.3.13)，考虑 $C=0$，整理后可得

$$\Delta=\frac{H-H_0}{EA}L-\frac{q^2L^3}{24}\left(\frac{1}{H^2}-\frac{1}{H_0^2}\right) \tag{2.3.18}$$

对于杆单元，易知

$$\Delta=\frac{H-H_0}{E_{eq}A}L \tag{2.3.19}$$

根据等代条件，令式(2.3.18)和式(2.3.19)相等，可求得拉杆的等效弹性模量：

$$E_{eq}=\frac{E}{1+\dfrac{EAq^2L^2}{24}\dfrac{H+H_0}{H^2H_0^2}} \tag{2.3.20}$$

可以看出，E_{eq}与拉索张力 H、H_0 有关，并不是一个常数，通常称为拉索的等效割线弹性模量。当拉索张力 H_0 仅发生一个微小的变化，即近似取 $H\approx H_0$ 时，式(2.3.20)可进一步表示为

$$E_{eq}=\frac{E}{1+\dfrac{EAq^2L^2}{12}\dfrac{1}{H_0^3}} \tag{2.3.21}$$

此时，E_{eq}可称为拉索单元在拉力 H_0 时的等效切线弹性模量。如果令 $\gamma=q/A$，σ_0

$=H_0/A$，则式(2.3.21)可改写为

$$E_{\mathrm{eq}}=\eta E \tag{2.3.22}$$

式中，

$$\eta=\frac{1}{1+\dfrac{E\gamma^2L^2}{12}\dfrac{1}{\sigma_0^3}}$$

式(2.3.22)进一步反映出 E_{eq} 与拉索当前应力 σ_0、长度 L 和参数 γ 有关。如果不考虑拉索外包保护材料的重量，$\gamma=\rho g$，其中 ρ 为拉索的质量密度，g 为重力加速度。可以试算，当钢拉索的长度 $L=50\mathrm{m}$、应力 $\sigma_0=200\mathrm{MPa}^2$ 时，η 约为 0.97。这表明对于应力较高且长度不是很长的拉索，其等效弹性模量 E_{eq} 与实际弹性模量 E 非常接近。

2.4　悬链线索单元的刚度矩阵

在低应力状态下，索单元的垂度效应不可忽略。在进行一些松弛索杆系统的找形及其形态稳定性分析时，就需要建立索单元的刚度矩阵，其中常遇到的是悬链线索单元。刚度矩阵反映的是节点力和节点位移之间的关系。前面推导的变形协调方程(2.3.17)反映了悬链线索的内力 V、H 和水平及竖向投影长度 L、C 间的关系，而 L、C 的变化正是由两端节点位移所引起的。

2.4.1　切线刚度矩阵[32-34]

如图 2.4.1 所示，在局部坐标系 $\tilde{o}$-$\tilde{x}\tilde{z}$ 下定义初态沿索长的自然坐标系 S_0，此时索的原长为 s_0。在均布荷载 q 作用下，索达到一个稳定平衡状态，于是再定义该平衡态下沿索长的自然坐标系 S。此时，索拉力 t 及其竖直和水平分量 V、H 满足以下关系：

$$t\frac{\mathrm{d}\tilde{x}}{\mathrm{d}S}=H=\text{常数} \tag{2.4.1}$$

$$t\frac{\mathrm{d}\tilde{z}}{\mathrm{d}S}=V-qS_0 \tag{2.4.2}$$

考虑到 $(\mathrm{d}\tilde{x}/\mathrm{d}S)^2+(\mathrm{d}\tilde{z}/\mathrm{d}S)^2=1$，则由式(2.4.1)和式(2.4.2)可得

$$t(S)=\sqrt{H^2+(V-qS_0)^2} \tag{2.4.3}$$

如果考虑由初态到平衡态的索力增加，也可得

$$t(S)=EA\left(\frac{\mathrm{d}S}{\mathrm{d}S_0}-1\right) \tag{2.4.4}$$

注意到 $\dfrac{\mathrm{d}S}{\mathrm{d}S_0}=\left(\dfrac{\mathrm{d}\tilde{x}}{\mathrm{d}S_0}\right)\Big/\left(\dfrac{\mathrm{d}\tilde{x}}{\mathrm{d}S}\right)$，将其代入式(2.4.4)并考虑式(2.4.1)和式(2.4.3)，整

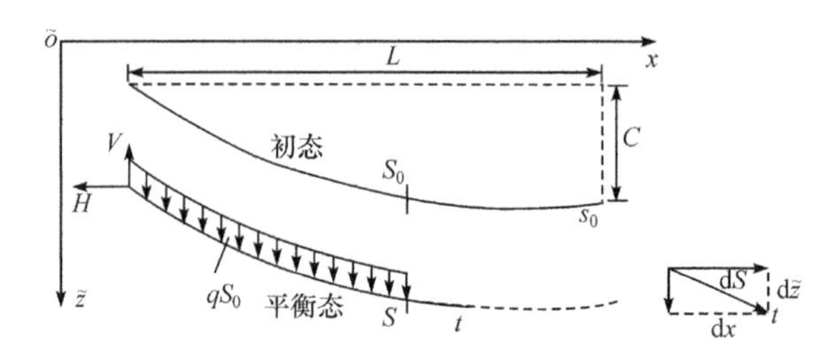

图 2.4.1 悬链线索单元的受力状态

理后可得

$$\frac{\mathrm{d}\tilde{x}}{\mathrm{d}S_0}=\frac{\mathrm{d}\tilde{x}}{\mathrm{d}S}\left(\frac{t}{EA}+1\right)=\frac{H}{EA}+\frac{H}{t}=\frac{H}{EA}+\frac{H}{\sqrt{H^2+(V-qS_0)^2}} \tag{2.4.5}$$

对式(2.4.5)进行积分，于是

$$\tilde{x}(S_0)=\frac{HS_0}{EA}+\frac{H}{q}\left(\operatorname{arsinh}\frac{V}{H}-\operatorname{arsinh}\frac{V-qS_0}{H}\right) \tag{2.4.6}$$

考虑到 $S_0=s_0$ 时 $\tilde{x}=L$，则

$$L=\frac{Hs_0}{EA}+\frac{H}{q}\left(\operatorname{arsinh}\frac{V}{H}-\operatorname{arsinh}\frac{V-qs_0}{H}\right) \tag{2.4.7}$$

同样，令 $\frac{\mathrm{d}S}{\mathrm{d}S_0}=\left(\frac{\mathrm{d}\tilde{z}}{\mathrm{d}S_0}\right)\Big/\left(\frac{\mathrm{d}\tilde{z}}{\mathrm{d}S}\right)$，将其代入式(2.4.4)且考虑式(2.4.2)和式(2.4.3)，可得

$$\begin{aligned}\frac{\mathrm{d}\tilde{z}}{\mathrm{d}S_0}&=\frac{\mathrm{d}\tilde{z}}{\mathrm{d}S}\left(\frac{t}{EA}+1\right)=\frac{V-qS_0}{t}\left(\frac{t}{EA}+1\right)=\frac{V-qS_0}{EA}+\frac{V-qS_0}{t}\\&=\frac{V-qS_0}{EA}+\frac{V-qS_0}{\sqrt{H^2+(V-qS_0)^2}}\end{aligned} \tag{2.4.8}$$

对式(2.4.8)进行积分，可得

$$\tilde{z}(S_0)=\frac{qS_0^2}{EA}\left(\frac{V}{qS_0}-\frac{S_0}{2S_0}\right)+\frac{HS_0}{qS_0}\left[\sqrt{1+\left(\frac{V}{H}\right)^2}-\sqrt{1+\left(\frac{V-qS_0}{H}\right)^2}\right] \tag{2.4.9}$$

考虑到 $S_0=s_0$ 时 $\tilde{z}=C$，于是有

$$C=\frac{qs_0^2}{EA}\left(\frac{V}{qs_0}-\frac{1}{2}\right)+\frac{H}{q}\left[\sqrt{1+\left(\frac{V}{H}\right)^2}-\sqrt{1+\left(\frac{V-qs_0}{H}\right)^2}\right] \tag{2.4.10}$$

在坐标系 $\tilde{o}$-$\tilde{x}\tilde{z}$ 下(图 2.4.2)，令 $F_{i\tilde{x}}$、$F_{i\tilde{z}}$、$F_{j\tilde{x}}$、$F_{j\tilde{z}}$ 分别为节点 i 和 j 在 $\tilde{x}$、$\tilde{z}$ 轴方向的节点力，t_i、t_j 分别为节点 i 和 j 的索端张力，它们之间满足以下平衡关系：

$$F_{i\tilde{z}}=-V,\quad F_{i\tilde{z}}+F_{j\tilde{z}}+qs_0=0 \tag{2.4.11}$$

$$t_i=\sqrt{F_{i\tilde{x}}^2+F_{i\tilde{z}}^2},\quad t_j=\sqrt{F_{j\tilde{x}}^2+F_{j\tilde{z}}^2} \tag{2.4.12}$$

将式(2.4.11)和式(2.4.12)分别代入式(2.4.7)和式(2.4.10)，可以得到节点力和

L、C 之间的关系式：

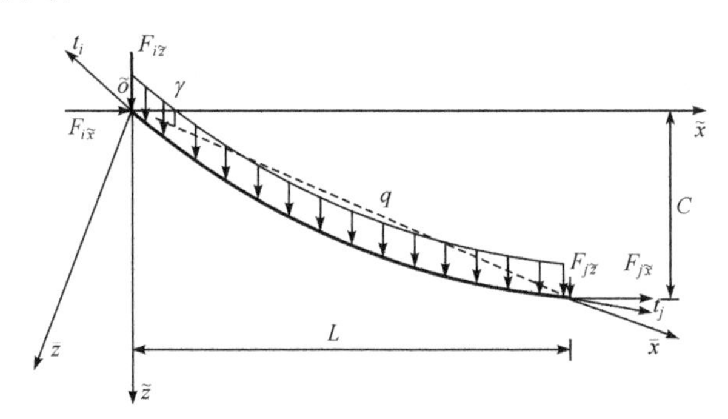

图 2.4.2　悬链线索单元的节点力

$$
\begin{aligned}
L &= -F_{i\tilde{x}}\left\{\frac{s_0}{EA}+\frac{1}{q}\left[\ln\left(\frac{-F_{i\tilde{z}}}{H}+\sqrt{\frac{F_{i\tilde{z}}^2}{H^2}+1}\right)-\ln\left(\frac{F_{j\tilde{z}}}{H}+\sqrt{\frac{F_{j\tilde{z}}^2}{H^2}+1}\right)\right]\right\} \\
&= -F_{i\tilde{x}}\left\{\frac{s_0}{EA}+\frac{1}{q}\left[\ln\frac{-F_{i\tilde{z}}+t_i}{H}-\ln\frac{F_{j\tilde{z}}+t_j}{H}\right]\right\} \\
&= -F_{i\tilde{x}}\left(\frac{s_0}{EA}+\frac{1}{q}\ln\frac{t_i-F_{i\tilde{z}}}{F_{j\tilde{z}}+t_j}\right)
\end{aligned}
\tag{2.4.13}
$$

$$
\begin{aligned}
C &= \frac{qs_0^2}{EA}\left(\frac{-F_{i\tilde{z}}}{qs_0}-\frac{1}{2}\right)+\frac{H}{q}\left[\sqrt{1+\left(\frac{-F_{i\tilde{z}}}{H}\right)^2}-\sqrt{1+\left(\frac{F_{j\tilde{z}}}{H}\right)^2}\right] \\
&= \frac{qs_0^2}{EA}\left(\frac{-F_{i\tilde{z}}}{qs_0}-\frac{1}{2}\right)+\frac{H}{q}\frac{t_i-t_j}{H} \\
&= -\frac{s_0F_{i\tilde{z}}}{EA}-\frac{qs_0^2}{2EA}+\frac{t_i-t_j}{q}
\end{aligned}
\tag{2.4.14}
$$

将式(2.4.13)和式(2.4.14)中 L、C 看成 $F_{i\tilde{x}}$ 和 $F_{i\tilde{z}}$ 的函数，于是对两式求全微分可得

$$
\delta L=\xi_1\delta F_{i\tilde{x}}+\xi_2\delta F_{i\tilde{z}}, \quad \delta C=\xi_3\delta F_{i\tilde{x}}+\xi_4\delta F_{i\tilde{z}} \tag{2.4.15}
$$

式中，

$$
\begin{aligned}
&\xi_1=\frac{\partial L}{\partial F_{i\tilde{x}}}=\frac{L}{F_{i\tilde{x}}}-\frac{1}{q}\left(\frac{F_{j\tilde{z}}}{t_j}+\frac{F_{i\tilde{z}}}{t_i}\right), \quad \xi_2=\frac{\partial L}{\partial F_{i\tilde{z}}}=\frac{F_{i\tilde{x}}}{q}\left(\frac{1}{t_i}-\frac{1}{t_j}\right) \\
&\xi_3=\frac{\partial C}{\partial F_{i\tilde{x}}}=\frac{F_{i\tilde{x}}}{q}\left(\frac{1}{t_i}-\frac{1}{t_j}\right), \quad \xi_4=\frac{\partial C}{\partial F_{i\tilde{z}}}=-\frac{s_0}{EA}+\frac{1}{q}\left(\frac{F_{j\tilde{z}}}{t_j}+\frac{F_{i\tilde{z}}}{t_i}\right)
\end{aligned}
\tag{2.4.16}
$$

根据式(2.4.15)，还可以得到

$$
\delta F_{i\tilde{x}}=\alpha_1\delta L+\alpha_2\delta C, \quad \delta F_{i\tilde{z}}=\alpha_3\delta L+\alpha_4\delta C \tag{2.4.17}
$$

式中，$\alpha_1=\xi_4/\zeta$；$\alpha_2=-\xi_3/\zeta$；$\alpha_3=-\xi_2/\zeta$；$\alpha_4=\xi_1/\zeta$；$\zeta=\xi_1\xi_4-\xi_2\xi_3$。

将局部坐标系 $\tilde{o}$-$\tilde{x}\tilde{z}$ 扩充为空间坐标系 $\tilde{o}$-$\tilde{x}\tilde{y}\tilde{z}$(图 2.4.3)，并令索单元两端节

点的位移增量为 $\delta\tilde{\boldsymbol{d}}=\{\delta\tilde{u}_i,\delta\tilde{v}_i,\delta\tilde{w}_i,\delta\tilde{u}_j,\delta\tilde{v}_j,\delta\tilde{w}_j\}^{\mathrm{T}}$。可知 $\delta L=-(\delta\tilde{u}_i-\delta\tilde{u}_j)$，$\delta C=-(\delta\tilde{w}_i-\delta\tilde{w}_j)$，且两端节点在平面外的相对位移为 $\delta\tilde{v}_i-\delta\tilde{v}_j$。考虑平面外相对位移的影响，$F_{i\tilde{x}}$ 将会对面外索端力 $F_{i\tilde{y}}$ 产生一阶变化(图 2.4.3)，即

$$\delta F_{i\tilde{y}}=-F_{i\tilde{x}}(\delta\tilde{v}_i-\delta\tilde{v}_j)/L \tag{2.4.18}$$

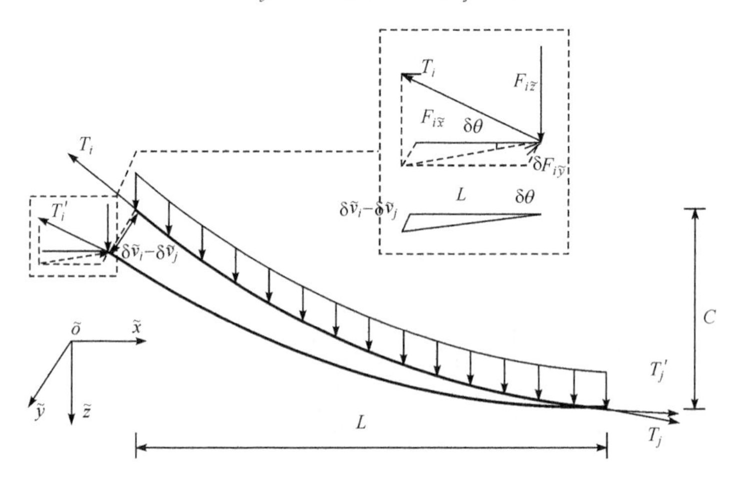

图 2.4.3 局部坐标系中悬链线索元的节点力

采用式(2.4.17)和式(2.4.18)同样的推导过程，也可得到另一端节点力增量 $\delta F_{j\tilde{x}}$、$\delta F_{j\tilde{y}}$ 和 $\delta F_{j\tilde{z}}$ 与 $\delta\tilde{\boldsymbol{d}}$ 之间的关系。综合索单元节点力增量 $\delta\tilde{\boldsymbol{F}}$ 和位移增量 $\delta\tilde{\boldsymbol{d}}$ 的关系，可得

$$\delta\tilde{\boldsymbol{F}}=\begin{Bmatrix}\delta F_{i\tilde{x}}\\ \delta F_{i\tilde{y}}\\ \delta F_{i\tilde{z}}\\ \delta F_{j\tilde{x}}\\ \delta F_{j\tilde{y}}\\ \delta F_{j\tilde{z}}\end{Bmatrix}=\tilde{\boldsymbol{k}}_{\mathrm{T}}\delta\tilde{\boldsymbol{d}}=\begin{bmatrix}-\alpha_1 & & & & & \\ 0 & -F_{i\tilde{x}}/L & & \text{对} & & \\ -\alpha_2 & 0 & -\alpha_4 & & \text{称} & \\ \alpha_1 & 0 & \alpha_2 & -\alpha_1 & & \\ 0 & F_{i\tilde{x}}/L & 0 & 0 & -F_{i\tilde{x}}/L & \\ \alpha_2 & 0 & \alpha_4 & -\alpha_2 & 0 & -\alpha_4\end{bmatrix}\begin{Bmatrix}\delta\tilde{u}_i\\ \delta\tilde{v}_i\\ \delta\tilde{w}_i\\ \delta\tilde{u}_j\\ \delta\tilde{v}_j\\ \delta\tilde{w}_j\end{Bmatrix} \tag{2.4.19}$$

式中，$\tilde{\boldsymbol{k}}_{\mathrm{T}}$ 为 $\tilde{o}$-$\tilde{x}\tilde{y}\tilde{z}$ 坐标系下悬链线索单元的切线刚度矩阵。

2.4.2 弦向刚度

索杆系统分析时，有些情况需要索单元两端节点间的弦向刚度。对于图 2.4.2中的悬链线索单元，定义弦向直角坐标系 $\bar{o}$-$\bar{x}\bar{z}$，其中 $\bar{x}$ 轴由节点 i 指向节点 j。定义坐标系 $\tilde{o}$-$\tilde{x}\tilde{z}$ 和 $\bar{o}$-$\bar{x}\bar{z}$ 下的增量节点力向量和增量节点位移向量分别为

$$\begin{aligned}&\delta\tilde{\boldsymbol{F}}'=\{\delta F_{i\tilde{x}},\delta F_{i\tilde{z}},\delta F_{j\tilde{x}},\delta F_{j\tilde{z}}\}^{\mathrm{T}},\quad \delta\tilde{\boldsymbol{d}}'=\{\delta\tilde{u}_i,\delta\tilde{w}_i,\delta\tilde{u}_j,\delta\tilde{w}_j\}^{\mathrm{T}}\\ &\delta\bar{\boldsymbol{F}}=\{\delta F_{i\bar{x}},\delta F_{i\bar{z}},\delta F_{j\bar{x}},\delta F_{j\bar{z}}\}^{\mathrm{T}},\quad \delta\bar{\boldsymbol{d}}=\{\delta\bar{u}_i,\delta\bar{w}_i,\delta\bar{u}_j,\delta\bar{w}_j\}^{\mathrm{T}}\end{aligned} \tag{2.4.20}$$

易知

$$\delta\tilde{\boldsymbol{F}}'=\boldsymbol{T}\delta\bar{\boldsymbol{F}} \tag{2.4.21}$$

$$\delta\tilde{\boldsymbol{d}}'=\boldsymbol{T}\delta\bar{\boldsymbol{d}} \tag{2.4.22}$$

式中，$\boldsymbol{T}$ 为坐标转换矩阵，形式为

$$\boldsymbol{T}=\begin{bmatrix} \cos\gamma & \sin\gamma & 0 & 0 \\ -\sin\gamma & \cos\gamma & 0 & 0 \\ 0 & 0 & \cos\gamma & \sin\gamma \\ 0 & 0 & -\sin\gamma & \cos\gamma \end{bmatrix} \tag{2.4.23}$$

式中，γ 为坐标轴 $\bar{x}$ 与 $\tilde{x}$ 间的夹角。

应注意，式(2.4.19)中已经给出了坐标系 $\tilde{o}$-$\tilde{x}\tilde{z}$ 的增量节点力向量和增量节点位移向量的关系，可记为 $\delta\tilde{\boldsymbol{F}}'=\tilde{\boldsymbol{k}}_{\mathrm{T}}'\delta\tilde{\boldsymbol{d}}'$。于是根据式(2.4.21)和式(2.4.22)，可得

$$\delta\bar{\boldsymbol{F}}=\boldsymbol{T}^{\mathrm{T}}\delta\tilde{\boldsymbol{F}}'=\boldsymbol{T}^{\mathrm{T}}\tilde{\boldsymbol{k}}_{\mathrm{T}}'\delta\tilde{\boldsymbol{d}}'=(\boldsymbol{T}^{\mathrm{T}}\tilde{\boldsymbol{k}}_{\mathrm{T}}'\boldsymbol{T})\delta\bar{\boldsymbol{d}}=\bar{\boldsymbol{k}}_{\mathrm{T}}'\delta\bar{\boldsymbol{d}} \tag{2.4.24}$$

式中，$\bar{\boldsymbol{k}}_{\mathrm{T}}'=\boldsymbol{T}^{\mathrm{T}}\tilde{\boldsymbol{k}}_{\mathrm{T}}'\boldsymbol{T}$ 为坐标系 o-$\bar{x}\bar{z}$ 下的单元切线刚度矩阵，具体形式如下：

$$\bar{\boldsymbol{k}}_{\mathrm{T}}'=\begin{bmatrix} -\alpha_1\cos^2\gamma+\alpha_2\sin^2\gamma-\alpha_4\sin^2\gamma & & & \text{对称} \\ -\alpha_1\sin\gamma\cos\gamma-\alpha_2\cos^2\gamma+\alpha_4\sin\gamma\cos\gamma & -\alpha_1\sin^2\gamma-\alpha_2\sin^2\gamma-\alpha_4\cos^2\gamma & & \\ \alpha_1\cos^2\gamma-\alpha_2\sin^2\gamma+\alpha_4\sin^2\gamma & \alpha_1\sin\gamma\cos\gamma+\alpha_2\cos^2\gamma-\alpha_4\sin\gamma\cos\gamma & -\alpha_1\cos^2\gamma+\alpha_2\sin^2\gamma-\alpha_4\sin^2\gamma & \\ \alpha_1\sin\gamma\cos\gamma+\alpha_2\cos^2\gamma-\alpha_4\sin\gamma\cos\gamma & \alpha_1\sin^2\gamma+\alpha_2\sin^2\gamma+\alpha_4\cos^2\gamma & -\alpha_1\sin\gamma\cos\gamma-\alpha_2\cos^2\gamma+\alpha_4\sin\gamma\cos\gamma & -\alpha_1\sin^2\gamma-\alpha_2\sin^2\gamma-\alpha_4\cos^2\gamma \end{bmatrix}$$

式(2.4.24)中矩阵 $\bar{\boldsymbol{k}}_{\mathrm{T}}'$的左上角元素反映的是坐标系 $\tilde{o}$-$\bar{x}\bar{z}$ 下 $\delta F_{\bar{x}}$ 和 $\delta\bar{u}_i$ 的关系，可以看成索单元的弦向刚度，即

$$k_{\mathrm{c}}=-\alpha_1\cos^2\gamma+\alpha_2\sin^2\gamma-\alpha_4\sin^2\gamma \tag{2.4.25}$$

注意，式(2.4.25)适用于低应力状态的松弛索单元。当然，当索应力水平很高时，k_{c} 可以退化为杆单元的轴向线刚度。

第3章 杆系的静动特征

3.1 基本问题

静动特征是一个力学系统静力和运动(static and kinematic)特征的简称,属于系统特定物理性质的一种描述。静力特征具体是指系统内力和外荷载之间的关系。如果仅根据平衡关系就能唯一确定外荷载所产生的构件内力和约束反力,那么该系统称为静定(staticallydeterminate)系统,否则称为静不定(statically indeterminate)或超静定(hyperstatic)系统。运动特征则是指系统是否会发生刚体位移的特性,一般通过构件应变和节点位移的关系来反映。如果系统不能发生刚体位移,则称为动定(kinematicallydeterminate)系统,否则称为动不定(kinematically indeterminate)系统。

静动特征是传统的结构力学概念。由于结构的主要功能是承受荷载,静力特征往往是首先关注的问题,也通常会将结构区分为静定结构和超静定结构。至于运动特征,结构力学中主要强调的是受力系统应具有几何不变的性质,相应地判别体系是否具有几何不变性是结构分析的重要内容之一,这方面的工作也称为机动分析(kinematic analysis)。从运动特征的角度看,结构(structure)一般认为是几何不变(geometrical invariant)系统,且由于不允许发生刚体位移,故也可称为动定系统;对于几何可变(geometrical variant)系统,即动不定系统,相应地被称为机构(mechanism),且一般认为是机械学研究的对象。

数学上,铰接杆系的几何可变性是一个纯粹的几何学问题,即系统是否能够发生不引起构件伸长(或缩短,以下也统称为伸长)的位移(刚体位移),因此也可认为是杆系可动性判别的问题。然而,杆系的几何可变性也可以采用结构稳定的概念来理解,即对于一个无初始内力的铰接杆系,如果在任意微小的外部干扰下,系统依然可以恢复到其初始构型,那么这类系统称为几何稳定系统(geometrically stable system),否则为几何不稳定(geometrically unstable system)系统。从这个角度来看,以上所谓的几何稳定系统和几何不稳定系统也就是一般意义上讲的几何不变系统和几何可变系统。随着工程中越来越多有运动需求的索杆系统的出现,系统的可动性以及机构运动路径分析成为基本问题,因此运动特征分析受到越来越多的重视。

从术语学的角度来看，机构、几何可变、动不定、几何不稳定属于含义相同的一类概念，而结构、几何不变、动定、几何稳定属于与之对应的另一类。但是严格意义上讲，以上同类概念间还是会存在一些微小的差异，其中最能体现这种差异的是关于对一类无穷小机构的认识。此类系统根据常规的判别准则属于机构(顾名思义)的范畴，但是从结构稳定性的角度理解又属于几何稳定体系。本书将在后续章节对无穷小机构的静动特征进行简单介绍。到目前为止，关于无穷小机构的理解依然还存在争议，一些问题也并不是本书想要或者能够回答的问题，如读者有兴趣，可按 5.5 节建议的文献开展阅读。

近几十年来，随着张拉整体、索穹顶等张力结构体系的出现，又给力学系统的静动特征分析提出了更多问题。主要是按常规的结构判定准则，以上这些索杆张力结构实际属于几何可变的机构，但是这些体系在预应力作用下可以稳定地承受荷载，因此索杆张力系统在怎样的条件下才能成为稳定受力体系便成为静动分析需要回答的新问题。该问题最早由 Calladine[16]、Tarnai[35] 等提出，并由此引发了关于结构和机构界定标准的重新讨论。

对索杆系统静动特征的分析，不得不重新审视一些传统杆件系统的几何可变性判别准则，例如，最早于 19 世纪末出现的 Maxwell 准则[5]。这个准则通过杆件系统的节点数、杆件数和自由度约束数之间的关系来判别体系的几何不(可)变性。实际上，Maxwell 准则仅是杆系几何不变性判定的必要条件，而非充要条件。在 20 世纪的中后期，出现了基于系统平衡矩阵空间解析的几何稳定性判别准则(本书简称为平衡矩阵准则)[36]。与 Maxwell 准则比较，平衡矩阵准则能够更有效地判定杆件系统的几何稳定性。通过对平衡矩阵的空间分解，可以获得体系在当前形态下的预应力(自应力)、机构位移(刚体位移)等更全面的静动特征信息。然而，平衡矩阵准则还是不能完全回答索杆张力结构这些实际上为机构系统的结构化(structuralization)问题。此外，前面提到的无穷小机构的稳定现象也并非平衡矩阵准则所能解释的[3]。

本章将介绍杆系几何可变性判别的 Maxwell 准则并指出其不足。然后，将建立矩阵形式的杆系平衡方程、几何方程和物理方程，阐述如何利用平衡矩阵或协调矩阵来分析杆系的静动特征，并介绍一种求解杆系静动特征参数的有效方法——奇异值分解法。最后，将基于平衡矩阵准则在构件层面来讨论保证杆系几何稳定性的基本条件。

3.2 Maxwell 准则

在传统的结构力学教程中，几何不变是一个结构系统应该满足的基本特征，因此杆系的运动特征分析主要指几何可变性的判别。最早的杆系几何可变性判别准则是 Maxwell 准则。该准则利用杆件系统的节点数 J、杆件数 b 和自由度（支座）约束数 c 之间的关系来判别体系的几何不（可）变性，即一个几何不变杆件系统需满足

$$\begin{aligned} &\text{平面问题：} \quad 2J-c\leqslant b \\ &\text{空间问题：} \quad 3J-c\leqslant b \end{aligned} \tag{3.2.1}$$

以上两个方程的左端项通常称为杆系的自由度。除非特别说明，本书的后续公式推导将默认为空间问题，即杆系的自由度为 $3J-c$。

前面已经提到，Maxwell 准则仅是杆件系统几何不变性判定的必要条件。图 3.2.1 为两个具有相同节点数、杆件数和支座约束数的平面桁架，但显然图 3.2.1(a)的桁架为几何不变，而图 3.2.1(b)的桁架为几何可变，可见仅通过式(3.2.1)中的 J、b、c 三个参数来判别杆系的几何可变性是不充分的。

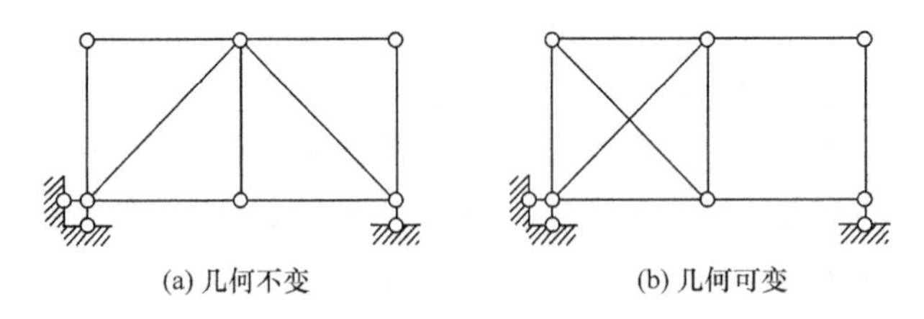

图 3.2.1 具有相同杆件数、节点数和支座约束数的两个桁架

3.3 杆系的基本方程

3.3.1 平衡方程

对于一个处于静力平衡状态的空间杆系，设当前构型下各节点坐标为(x_i, y_i, z_i) $(i=1,2,\cdots,J)$，杆件内力为 $t_k(k=1,2,\cdots,b)$，节点荷载为(p_{ix}, p_{iy}, p_{iz}) $(i=1,2,\cdots,J)$。利用式(2.1.16)、式(2.1.14)和式(2.1.6)，在所有 $3J-c$ 个非约束自由度方向建立平衡方程，合并后可得到系统的总平衡方程为

$$
\begin{array}{c}
\quad\quad 杆\ k \quad\quad\quad\quad 杆\ n \\
\begin{bmatrix}
\cdots & 0 & \cdots & 0 & \cdots \\
\cdots & \cdots & \cdots & \cdots & \cdots \\
\cdots & (x_i-x_j)/l_k & \cdots & (x_i-x_h)/l_n & \cdots \\
\cdots & (y_i-y_j)/l_k & \cdots & (y_i-y_h)/l_n & \cdots \\
\cdots & (z_i-z_j)/l_k & \cdots & (z_i-z_h)/l_n & \cdots \\
\cdots & \cdots & \cdots & \cdots & \cdots \\
\cdots & (x_j-x_i)/l_k & \cdots & 0 & \cdots \\
\cdots & (y_j-y_i)/l_k & \cdots & 0 & \cdots \\
\cdots & (z_j-z_i)/l_k & \cdots & 0 & \cdots \\
\cdots & \cdots & \cdots & \cdots & \cdots \\
\cdots & 0 & \cdots & (x_h-x_i)/l_n & \cdots \\
\cdots & 0 & \cdots & (y_h-y_i)/l_n & \cdots \\
\cdots & 0 & \cdots & (z_h-z_i)/l_n & \cdots \\
\cdots & \cdots & \cdots & \cdots & \cdots \\
\cdots & 0 & \cdots & 0 & \cdots
\end{bmatrix}
\begin{bmatrix}
\cdots \\ \cdots \\ t_k \\ \cdots \\ t_n \\ \cdots \\ \cdots
\end{bmatrix}
=
\begin{bmatrix}
\cdots \\ \cdots \\ p_{ix} \\ p_{iy} \\ p_{iz} \\ \cdots \\ p_{jx} \\ p_{jy} \\ p_{jz} \\ \cdots \\ p_{hx} \\ p_{hy} \\ p_{hz} \\ \cdots \\ \cdots
\end{bmatrix}
\begin{array}{l}
\\ \\ \\ 节点\ i \\ \\ \\ \\ 节点\ j \\ \\ \\ \\ 节点\ h \\ \\ \\ \\
\end{array}
\end{array}
\tag{3.3.1}
$$

式(3.3.1)左端矩阵称为杆系的平衡矩阵(equilibrium matrix)。注意,杆 k 的两端节点编号为 i、j,杆 n 的两端节点编号为 i、h。可以发现,平衡矩阵的行对应于节点自由度,而每列则与杆件对应。在平衡矩阵的每一行中,与该自由度所属节点相连的杆件对应的列元素为杆件在该自由度方向的方向余弦(存在正负),而不与该节点相连杆件对应的列元素为零。进一步可将式(3.3.1)简写为

$$\boldsymbol{A}\boldsymbol{t}=\boldsymbol{p} \tag{3.3.2}$$

式中,$\boldsymbol{A}$ 为平衡矩阵$[(3J-c)\times b]$;$\boldsymbol{t}$ 为构件轴力向量$(b\times 1)$;$\boldsymbol{p}$ 为节点荷载向量$[(3J-c)\times 1]$。

3.3.2　几何方程

不考虑几何非线性,可以根据式(2.1.13)和式(2.1.6)对所有杆件 k $(k=1,2,\cdots,b)$建立几何方程,并进一步写成杆系的总几何方程:

$$
\begin{array}{c}
\quad\quad\quad 节点\ i \quad\quad\quad\quad\quad 节点\ j \quad\quad\quad\quad\quad 节点\ h \\
\begin{bmatrix}
\cdots & \cdots & \cdots & \cdots & \cdots & \cdots & \cdots & \cdots & \cdots & \cdots & \cdots & \cdots & \cdots & \cdots & \cdots \\
0 & \cdots & x_{ik} & y_{ik} & z_{ik} & \cdots & x_{jk} & y_{jk} & z_{jk} & \cdots & 0 & 0 & 0 & \cdots & 0 \\
\cdots & \cdots & \cdots & \cdots & \cdots & \cdots & \cdots & \cdots & \cdots & \cdots & \cdots & \cdots & \cdots & \cdots & \cdots \\
0 & \cdots & x_{in} & y_{in} & z_{in} & \cdots & 0 & 0 & 0 & \cdots & x_{hn} & y_{hn} & z_{hn} & \cdots & 0 \\
\cdots & \cdots & \cdots & \cdots & \cdots & \cdots & \cdots & \cdots & \cdots & \cdots & \cdots & \cdots & \cdots & \cdots & \cdots
\end{bmatrix}
\end{array}
$$

$$
\times \begin{bmatrix} \cdots \\ \cdots \\ u_i \\ v_i \\ w_i \\ \cdots \\ u_j \\ v_j \\ w_j \\ \cdots \\ u_h \\ v_h \\ w_h \\ \cdots \\ \cdots \end{bmatrix} = \begin{bmatrix} \cdots \\ \cdots \\ e_k \\ \cdots \\ e_n \\ \cdots \\ \cdots \end{bmatrix} \begin{matrix} \\ \\ 杆\ k \\ \\ 杆\ n \\ \\ \\ \end{matrix} \tag{3.3.3}
$$

式中，$x_{ik}=(x_i-x_j)/l_k$；$y_{ik}=(y_i-y_j)/l_k$；$z_{ik}=(z_i-z_j)/l_k$；$x_{in}=(x_i-x_h)/l_n$；$y_{in}=(y_i-y_h)/l_n$；$z_{in}=(z_i-z_h)/l_n$；$x_{jk}=(x_j-x_i)/l_k$；$y_{jk}=(y_j-y_i)/l_k$；$z_{jk}=(z_j-z_i)/l_k$；$x_{hn}=(x_h-x_i)/l_n$；$y_{hn}=(y_h-y_i)/l_n$；$z_{hn}=(z_h-z_i)/l_n$。

式(3.3.3)左端矩阵称为杆系的协调矩阵(compatibility matrix)。可以看出，协调矩阵的行与杆件对应，而列于节点自由度对应。由于杆件的伸长仅与其两端节点的位移以及杆件的方向余弦相关，矩阵中杆 k 对应的行中，其两端节点 i、j 自由度方向对应的元素为杆件的方向余弦(存在正负)，其他元素则为零。同样，可将式(3.3.3)简写为

$$
\boldsymbol{B}_{\mathrm{L}}\boldsymbol{d}=\boldsymbol{e} \tag{3.3.4}
$$

式中，$\boldsymbol{B}_{\mathrm{L}}$ 为小变形假定下杆系的协调矩阵$[b\times(3J-c)]$；$\boldsymbol{e}$ 为构件伸长量向量$(b\times 1)$；$\boldsymbol{d}$ 为节点位移列向量$[(3J-c)\times 1]$。可以发现，协调矩阵实际上与平衡矩阵互为转置，即 $\boldsymbol{B}_{\mathrm{L}}=\boldsymbol{A}^{\mathrm{T}}$。

3.3.3 物理方程

如果初始内力 $t_k^0=0$，可根据式(2.1.18)建立所有杆件 $k(k=1,2,\cdots,b)$ 的物理方程，并得到杆系的总物理方程为

$$\begin{bmatrix} D_1 & & & & \\ & \ddots & & 0 & \\ & & D_k & & \\ & 0 & & \ddots & \\ & & & & D_b \end{bmatrix}\begin{bmatrix} e_1 \\ \vdots \\ e_k \\ \vdots \\ e_b \end{bmatrix}=\begin{bmatrix} t_1 \\ \vdots \\ t_k \\ \vdots \\ t_b \end{bmatrix} \tag{3.3.5}$$

可将式(3.3.5)简写为

$$\boldsymbol{Me}=\boldsymbol{t} \tag{3.3.6}$$

式中，$\boldsymbol{M}$ 为构件刚度矩阵(member stiffness matrix)$(b\times b)$。

3.3.4 有限元基本方程

在小变形和线弹性假定下，杆系的有限元基本方程式为

$$\boldsymbol{K}_0\boldsymbol{d}=\boldsymbol{p} \tag{3.3.7}$$

式中，$\boldsymbol{K}_0$ 为杆系的线弹性刚度矩阵。实际上，根据式(3.3.2)、式(3.3.4)和式(3.3.6)很容易得到

$$\boldsymbol{K}_0=\boldsymbol{AMB}_{\mathrm{L}}=\boldsymbol{AMA}^{\mathrm{T}} \tag{3.3.8}$$

平衡矩阵 $\boldsymbol{A}$ 和协调矩阵 $\boldsymbol{B}_{\mathrm{L}}$ 仅与系统的节点坐标(几何)和杆件连接关系(拓扑)相关，而 $\boldsymbol{M}$ 为构件轴向线刚度构成的对角元素，因此 $\boldsymbol{K}_0$ 由杆系的内在特性决定。

3.4 平衡矩阵准则

3.4.1 静力特征

对于平衡方程(3.3.2)，根据矩阵理论，$\boldsymbol{t}$ 的解总是可以表示为以下的一般形式：

$$\boldsymbol{t}=\boldsymbol{t}_0+\boldsymbol{t}_{\mathrm{p}} \tag{3.4.1}$$

式中，$\boldsymbol{t}_0$ 和 $\boldsymbol{t}_{\mathrm{p}}$ 分别为 $\boldsymbol{t}$ 的通解部分和特解部分，分别满足以下关系：

$$\boldsymbol{At}_0=\boldsymbol{0} \tag{3.4.2}$$

$$\boldsymbol{At}_{\mathrm{p}}=\boldsymbol{p} \tag{3.4.3}$$

实际上，方程式(3.3.2)为线性方程组，其解的情况取决于系数矩阵 $\boldsymbol{A}$。也就是说，方程(3.4.2)和方程(3.4.3)是否存在解以及解呈现怎样的特性可以进一步

通过分析平衡矩阵 $\boldsymbol{A}$ 来确定。

注意到，$\boldsymbol{A}$ 是一个 $(3J-c)\times b$ 的矩阵，仅由杆系当前构型的节点坐标和杆件拓扑关系决定。由矩阵理论可知，方程(3.4.2)是否存在非零解(非平凡解)可以通过 $\boldsymbol{A}$ 的秩 r 来判断：当 $b-r>0$ 时，$\boldsymbol{t}_0$ 存在非零解；而当 $b-r=0$ 时，$\boldsymbol{t}_0$ 只有零解。值得进一步解释的是，如果方程(3.4.2)中 $\boldsymbol{t}_0$ 存在非零解，则其物理意义是杆系在没有外荷载作用下也可以维持非零内力状态并保证系统当前构型的平衡。可见，$\boldsymbol{t}_0$ 的非零解实际上就是杆系的一种预应力分布，而 $b-r>0$ 是体系可以维持预应力的基本条件。

注意到矩阵的秩总是不大于该矩阵的行数和列数的最小值，即 $r\leqslant\min(3J-c,b)$。如果一个杆系结构 $b>3J-c$，说明杆件数大于系统的自由度(如一般的超静定结构)，那么 $b-r>0$ 总是成立，于是方程(3.4.2)必定存在非零解，表明杆系是可以维持预应力的。如果 $b\leqslant 3J-c$，则需要根据 $b-r$ 的值来确定杆系是否可以维持预应力。对于一个静定结构，由于在给定荷载下杆件的内力可由平衡方程唯一确定，表明方程(3.4.3)中 $\boldsymbol{t}_{\mathrm{p}}$ 有唯一解，则平衡矩阵 $\boldsymbol{A}$ 必定为正定方阵，即 $r=b=3J-c$。考虑到 $b-r=0$，因此对于静定结构，方程(3.4.2)不可能存在 $\boldsymbol{t}_0$ 的非零解，故也就不能维持预应力。

根据以上分析，可以定义反映杆系静力特征的指标：

$$s=b-r \tag{3.4.4}$$

式中，s 可称为杆系的超静定次数或独立自应力模态数(the number of modes of independent selfstress)[36]。如果 $s>0$，则表明杆系可维持预应力。

3.4.2　运动特征

对于几何方程式(3.3.4)，也可以根据 $\boldsymbol{d}$ 的解的性质对体系的运动特征进行分析。同样，将 $\boldsymbol{d}$ 的解分解为通解与特解之和的形式，则

$$\boldsymbol{d}=\boldsymbol{d}_0+\boldsymbol{d}_{\mathrm{e}} \tag{3.4.5}$$

式中，$\boldsymbol{d}_0$ 和 $\boldsymbol{d}_{\mathrm{e}}$ 分别满足以下关系：

$$\boldsymbol{B}_{\mathrm{L}}\boldsymbol{d}_0=\boldsymbol{0} \tag{3.4.6}$$

$$\boldsymbol{B}_{\mathrm{L}}\boldsymbol{d}_{\mathrm{e}}=\boldsymbol{e} \tag{3.4.7}$$

注意到系数矩阵(协调矩阵)$\boldsymbol{B}_{\mathrm{L}}$ 是一个 $b\times(3J-c)$ 的矩阵且 $\boldsymbol{B}_{\mathrm{L}}=\boldsymbol{A}^{\mathrm{T}}$，因此 $\boldsymbol{B}_{\mathrm{L}}$ 的秩也为 r。同样根据矩阵理论，如果 $(3J-c)-r>0$，则表明方程(3.4.6)存在 $\boldsymbol{d}_0$ 的非零解。其物理意义是，即使杆系发生该非零节点位移 $\boldsymbol{d}_0$，但并不会引起杆件的伸长，这说明 $\boldsymbol{d}_0$ 是刚体位移(或称“机构位移”)，也表明该杆系是几何可变的。反过来，对于一个几何可变系统，根据 Maxwell 准则可知 $b<3J-c$，则 $r<\min(3J-c,b)<3J-c$，也说明方程(3.4.6)存在 $\boldsymbol{d}_0$ 的非零解。

根据以上分析，同样可以定义反映杆系运动特征的指标：

$$m=3J-c-r \tag{3.4.8}$$

式中，m 通常称为杆系的机构位移模态数(the number of modes of mechanical displacement)[36]。可见，$m>0$ 表明杆系允许发生刚体位移，即杆系为几何可变体系。

3.4.3 奇异值分解

根据通解方程式(3.4.2)和式(3.4.6)是否存在非零解，便可判定体系是否可施加预应力以及是否会发生刚体位移。但是，要完全描述体系的静动特征，还应进一步细致分析平衡方程和几何方程解的情况[37]。

对系数矩阵(平衡矩阵 $\boldsymbol{A}$ 和协调矩阵 $\boldsymbol{B}_{\mathrm{L}}$)进行分解，可分析线性方程解的特性，其中一种有效的方法是奇异值分解法(singular value decomposition, SVD)[38]。考虑到 $\boldsymbol{A}$ 和 $\boldsymbol{B}_{\mathrm{L}}$ 互为转置矩阵，则以 $\boldsymbol{A}$ 为例来进行阐述。矩阵的奇异值分解是指对于任意实矩阵 $\boldsymbol{A}$，总是可以分解成如下形式：

$$\boldsymbol{A}=\boldsymbol{U}\boldsymbol{S}\boldsymbol{V}^{\mathrm{T}} \tag{3.4.9}$$

式中，$\boldsymbol{U}=\{\boldsymbol{u}_1,\boldsymbol{u}_2,\cdots,\boldsymbol{u}_{3J-c}\}$ 为 $(3J-c)\times(3J-c)$ 的正交矩阵，称为左奇异矩阵，而 $\boldsymbol{u}_i(i=1,2,\cdots,3J-c)$ 称为 $\boldsymbol{A}$ 的左奇异向量；$\boldsymbol{V}=\{\boldsymbol{v}_1,\boldsymbol{v}_2,\cdots,\boldsymbol{v}_b\}$ 为 $b\times b$ 的正交矩阵，称为右奇异矩阵，同样，$\boldsymbol{v}_i(i=1,2,\cdots,b)$ 称为 $\boldsymbol{A}$ 的右奇异向量；$\boldsymbol{S}$ 为一个 $(3J-c)\times b$ 的增广对角矩阵。可以证明，$\boldsymbol{S}$ 的非零对角元素的数量即为平衡矩阵 $\boldsymbol{A}$ 的秩 r，且其数值均大于零并通常由大到小排列。

将式(3.4.9)右端项各矩阵写成分块形式：

$$\boldsymbol{A}=\boldsymbol{B}_{\mathrm{L}}^{\mathrm{T}}=\{\boldsymbol{U}_{\mathrm{r}},\boldsymbol{U}_{\mathrm{m}}\}\begin{Bmatrix}\boldsymbol{S}_{\mathrm{r}} & \boldsymbol{0}\\ \boldsymbol{0} & \boldsymbol{0}\end{Bmatrix}\begin{Bmatrix}\boldsymbol{V}_{\mathrm{r}}^{\mathrm{T}}\\ \boldsymbol{V}_{\mathrm{s}}^{\mathrm{T}}\end{Bmatrix} \tag{3.4.10}$$

式中，$\boldsymbol{U}_{\mathrm{r}}=\{\boldsymbol{u}_1,\boldsymbol{u}_2,\cdots,\boldsymbol{u}_{\mathrm{r}}\}$；$\boldsymbol{U}_{\mathrm{m}}=\{\boldsymbol{u}_{r+1},\boldsymbol{u}_{r+2},\cdots,\boldsymbol{u}_{3J-c}\}$；$\boldsymbol{V}_{\mathrm{r}}=\{\boldsymbol{v}_1,\boldsymbol{v}_2,\cdots,\boldsymbol{v}_{\mathrm{r}}\}$；$\boldsymbol{V}_{\mathrm{s}}=\{\boldsymbol{v}_{r+1},\boldsymbol{v}_{r+2},\cdots,\boldsymbol{v}_b\}$；$\boldsymbol{S}_{\mathrm{r}}=\mathrm{diag}\{s_1,s_2,\cdots,s_{\mathrm{r}}\}$. $s_i(i=1,2,\cdots,r)$ 为矩阵 A 的奇异值，且 $s_1>s_2>\cdots>s_{\mathrm{r}}$。实际上，奇异值分解和特征值分解有着紧密的联系，具有以下特点：

(1) 左奇异向量 $\boldsymbol{u}_i(i=1,2,\cdots,3J-c)$ 实际上是矩阵 $\boldsymbol{A}\boldsymbol{A}^{\mathrm{T}}$ 的特征向量。

(2) 右奇异向量 $\boldsymbol{v}_i(i=1,2,\cdots,b)$ 是矩阵 $\boldsymbol{A}^{\mathrm{T}}\boldsymbol{A}$ 的特征向量。

(3) $s_i^2(i=1,2,\cdots,r)$ 是矩阵 $\boldsymbol{A}^{\mathrm{T}}\boldsymbol{A}$ 或 $\boldsymbol{A}\boldsymbol{A}^{\mathrm{T}}$ 的特征值。

由于 $\boldsymbol{U}$ 和 $\boldsymbol{V}$ 均为正交矩阵，则

$$\boldsymbol{u}_i\boldsymbol{u}_j^{\mathrm{T}}=\begin{cases}1, & i=j\\ 0, & i\neq j\end{cases} \tag{3.4.11}$$

$$\boldsymbol{v}_i\boldsymbol{v}_j^{\mathrm{T}}=\begin{cases}1, & i=j\\ 0, & i\neq j\end{cases} \tag{3.4.12}$$

于是易知

$$\boldsymbol{A}\boldsymbol{v}_i=\begin{cases}s_i\boldsymbol{u}_i, & i=1,2,\cdots,r\\ \boldsymbol{0}, & i=r+1,r+2,\cdots,b\end{cases} \tag{3.4.13}$$

$$\boldsymbol{B}_{\mathrm{L}}\boldsymbol{u}_i=\begin{cases}s_i\boldsymbol{v}_i, & i=1,2,\cdots,r\\ \boldsymbol{0}, & i=r+1,r+2,\cdots,3J-c\end{cases} \tag{3.4.14}$$

可以发现，正交矩阵 $\boldsymbol{U}=\{\boldsymbol{u}_1,\boldsymbol{u}_2,\cdots,\boldsymbol{u}_{3J-c}\}$ 构成一个完整的 $(3J-c)$ 维空间的基，而正交矩阵 $\boldsymbol{V}=\{\boldsymbol{v}_1,\boldsymbol{v}_2,\cdots,\boldsymbol{v}_b\}$ 为一个完整的 b 维空间的基，也就是说平衡方程(3.3.2)和几何方程(3.3.4)的解总是可以分别写成两个矩阵的完整基向量的线性组合：

$$\boldsymbol{t}=\sum_{i=1}^{b}\alpha_i\boldsymbol{v}_i \tag{3.4.15}$$

$$\boldsymbol{d}=\sum_{i=1}^{3J-c}\beta_i\boldsymbol{u}_i \tag{3.4.16}$$

式中，α_i 和 β_i 为组合系数。

考虑式(3.4.13)和式(3.4.14)，方程(3.4.2)和方程(3.4.6)的解为

$$\boldsymbol{t}_0=\sum_{i=r+1}^{b}\alpha_i\boldsymbol{v}_i \tag{3.4.17}$$

$$\boldsymbol{d}_0=\sum_{i=r+1}^{3J-c}\beta_i\boldsymbol{u}_i \tag{3.4.18}$$

相应的，方程(3.4.3)和方程(3.4.7)的解为

$$\boldsymbol{t}_{\mathrm{p}}=\sum_{i=1}^{r}\alpha_i\boldsymbol{v}_i \tag{3.4.19}$$

$$\boldsymbol{d}_{\mathrm{e}}=\sum_{i=1}^{r}\beta_i\boldsymbol{u}_i \tag{3.4.20}$$

可见，根据广义对角矩阵 $\boldsymbol{S}$ 的非零对角元素的数量可确定 $\boldsymbol{A}$ 的秩 r，于是可计算杆系的独立自应力模态数 s 和机构位移模态数 m，并由此判别杆系是否可维持预应力以及是否为几何可变。此外，根据式(3.4.15)～式(3.4.20)可知，外荷载产生的内力必然是 $\boldsymbol{v}_1,\boldsymbol{v}_2,\cdots,\boldsymbol{v}_r$ 向量的线性组合，因此可称 $\boldsymbol{v}_1,\boldsymbol{v}_2,\cdots,\boldsymbol{v}_r$ 为杆系的荷载内力模态；而体系中的预应力也必然是 $\boldsymbol{v}_{r+1},\boldsymbol{v}_{r+2},\cdots,\boldsymbol{v}_b$ 向量的线性组合，因此称 $\boldsymbol{v}_{r+1},\boldsymbol{v}_{r+2},\cdots,\boldsymbol{v}_b$ 为杆系的自应力模态，也是式(3.4.2)非平凡解的基。对于几何方程，$\boldsymbol{u}_1,\boldsymbol{u}_2,\cdots,\boldsymbol{u}_r$ 对应的节点位移将使杆件产生伸长，因此称为变形位移模态；而对于由 $\boldsymbol{u}_{r+1},\boldsymbol{u}_{r+2},\cdots,\boldsymbol{u}_{3J-c}$ 组合的位移将不会引起杆件的伸长，因此成为非变形位移模态或称机构位移模态，也构成了方程(3.4.6)非平凡解的基。

3.4.4 杆系的分类

根据 m 和 s 的数值，可将杆系按静动特征进行分类：

(1) $m=0, s=0$,动定、静定体系。

(2) $m=0, s>0$,动定、静不定体系。

(3) $m>0, s=0$,动不定、静定体系。

(4) $m>0, s>0$,动不定、静不定体系。

应该指出,第(1)、(2)类分别为传统结构力学教材定义的满足几何不变条件的静定结构和超静定结构。第(3)、(4)类为机构,前者一般称为大位移机构或有限机构(finite mechanism)[39],后者由于 $s>0$ 而称为预应力机构(prestressed mechanisms)[40],如索网、索穹顶等。关于第(3)类有限机构之所以能够允许大位移的问题,将在第4.3节进行证明。对于第(4)类预应力杆系机构,将在第5章专门讨论。

3.5　杆件层面的几何可变性分析

无论Maxwell准则还是平衡矩阵准则,都是从系统的层面上来讨论体系的运动特征。但是在实际工程问题中,仅判别系统的几何可变性是不够的,还存在一些杆件层面的问题。既然杆件系统是由一定数量的杆件组成的,那么不同杆件对于保证系统几何不变性(几何稳定性)的作用并不相同。例如,一个超静定次数为 s 的杆系结构,根据平衡矩阵准则易知要保持体系几何不变则最多可撤除 s 根杆件。然而,杆件的撤除并不是任意的,即便该杆系结构是高次超静定,往往撤除一根杆件也可能导致体系的几何可变。在工程设计中,这些必需杆的确定是结构安全性评价的重要问题。此外,既然超静定杆系结构可以撤除不多于 s 根杆件,那么快速判别任意不多于 s 根杆件撤除后体系是否会几何可变也是有意义的问题。

根据平衡矩阵理论,体系的几何可变性可根据机构位移模态数 m 来判别,而 m 又取决于平衡矩阵 $\boldsymbol{A}$(或协调矩阵 $\boldsymbol{B}_{\mathrm{L}}$)的秩 r。那么,一根杆件的存在如何影响 r,则应该看平衡矩阵 $\boldsymbol{A}$ 的构成。从式(3.3.1)可以看出,平衡矩阵 $\boldsymbol{A}$ 可表示为以下向量的集合,即

$$\boldsymbol{A}=\{\boldsymbol{a}_1, \boldsymbol{a}_2, \cdots, \boldsymbol{a}_{k-1}, \boldsymbol{a}_k, \boldsymbol{a}_{k+1}, \cdots, \boldsymbol{a}_b\} \tag{3.5.1}$$

式中,$\boldsymbol{a}_k=\{\cdots, (x_i-x_j)/l_k, (y_i-y_j)/l_k, (z_i-z_j)/l_k, \cdots, (x_j-x_i)/l_k, (y_j-y_i)/l_k, (z_j-z_i)/l_k, \cdots\}^{\mathrm{T}}$,代表第 k 根杆件对 $\boldsymbol{A}$ 提供的贡献。如果将第 k 根杆件撤除,则新系统的平衡矩阵为

$$\boldsymbol{A}'=\{\boldsymbol{a}_1, \boldsymbol{a}_2, \cdots, \boldsymbol{a}_{k-1}, \boldsymbol{a}_{k+1}, \cdots, \boldsymbol{a}_b\} \tag{3.5.2}$$

可见,对于杆件撤除后对体系静动特征的影响,需要考察 $\boldsymbol{A}'$ 的特性。

3.5.1　必需杆的判别

对于一个几何不变的杆件系统,如果某根杆件撤除后系统便转变为几何可变,那么该杆件可称为保证系统几何稳定性的必需杆。根据通常的经验,对于一个静

定结构，撤除任何一根构件都将导致系统几何可变，因此任意一根杆件均是必需杆。但是对于一个超静定结构，判断必需杆件并不直观。

判别必需杆最直接的方法是依次撤除系统中的每根杆件，然后计算撤杆后系统平衡矩阵 $\mathbf{A}'$ 的秩，如果 $\mathbf{A}'$ 的秩小于 $3J-c$，则所撤除的杆件为必需杆。工程结构中构件和节点数量通常较多，平衡矩阵的规模很大，而求解矩阵的秩本身就是一个非常耗时的工作，因此以上做法一般是低效和不实际的。以下将利用自应力模态矩阵 $\mathbf{V}_s=\{\boldsymbol{v}_{r+1},\boldsymbol{v}_{r+2},\cdots,\boldsymbol{v}_b\}$ 提出一种快速判别方法。当无外荷载作用时，杆系的平衡方程(3.3.2)可写为

$$\mathbf{A}\boldsymbol{t}=\mathbf{0} \tag{3.5.3}$$

由式(3.4.17)可知，$\mathbf{V}_s$ 是该方程非平凡解的基所构成的矩阵，即

$$\mathbf{A}\mathbf{V}_s=\mathbf{0} \tag{3.5.4}$$

先给出必需杆的判别准则：**对于一个几何不变的杆件系统，判别保证其为几何不变性的必需杆的充分必要条件是系统所有自应力模态 $\boldsymbol{v}_i(i=r+1,r+2,\cdots,b)$ 中，该杆件所对应的分量值均为零**。该准则的证明如下。

1) 充分性证明

将式(3.5.4)进行展开，则

$$\begin{aligned}&\{\boldsymbol{a}_1,\boldsymbol{a}_2,\cdots,\boldsymbol{a}_k,\cdots,\boldsymbol{a}_b\}\{\boldsymbol{v}_{r+1},\boldsymbol{v}_{r+2},\cdots,\boldsymbol{v}_i,\cdots,\boldsymbol{v}_b\}\\ &=\{\boldsymbol{a}_1,\boldsymbol{a}_2,\cdots,\boldsymbol{a}_k,\cdots,\boldsymbol{a}_b\}\begin{Bmatrix}v_{r+1,1} & v_{r+2,1} & \cdots & v_{i,1} & \cdots & v_{b,1}\\ v_{r+1,2} & v_{r+2,2} & \cdots & v_{i,2} & \cdots & v_{b,2}\\ \vdots & \vdots & \ddots & \vdots & \ddots & \vdots\\ v_{r+1,k} & v_{r+2,k} & \cdots & v_{i,k} & \cdots & v_{b,k}\\ \vdots & \vdots & \ddots & \vdots & \ddots & \vdots\\ v_{r+1,b} & v_{r+2,b} & \cdots & v_{i,b} & \cdots & v_{b,b}\end{Bmatrix}=\mathbf{0}\end{aligned} \tag{3.5.5}$$

式中，$v_{i,k}$ 为第 i 个自应力模态向量对应于杆件 k 的分量。如果对于所有的 $v_{i,k}=0$ $(i=r+1,r+2,\cdots,b)$，那么对式(3.5.5)进行整理，将 $\mathbf{A}$ 中第 k 列移至最右端，$\mathbf{V}_s$ 的第 k 行移至最后一行，可得

$$\{\boldsymbol{a}_1,\boldsymbol{a}_2,\cdots,\boldsymbol{a}_{k-1},\boldsymbol{a}_{k+1},\cdots,\boldsymbol{a}_b,\boldsymbol{a}_k\}\begin{Bmatrix}v_{r+1,1} & v_{r+2,1} & \cdots & v_{i,1} & \cdots & v_{b,1}\\ v_{r+1,2} & v_{r+2,2} & \cdots & v_{i,2} & \cdots & v_{b,2}\\ \vdots & \vdots & \ddots & \vdots & \ddots & \vdots\\ v_{r+1,k-1} & v_{r+2,k-1} & \cdots & v_{i,k-1} & \cdots & v_{b,k-1}\\ v_{r+1,k+1} & v_{r+2,k+1} & \cdots & v_{i,k+1} & \cdots & v_{b,k+1}\\ \vdots & \vdots & \ddots & \vdots & \ddots & \vdots\\ v_{r+1,b} & v_{r+2,b} & \cdots & v_{i,b} & \cdots & v_{b,b}\\ 0 & 0 & \cdots & 0 & \cdots & 0\end{Bmatrix}=\mathbf{0} \tag{3.5.6}$$

将式(3.5.6)中的矩阵进一步表示为如下分块形式：

$$\{\mathbf{A}'|\boldsymbol{a}_k\}\left\{\frac{\mathbf{V}'}{\mathbf{0}}\right\}=\mathbf{0} \tag{3.5.7}$$

因此有

$$\mathbf{A}'\mathbf{V}'=\mathbf{0} \tag{3.5.8}$$

式中，$\mathbf{A}'$就是撤除杆k后的系统平衡矩阵；$\mathbf{V}'$是$\mathbf{V}_s$删除第k行后所得矩阵。根据定义，由于$\mathbf{V}_s$中各列线性无关，容易得到$\mathbf{V}'$中各列也是线性无关的，表明撤除k杆后的系统依然至少有$b-(3J-c)$个自应力模态。又根据自应力模态的定义，$s'=(b-1)-r(\mathbf{A}')$，其中$r(\mathbf{A}')$表示$\mathbf{A}'$的秩。因此，有$(b-1)-r(\mathbf{A}')\geqslant b-(3J-c)$，即$r(\mathbf{A}')<(3J-c)$，表明杆$k$撤除后的新系统为几何可变系统。

2) 必要性证明

根据定义，从一个几何稳定系统中撤除某根必需杆k，该体系将变为几何不稳定系统，因此杆件撤除后系统平衡矩阵的秩$r(\mathbf{A}')<3J-c$。参考式(3.5.5)和式(3.5.6)，根据线性代数的知识，杆k在平衡矩阵$\mathbf{A}$中所对应的列向量$\boldsymbol{a}_k$必然与其余各列线性无关。否则，其撤除后并不会影响$\mathbf{A}$的秩，也就不能保证$r(\mathbf{A}')<3J-c$。

仅考虑第i个自应力模态v_i，由式(3.5.5)可得

$$v_{i,1}\boldsymbol{a}_1+v_{i,2}\boldsymbol{a}_2+\cdots+v_{i,k-1}\boldsymbol{a}_{k-1}+v_{i,k}\boldsymbol{a}_k+v_{i,k+1}\boldsymbol{a}_{k+1}+\cdots+v_{i,b}\boldsymbol{a}_b=\mathbf{0} \tag{3.5.9}$$

把$\boldsymbol{a}_k$项移至方程右边，式(3.5.9)可改写为

$$v_{i,1}\boldsymbol{a}_1+v_{i,2}\boldsymbol{a}_2+\cdots+v_{i,k-1}\boldsymbol{a}_{k-1}+v_{i,k+1}\boldsymbol{a}_{k+1}+\cdots+v_{i,b}\boldsymbol{a}_b=-v_{i,k}\boldsymbol{a}_k \tag{3.5.10}$$

由于$\boldsymbol{a}_k$与$\mathbf{A}$中其余各列线性无关，即$\boldsymbol{a}_k$并不能表示为向量组$[\boldsymbol{a}_1,\boldsymbol{a}_2,\cdots,\boldsymbol{a}_{k-1},\boldsymbol{a}_{k+1},\cdots,\boldsymbol{a}_b]$的线性叠加，除非$v_{i,k}=0$。由于$\boldsymbol{v}_i$的一般性，对于所有的自应模态，均应满足$v_{i,k}=0(i=r+1,\cdots,b)$。

3.5.2 多杆撤除的几何不变性判别

对于一个超静定杆系结构，往往还需考虑多根杆件撤除的情况。当需要大量重复进行多杆撤除后的系统几何不变性判别时，直接计算杆件撤除后系统平衡矩阵的秩同样是低效的。下面依然基于自应力模态矩阵$\mathbf{V}_s$提出一种有效的判别准则。

假设从一个超静定结构中撤除$k(\leqslant s)$根杆，将其平衡矩阵$\mathbf{A}$和自应力模态矩阵$\mathbf{V}_s$按未撤除杆和撤除杆件进行分块表示，即

$$\mathbf{A}=[\mathbf{A}'|\mathbf{A}_1],\quad \mathbf{V}_s=\left[\frac{\mathbf{V}'}{\mathbf{V}_1}\right] \tag{3.5.11}$$

式中，$\mathbf{A}'[(3J-c)\times(b-k)]$为未撤除杆向量集合；$\mathbf{A}_1[(3J-c)\times k]$为撤除杆向量

的集合。相应地，$\boldsymbol{V}'$为$(b-k)\times s$矩阵；$\boldsymbol{V}_1$为$k\times s$矩阵。根据式(3.5.4)，则有

$$\boldsymbol{AV}_s=\boldsymbol{A}'\boldsymbol{V}'+\boldsymbol{A}_1\boldsymbol{V}_1=\boldsymbol{0} \tag{3.5.12}$$

令$-\boldsymbol{A}_1\boldsymbol{V}_1=\boldsymbol{Y}$，则

$$\boldsymbol{A}'\boldsymbol{V}'=\boldsymbol{Y} \tag{3.5.13}$$

将$\boldsymbol{V}'$和$\boldsymbol{Y}$表示成向量形式，则有

$$\boldsymbol{A}'\{\boldsymbol{v}_1',\boldsymbol{v}_2',\cdots,\boldsymbol{v}_s'\}=\{\boldsymbol{y}_1,\boldsymbol{y}_2,\cdots,\boldsymbol{y}_s\} \tag{3.5.14}$$

如果令$r(\boldsymbol{A}_1\boldsymbol{V}_1)=r(\boldsymbol{Y})=r_1$，$r(\boldsymbol{V}')=r_2$，总能够找到两个初等列变换矩阵，分别对$\boldsymbol{Y}$和$\boldsymbol{V}'$进行列变换，使得方程(3.5.14)可以转化为

$$A'\{\boldsymbol{v}_1'',\boldsymbol{v}_2'',\cdots,\boldsymbol{v}_{r_1}'',\cdots,\boldsymbol{v}_{r_2}'',\boldsymbol{0},\cdots,\boldsymbol{0}\}=\{\boldsymbol{y}_1',\boldsymbol{y}_2',\cdots,\boldsymbol{y}_{r_1}',\boldsymbol{0},\cdots,\boldsymbol{0}\} \tag{3.5.15}$$

式中，$\{\boldsymbol{v}_1'',\boldsymbol{v}_2'',\cdots,\boldsymbol{v}_{r_2}''\}$和$\{\boldsymbol{y}_1',\boldsymbol{y}_2',\cdots,\boldsymbol{y}_{r_1}'\}$均为线性无关向量组，而且易知$r_2\geqslant r_1$。如果$r_2<r_1$，则式(3.5.15)中存在$\boldsymbol{A}'\times\boldsymbol{0}=\boldsymbol{y}_i'(i=r_2+1,r_2+2,\cdots,r_1)$，显然是不成立的。此外，从式(3.5.15)也可以看到，撤除杆件后的系统平衡矩阵为系数矩阵的方程组$\boldsymbol{A}'\boldsymbol{t}'=\boldsymbol{0}$至少有$r_2-r_1$个线性无关的非平凡解，即$\{\boldsymbol{v}_{r_1+1}'',\boldsymbol{v}_{r_1+2}'',\cdots,\boldsymbol{v}_{r_2}''\}$。但是应该注意，实际上方程(3.5.15)有且仅有r_2-r_1个非平凡解，证明如下。

假设存在一非零列向量$\boldsymbol{v}_a''[(b-k)\times 1]$是$\boldsymbol{A}'\boldsymbol{t}'=\boldsymbol{0}$的非平凡解，但是$\boldsymbol{v}_a''$与向量组$\{\boldsymbol{v}_{r_1+1}'',\boldsymbol{v}_{r_1+2}'',\cdots,\boldsymbol{v}_{r_2}''\}$线性无关，即$\boldsymbol{v}_a''$不能由$\{\boldsymbol{v}_{r_1+1}'',\boldsymbol{v}_{r_1+2}'',\cdots,\boldsymbol{v}_{r_2}''\}$线性表示。由于$\{\boldsymbol{v}_{r_1+1}'',\boldsymbol{v}_{r_1+2}'',\cdots,\boldsymbol{v}_{r_2}''\}$是向量组$\{\boldsymbol{v}_1',\boldsymbol{v}_2',\cdots,\boldsymbol{v}_s'\}$的线性组合，则易知$\boldsymbol{v}_a''$不能由$\{\boldsymbol{v}_1',\boldsymbol{v}_2',\cdots,\boldsymbol{v}_s'\}$线性表示。现由$\boldsymbol{v}_a''$构造向量$[\boldsymbol{v}_a''^{\mathrm{T}},\boldsymbol{0}^{\mathrm{T}}]^{\mathrm{T}}(b\times 1)$，易知$[\boldsymbol{v}_a''^{\mathrm{T}},\boldsymbol{0}^{\mathrm{T}}]^{\mathrm{T}}$也不能由向量组$\{\boldsymbol{v}_1',\boldsymbol{v}_2',\cdots,\boldsymbol{v}_s'\}$线性表示。但是可以发现，$[\boldsymbol{v}_a''^{\mathrm{T}},\boldsymbol{0}^{\mathrm{T}}]^{\mathrm{T}}$是方程$\boldsymbol{At}=\boldsymbol{0}$的一个非平凡解，而且与$\boldsymbol{V}_s=\{\boldsymbol{v}_1,\boldsymbol{v}_2,\cdots,\boldsymbol{v}_s\}$线性无关，则原系统自应力模态数为$s+1$，与已知条件矛盾。

由于$\boldsymbol{A}'\boldsymbol{t}'=\boldsymbol{0}$有且仅有$r_2-r_1$个非平凡解，根据自应力模态的定义可知，撤除$k$根杆件后系统的自应力模态数为$r_2-r_1$，那么平衡矩阵$\boldsymbol{A}'$的秩可表示为

$$r(\boldsymbol{A}')=b-k-(r_2-r_1) \tag{3.5.16}$$

因此根据式(3.5.6)，如果系统中所有杆件的线刚度均不为零，那么杆件撤除后系统依然转变为几何不稳定的充分必要条件为$r(\boldsymbol{A}')=b-k-(r_2-r_1)<3J-c$，即

$$r_2-r_1>s-k \tag{3.5.17}$$

根据平衡矩阵准则，杆件系统几何稳定性的数值判别关键是计算系统平衡矩阵的秩。从式(3.5.16)和式(3.5.17)可以看出，杆件撤除后系统平衡矩阵的秩可以表示为两个矩阵$\boldsymbol{V}'$和$\boldsymbol{Y}$秩的简单代数关系。从表面上看，似乎将问题复杂化了。但是，首先可以发现，矩阵$\boldsymbol{V}'$维数为$b\times s$，而$\boldsymbol{Y}$为$(3J-c)\times s$。一般来说，对于一个杆件数较多的工程结构，s通常远小于系统的杆件数，因此至少在行数上$\boldsymbol{V}'$和$\boldsymbol{Y}$的规模远小于杆件撤除后的平衡矩阵。因此，在实际数值计算时，求解$\boldsymbol{r}_1$和$\boldsymbol{r}_2$的计算量通常也远小于直接求解杆件撤除后平衡矩阵秩的计算量，特别是仅对

列进行变换求解秩。另外，$\boldsymbol{V}'$和$\boldsymbol{Y}$的计算可以直接将原系统平衡矩阵中的列向量乘以其自应力矩阵相应的行向量得到，工作量并不大。可见，直接利用$\boldsymbol{V}'$和$\boldsymbol{Y}$的秩r_1、r_2来计算杆件撤除后系统平衡矩阵的秩，在对于需要大量重复进行多根杆撤除后的系统几何不变性判别问题，在数值计算效率上优势显著。

3.5.3　算例

图 3.5.1 为一个 15 杆平面桁架，其节点数 $J=8$，支座约束数 $c=4$，杆件总数 $b=15$。设水平上下弦杆和竖腹杆长度为 1，斜腹杆长度为$\sqrt{2}$。

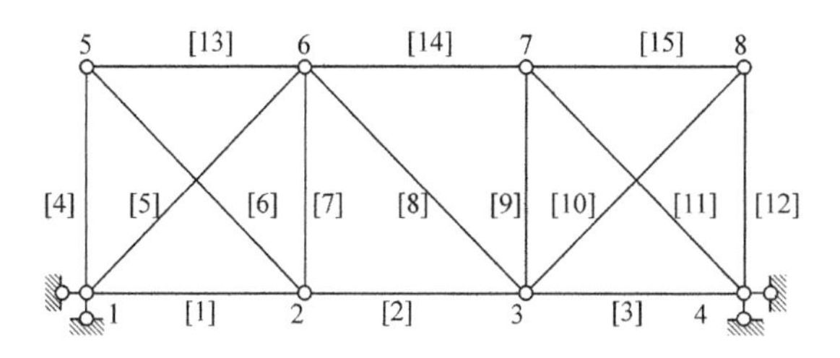

图 3.5.1　15 杆平面桁架

1. 结构判定

建立系统的平衡矩阵 $\mathbf{A}$，可求得 $r(\mathbf{A})=r=12$，则 $s=b-r=3>0$，故该杆系为几何稳定系统，且最多可撤除 3 根杆而不会导致系统几何可变。

2. 必需杆判定

根据矩阵 $\mathbf{A}$ 奇异值分解的结果，可得到系统的自应力模态：

$\boldsymbol{v}_{13}=\{0.50592,0.55881,0.62076,-0.05289,0.07479,0.07479,-0.05289,0,$
$0.06195,-0.08761,-0.08761,0.06195,-0.05289,0,0.06195\}^{\mathrm{T}}$

$\boldsymbol{v}_{14}=\{-0.36464,-0.02283,0.05766,-0.34181,0.48340,0.48340,-0.34181,$
$0,0.08048,-0.11382,-0.11382,0.08048,-0.34181,0,0.08048\}^{\mathrm{T}}$

$\boldsymbol{v}_{15}=\{-0.12038,-0.22550,0.12144,0.10511,-0.14865,-0.14865,0.10511,$
$0,0.34694,-0.49065,-0.49065,0.34694,0.10511,0,0.34694\}^{\mathrm{T}}$

根据前面所述的必需杆判别准则，可以看到自应力模态向量 $\boldsymbol{v}_{13}$、$\boldsymbol{v}_{14}$、$\boldsymbol{v}_{15}$ 中的第 8、14 项分量值均为零，因此该系统必需杆为杆[8]和杆[14]。

3. 几何稳定性判断

撤除 $k(1\leqslant k\leqslant s)$根杆件后，采用准则式(3.5.17)可以进行系统的几何稳定性判定，具体计算过程见表 3.5.1。

表 3.5.1　分别撤除 1 根、2 根和 3 根杆件后系统的几何稳定性判别

撤除杆件数 k	$s-k$	撤除杆号	r_2	r_1	$r_2-r_1>s-k$	判别结果
1	2	[8]	3	0	是	几何不稳定
		[7]	3	1	否	几何稳定
2	1	[5]、[10]	3	2	否	几何稳定
		[5]、[6]	3	1	是	几何不稳定
3	0	[1]、[5]、[9]	3	3	否	几何稳定
		[5]、[9]、[10]	3	2	是	几何不稳定
		[1]、[2]、[3]	2	2	否	几何稳定

第4章　杆系的可动性及机构运动路径

运动分析是杆系(或索杆)机构设计的基本工作,如空间可展天线的展开形态分析、Pantadome系统的施工顶升过程模拟等。运动分析的目的是求解系统在特定驱动变量作用下的形态变化,包括运动路径(轨迹)以及受力状态。一般情况下,杆系机构的运动以刚体位移为主,因此运动路径也主要由系统几何决定。但是对于Pantadome类机构系统,体系的运动路径还取决于其所承受的荷载,此时运动分析面向的是一个运动路径和受力状态同时求解的问题。本章仅从系统几何的角度对杆系的刚体位移运动路径(以下简称"机构运动路径")进行讨论。关于与荷载相关的杆系机构运动分析问题,将在第8章讨论。

既然平衡矩阵准则可对杆系的运动特征进行初步解析,那么该准则也作为一种基本方法用于杆系机构的运动路径分析。Kumar和Pellegrino[41]采用平衡矩阵准则定义的机构位移模态建立了一套杆系机构运动路径的跟踪策略。Lengyel[42]、Tarnai等[43]也对杆系机构的运动分岔、可动性及协调条件等问题进行了讨论。然而,由于协调方程采用小变形假定,利用平衡矩阵准则在分析杆系机构可动性以及一些特殊机构运动形态问题时,理论上还不能给出严谨的解答,如运动分岔路径问题、无穷小机构(infinitesimal mechanisms)[44,45]的不可动问题等。

本章将建立杆系机构的一般运动控制方程,将杆系的可动性判别归纳为在满足运动连续性条件下该控制方程是否存在位移的非零解问题,并对平衡矩阵准则用于杆系可动性判别的充要性进行讨论。本章还将讨论杆系机构运动路径的数值求解策略,且会关注运动路径上的极值点现象。针对机构运动路径的分岔问题,将提出运动分岔点的跟踪方法以及分岔路径的求解方法。最后,还将杆系机构运动路径分析方法推广到铰接板机构的运动分析。

4.1　运动控制方程

关于杆系机构的定义,严格意义上讲是指在存在边界约束的前提下,可发生无构件长度变化的连续运动的杆系。相应发生的变形称为机构(刚体)位移。一个杆系能否发生机构位移,本书简称为"可动性"判别问题。

以杆系任意无构件伸长的构型作为参考构型,则杆件伸长量和两端节点位移之间的关系由式(2.1.11)表示。对所有杆件建立该关系式并进行组集,则反映系

统节点位移 $\boldsymbol{d}$ 与杆件伸长 $\boldsymbol{e}$ 关系的协调方程可表示为

$$\boldsymbol{e}=\boldsymbol{B}_{\mathrm{L}}\boldsymbol{d}+1/2\boldsymbol{B}_{\mathrm{N1}}(\boldsymbol{d})\boldsymbol{d}+o(\boldsymbol{d}^2) \tag{4.1.1}$$

式中，$\boldsymbol{B}_{\mathrm{L}}$ 为系统协调矩阵的线性部分，具体形式见式(3.3.3)；$\boldsymbol{B}_{\mathrm{N1}}$ 为协调矩阵包含位移 $\boldsymbol{d}$ 一次项的非线性部分，是 $\boldsymbol{d}$ 的函数，故记为 $\boldsymbol{B}_{\mathrm{N1}}(\boldsymbol{d})$；$o(\boldsymbol{d}^2)$代表含位移 $\boldsymbol{d}$ 二次方[除 $1/2\boldsymbol{B}_{\mathrm{N1}}(\boldsymbol{d})\boldsymbol{d}$ 外]及以上高阶项的和。$\boldsymbol{B}_{\mathrm{L}}$ 和 $\boldsymbol{B}_{\mathrm{N1}}$ 均为 $b\times(3J-c)$ 矩阵，且 $\boldsymbol{B}_{\mathrm{N1}}$ 的具体形式为

$$\boldsymbol{B}_{\mathrm{N1}}=\begin{array}{c} \begin{array}{ccc} \text{节点 } i & \text{节点 } j & \text{节点 } h \end{array} \\ \left\{\begin{array}{ccccccccccccccc} \cdots & \cdots & \cdots & \cdots & \cdots & \cdots & \cdots & \cdots & \cdots & \cdots & \cdots & \cdots & \cdots & \cdots & \cdots \\ 0 & \cdots & u_{ik} & v_{ik} & w_{ik} & \cdots & u_{jk} & v_{jk} & w_{jk} & \cdots & 0 & 0 & 0 & \cdots & 0 \\ \cdots & \cdots & \cdots & \cdots & \cdots & \cdots & \cdots & \cdots & \cdots & \cdots & \cdots & \cdots & \cdots & \cdots & \cdots \\ 0 & \cdots & u_{in} & v_{in} & w_{in} & \cdots & 0 & 0 & 0 & \cdots & u_{hn} & v_{hn} & w_{hn} & \cdots & 0 \\ \cdots & \cdots & \cdots & \cdots & \cdots & \cdots & \cdots & \cdots & \cdots & \cdots & \cdots & \cdots & \cdots & \cdots & \cdots \end{array}\right\} \begin{array}{c} \\ \text{杆 } k \\ \\ \text{杆 } n \\ \\ \end{array} \end{array} \tag{4.1.2}$$

式中，$u_{ik}=(u_i-u_j)/l_k$；$v_{ik}=(v_i-v_j)/l_k$；$w_{ik}=(w_i-w_j)/l_k$；$u_{in}=(u_i-u_h)/l_n$；$v_{in}=(v_i-v_h)/l_n$；$w_{in}=(w_i-w_h)/l_n$；$u_{jk}=(u_j-u_i)/l_k$；$v_{jk}=(v_j-v_i)/l_k$；$w_{jk}=(w_j-w_i)/l_k$；$u_{hn}=(u_h-u_i)/l_n$；$v_{hn}=(v_h-v_i)/l_n$；$w_{hn}=(w_h-w_i)/l_n$。

与 $\boldsymbol{B}_{\mathrm{L}}$ 的表达式(3.3.3)进行对比可以发现，$\boldsymbol{B}_{\mathrm{N1}}$ 也是由式(2.1.11)按照体系拓扑关系组集而成的矩阵，且两个矩阵对应元素的构成形式相似，差别仅为前者的分子是两端节点坐标的差值，后者是节点位移的差值。

如果杆系发生机构位移，则 $l'_k=l_k(k=1,2,\cdots,b)$。如果将所有单元按式(2.1.4)建立协调方程并进行组集，可得

$$[\boldsymbol{B}_{\mathrm{L}}+1/2\boldsymbol{B}_{\mathrm{N1}}(\boldsymbol{d})]\boldsymbol{d}=\boldsymbol{0} \tag{4.1.3}$$

式(4.1.3)便是杆系的精确机构运动控制方程，没有引入任何假定。如果杆系为机构，则对应于参考构型，方程式(4.1.3)需要满足以下两个条件：

(1) 存在 $\boldsymbol{d}$ 的非零解。

(2) 应满足运动的连续性条件，即 $\boldsymbol{d}$ 的非零解可以任意小。

控制方程式(4.1.3)是非线性方程，判别其是否存在非零解在数学上并不容易。但考虑到需满足对任意小变形的考量，如果忽略位移的高次项 $1/2\boldsymbol{B}_{\mathrm{N1}}(\boldsymbol{d})\boldsymbol{d}$，则式(4.1.3)可近似表示为

$$\boldsymbol{B}_{\mathrm{L}}\boldsymbol{d}=\boldsymbol{0} \tag{4.1.4}$$

应该注意，3.4 节中已针对线性方程(4.1.4)中 $\boldsymbol{d}$ 存在非零解的条件进行了详细讨论，即 $\boldsymbol{B}_{\mathrm{L}}$ 的秩 $r<3J-c$，或

$$m=3J-c-r>0 \tag{4.1.5}$$

实际上，式(4.1.5)反映的是杆系几何可变性判定的平衡矩阵准则，m 即为机构位移模态数。进一步对 $\boldsymbol{B}_{\mathrm{L}}$ 进行奇异值分解，可得

$$\boldsymbol{B}_{\mathrm{L}}=\boldsymbol{V}\boldsymbol{S}\boldsymbol{U}^{\mathrm{T}} \tag{4.1.6}$$

式中，$\boldsymbol{U}$、$\boldsymbol{V}$ 和 $\boldsymbol{S}$ 的具体表示形式及意义见 3.4 节。于是，方程(4.1.4)中 $\boldsymbol{d}$ 的非零解可表示为

$$\boldsymbol{d}=\boldsymbol{U}_{\mathrm{m}}\boldsymbol{\beta}_{\mathrm{m}} \tag{4.1.7}$$

式中，$\boldsymbol{\beta}_{\mathrm{m}}=\{\beta_{r+1},\beta_{r+2},\cdots,\beta_{3J-c}\}^{\mathrm{T}}$ 为任意一组不全为零的组合系数构成的向量，也反映了机构运动的连续性和位移大小的不确定性；$\boldsymbol{U}_{\mathrm{m}}=\{\boldsymbol{u}_{r+1},\boldsymbol{u}_{r+2},\cdots,\boldsymbol{u}_{3J-c}\}$ 为由机构位移模态组成的矩阵。

4.2　可动性判别

4.2.1　平衡矩阵准则的局限性

平衡矩阵准则是基于小变形假定建立的，直接忽略了位移高次项。在此假定下，杆系的协调方程式为

$$\boldsymbol{e}=\boldsymbol{B}_{\mathrm{L}}\boldsymbol{d} \tag{4.2.1}$$

可以看出，该准则仅是利用方程式(4.1.4)中 $\boldsymbol{d}$ 非零解的存在性来分析杆系的运动特性。正是由于早期研究对式(4.1.4)的重视，机构位移模态数 m 是否大于零通常作为“机构”和“结构”的界定准则。但是，一些特殊构型的杆系并不满足该准则，即所谓的“无穷小机构”(也称为“瞬变系统”)。无穷小机构的典型例子是如图 4.2.1所示的 von Mises 连杆，其中单元[1]和[2]位于同一条直线 23 上。可以分析得到该系统的 $m=1$，但显然不能发生无构件伸长的机构位移。严格意义上讲，无穷小机构并不具备可动性，对其赋予“机构”的名称完全是受到平衡矩阵准则的影响。为与“无穷小机构”相区别，早期文献将真正具备可动性的杆系机构称为“有限机构”(finite mechanism)[35,46]。

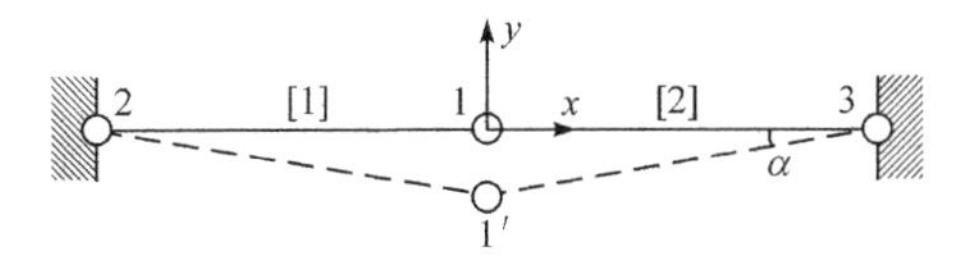

图 4.2.1　von Mises 连杆

对于协调方程式(4.1.1)，当一个杆系当前构型的 $m>0$ 时，仅说明存在位移 $\boldsymbol{d}=\boldsymbol{U}_{\mathrm{m}}\boldsymbol{\beta}_{\mathrm{m}}$ 可以使其右端位移的一次项为零，而不能保证 $\boldsymbol{e}=\boldsymbol{0}$。此时，杆件依然存在位移二次及以上高次项提供的残余伸长，即

$$\boldsymbol{e}^{\mathrm{s}}=1/2\boldsymbol{B}_{\mathrm{N1}}(\boldsymbol{d})\boldsymbol{d}+o(\boldsymbol{d}^{2}) \tag{4.2.2}$$

可见，$m>0$ 并不能构成杆系可动性判别的充分条件。

进一步的问题是，$m>0$ 是否可以成为杆系可动性判别的必要条件。考察级数形式的杆系协调方程式(4.1.1)，当 $\boldsymbol{d}_k\to\boldsymbol{0}$时，显然满足

$$|\boldsymbol{b}_{\mathrm{L}k}\boldsymbol{d}_k|\gg|1/2\boldsymbol{b}_{\mathrm{N1}k}(\boldsymbol{d}_k)\boldsymbol{d}_k+o(\boldsymbol{d}_k{}^{2})| \tag{4.2.3}$$

如果 $m=0$ 使方程 $\boldsymbol{B}_{\mathrm{L}}\boldsymbol{d}=\boldsymbol{0}$不存在非零解，那么必然存在某根杆 k，其对应的一阶伸长量$|\boldsymbol{b}_{\mathrm{L}k}\boldsymbol{d}_k|>0$。进一步由式(4.1.4)和式(4.2.3)可知，杆 k 的伸长量 $e_k\neq0$，故对于任意的节点位移 $\boldsymbol{d}$ 必然不能保证 $\boldsymbol{e}=\boldsymbol{0}$。由此可见，$m>0$ 应成为杆系可动性的必要条件。同时由式(4.2.3)可以看出，杆系的构件伸长量首先来源于一阶协调方程式(4.2.1)的贡献，故也可称方程 $\boldsymbol{B}_{\mathrm{L}}\boldsymbol{d}=\boldsymbol{0}$存在 $\boldsymbol{d}$ 的非零解为杆系可动性判别的一阶协调条件。

4.2.2 高阶协调条件

进一步考察正交矩阵矩阵 $\boldsymbol{U}=\{\boldsymbol{U}_{\mathrm{r}}|\boldsymbol{U}_{\mathrm{m}}\}[(3J-c)\times(3J-c)$矩阵]。由于矩阵所有子向量 $\boldsymbol{u}_i(i=1,2,\cdots,3J-c)$构成 $3J-c$ 维空间的一个完整基，于是机构位移 $\boldsymbol{d}[(3J-c)\times1$ 矩阵]总是可表示为

$$\boldsymbol{d}=\boldsymbol{d}^{(1)}+\boldsymbol{d}^{(2)}=\boldsymbol{U}_{\mathrm{r}}\boldsymbol{\beta}_{\mathrm{r}}+\boldsymbol{U}_{\mathrm{m}}\boldsymbol{\beta}_{\mathrm{m}} \tag{4.2.4}$$

式中，$\boldsymbol{d}^{(1)}=\boldsymbol{U}_{\mathrm{r}}\boldsymbol{\beta}_{\mathrm{r}}$；$\boldsymbol{d}^{(2)}=\boldsymbol{U}_{\mathrm{m}}\boldsymbol{\beta}_{\mathrm{m}}$；$\boldsymbol{\beta}_{\mathrm{r}}=\{\beta_1,\beta_2,\cdots,\beta_r\}^{\mathrm{T}}$ 为组合系数构成的向量。由上分析已知 $\boldsymbol{d}=\boldsymbol{U}_{\mathrm{m}}\boldsymbol{\beta}_{\mathrm{m}}(m>0)$并不是机构运动控制方程式(4.1.3)的精确解，也就说明 $\boldsymbol{\beta}_{\mathrm{r}}\neq\boldsymbol{0}$。考虑到直接对控制方程式(4.1.3)判别 $\boldsymbol{d}$ 非零解的存在性有较大的困难，于是可根据式(4.2.4)中各位移分量对伸长量 $\boldsymbol{e}$ 的贡献来分析杆系的可动性条件。

首先将 $\boldsymbol{d}^{(2)}=\boldsymbol{U}_{\mathrm{m}}\boldsymbol{\beta}_{\mathrm{m}}$ 代入式(4.1.3)，由前面的分析可知，必然产生式(4.2.2)的残余伸长 $\boldsymbol{e}^{\mathrm{s}}$。因为 $\boldsymbol{d}$ 为机构位移，那么需要分量 $\boldsymbol{d}^{(1)}=\boldsymbol{U}_{\mathrm{r}}\boldsymbol{\beta}_{\mathrm{r}}$ 产生协调运动使得系统出现$-\boldsymbol{e}^{\mathrm{s}}$，最终消除杆件伸长。如果仅考虑 $\boldsymbol{d}^{(1)}$ 贡献最大的一阶伸长量，则需要

$$\boldsymbol{B}_{\mathrm{L}}\boldsymbol{d}^{(1)}=\boldsymbol{B}_{\mathrm{L}}\boldsymbol{U}_{\mathrm{r}}\boldsymbol{\beta}_{\mathrm{r}}=-\boldsymbol{e}^{\mathrm{s}} \tag{4.2.5}$$

问题在于，如果不存在非零的 $\boldsymbol{\beta}_{\mathrm{r}}$ 来保证式(4.2.5)成立，则确保可发生机构位移的 $\boldsymbol{d}$ 并不存在，即杆系是不可动的。

将式(3.4.10)代入式(4.2.5)，并表示成矩阵分块的形式，得

$$[\boldsymbol{V}_{\mathrm{r}}|\boldsymbol{V}_{\mathrm{s}}]\begin{bmatrix}\boldsymbol{S}_{\mathrm{r}} & 0\\ 0 & 0\end{bmatrix}\begin{bmatrix}\boldsymbol{U}_{\mathrm{r}}^{\mathrm{T}}\\ \hline \boldsymbol{U}_{\mathrm{m}}^{\mathrm{T}}\end{bmatrix}\boldsymbol{U}_{\mathrm{r}}\boldsymbol{\beta}_{\mathrm{r}}=-\boldsymbol{e}^{\mathrm{s}} \tag{4.2.6}$$

根据 $\boldsymbol{U}_{\mathrm{r}}$ 和 $\boldsymbol{U}_{\mathrm{m}}$、$\boldsymbol{V}_{\mathrm{r}}$ 和 $\boldsymbol{V}_{\mathrm{s}}$ 的正交性特点，式(4.2.6)可进一步化简为

$$\boldsymbol{V}_{\mathrm{r}}\boldsymbol{S}_{\mathrm{r}}\boldsymbol{\beta}_{\mathrm{r}}=-\boldsymbol{e}^{\mathrm{s}} \tag{4.2.7}$$

定义 $\boldsymbol{\beta}_{\mathrm{r}}'=\boldsymbol{S}_{\mathrm{r}}\boldsymbol{\beta}_{\mathrm{r}}$，显然 $\boldsymbol{\beta}_{\mathrm{r}}'\neq\boldsymbol{0}$，则

$$\boldsymbol{V}_{\mathrm{r}}\boldsymbol{\beta}_{\mathrm{r}}'=-\boldsymbol{e}^{\mathrm{s}} \tag{4.2.8}$$

从向量空间的角度来理解，式(4.2.8)表明，如果 $\boldsymbol{e}^{\mathrm{s}}$ 能够由 $\boldsymbol{V}_{\mathrm{r}}$ 的子向量进行非零组合而成，那么残余伸长能够被消除。将式(4.2.8)两边同时乘以 $\boldsymbol{V}_{\mathrm{s}}^{\mathrm{T}}$，并考虑 $\boldsymbol{V}_{\mathrm{s}}^{\mathrm{T}}\boldsymbol{V}_{\mathrm{r}}=\boldsymbol{0}$，可得

$$\boldsymbol{V}_{\mathrm{s}}^{\mathrm{T}}\boldsymbol{e}^{\mathrm{s}}=\boldsymbol{0} \tag{4.2.9}$$

同样，由于 $\boldsymbol{V}=\{\boldsymbol{V}_{\mathrm{r}}|\boldsymbol{V}_{\mathrm{s}}\}(b\times b$ 矩阵)为正交矩阵，因此 $\boldsymbol{V}_{\mathrm{s}}$ 和 $\boldsymbol{V}_{\mathrm{r}}$ 构成一个 b 维欧氏空间的完整基且互补。于是，式(4.2.9)表明，当 $\boldsymbol{e}^{\mathrm{s}}$ 与 $\boldsymbol{V}_{\mathrm{s}}$ 构成的向量子空间

正交时，杆系可动性条件得到满足。

如果仅考虑式(4.2.2)中的位移二次项，即 $\boldsymbol{e}^{\mathrm{s}}=1/2\boldsymbol{B}_{\mathrm{N1}}(\boldsymbol{d}^{(2)})\boldsymbol{d}^{(2)}$，代入式(4.2.9)可得

$$\boldsymbol{V}_{\mathrm{s}}^{\mathrm{T}}[\boldsymbol{B}_{\mathrm{N1}}(\boldsymbol{U}_{\mathrm{m}}\boldsymbol{\beta}_{\mathrm{m}})]\boldsymbol{U}_{\mathrm{m}}\boldsymbol{\beta}_{\mathrm{m}}=\mathbf{0} \tag{4.2.10}$$

式(4.2.10)便是考虑位移二次项的杆系机构运动协调条件(以下简称为“二阶协调条件”)。理论上讲，如果式(4.2.10)能够得到保证，还应该考察 $\boldsymbol{e}^{\mathrm{s}}$ 中位移更高次项的情况。实际上，此类问题称为“高阶无穷小机构”分析问题[47]。由于在数学解析上存在一定难度，以上分析仅说明了“高阶无穷小机构”的基本理论特征。

对式(4.2.10)进一步整理，得

$$\boldsymbol{\beta}_{\mathrm{m}}^{\mathrm{T}}\boldsymbol{U}_{\mathrm{m}}^{\mathrm{T}}\sum_{j=1}^{m}[\beta_j\boldsymbol{B}_{\mathrm{N1}}^{\mathrm{T}}(\boldsymbol{u}_{r+j})]\boldsymbol{v}_i=0,\quad i=r+1,r+2,\cdots,b \tag{4.2.11}$$

定义 $\boldsymbol{v}_i$ 所对应的矩阵 $\boldsymbol{F}_i=\{\boldsymbol{p}_{i1},\boldsymbol{p}_{i2},\cdots,\boldsymbol{p}_{im}\}$，其中 $\boldsymbol{p}_{ij}=\boldsymbol{B}_{\mathrm{N1}}^{\mathrm{T}}(\boldsymbol{u}_{r+j})\boldsymbol{v}_i$。于是，式(4.2.11)可表示为

$$\boldsymbol{\beta}_{\mathrm{m}}^{\mathrm{T}}\boldsymbol{U}_{\mathrm{m}}^{\mathrm{T}}\boldsymbol{F}_i\boldsymbol{\beta}_{\mathrm{m}}=0,\quad i=r+1,r+2,\cdots,b \tag{4.2.12}$$

再令 $\boldsymbol{Q}_i=\boldsymbol{U}_{\mathrm{m}}^{\mathrm{T}}\boldsymbol{F}_i$，则体系的二阶协调条件可以写成

$$\boldsymbol{\beta}_{\mathrm{m}}^{\mathrm{T}}\boldsymbol{Q}_i\boldsymbol{\beta}_{\mathrm{m}}=0,\quad i=r+1,r+2,\cdots,b \tag{4.2.13}$$

实际上，式(4.2.13)便是文献[41]中给出的高阶变形协调条件，在此得到完整推导。可以看出，该式是 $\boldsymbol{\beta}_{\mathrm{m}}$ 的二次方程组，其求解远比线性方程组复杂。关于二次方程组的数值求解方法，可参见文献[48]。应该指出的是，式(4.2.13)仅是体系的二阶协调条件。如果该条件得到满足，理论上还应考察更高阶的协调条件。尽管高阶协调条件将涉及 $\boldsymbol{\beta}_{\mathrm{m}}$ 更高次方程组的求解，然而这方面的理论含义并不能由文献[41]的相关推导得到。

从另一个角度来分析式(4.2.9)中的独立自应力模态矩阵。如果 $s=0$，说明 $\boldsymbol{V}_{\mathrm{s}}^{\mathrm{T}}$ 是不存在的，则式(4.2.9)自然满足，于是只要 $m>0$ 就可判定杆系具备可动性。从物理意义上讲，此时残余伸长量 $\boldsymbol{e}^{\mathrm{s}}$ 最终总会被位移分量 $\boldsymbol{U}_{\mathrm{r}}\boldsymbol{\beta}_{\mathrm{r}}$ 产生的变形所消除。至此也充分阐明在平衡矩阵准则中为何可将 $m>0$ 和 $s=0$ 作为有限机构的判定条件。但应看到，虽然 m 和 s 是定义在一阶协调条件上的两个参数，但如果不进行上述的高阶协调性分析，则该判别条件就不能得到根本性的证明。

4.2.3　算例

1. von Mises 连杆系统的可动性分析

如图 4.2.1 所示的 von Mises 连杆系统，令单元[1]和[2]均为单位长度。对其建立平衡矩阵并进行奇异值分解，可得 $\boldsymbol{m}=1$，$\boldsymbol{U}_{\mathrm{m}}=[0,1]^{\mathrm{T}}$，$\boldsymbol{V}_{\mathrm{s}}=[1/\sqrt{2},1/\sqrt{2}]^{\mathrm{T}}$。节点 1 沿机构位移模态方向运动到 1′，使得单元[1]和[2]产生转角 α。此时杆件

的高阶项残余伸长 $\boldsymbol{e}^{s}=[1/\cos\alpha-1,1/\cos\alpha-1]^{T}$。进而 $\boldsymbol{V}_{s}^{T}\boldsymbol{e}^{s}=\sqrt{2}(1/\cos\alpha-1)$。可见当 $\alpha\neq0$ 时，$\boldsymbol{V}_{s}^{T}\boldsymbol{e}^{s}\neq0$。故根据式(4.2.9)可得，该杆系不可动。

2. 七杆机构的可动性分析

一个由七根刚性杆构成的杆系，其单元编号、节点编号和坐标如图 4.2.2 所示。对杆系建立平衡矩阵并进行奇异值分解，可得 $m=2,s=1$，以及

$$\boldsymbol{U}_{m}=\begin{bmatrix}0.8944 & -0.4472 & 0 & 0 & 0 & 0 & 0 & 0\\ 0 & 0 & 0 & 0 & 0 & 0 & 0.8944 & 0.4472\end{bmatrix}^{T}$$

$$\boldsymbol{V}_{s}=[-0.4176,-0.4176,0.3787,0.3787,-0.4176,-0.4176,-0.1245]^{T}$$

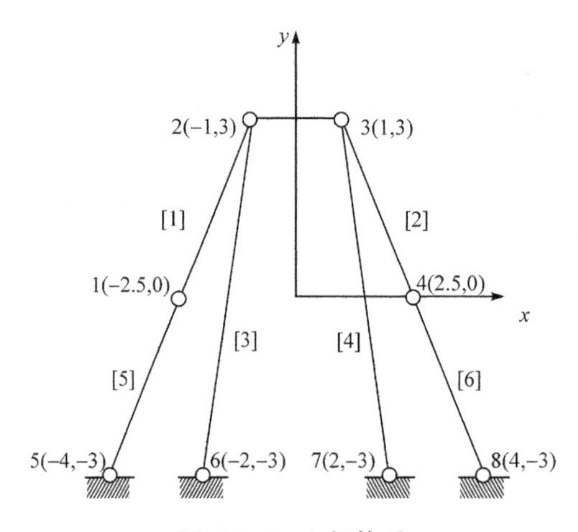

图 4.2.2 七杆体系

根据式(4.2.12)求得

$$\boldsymbol{Q}_{i}=\begin{bmatrix}-0.2490 & 0\\ 0 & -0.2490\end{bmatrix}^{T},\quad i=1$$

将 $\boldsymbol{Q}_{i}$ 代入式(4.2.13)，可解得 $\boldsymbol{\beta}_{m}=[0,0]^{T}$。可见，并不存在非零 $\boldsymbol{\beta}_{m}$ 满足二阶协调条件式(4.2.13)或式(4.2.10)，故该杆系不可动。

4.3 运动路径求解

借助机构位移模态 $\boldsymbol{U}_{m}$ 和运动控制方程式(4.1.3)，可实现杆系机构的运动路径求解。

4.3.1 基本求解策略

将式(4.2.4)代入式(4.1.3)，并考虑 $\boldsymbol{B}_{L}\boldsymbol{U}_{m}\boldsymbol{\beta}_{m}=\boldsymbol{0}$ 以及 $[\boldsymbol{B}_{N1}(\boldsymbol{U}_{m}\boldsymbol{\beta}_{m})]\boldsymbol{U}_{r}\boldsymbol{\beta}_{r}=$

$[\boldsymbol{B}_{\mathrm{N1}}(\boldsymbol{U}_{\mathrm{r}}\boldsymbol{\beta}_{\mathrm{r}})]\boldsymbol{U}_{\mathrm{m}}\boldsymbol{\beta}_{\mathrm{m}}$，可得

$$\boldsymbol{B}_{\mathrm{L}}\boldsymbol{U}_{\mathrm{r}}\boldsymbol{\beta}_{\mathrm{r}}+[\boldsymbol{B}_{\mathrm{N1}}(\boldsymbol{U}_{\mathrm{m}}\boldsymbol{\beta}_{\mathrm{m}})]\boldsymbol{U}_{\mathrm{m}}\boldsymbol{\beta}_{\mathrm{m}}/2+[\boldsymbol{B}_{\mathrm{N1}}(\boldsymbol{U}_{\mathrm{m}}\boldsymbol{\beta}_{\mathrm{m}})]\boldsymbol{U}_{\mathrm{r}}\boldsymbol{\beta}_{\mathrm{r}}+[\boldsymbol{B}_{\mathrm{N1}}(\boldsymbol{U}_{\mathrm{r}}\boldsymbol{\beta}_{\mathrm{r}})]\boldsymbol{U}_{\mathrm{r}}\boldsymbol{\beta}_{\mathrm{r}}/2=\boldsymbol{0} \tag{4.3.1}$$

定义

$$\boldsymbol{E}=[\boldsymbol{B}_{\mathrm{N1}}(\boldsymbol{U}_{\mathrm{m}}\boldsymbol{\beta}_{\mathrm{m}})]\boldsymbol{U}_{\mathrm{m}}\boldsymbol{\beta}_{\mathrm{m}}/2+[\boldsymbol{B}_{\mathrm{N1}}(\boldsymbol{U}_{\mathrm{m}}\boldsymbol{\beta}_{\mathrm{m}})]\boldsymbol{U}_{\mathrm{r}}\boldsymbol{\beta}_{\mathrm{r}}+[\boldsymbol{B}_{\mathrm{N1}}(\boldsymbol{U}_{\mathrm{r}}\boldsymbol{\beta}_{\mathrm{r}})]\boldsymbol{U}_{\mathrm{r}}\boldsymbol{\beta}_{\mathrm{r}}/2 \tag{4.3.2}$$

于是式(4.3.1)可简化为

$$\boldsymbol{B}_{\mathrm{L}}\boldsymbol{U}_{\mathrm{r}}\boldsymbol{\beta}_{\mathrm{r}}=-\boldsymbol{E} \tag{4.3.3}$$

进一步将式(4.1.6)代入式(4.3.3)，并表示成矩阵分块的形式，可得

$$[\boldsymbol{V}_{\mathrm{r}}\,|\,\boldsymbol{V}_{\mathrm{s}}]\begin{bmatrix}\boldsymbol{S}_{\mathrm{r}} & \boldsymbol{0}\\ \boldsymbol{0} & \boldsymbol{0}\end{bmatrix}\begin{bmatrix}(\boldsymbol{U}_{\mathrm{r}})^{\mathrm{T}}\\ \hline (\boldsymbol{U}_{\mathrm{m}})^{\mathrm{T}}\end{bmatrix}\boldsymbol{U}_{\mathrm{r}}\boldsymbol{\beta}_{\mathrm{r}}=-\boldsymbol{E} \tag{4.3.4}$$

考虑到$\boldsymbol{U}_{\mathrm{r}}$和$\boldsymbol{U}_{\mathrm{m}}$、$\boldsymbol{V}_{\mathrm{r}}$和$\boldsymbol{V}_{\mathrm{s}}$的正交性特点，式(4.3.3)可进一步化简为

$$\boldsymbol{V}_{\mathrm{r}}\boldsymbol{S}_{\mathrm{r}}\boldsymbol{\beta}_{\mathrm{r}}=\boldsymbol{E} \tag{4.3.5}$$

于是，

$$\boldsymbol{\beta}_{\mathrm{r}}=-(\boldsymbol{S}_{\mathrm{r}})^{-1}(\boldsymbol{V}_{\mathrm{r}})^{\mathrm{T}}\boldsymbol{E} \tag{4.3.6}$$

从式(4.3.2)可以看出，$\boldsymbol{E}$中实际上依然包含$\boldsymbol{\beta}_{\mathrm{r}}$的一次和二次项，因此可采用迭代方法完成机构位移$\boldsymbol{d}$的求解，具体计算步骤如下：

(1) 首先对杆系机构的初始构型$\boldsymbol{X}$按照式(3.3.3)建立矩阵$\boldsymbol{B}_{\mathrm{L}}$，并根据式(4.1.6)对$\boldsymbol{B}_{\mathrm{L}}$进行奇异值分解计算出$\boldsymbol{V}$、$\boldsymbol{S}$、$\boldsymbol{U}$。

(2) 给定一个合理的$\boldsymbol{\beta}_{\mathrm{m}}$作为初始运动步长的控制量，同时令$\boldsymbol{\beta}_{\mathrm{r}}^{(1)}=\boldsymbol{0}$。

(3) 根据式(4.3.2)计算$\boldsymbol{E}^{(1)}=[\boldsymbol{B}_{\mathrm{N1}}(\boldsymbol{U}_{\mathrm{m}}\boldsymbol{\beta}_{\mathrm{m}})]\boldsymbol{U}_{\mathrm{m}}\boldsymbol{\beta}_{\mathrm{m}}/2+[\boldsymbol{B}_{\mathrm{N1}}(\boldsymbol{U}_{\mathrm{m}}\boldsymbol{\beta}_{\mathrm{m}})]\boldsymbol{U}_{\mathrm{r}}\boldsymbol{\beta}_{\mathrm{r}}^{(1)}+[\boldsymbol{B}_{\mathrm{N1}}(\boldsymbol{U}_{\mathrm{r}}\boldsymbol{\beta}_{\mathrm{r}}^{(1)})]\boldsymbol{U}_{\mathrm{r}}\boldsymbol{\beta}_{\mathrm{r}}^{(1)}/2$。

(4) 由式(4.3.6)计算$\boldsymbol{\beta}_{\mathrm{r}}^{(2)}=-(\boldsymbol{S}_{\mathrm{r}})^{-1}(\boldsymbol{V}_{\mathrm{r}})^{\mathrm{T}}\boldsymbol{E}^{(1)}$。

(5) 将$\boldsymbol{\beta}_{\mathrm{r}}^{(2)}$重新代入式(4.3.2)，计算$\boldsymbol{E}^{(2)}=[\boldsymbol{B}_{\mathrm{N1}}(\boldsymbol{U}_{\mathrm{m}}\boldsymbol{\beta}_{\mathrm{m}})]\boldsymbol{U}_{\mathrm{m}}\boldsymbol{\beta}_{\mathrm{m}}/2+[\boldsymbol{B}_{\mathrm{N1}}(\boldsymbol{U}_{\mathrm{m}}\boldsymbol{\beta}_{\mathrm{m}})]\boldsymbol{U}_{\mathrm{r}}\boldsymbol{\beta}_{\mathrm{r}}^{(2)}+[\boldsymbol{B}_{\mathrm{N1}}(\boldsymbol{U}_{\mathrm{r}}\boldsymbol{\beta}_{\mathrm{r}}^{(2)})]\boldsymbol{U}_{\mathrm{r}}\boldsymbol{\beta}_{\mathrm{r}}^{(2)}/2$。

(6) 如果$|\boldsymbol{B}_{\mathrm{L}}\boldsymbol{U}_{\mathrm{r}}\boldsymbol{\beta}_{\mathrm{r}}^{(2)}+\boldsymbol{E}^{(2)}|<\varepsilon$（$\varepsilon$为收敛容差），那么所求得的$\boldsymbol{\beta}_{\mathrm{r}}^{(2)}$为方程(4.1.3)的根，并可根据(4.2.4)计算出刚体位移$\boldsymbol{d}=\boldsymbol{U}_{\mathrm{r}}\boldsymbol{\beta}_{\mathrm{r}}^{(2)}+\boldsymbol{U}_{\mathrm{m}}\boldsymbol{\beta}_{\mathrm{m}}$。进而修正构型$\boldsymbol{X}'=\boldsymbol{X}+\boldsymbol{d}$，并作为初始构型回到步骤(1)继续进行下一个机构运动构型的求解。

(7) 如果$|\boldsymbol{B}_{\mathrm{L}}\boldsymbol{U}_{\mathrm{r}}\boldsymbol{\beta}_{\mathrm{r}}^{(2)}+\boldsymbol{E}^{(2)}|>\varepsilon$。则令$\boldsymbol{\beta}_{\mathrm{r}}^{(1)}=\boldsymbol{\beta}_{\mathrm{r}}^{(2)}$，回到步骤(3)重新进行计算。

值得讨论的是，如果忽略式(4.3.2)右端项中的$[\boldsymbol{B}_{\mathrm{N1}}(\boldsymbol{U}_{\mathrm{m}}\boldsymbol{\beta}_{\mathrm{m}})]\boldsymbol{U}_{\mathrm{r}}\boldsymbol{\beta}_{\mathrm{r}}$和$[\boldsymbol{B}_{\mathrm{N1}}(\boldsymbol{U}_{\mathrm{r}}\boldsymbol{\beta}_{\mathrm{r}})]\boldsymbol{U}_{\mathrm{r}}\boldsymbol{\beta}_{\mathrm{r}}/2$，则$\boldsymbol{E}\approx\boldsymbol{e}=[\boldsymbol{B}_{\mathrm{N1}}(\boldsymbol{U}_{\mathrm{m}}\boldsymbol{\beta}_{\mathrm{m}})]\boldsymbol{U}_{\mathrm{m}}\boldsymbol{\beta}_{\mathrm{m}}/2$，于是据式(4.3.6)可得

$$\boldsymbol{U}_{\mathrm{r}}\boldsymbol{\beta}_{\mathrm{r}}=-\boldsymbol{U}_{\mathrm{r}}(\boldsymbol{S}_{\mathrm{r}})^{-1}(\boldsymbol{V}_{\mathrm{r}})^{\mathrm{T}}\boldsymbol{e}=-\sum_{i=1}^{r}\frac{\boldsymbol{u}_i\boldsymbol{v}_i^{\mathrm{T}}\boldsymbol{e}}{s_i}\boldsymbol{U}_{\mathrm{r}}\boldsymbol{\beta}_{\mathrm{r}} \tag{4.3.7}$$

实际上，式(4.3.7)便是文献[41]基于构件高阶伸长量分析提出的迭代计算公式，其中 $\boldsymbol{e}$ 为由机构位移近似解 $\boldsymbol{d}=\boldsymbol{U}_{\mathrm{m}}\boldsymbol{\beta}_{\mathrm{m}}$ 所造成的杆件伸长向量。应该说，在上述的运动路径计算策略中，利用式(4.3.7)来计算 $\boldsymbol{\beta}_{\mathrm{r}}$ 也能够完成迭代求解，与采用式(4.3.6)相比主要是收敛稍慢些。

4.3.2 极值点

1. 极值点现象

对于一个能够发生连续运动的杆系机构，其运动路径可看成由一系列无构件伸长的构型组成，相应构型间的变形便是机构位移。根据 4.1 节的分析，机构位移 $\boldsymbol{d}$ 需满足方程(4.1.3)。然而应该看到，对于任意满足方程式(4.1.3)的非零解 $\boldsymbol{d}$，其对应的构型并不一定是机构运动路径上的构型。下面以图 4.3.1(a)所示的三杆机构为例加以说明。

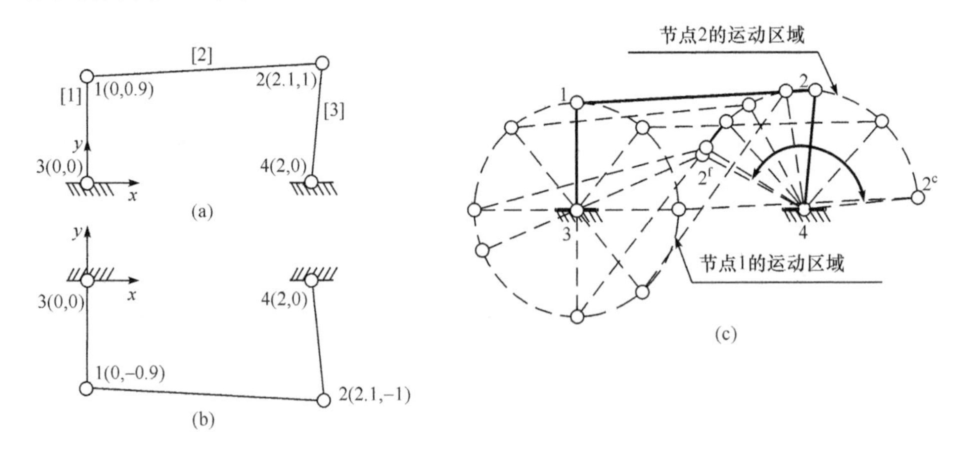

图 4.3.1 三杆机构及其运动路径

当杆系机构从图 4.3.1(a)所示的构型开始运动时，很容易分析其运动轨迹，如图 4.3.2 所示。然而，图 4.3.1(b)所示的构型依然满足式(4.1.3)，即所有的杆件长度 $l_k(k=1,2,3)$ 均与图 4.3.1(a)初始构型相等。根据上面的推导过程可知，图 4.3.1(a)构型与图 4.3.1(b)构型间的位移 $\boldsymbol{d}$ 必然是方程(4.1.3)的非零解。但是从图 4.3.2 可以看出，该杆系机构实际上并不能从图 4.3.1(a)构型运动到图 4.3.1(b)构型。进一步将图 4.3.2 运动路径上的各构型集中到图 4.3.1(c)上，并观察各节点的运动轨迹。可以发现，节点 1 可绕节点 3 做完整的圆周运动，而节点 2 的运动轨迹却受到限制，只能在一个确定的区域(2^{c}到 2^{f}间)做往复运动，即 2^{c} 和 2^{f}成为节点 2 运动轨迹上的极值点。也正是在这些极值点处，节点 2 的运动方向将发生“折返”现象，于是限制了该杆系机构运动到图 4.3.1(b)的构型。

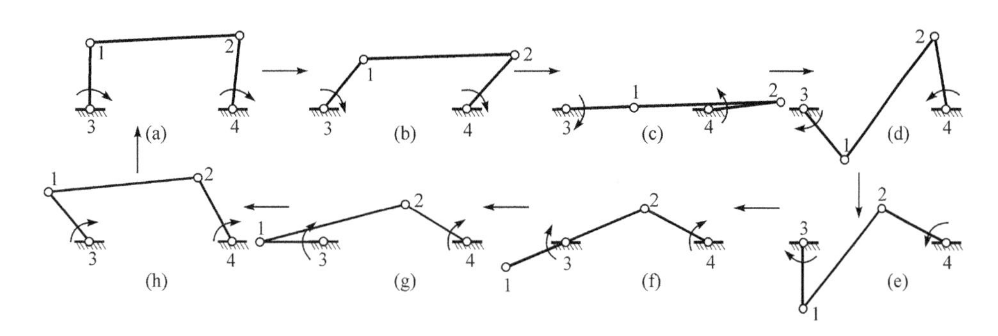

图 4.3.2 三杆机构的运动状态(逆时针方向运动相同)

由上述分析可知,式(4.1.3)仅是确定杆系机构运动路径的必要条件,但并不充分。也就是说,机构的运动路径还与运动过程的形态特征相关,其中判别是否会出现极值点是运动路径跟踪的重要工作。极值点的跟踪和判别还直接影响运动路径的数值计算策略。例如,对于上述的三杆机构,在进行运动路径的数值求解时,如果节点 2 在极值点 2^c附近不控制增量步长,将会错误到达到或越过 $2^{c'}$点而进入不可行路径(图 4.3.3),并运动到图 4.3.1(b)所示的构型。

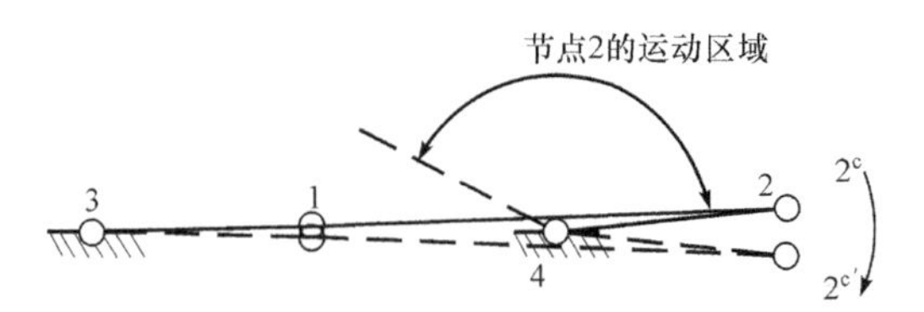

图 4.3.3 三杆机构的不可行路径

2. 极值点的判别

根据式(4.2.4),可以认为机构位移 $\boldsymbol{d}$ 是组合系数 $\boldsymbol{\beta}_r$ 和 $\boldsymbol{\beta}_m$ 的函数。然而,$\boldsymbol{\beta}_r$ 和 $\boldsymbol{\beta}_m$ 之间并不能任意取值,还必须满足式(4.3.1)。因此,如果将 $\boldsymbol{\beta}_r$ 看成 $\boldsymbol{\beta}_m$ 的函数,那么 $\boldsymbol{\beta}_m$ 将最终控制机构位移 $\boldsymbol{d}$ 的大小和方向,即

$$\boldsymbol{d}=f(\boldsymbol{\beta}_m) \tag{4.3.8}$$

且由式(4.3.1)和式(4.3.4)易知,当 $\boldsymbol{\beta}_m=\boldsymbol{0}$时,$\boldsymbol{\beta}_r=\boldsymbol{0}$及 $\boldsymbol{d}=\boldsymbol{0}$。

当杆系机构某节点 i 运动到其极值点时,在$|\beta_j|<\delta(j=r+1,r+2,\cdots,3J-c)$的某个有限邻域内,对于任意的 $\boldsymbol{\beta}_m$ 取值,该节点各自由度方向的机构位移 d_i 将保持同号,即 $\beta_j(j=r+1,r+2,\cdots,3J-c)$和 d_i 的关系如图 4.3.4 所示。根据极值定理,可知

$$\frac{\partial d_i}{\partial \beta_j}\Big|_{\boldsymbol{\beta}_m=\boldsymbol{0}}=0, \quad j=r+1,r+2,\cdots,3J-c \tag{4.3.9}$$

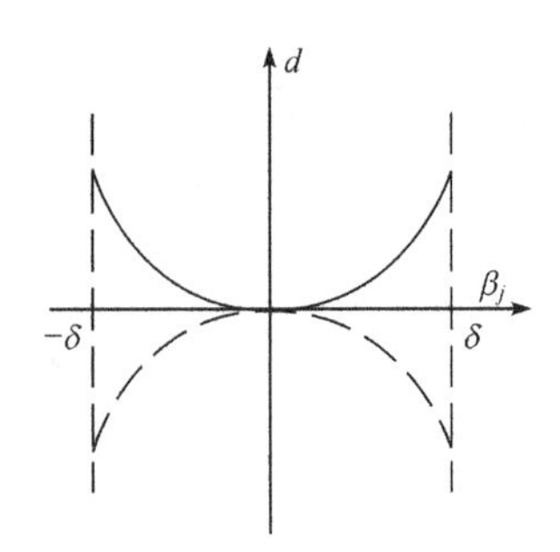

图 4.3.4　极值点 d_i 与 β_j 的关系

由式(4.3.9)进一步可得

$$\frac{\partial d_i}{\partial \beta_j} = u_{ji} + \sum_{k=1}^{r} u_{ki} \frac{\partial \beta_k}{\partial \beta_j}, \quad j = r+1, r+2, \cdots, 3J-c \tag{4.3.10}$$

式中，u_{ji} 为机构位移模态 $\boldsymbol{u}_j$ ($j=1,2,\cdots,3J-c$)对应于节点 i 的分量。进一步对式(4.3.1)进行整理来分析 $\boldsymbol{\beta}_{\mathrm{r}}$ 和 $\boldsymbol{\beta}_{\mathrm{m}}$ 的关系，可得

$$[\boldsymbol{B}_{\mathrm{L}} + \boldsymbol{B}_{\mathrm{N1}}(\boldsymbol{U}_{\mathrm{m}}\boldsymbol{\beta}_{\mathrm{m}}) + \boldsymbol{B}_{\mathrm{N1}}(\boldsymbol{U}_{\mathrm{r}}\boldsymbol{\beta}_{\mathrm{r}})/2]\boldsymbol{U}_{\mathrm{r}}\boldsymbol{\beta}_{\mathrm{r}} = -[\boldsymbol{B}_{\mathrm{N1}}(\boldsymbol{U}_{\mathrm{m}}\boldsymbol{\beta}_{\mathrm{m}})]\boldsymbol{U}_{\mathrm{m}}\boldsymbol{\beta}_{\mathrm{m}}/2 \tag{4.3.11}$$

考虑到机构运动的连续性，对于任意小的 $\boldsymbol{\beta}_{\mathrm{m}}$ 和 $\boldsymbol{\beta}_{\mathrm{r}}$ 均必须满足式(4.3.11)。同时，鉴于 $\boldsymbol{B}_{\mathrm{L}}$ 和 $\boldsymbol{B}_{\mathrm{N1}}$ 具有相同的构成形式，且当 $\boldsymbol{\beta}_{\mathrm{r}}$ 和 $\boldsymbol{\beta}_{\mathrm{m}}$ 为小量时，显然存在 $\boldsymbol{B}_{\mathrm{L}} \gg \boldsymbol{B}_{\mathrm{N1}}(\boldsymbol{U}_{\mathrm{m}}\boldsymbol{\beta}_{\mathrm{m}})$ 及 $\boldsymbol{B}_{\mathrm{N1}}(\boldsymbol{U}_{\mathrm{r}}\boldsymbol{\beta}_{\mathrm{r}})$，于是忽略式(4.3.11)左端项括号中 $\boldsymbol{B}_{\mathrm{N1}}(\boldsymbol{U}_{\mathrm{m}}\boldsymbol{\beta}_{\mathrm{m}})$ 和 $\boldsymbol{B}_{\mathrm{N1}}(\boldsymbol{U}_{\mathrm{r}}\boldsymbol{\beta}_{\mathrm{r}})/2$ 项，可得

$$\boldsymbol{B}_{\mathrm{L}}\boldsymbol{U}_{\mathrm{r}}\boldsymbol{\beta}_{\mathrm{r}} = -[\boldsymbol{B}_{\mathrm{N1}}(\boldsymbol{U}_{\mathrm{m}}\boldsymbol{\beta}_{\mathrm{m}})]\boldsymbol{U}_{\mathrm{m}}\boldsymbol{\beta}_{\mathrm{m}}/2 \tag{4.3.12}$$

式(4.3.12)的左端项是 $\boldsymbol{\beta}_{\mathrm{r}}$ 的一阶项，而右端项是 $\boldsymbol{\beta}_{\mathrm{m}}$ 的二次项。也就是说，在 $\boldsymbol{\beta}_{\mathrm{m}}=\boldsymbol{0}$ 附近的微小邻域内，如果要满足式(4.3.1)或(4.3.12)，那么 $\boldsymbol{\beta}_{\mathrm{r}}$ 必然是 $\boldsymbol{\beta}_{\mathrm{m}}$ 二次及以上项的函数，即 $\boldsymbol{\beta}_{\mathrm{r}}$ 中各元素 β_k($k=1,2,\cdots,r$)总是可表示成以下多项式的形式：

$$\beta_k = \sum_{i=r+1}^{3J-c} \sum_{j=r+1}^{3J-c} A_{ij}\beta_i\beta_j + o(\beta_i\beta_j\beta_l), \quad i,j,l = r+1, r+2, \cdots, 3J-c \tag{4.3.13}$$

式中，A_{ij} 为多项式的系数；$o(\cdots)$表示 β_j 三次及三次以上的小量。于是易知

$$\left.\frac{\partial \beta_k}{\partial \beta_j}\right|_{\boldsymbol{\beta}_{\mathrm{m}}=\boldsymbol{0}} = 0, \quad k=1,2,\cdots,r; j=r+1, r+2, \cdots, 3J-c \tag{4.3.14}$$

进而，式(4.3.9)可表示为

$$\left.\frac{\partial d_i}{\partial \beta_j}\right|_{\boldsymbol{\beta}_{\mathrm{m}}=\boldsymbol{0}} = u_{ji} = 0, \quad j=r+1, r+2, \cdots, 3J-c \tag{4.3.15}$$

式(4.3.15)说明，当杆系机构某个节点 i 到达其运动路径上的极值点时，该构型的所有机构位移模态 $\boldsymbol{u}_j$($j=r+1,r+2,\cdots,3J-c$)对应于该节点的分量 u_{ji} 均为零。因此利用此特点，可在进行机构运动路径数值计算时，通过跟踪各节点对应机

构位移模态分量的变化规律以及是否趋于零来判定是否出现极值点，具体实现过程见后面的算例。

3. 极值构型的几何学特点

观察图 4.3.2 所示三杆机构的运动路径。当节点 2 到达其极值点 2^c或 2^f时，对应构型 c 和 f 存在一个共同的几何特点，即杆 1 和 2 均共线。下面从理论上来分析此现象。

由于 $\boldsymbol{U}_{\mathrm{m}}$ 中各子向量 $\boldsymbol{u}_{r+1},\boldsymbol{u}_{r+2},\cdots,\boldsymbol{u}_{2J-c}$构成式(4.1.4)中 $\boldsymbol{d}$ 非零解的基，于是

$$\boldsymbol{B}_{\mathrm{L}}\boldsymbol{U}_{\mathrm{m}}=\boldsymbol{0} \tag{4.3.16}$$

当杆系机构运动到某个极值构型时，将节点划分为极值节点和非极值节点。相应地，式(4.3.16)可表示成如下分块矩阵的形式：

$$\left[\boldsymbol{B}_{\mathrm{L}}^{(1)}\mid\boldsymbol{B}_{\mathrm{L}}^{(2)}\right]\left[\frac{\boldsymbol{U}_{\mathrm{m}}^{(1)}}{\boldsymbol{U}_{\mathrm{m}}^{(2)}}\right]=\boldsymbol{0} \tag{4.3.17}$$

式中，$\boldsymbol{B}_{\mathrm{L}}^{(1)}$、$\boldsymbol{B}_{\mathrm{L}}^{(2)}$ 分别为 $\boldsymbol{B}_{\mathrm{L}}$ 中非极值节点和极值节点对应的子矩阵；$\boldsymbol{U}_{\mathrm{m}}^{(1)}$、$\boldsymbol{U}_{\mathrm{m}}^{(2)}$ 分别为 $\boldsymbol{U}_{\mathrm{m}}$ 中非极值节点和极值节点对应的子矩阵。根据式(4.3.15)的结论可知，极值节点对应的 $\boldsymbol{U}_{\mathrm{m}}^{(2)}=\boldsymbol{0}$，于是

$$\boldsymbol{B}_{\mathrm{L}}^{(1)}\boldsymbol{U}_{\mathrm{m}}^{(1)}=\boldsymbol{0} \tag{4.3.18}$$

根据式(3.3.3)易知，$\boldsymbol{B}_{\mathrm{L}}^{(1)}$ 实际上就是将极值节点固定后的新杆系对应的 $\boldsymbol{B}_{\mathrm{L}}$。同时由于 $\boldsymbol{U}_{\mathrm{m}}$ 中各子向量 $\boldsymbol{u}_{r+1},\boldsymbol{u}_{r+2},\cdots,\boldsymbol{u}_{3J-c}$相互正交，那么 $\boldsymbol{U}_{\mathrm{m}}^{(2)}=\boldsymbol{0}$也使得 $\boldsymbol{U}_{\mathrm{m}}^{(1)}$ 中各子向量 $\boldsymbol{u}_{r+1}^{(1)},\boldsymbol{u}_{r+2}^{(1)},\cdots,\boldsymbol{u}_{3J-c}^{(1)}$依然保持正交性，并构成新杆系 $\boldsymbol{B}_{\mathrm{L}}^{(1)}\boldsymbol{d}=\boldsymbol{0}$非零解的基，其机构位移模态数依然为 m。也就是说，对于杆系机构的极值构型，即便增加约束将极值节点固定而降低了系统的总自由度数，也并不改变其机构位移模态数 m。

采用以上结论来分析图 4.3.2 所示的极值构型(c)或(f)，易知其机构位移模态数均为 $m=1$。如果将极值节点 2 增加一个约束将其固定，若此时杆 1 和 2 不在一条直线上，则体系显然属于一个典型的静定结构，根据平衡矩阵准则可得 $m=0$，因此并不满足机构位移模态数不变的结论。而只有杆 1 和 2 位于一条直线上，才能保证该杆系的 $m=1$。由此也可以看出，极值构型的这种几何学特点也反映了以上给出的极值点判别准则 $\boldsymbol{U}_{\mathrm{m}}^{(2)}=\boldsymbol{0}$，即对应于所有极值节点 i 存在 $u_{ji}=0(j=r+1,r+2,\cdots,3J-c)$的正确性。

4.4 运动路径的分岔

4.4.1 确定性路径和分岔路径

对于一个杆系机构，如果在某构型的邻域内其运动轨迹是唯一的，那么可称系统在该邻域内仅能发生确定性运动。分析当前构型的机构运动方向是运动确定性判别的基本策略。

由前面分析可知，机构可动性的必要条件是至少要满足一阶协调条件 $\boldsymbol{B}_{\mathrm{L}}\boldsymbol{d}=\boldsymbol{0}$ 存在非零解，因此机构运动方向可借助该方程中 $\boldsymbol{d}$ 非零解的特性来进行初步判断。由式(4.1.7)可以看出，$\boldsymbol{d}$ 的非零解为相互正交的机构位移模态 $\boldsymbol{u}_i(i=r+1,r+2,\cdots,3J-c)$ 线性组合而成。如果 $m=1$，即只存在一个机构位移模态 $\boldsymbol{u}_{3J-c}$，于是 $\boldsymbol{d}=\beta_{3J-c}\boldsymbol{u}_{3J-c}$，其运动方向唯一由 $\boldsymbol{u}_{3J-c}$ 确定。这也说明 $m=1$ 是确定性运动的一般特征。但是当 $m>1$ 时，考虑到组合系数 $\boldsymbol{\beta}_{\mathrm{m}}=\{\beta_{r+1},\cdots,\beta_{3J-c}\}^{\mathrm{T}}$ 的任意性，机构的运动方向不仅决定于机构位移模态，还取决于组合系数的比例。因此仅利用一阶协调条件并不能回答该问题。

当一个杆系机构确定性运动到某个构型时，出现两条或以上的机构运动路径，通常称该构型为运动的分岔点。以系统节点坐标 $\boldsymbol{X}$ 作为变量，如果体系发生 $m=1$ 的确定性机构运动，则对运动路径上任一构型 $\boldsymbol{X}^t$ 建立一阶协调方程，即

$$f(\boldsymbol{X},\boldsymbol{d})|_t=\boldsymbol{B}_{\mathrm{L}}(\boldsymbol{X}^t)\boldsymbol{d}=\boldsymbol{0} \tag{4.4.1}$$

此时对应于构型 $\boldsymbol{X}^t$，式(4.4.1)具有唯一的机构位移模态。但是如果运动到某个特殊构型 $\boldsymbol{X}^s$ 时，式(4.4.1)的机构位移模态数 m 增加，此时便存在多条运动路径的可能性。这种由参数 $\boldsymbol{X}$ 变化而导致方程解性质发生突变的现象在数学上称为分岔问题[49]，这也是机构运动分岔问题的数学本质。机构运动分岔分析需解决两个基本理论问题：一是如何判别确定性运动路径上是否会出现分岔点；二是由于式(4.4.1)仅是对一阶协调条件的考察，因此在运动路径上发现某构型的机构位移模态数 m 增加，是否就能判定该构型为真实的运动分岔点。

先讨论问题一。由式(4.1.6)并考虑 $\boldsymbol{U}$、$\boldsymbol{V}$ 的正交性可得

$$\boldsymbol{B}_{\mathrm{L}}^{\mathrm{T}}\boldsymbol{B}_{\mathrm{L}}=\boldsymbol{USV}^{\mathrm{T}}\boldsymbol{VS}^{\mathrm{T}}\boldsymbol{U}^{\mathrm{T}}=\boldsymbol{USS}^{\mathrm{T}}\boldsymbol{U}^{\mathrm{T}} \tag{4.4.2}$$

进一步对式(4.4.2)进行变换，则

$$\boldsymbol{SS}^{\mathrm{T}}=\boldsymbol{U}^{\mathrm{T}}\boldsymbol{B}_{\mathrm{L}}^{\mathrm{T}}\boldsymbol{B}_{\mathrm{L}}\boldsymbol{U}=(\boldsymbol{B}_{\mathrm{L}}\boldsymbol{U})^{\mathrm{T}}\boldsymbol{B}_{\mathrm{L}}\boldsymbol{U} \tag{4.4.3}$$

式中，$\boldsymbol{SS}^{\mathrm{T}}=\mathrm{diag}(s_1^2,\cdots,s_i^2,\cdots,s_{3J-c}^2)$。将 $\boldsymbol{U}$ 分组可得

$$\boldsymbol{B}_{\mathrm{L}}\boldsymbol{U}=[\boldsymbol{B}_{\mathrm{L}}\boldsymbol{u}_1,\cdots,\boldsymbol{B}_{\mathrm{L}}\boldsymbol{u}_i,\cdots,\boldsymbol{B}_{\mathrm{L}}\boldsymbol{u}_{3J-c}] \tag{4.4.4}$$

考虑到 $\boldsymbol{u}_1,\boldsymbol{u}_2,\cdots,\boldsymbol{u}_{3J-c}$ 相互正交。将式(4.4.4)代入式(4.4.3)得

$$s_i^2=(\boldsymbol{B}_{\mathrm{L}}\boldsymbol{u}_i)^{\mathrm{T}}\boldsymbol{B}_{\mathrm{L}}\boldsymbol{u}_i,\quad i=1,2,\cdots,3J-c \tag{4.4.5}$$

易知,当且仅当 $\boldsymbol{B}_{\mathrm{L}}\boldsymbol{u}_i=\boldsymbol{0}$时,才能使 $s_i=0$。也就是说,如果机构运动使得 $\boldsymbol{B}_{\mathrm{L}}(\boldsymbol{X})$的零奇异值增加,则对应协调方程式(4.4.1)的机构模态数增加,即表明可能会出现分岔点。在数值计算时,考虑到矩阵 $\boldsymbol{S}$ 的对角元素(奇异值)由大到小排列,也表明可根据运动路径上各构型对应的最小非零奇异值是否趋于零来跟踪运动分岔点。在后面的算例分析中还可看出,运动路径上体系的最小奇异值确实呈连续性变化。

对于问题二,如果机构做 $m=1$ 的确定性运动而达到某个构型时,出现一个或多个非零奇异值最终趋于零,则根据上面的证明,说明当前构型出现两个或两个以上的机构位移模态,即 $\boldsymbol{d}=\boldsymbol{U}_{\mathrm{m}}\boldsymbol{\beta}_{\mathrm{m}}(m>1)$。但考虑到 $\boldsymbol{d}=\boldsymbol{U}_{\mathrm{m}}\boldsymbol{\beta}_{\mathrm{m}}$ 仅是一阶协调方程的非零解,因此根据本章前面的分析,还需要进一步考察高阶协调条件式(4.2.13)来判别机构位移 $\boldsymbol{d}$ 的运动方向。如果该条件得到满足,理论上还应考察更高阶的协调条件。

下面仅以一、二阶协调条件来对体系的机构运动方向进行定性分析。如果确定性运动过程中某个构型的 $m>1$,考虑到 $\boldsymbol{\beta}_{\mathrm{m}}$ 各系数可任意组合,则一阶协调条件表明此时机构运动方向 $\boldsymbol{d}=\boldsymbol{U}_{\mathrm{m}}\boldsymbol{\beta}_{\mathrm{m}}$ 可以为无穷多个。但是,由于需进一步满足二阶协调方程(4.2.13),实际上 $\boldsymbol{\beta}_{\mathrm{m}}$ 并不能任意取值,还需根据二阶协调条件中 $\boldsymbol{\beta}_{\mathrm{m}}$ 解的特性来进一步判别分岔点的性态。

引入标准化条件 $\|\boldsymbol{\beta}_{\mathrm{m}}\|=1$,如果求得方程(4.2.13)有 h 个非零实根 $\boldsymbol{\beta}_{\mathrm{m}}^{(i)}(i=1,2,\cdots,h)$,则根据式(4.2.10),可得 h 个满足二阶协调条件的机构位移方向$\boldsymbol{d}^{(i)}=\boldsymbol{U}_{\mathrm{m}}\boldsymbol{\beta}_{\mathrm{m}}^{(i)}(i=1,2,\cdots,h)$。但此时并不表示该机构会产生 h 条不同的运动轨迹,原因是当其中的 $\boldsymbol{d}^{(i)}$ 和 $\boldsymbol{d}^{(j)}$ 成比例时,实际上表明 $\boldsymbol{d}^{(i)}$ 和 $\boldsymbol{d}^{(j)}$ 属于相同运动方向。因此进一步将具有相同运动方向的 $\boldsymbol{d}^{(j)}$ 剔除后,才能最终得到 h'个真正具有不同运动方向的解 $\boldsymbol{d}^{(i)}(i=1,2,\cdots,h'$且$h'\leqslant h)$。当 $h'=1$ 时,尽管 $m>1$,但体系依然只有一条确定性运动路径,并不发生分岔;当 $h'>1$ 时,体系出现分岔并沿多条轨迹运动。当然,如果 $\boldsymbol{\beta}_{\mathrm{m}}$ 只有零解,即不存在非零的 $\boldsymbol{d}=\boldsymbol{U}_{\mathrm{m}}\boldsymbol{\beta}_{\mathrm{m}}$ 满足二阶协调条件(4.2.10),则说明该体系为无穷小机构,并非为有限机构。

4.4.2 算例

一个由五根刚性杆构成的铰接杆系,其初始构型的单元编号、节点编号和坐标如图 4.4.1 所示。可分析此构型的 $m=1,s=0$,因此具备可动性。若机构发生运动,运动轨迹上的七个状态如图 4.4.2 所示(状态 d′、e′用虚线表示)。

跟踪状态 a 到状态 c 的运动过程,可得各构型对应的 $m=1$,相应最小奇异值 $s_{\min}$随节点坐标呈连续变化(图 4.4.3),而且逐渐减小。

当体系运动到状态 c 时,$s_{\min}$趋于零,此时 $m=2,s=1$,以及

$$\boldsymbol{U}_{\mathrm{m}}=\begin{bmatrix} 0 & 0 & 0.0324 & -0.0243 & -0.7993 & -0.5995 \\ 0 & 0 & 0.7993 & -0.5995 & 0.0324 & 0.0243 \end{bmatrix}^{\mathrm{T}}$$

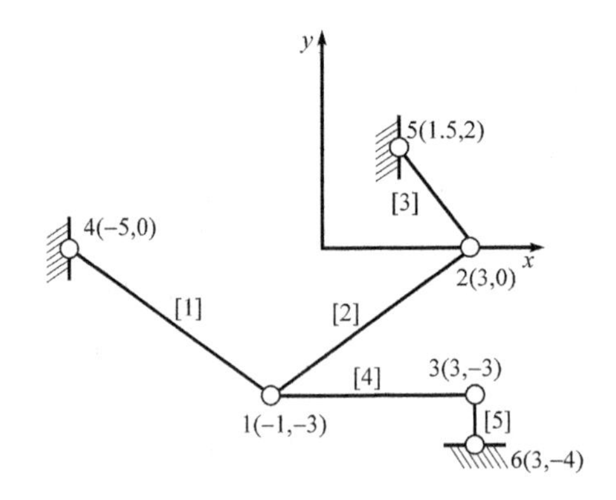

图 4.4.1　五连杆机构初始构型

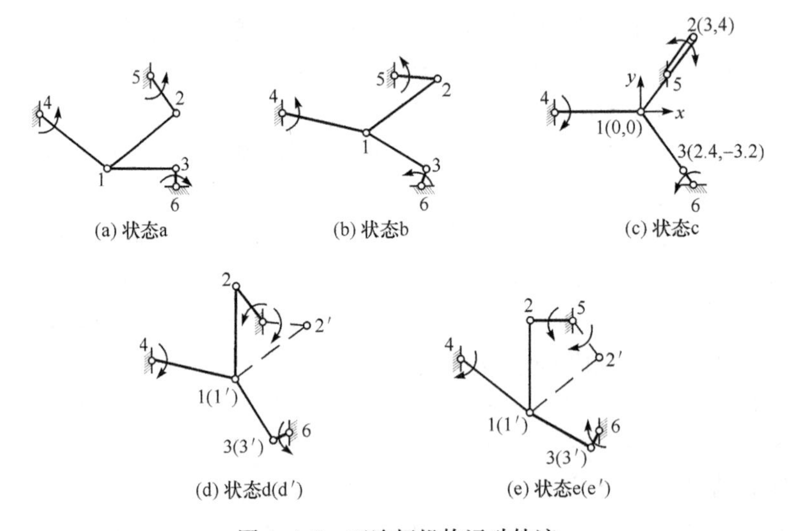

图 4.4.2　五连杆机构运动轨迹

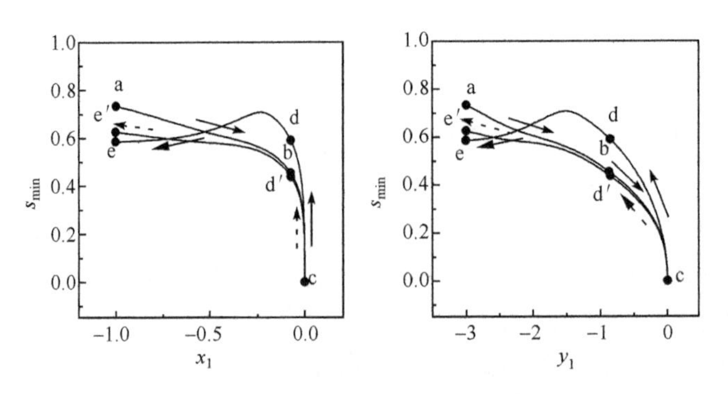

图 4.4.3　最小奇异值随节点 1 坐标的变化

$$\boldsymbol{V}_s=[0.5145,0.4287,-0.4287,0.4287,0.4287]^{\mathrm{T}}$$

为了确定状态 c 的机构运动方向，进一步考察二阶协调条件。根据式(4.2.12)，可求得

$$\boldsymbol{Q}_i=\begin{bmatrix} 0.5349 & -0.0251 \\ -0.0251 & -0.0847 \end{bmatrix}^{\mathrm{T}},\quad i=1$$

将 $\boldsymbol{Q}_i$ 代入式(4.2.13)，并引入 $\boldsymbol{\beta}_{\mathrm{m}}$ 的标准化条件，得

$$\begin{cases} 0.5349\beta_1^2-0.0502\beta_1\beta_2-0.0847\beta_2^2=0 \\ \beta_1^2+\beta_2^2=1 \end{cases}$$

求解可得 $\boldsymbol{\beta}_{\mathrm{m}}$ 有四组解，即

$$\boldsymbol{\beta}_{\mathrm{m}}^{(1)}=[0.3335\quad -0.9428]^{\mathrm{T}},\quad \boldsymbol{\beta}_{\mathrm{m}}^{(2)}=[-0.3335\quad 0.9428]^{\mathrm{T}}$$

$$\boldsymbol{\beta}_{\mathrm{m}}^{(3)}=[0.4087\quad 0.9126]^{\mathrm{T}},\quad \boldsymbol{\beta}_{\mathrm{m}}^{(4)}=[-0.4087\quad -0.9126]^{\mathrm{T}}$$

代入式(4.2.4)，可得

$$\boldsymbol{d}^{(1)}=-\boldsymbol{d}^{(2)}=\boldsymbol{U}_{\mathrm{m}}\boldsymbol{\beta}_{\mathrm{m}}^{(1)}=[0\quad 0\quad -0.7428\quad 0.5571\quad -0.2971\quad -0.2228]^{\mathrm{T}}$$

$$\boldsymbol{d}^{(3)}=-\boldsymbol{d}^{(4)}=\boldsymbol{U}_{\mathrm{m}}\boldsymbol{\beta}_{\mathrm{m}}^{(3)}=[0\quad 0\quad 0.7428\quad -0.5571\quad -0.2971\quad -0.2228]^{\mathrm{T}}$$

由于 $\boldsymbol{d}^{(1)}$ 和 $\boldsymbol{d}^{(2)}$、$\boldsymbol{d}^{(3)}$ 和 $\boldsymbol{d}^{(4)}$ 分别成比例，则说明状态 c 仅存在两个不同的机构运动方向 $\boldsymbol{d}^{(1)}$ 和 $\boldsymbol{d}^{(3)}$，此时运动路径发生分岔。体系分别沿这两个方向运动达到状态 e 和状态 e′，可以发现两条路径上各构型对应的 $m=1$，相应最小奇异值 $s_{\min}$ 逐渐远离零值(图 4.4.3)，表明离开分岔点。

4.5　铰接板机构的运动分析

实际工程中，Pantadome 类系统更应该看成由板片组成的机构，而以上的杆系机构运动路径分析方法也可拓展到此类板片机构的运动分析。注意到一个机构系统的刚体位移是指满足所有单元零应变的协调方程的非零解，且非零解的性质取决于协调矩阵。对于最简单的三角形板单元，可采用三条边长变化为零来表征该板单元的刚体位移。于是基于杆单元的协调方程，可建立三角形板单元的机构运动协调方程。如果将平面四边形板单元划分为两个三角形板单元，利用单元四顶点共面条件也可进一步推导出该类单元的协调矩阵。

4.5.1　三角形铰接板单元

假定三角形板单元仅在三个顶点处与周边单元顶点或边界支座铰接。如图 4.5.1所示，令三角形铰接板的三个顶点初始坐标及其位移向量分别为(x_i,y_i,z_i)和(u_i,v_i,w_i)，其中 $i=1,2,3$。

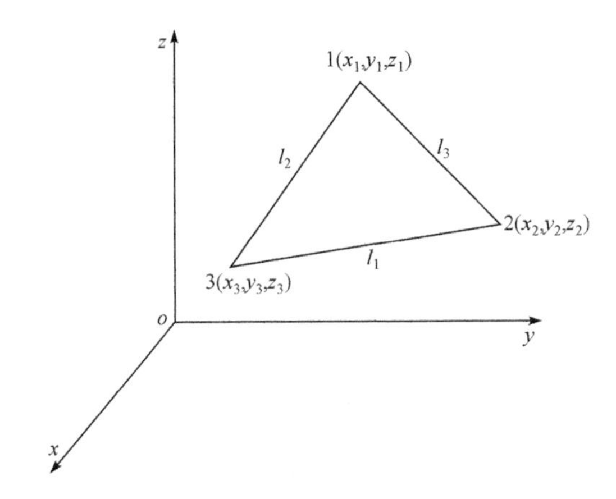

图 4.5.1　三角形铰接板单元

如果板单元的位移为刚体位移，通常以单元中任何一点的应变增量为零来描述。根据有限法的基本原理，节点位移和板上应变之间的协调矩阵[50]形式复杂，数学运算很不方便。但仅关注铰接板的刚体位移，因此可根据三角形形状稳定性的特点，以单元三条边的长度变化为零来表征单元的刚体位移。

以板单元任意无应变时的构型作为初始构型，则各边长为

$$l_k=\sqrt{(x_i-x_j)^2+(y_i-y_j)^2+(z_i-z_j)^2},\quad k=1,2,3 \tag{4.5.1}$$

式中，i、j 为第 k 条边的两端节点编号。当单元发生位移后，边长为

$$l_k'=\sqrt{(x_i+u_i-x_j-u_j)^2+(y_i+v_i-y_j-v_j)^2+(z_i+w_i-z_j-w_j)^2},\quad k=1,2,3 \tag{4.5.2}$$

由式(4.5.1)和式(4.5.2)，可得

$$e_k=l_k'-l_k=\boldsymbol{b}_{\mathrm{L}k}\boldsymbol{d}_k+\boldsymbol{b}_{\mathrm{N1}k}\boldsymbol{d}_k/2+o(\boldsymbol{d}_k^2) \tag{4.5.3}$$

$$l_k'^2-l_k^2=2(\boldsymbol{b}_{\mathrm{L}k}\boldsymbol{d}_k+\boldsymbol{b}_{\mathrm{N1}k}\boldsymbol{d}_k/2)l_k \tag{4.5.4}$$

式中，e_k 为第 k 条边的长度伸长量；$\boldsymbol{d}_k$ 为第 k 条边两端节点的位移向量；$o(\boldsymbol{d}_k^2)$代表含位移 $\boldsymbol{d}_k$ 二次方(除 $1/2\boldsymbol{b}_{\mathrm{N1}k}\boldsymbol{d}_k$ 外)及以上高阶项的和；$\boldsymbol{b}_{\mathrm{L}k}$ 和 $\boldsymbol{b}_{\mathrm{N1}k}$ 的形式分别见式(2.1.6)和式(2.1.7)。可以发现，式(4.5.3)和式(4.5.4)与端节点为 i、j 的杆单元协调方程式(2.1.3)和式(2.1.4)是一致的。

进一步以三角形板单元的三边伸长量来描述单元的变形。定义 $\boldsymbol{e}=\{e_1,e_2,e_3\}^{\mathrm{T}}$，则根据式(4.5.3)可组集得到三角形板单元的协调方程，形式如下：

$$\boldsymbol{e}=\boldsymbol{B}_{\mathrm{L}}^{\mathrm{e}}\boldsymbol{d}+\boldsymbol{B}_{\mathrm{N1}}^{\mathrm{e}}\boldsymbol{d}/2+o(\boldsymbol{d}^2) \tag{4.5.5}$$

式中，$\boldsymbol{d}=\{\boldsymbol{d}_1^{\mathrm{T}},\boldsymbol{d}_2^{\mathrm{T}},\boldsymbol{d}_3^{\mathrm{T}}\}^{\mathrm{T}}$；$\boldsymbol{B}_{\mathrm{L}}^{\mathrm{e}}$ 和 $\boldsymbol{B}_{\mathrm{N1}}^{\mathrm{e}}$ 分别单元的一阶和二阶协调矩阵，且 $\boldsymbol{B}_{\mathrm{N1}}^{\mathrm{e}}$ 包含了位移的一次项。两个矩阵的具体形式如下：

$$\boldsymbol{B}_{\mathrm{L}}^{\mathrm{e}}=\begin{bmatrix}\frac{x_1-x_2}{l_3} & \frac{y_1-y_2}{l_3} & \frac{z_1-z_2}{l_3} & \frac{x_2-x_1}{l_3} & \frac{y_2-y_1}{l_3} & \frac{z_2-z_1}{l_3} & 0 & 0 & 0\\ 0 & 0 & 0 & \frac{x_2-x_3}{l_1} & \frac{y_2-y_3}{l_1} & \frac{z_2-z_3}{l_1} & \frac{x_3-x_2}{l_1} & \frac{y_3-y_2}{l_1} & \frac{z_3-z_2}{l_1}\\ \frac{x_1-x_3}{l_2} & \frac{y_1-y_3}{l_2} & \frac{z_1-z_3}{l_2} & 0 & 0 & 0 & \frac{x_3-x_1}{l_2} & \frac{y_3-y_1}{l_2} & \frac{z_3-z_1}{l_2}\end{bmatrix} \tag{4.5.6}$$

$$\boldsymbol{B}_{\mathrm{N1}}^{\mathrm{e}}=\begin{bmatrix}\frac{u_1-u_2}{l_3} & \frac{v_1-v_2}{l_3} & \frac{w_1-w_2}{l_3} & \frac{u_2-u_1}{l_3} & \frac{v_2-v_1}{l_3} & \frac{w_2-w_1}{l_3} & 0 & 0 & 0\\ 0 & 0 & 0 & \frac{u_2-u_3}{l_1} & \frac{v_2-v_3}{l_1} & \frac{w_2-w_3}{l_1} & \frac{u_3-u_2}{l_1} & \frac{v_3-v_2}{l_1} & \frac{w_3-w_2}{l_1}\\ \frac{u_1-u_3}{l_2} & \frac{v_1-v_3}{l_2} & \frac{w_1-w_3}{l_2} & 0 & 0 & 0 & \frac{u_3-u_1}{l_2} & \frac{v_3-v_1}{l_2} & \frac{w_3-w_1}{l_2}\end{bmatrix} \tag{4.5.7}$$

如果三角形板单元仅发生机构位移，则三边长度不变，即 $l_k'=l_k(k=1,2,3)$。同样对三条边分别建立式(4.5.4)，并进行组集可得

$$\boldsymbol{B}_{\mathrm{L}}^{\mathrm{e}}\boldsymbol{d}+\boldsymbol{B}_{\mathrm{N1}}^{\mathrm{e}}\boldsymbol{d}/2=\boldsymbol{0} \tag{4.5.8}$$

式(4.5.8)的推导没有引入任何假定和简化，因此是三角形铰接板单元发生机构位移的精确运动控制方程。

4.5.2　平面四边形铰接板单元

对于平面四边形板单元，同样假定板单元仅在四个顶点处与周边单元顶点或边界支座铰接。令其顶点的初始坐标和位移向量分别为(x_i,y_i,z_i)和(u_i,v_i,w_i)，其中 $i=1,2,3,4$。

连接任意对角线，将平面四边形板单元划分为两个三角形单元，如图 4.5.2 所示。根据式(4.5.8)可分别写出两个三角形单元的机构位移协调方程。但是对于

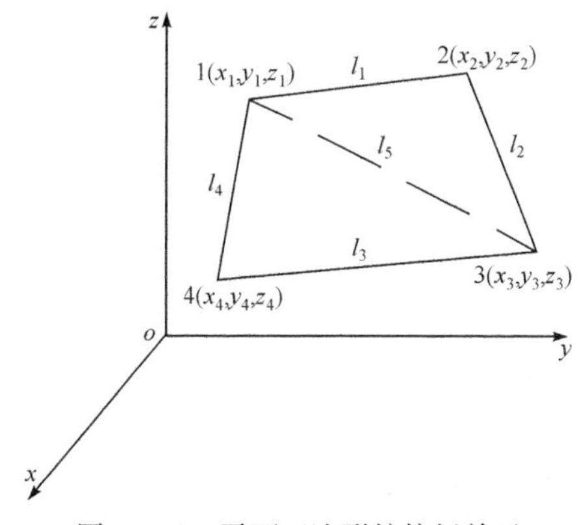

图 4.5.2　平面四边形铰接板单元

平面四边形板单元，仅以两个三角形单元的边长伸长量为零并不能完全描述单元的刚体位移，还应保证变形前后两单元均处于同一平面内，即应附加四顶点共面条件。

根据高等数学[51]知识，四点共面条件可通过 12、13、14 三条线的方向矢量关系来表示，即需满足

$$(\overrightarrow{14}\times\overrightarrow{13})\cdot\overrightarrow{12}=0 \tag{4.5.9}$$

在初始构型下，将顶点坐标代入式(4.5.9)，则四顶点共面条件可进一步写成如下行列式形式：

$$\begin{vmatrix} x_4-x_1 & y_4-y_1 & z_4-z_1 \\ x_3-x_1 & y_3-y_1 & z_3-z_1 \\ x_2-x_1 & y_2-y_1 & z_2-z_1 \end{vmatrix}=0 \tag{4.5.10}$$

同样，当单元发生位移 $\boldsymbol{d}=\{\boldsymbol{d}_1^{\mathrm{T}},\boldsymbol{d}_2^{\mathrm{T}},\boldsymbol{d}_3^{\mathrm{T}},\boldsymbol{d}_4^{\mathrm{T}}\}^{\mathrm{T}}$ 后，四个顶点依然满足共面的条件为

$$\begin{vmatrix} x_4+u_4-x_1-u_1 & y_4+v_4-y_1-v_1 & z_4+w_4-z_1-w_1 \\ x_3+u_3-x_1-u_1 & y_3+v_3-y_1-v_1 & z_3+w_3-z_1-w_1 \\ x_2+u_2-x_1-u_1 & y_2+v_2-y_1-v_1 & z_2+w_2-z_1-w_1 \end{vmatrix}=0 \tag{4.5.11}$$

将式(4.5.10)和式(4.5.11)均展开为多项式并相减，仅保留位移的一、二次项后可得

$$\sum_{i=1}^{4}\left[(a_{ui}+b_{ui})u_i+(a_{vi}+b_{vi})v_i+(a_{wi}+b_{wi})w_i\right]=0 \tag{4.5.12}$$

式中，

$$a_{ui}=(-1)^{i+1}\begin{vmatrix} 1 & 1 & 1 \\ y_j & y_m & y_n \\ z_j & z_m & z_n \end{vmatrix},\quad a_{vi}=(-1)^{i+1}\begin{vmatrix} 1 & 1 & 1 \\ z_j & z_m & z_n \\ x_j & x_m & x_n \end{vmatrix},$$

$$a_{wi}=(-1)^{i+1}\begin{vmatrix} 1 & 1 & 1 \\ x_j & x_m & x_n \\ y_j & y_m & y_n \end{vmatrix}$$

$$b_{ui}=(-1)^{i+1}\begin{vmatrix} 1 & 1 & 1 \\ v_j & v_m & v_n \\ z_j & z_m & z_n \end{vmatrix},\quad b_{vi}=(-1)^{i+1}\begin{vmatrix} 1 & 1 & 1 \\ w_j & w_m & w_n \\ x_j & x_m & x_n \end{vmatrix},$$

$$b_{wi}=(-1)^{i+1}\begin{vmatrix} 1 & 1 & 1 \\ u_j & u_m & u_n \\ y_j & y_m & y_n \end{vmatrix}$$

i,j,m,n 按 1,2,3,4 顺序轮换，例如，$i=2$ 时，$j=3,m=4,n=1$。

式(4.5.12)中，系数 a_{ui},a_{vi},a_{wi} 为常数，系数 b_{ui},b_{vi},b_{wi} 含有位移的一次项。

将两个子三角形单元分别按式(4.5.6)和式(4.5.7)建立一阶和二阶协调矩阵，然后引入该附加协调方程式，可得到的平面四边形铰接板单元的一阶协调矩阵 $\boldsymbol{B}_{\mathrm{L}}^{\mathrm{e}}$ 和二阶协调矩阵 $\boldsymbol{B}_{\mathrm{Nl}}^{\mathrm{e}}$ 均为 6×12 矩阵，形式如下：

$$
\boldsymbol{B}_{\mathrm{L}}^{\mathrm{e}}=\begin{bmatrix}
a_{u1} & a_{v1} & a_{w1} & a_{u2} & a_{v2} & a_{w2} & a_{u3} & a_{v3} & a_{w3} & a_{u4} & a_{v4} & a_{w4} \\
\frac{x_1-x_2}{l_1} & \frac{y_1-y_2}{l_1} & \frac{z_1-z_2}{l_1} & \frac{x_2-x_1}{l_1} & \frac{y_2-y_1}{l_1} & \frac{z_2-z_1}{l_1} & 0 & 0 & 0 & 0 & 0 & 0 \\
0 & 0 & 0 & \frac{x_2-x_3}{l_2} & \frac{y_2-y_3}{l_2} & \frac{z_2-z_3}{l_2} & \frac{x_3-x_2}{l_2} & \frac{y_3-y_2}{l_2} & \frac{z_3-z_2}{l_2} & 0 & 0 & 0 \\
0 & 0 & 0 & 0 & 0 & 0 & \frac{x_3-x_4}{l_3} & \frac{y_3-y_4}{l_3} & \frac{z_3-z_4}{l_3} & \frac{x_4-x_3}{l_3} & \frac{y_4-y_3}{l_3} & \frac{z_4-z_3}{l_3} \\
\frac{x_1-x_4}{l_4} & \frac{y_1-y_4}{l_4} & \frac{z_1-z_4}{l_4} & 0 & 0 & 0 & 0 & 0 & 0 & \frac{x_4-x_1}{l_4} & \frac{y_4-y_1}{l_4} & \frac{z_4-z_1}{l_4} \\
\frac{x_1-x_3}{l_5} & \frac{y_1-y_3}{l_5} & \frac{z_1-z_3}{l_5} & 0 & 0 & 0 & \frac{x_3-x_1}{l_5} & \frac{y_3-y_1}{l_5} & \frac{z_3-z_1}{l_5} & 0 & 0 & 0
\end{bmatrix}
\tag{4.5.13}
$$

$$
\boldsymbol{B}_{\mathrm{Nl}}^{\mathrm{e}}=\begin{bmatrix}
2b_{u1} & 2b_{v1} & 2b_{w1} & 2b_{u2} & 2b_{v2} & 2b_{w2} & 2b_{u3} & 2b_{v3} & 2b_{w3} & 2b_{u4} & 2b_{v4} & 2b_{w4} \\
\frac{u_1-u_2}{l_1} & \frac{v_1-v_2}{l_1} & \frac{w_1-w_2}{l_1} & \frac{u_2-u_1}{l_1} & \frac{v_2-v_1}{l_1} & \frac{w_2-w_1}{l_1} & 0 & 0 & 0 & 0 & 0 & 0 \\
0 & 0 & 0 & \frac{u_2-u_3}{l_2} & \frac{v_2-v_3}{l_2} & \frac{w_2-w_3}{l_2} & \frac{u_3-u_2}{l_2} & \frac{v_3-v_2}{l_2} & \frac{w_3-w_2}{l_2} & 0 & 0 & 0 \\
0 & 0 & 0 & 0 & 0 & 0 & \frac{u_3-u_4}{l_3} & \frac{v_3-v_4}{l_3} & \frac{w_3-w_4}{l_3} & \frac{u_4-u_3}{l_3} & \frac{v_4-v_3}{l_3} & \frac{w_4-w_3}{l_3} \\
\frac{u_1-u_4}{l_4} & \frac{v_1-v_4}{l_4} & \frac{w_1-w_4}{l_4} & 0 & 0 & 0 & 0 & 0 & 0 & \frac{u_4-u_1}{l_4} & \frac{v_4-v_1}{l_4} & \frac{w_4-w_1}{l_4} \\
\frac{u_1-u_3}{l_5} & \frac{v_1-v_3}{l_5} & \frac{w_1-w_3}{l_5} & 0 & 0 & 0 & \frac{u_3-u_1}{l_5} & \frac{v_3-v_1}{l_5} & \frac{w_3-w_1}{l_5} & 0 & 0 & 0
\end{bmatrix}
\tag{4.5.14}
$$

对于平面五边形铰接板单元，同样增加两条对角线将单元划分成 3 个三角形单元。利用式(4.5.12)，可在 3 个三角形单元间建立 2 个共面协调方程。进一步引入 7 个边长协调方程，便可形成平面五边形板单元的协调方程，其协调矩阵 $\boldsymbol{B}_{\mathrm{L}}^{\mathrm{e}}$ 和 $\boldsymbol{B}_{\mathrm{Nl}}^{\mathrm{e}}$ 是 9×15矩阵。依次类推，理论上不难得到任意平面多边形板单元的协调方程。

4.5.3　运动路径跟踪策略

一个由平面多边形板单元组成的铰接板机构，按照上述方法建立各板单元的一、二阶协调矩阵 $\boldsymbol{B}_{\mathrm{L}}^{\mathrm{e}}$ 和 $\boldsymbol{B}_{\mathrm{Nl}}^{\mathrm{e}}$，然后根据单元间的节点连接关系进行组集并引入边界条件，最终得到机构运动的控制方程，形式同式(4.1.3)。此时，可直接利用 4.3 节的求解策略计算铰接板机构的运动路径。

4.5.4　算例

1. Pantadome

一个由 9 块平面四边形铰接板单元构成的简化 Pantadome，其节点和单元编号以及主要平面尺寸见图 4.5.3。节点 13～16 为固定于地面(z=0)的铰接支座。初始状态下,机构沿 x 轴及 y 轴对称,主要节点坐标见表 4.5.1。

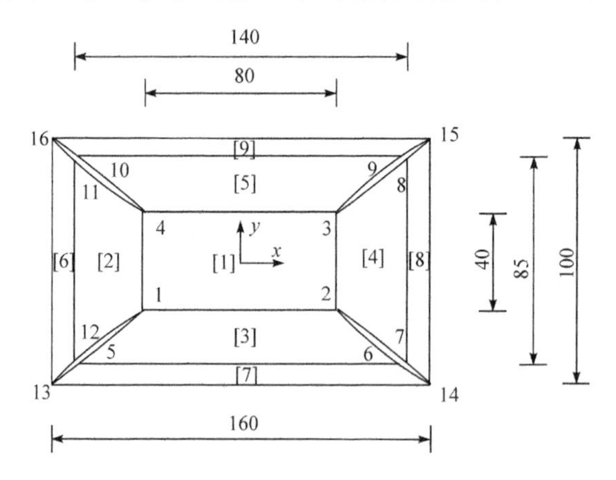

图 4.5.3 顶升施工的 Pantadome(单位:m)

建立初始构型下的一阶协调矩阵 $\boldsymbol{B}_{\mathrm{L}}$,对其进行奇异值分解,可得机构位移模态数 m=1。以节点 1 的 z 向机构位移作为驱动量,并令每一步顶升时 $w_{\mathrm{m1}}\times\beta_{\mathrm{m}}$=0.4m($w_{\mathrm{m1}}$为当前构型机构位移模态中对应节点 1 的 z 向自由度的位移分量)。采用杆系机构的计算策略进行该铰接板机构的运动路径跟踪,经过 94 步之后,运动至设计态。图 4.5.4 为 Pantadome 顶升过程示意图,部分节点坐标见表 4.5.1。

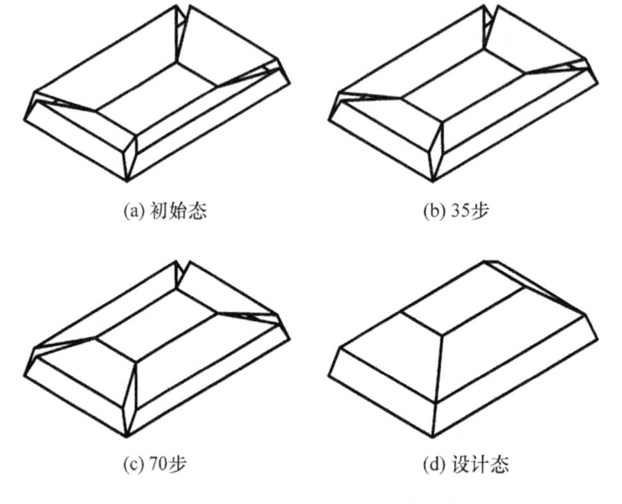

图 4.5.4 Pantadome 顶升过程

表 4.5.1　Pantadome 顶升过程的部分节点坐标　　(单位:m)

节点	坐标	初始态	35 步	70 步	设计态
1	x_1	−40.000	−40.000	−40.000	−40.000
	y_1	−20.000	−20.000	−20.000	−20.000
	z_1	1.748	15.714	29.740	40.000
2	x_2	40.000	40.000	40.000	40.000
	y_2	−20.000	−20.000	−20.000	−20.000
	z_2	1.748	15.714	29.740	40.000
4	x_4	−40.000	−40.000	−40.000	−40.000
	y_4	20.000	20.000	20.000	20.000
	z_4	1.748	15.714	29.740	40.000
5	x_5	−70.000	−70.000	−70.000	−70.000
	y_5	−50.093	−53.628	−51.020	−42.500
	z_5	16.770	16.373	16.739	15.000
6	x_6	70.000	70.000	70.000	70.000
	y_6	−50.093	−53.628	−51.020	−42.500
	z_6	16.770	16.373	16.739	15.000
11	x_{11}	−75.727	−78.984	−77.183	−70.000
	y_{11}	42.500	42.500	42.500	42.500
	z_{11}	17.514	17.999	17.806	15.000
12	x_{12}	−75.727	−78.984	−77.183	−70.000
	y_{12}	−42.500	−42.500	−42.500	−42.500
	z_{12}	17.514	17.999	17.806	15.000

计算过程中,令收敛容差 $\varepsilon=10^{-10}$ m(非常严格),一般通过 3～6 次迭代便可满足要求。对于每一步迭代求得的协调构型进行检查,发现所有单元各边(含对角线)伸长量误差控制在 10^{-8} m 量级,共面方程(4.5.12)左端项的残差控制在 10^{-11} m^3 量级。

2. 双坡网架

图 4.5.5 为一个由 2 块四边形板和 1 块三角形板构成的简化双坡网架,采用顶推施工。节点 6 和 7 为固定于地面($z=0$)的铰接支座,坐标分别为(0,0,0)和(0,60,0),并且约束节点 1～3 的 z 向位移。初始构型下的节点坐标见表 4.5.2。

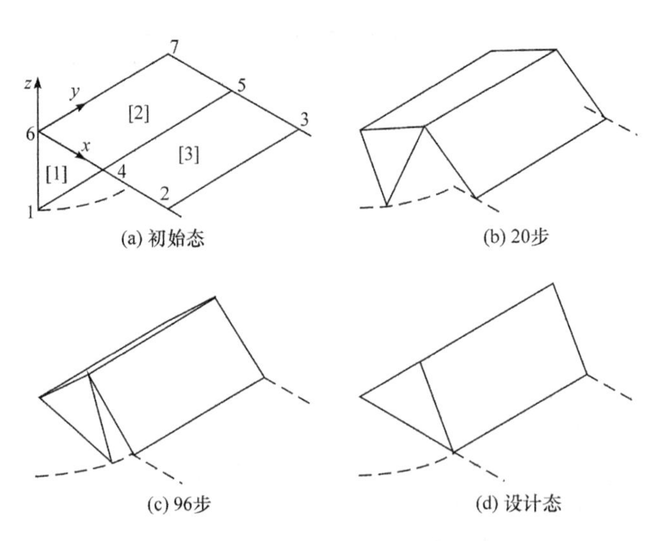

图 4.5.5　顶推施工的双坡网架

表 4.5.2　双坡网架顶推过程的部分节点坐标　　(单位:m)

节点	坐标	初始态	10 步	20 步	设计态
1	x_1	28.293	31.623	38.883	40.000
	y_1	−28.275	−24.494	−9.389	0.000
	z_1	0.000	0.000	0.000	0.000
2	x_2	56.550	50.595	41.150	40.000
	y_2	0.000	0.000	0.000	0.000
	z_2	0.000	0.000	0.000	0.000
3	x_3	56.550	50.595	41.150	40.000
	y_3	60.000	60.000	60.000	60.000
	z_3	0.000	0.000	0.000	0.000
4	x_4	28.275	25.298	20.575	20.000
	y_4	0.000	0.000	0.000	0.000
	z_4	0.722	12.650	19.408	20.000
5	x_5	28.275	25.298	20.575	20.000
	y_5	60.000	60.000	60.000	60.000
	z_5	0.722	12.650	19.408	20.000

建立初始构型的一阶协调矩阵 $\boldsymbol{B}_{\mathrm{L}}$，对其进行奇异值分解，可得机构位移模态数 $m=1$。以节点 1 作为顶推点，令每一步顶推时 $v_{\mathrm{m1}}\times\beta_{\mathrm{m}}=0.2\mathrm{m}$（$v_{\mathrm{m1}}$ 为当前构型机构位移模态中对应节点 1 的 y 向自由度的位移分量）。按 4.2 节的计算策略进

行机构运动路径的跟踪。经过 143 步之后,机构运动至设计态。图 4.5.5 为系统顶推过程的示意图,运动过程中所求得的节点坐标见表 4.5.2。同样对运动路径上的每个构型进行边长伸长量和共面条件的检查,发现误差比上述 Pantadome 算例更小。

该双坡网架只有单一机构位移模态,因此以节点 2 或节点 3 作为顶推点沿 x 负向运动,可求得与顶推节点 1 相同的运动路径,并满足边长伸长量和共面条件的检查。

第 5 章　杆系的稳定性

稳定性是对系统维持其当前平衡状态能力的一种评价。若系统在任意微小干扰作用后依然能够恢复到之前的平衡构型，则称该系统处于稳定的平衡状态，否则称为不稳定的平衡状态。一个系统在某种作用下由稳定平衡状态转化为不稳定平衡状态的过程，称为丧失稳定性（简称"失稳"）。由失稳引起的结构破坏也称为"屈曲"(buckling)，而稳定平衡和非稳定平衡间的界限状态称为"临界状态"。结构丧失稳定性一般会导致结构发生较大的变形，这被认为是一种破坏状态，因此稳定分析与强度分析、变形分析并列为结构设计的三项基本工作。

对于杆系，谈及其稳定性一般会直接理解为"杆系结构"的稳定性，且设计时一般关注外荷载作用下结构或杆件是否会发生屈曲。对于悬索结构、张拉整体、索穹顶等柔性预张力结构，这些受力系统根据 Maxwell 准则或平衡矩阵准则属于"机构"，但是这些机构系统在没有承受荷载之前便能够保证其初始形态的稳定性，且还可进一步稳定地承受荷载，即具备常规结构的功能。因此，最近的数十年间存在众多研究对这些"机构"系统为何能够作为稳定受力体系进行讨论和解释，这也给常规的杆系稳定问题赋予更广的含义。

本章将从结构稳定的基本理论——能量准则出发来分析杆系的稳定性条件。通过对体系切线刚度矩阵解析表达式的构成分析，阐明常规几何稳定问题本质上也是结构稳定问题，且 Maxwell 准则和平衡矩阵准则都能够通过能量准则来给予证明。此外，利用能量准则还可指明杆系机构的稳定性来源于可行内力（包括预应力和外荷载效应）的强化，并且给出杆系机构稳定的一般性条件。最后，将对无穷小机构的稳定性条件进行分析讨论。

5.1　问题的引出

作为结构理论的重要内容，常规的结构力学教程中一般会以图 5.1.1(a)所示的两端铰接压杆为例来讲述稳定问题。易知，图 5.1.1(a)中所示压杆的平衡状态是有条件稳定的，即当压力增加到一定程度时杆件会发生屈曲。然而，如果将杆端荷载反向而其他条件不变[图 5.1.1(b)]，在不考虑杆件强度破坏的前提下系统的平衡状态是无条件稳定的。可见，系统的稳定性决定于荷载效应的性质（拉或压）和大小。但是，一个平衡系统的稳定性显然并不仅仅与荷载相关。如果假设图 5.1.1(a)中的水平杆刚度退化为零[图 5.1.1(c)]，则系统平衡将无条件地变为不稳定，这也表明平衡系统的稳定性还与杆件刚度相关。再者，尽管水平杆的刚度退化相当于将该杆撤除[图 5.1.1(d)]，但两者的性质是不同的。后者是由于体系几何可变性引起的不稳定性，而构件刚度的退化从来不属于几何可变性分析的范畴。

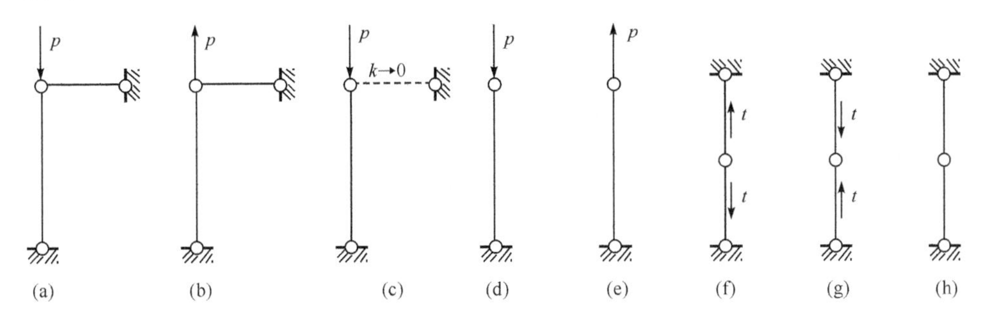

图 5.1.1　平衡杆系的不同稳定状态

一般情况下，几何可变系统的稳定性问题很少谈论，主要是该问题在结构力学中作为一个独立的问题来对待，即第 3 章讲述的静动特性问题。可以发现，无论 Maxwell 准则还是平衡矩阵准则，都是对系统几何特性或参数的讨论，因此机构和结构的判别一般理解为几何学的问题，故杆系的机动分析也被称为“几何稳定性”[45,52]分析。不可否认，杆系的静动特性是影响其稳定的重要因素，如图 5.1.1(d)所示的压杆。但是，这并不表示一个几何可变系统就必然会造成系统的不稳定性。如果将荷载反向[图 5.1.1(e)]，尽管系统属于几何可变体系，但依然会成为一个无条件的稳定系统。

结构设计中往往需要避免不稳定性，因此理解哪些因素影响到系统的稳定性是重要的问题。从上面的分析发现，体系的几何、构件刚度和荷载特性对于体系稳定性的影响非常复杂。一个几何不变的结构在荷载作用下会发生失稳[图 5.1.1(a)]，但是结构稳定性在某些时候又与荷载无关[图 5.1.1(b)]，而有些情况下荷载又可以使得一个几何可变系统变得稳定[图 5.1.1(e)]。除荷载外，一些机构系统还可以将预应力作为其初始态稳定的条件，这主要是针对索网、张拉整体和索穹顶此类预张力结构而言，但其影响是有条件的。合理的预应力可以使得机构变得稳定，如图 5.1.1(f)中的预应力为拉力时可以强化 von Mises 连杆，而预应力为压力则会加剧连杆偏离其初始平衡构型[图 5.1.1(g)]。更为复杂的问题是，对于某些特殊构型的机构，即便没有外荷载和预应力的作用，根据结构稳定性的定义也容易判定该构型是稳定的。如图 5.1.1(h)中的两杆共线 von Mises 连杆，在任意小的外部干扰作用后，依然可以恢复到初始构型。

遗憾的是，较完善的平衡矩阵准则也不能回答张拉整体、索穹顶此类机构系统的“结构化”现象。在过去的数十年间，很多学者对这个问题进行了讨论[35,44,3]，并赋予此类系统以"预应力机构(prestressed mechanism)"[40]的名称。1991 年,Calladine 等提出了一个预应力机构的几何稳定性判别准则[44]:

$$\boldsymbol{\beta}^{\mathrm{T}}\Big[\sum_{i=1}^{s}\boldsymbol{F}_i^{\mathrm{T}}\boldsymbol{U}_{\mathrm{m}}\alpha_i\Big]\boldsymbol{\beta}>0 \tag{5.1.1}$$

式中,s 为自应力模态数;$\boldsymbol{F}_i$ 为第 i 个自应力模态所对应的乘积力矩阵;$\boldsymbol{U}_{\mathrm{m}}$ 为机构位移模态矩阵;α_i 为自应力模态的组合系数;$\boldsymbol{\beta}$ 为由机构位移模态组合系数所构成的向量。但是,这个判别准则是在静动分析(static-kinematic analysis)的基础上,从物理意义的角度提出的,即"当体系发生任意机构变形,由此引起初始平衡构型中预应力产生的不平衡力具备使体系返回初始构型的能力"[40,44],但并未被严格证明。关于式(5.1.1)充要条件的完整性也是本章要重点讨论的问题。

5.2 能量准则

尽管定义并不唯一,结构稳定性一般可以形象地描述为一个平衡系统受到任意微小的扰动后,系统依然可以恢复到变形前的平衡状态。对结构稳定最好的定量描述是 Lagrange-Dirichlet 能量准则[53],即稳定平衡状态可恢复的原因是其对应的系统势能处于最小值。系统势能 Π 是广义位移(如节点位移向量 $\boldsymbol{d}$)和控制参数(如荷载增量因子 λ)的函数。对势能增量进行 Taylor 级数展开可得如下等式:

$$\Delta\Pi=\Pi(d+\delta d,\lambda)-\Pi(d,\lambda)=\delta\Pi+\delta^2\Pi+\delta^3\Pi+\delta^4\Pi+\cdots \tag{5.2.1}$$

式中,$\delta\Pi,\delta^2\Pi,\cdots$代表势能的一阶、二阶以及高阶变分,具体形式如下:

$$\delta\Pi=\frac{1}{1!}\sum_{i=1}^{3J-c}\frac{\partial\Pi(d_1,d_2,\cdots,d_{3J-c},\lambda)}{\partial d_i}\delta d_i \tag{5.2.2}$$

$$\delta^2\Pi=\frac{1}{2!}\sum_{i=1}^{3J-c}\sum_{j=1}^{3J-c}\frac{\partial^2\Pi(d_1,d_2,\cdots,d_{3J-c},\lambda)}{\partial d_i\partial d_j}\delta d_i\delta d_j \tag{5.2.3}$$

$$\delta^3\Pi=\frac{1}{3!}\sum_{i=1}^{3J-c}\sum_{j=1}^{3J-c}\sum_{k=1}^{3J-c}\frac{\partial^3\Pi(d_1,d_2,\cdots,d_{3J-c},\lambda)}{\partial d_i\partial d_j\partial d_k}\delta d_i\delta d_j\delta d_k \tag{5.2.4}$$

……

式中,d_i 是 $\boldsymbol{d}$ 的第 i 个元素;$3J-c$ 是系统的自由度数。势能函数的变化反映了保守系统的重要物理性质,例如,对于任意的 $\delta\boldsymbol{d}$,其一阶变分为零实际上就是系统的平衡条件,即

$$\delta\Pi=0 \tag{5.2.5}$$

对于满足平衡条件的构型,其是否稳定则需观察系统势能二阶变分的性质[54]。将式(5.2.3)表示为矩阵形式,则系统稳定性可按式(5.2.6)~式(5.2.8)来判定:

稳定平衡,对任意 $\delta\boldsymbol{d}$ 有

$$\delta^2 \Pi = \frac{1}{2} \delta \boldsymbol{d}^{\mathrm{T}} \boldsymbol{K}_{\mathrm{T}} \delta \boldsymbol{d} > 0 \tag{5.2.6}$$

随遇平衡，至少存在一个 $\delta \boldsymbol{d}$ 使得

$$\delta^2 \Pi = \frac{1}{2} \delta \boldsymbol{d}^{\mathrm{T}} \boldsymbol{K}_{\mathrm{T}} \delta \boldsymbol{d} = 0 \tag{5.2.7}$$

不稳定平衡，至少存在一个 $\delta \boldsymbol{d}$ 使得

$$\delta^2 \Pi = \frac{1}{2} \delta \boldsymbol{d}^{\mathrm{T}} \boldsymbol{K}_{\mathrm{T}} \delta \boldsymbol{d} < 0 \tag{5.2.8}$$

式中，$\boldsymbol{K}_{\mathrm{T}}$ 为系统在该平衡状态下的切线刚度矩阵(也称为势能函数的 Hessian 矩阵[53])。注意，$\boldsymbol{K}_{\mathrm{T}}$ 也反映荷载位移的增量关系，即

$$\boldsymbol{K}_{\mathrm{T}} \delta \boldsymbol{d} = \delta \boldsymbol{P} \tag{5.2.9}$$

式中，$\boldsymbol{P}$ 为节点荷载向量。

可以看出，势能的二阶变分 $\delta^2 \Pi$ 实际上是切线刚度矩阵 $\boldsymbol{K}_{\mathrm{T}}$ 的二次型。根据矩阵理论，对势能二阶变分性质的判别等价于考察切线刚度矩阵的正定性。当然，理论上讲，如果二阶变分 $\delta^2 \Pi = 0$，那么平衡系统的稳定性还需考察高阶变分的性质。例如，$\delta^3 \Pi = 0$ 但 $\delta^4 \Pi > 0$，这说明系统依然是稳定的。

5.3　几何非线性方程

5.3.1　基本方程

考虑几何非线性，如果杆系对应参考构型发生位移 $\boldsymbol{d}$，参照式(3.3.2)可建立变形后构型的平衡方程：

$$\boldsymbol{B}^{\mathrm{T}} \boldsymbol{t} = \boldsymbol{p} \tag{5.3.1}$$

应该注意的是，$\boldsymbol{B}$ 为结构变形后构型的协调矩阵。根据式(2.1.15)、式(2.1.6)和式(2.1.7)可知

$$\boldsymbol{B} = \boldsymbol{B}_{\mathrm{L}} + \boldsymbol{B}_{\mathrm{N1}} \tag{5.3.2}$$

式中，$\boldsymbol{B}_{\mathrm{L}}$ 和 $\boldsymbol{B}_{\mathrm{N1}}$ 的形式分别见式(3.3.3)和式(4.1.2)。

将杆系的协调方程式(4.1.1)写成如下的变分形式：

$$\delta \boldsymbol{e} = (\boldsymbol{B}_{\mathrm{L}} + \boldsymbol{B}_{\mathrm{N}}) \delta \boldsymbol{d} = \boldsymbol{B}_{\mathrm{L}} \delta \boldsymbol{d} + \boldsymbol{B}_{\mathrm{N1}} \delta \boldsymbol{d} + o(\boldsymbol{d}^2) \tag{5.3.3}$$

式中，$\boldsymbol{B}_{\mathrm{N}} = \boldsymbol{B}_{\mathrm{N1}} + o(\boldsymbol{d})$。

假定材料的应力应变关系为线性，杆系的物理方程可以分别表示为如下的全量和增量形式，即

$$\boldsymbol{t} = \boldsymbol{t}_0 + \boldsymbol{M} \boldsymbol{e} \tag{5.3.4}$$

$$\boldsymbol{M} \delta \boldsymbol{e} = \delta \boldsymbol{t} \tag{5.3.5}$$

式中,$\boldsymbol{M}$ 为构件刚度的对角矩阵,形式见式(3.3.5);$\boldsymbol{t}_0$ 为参考构型的杆件轴力向量。

5.3.2 切线刚度矩阵的解析表达式

对式(5.3.1)的两边进行变分,则

$$\delta\boldsymbol{B}^{\mathrm{T}}\boldsymbol{t}+\boldsymbol{B}^{\mathrm{T}}\delta\boldsymbol{t}=\delta\boldsymbol{P} \tag{5.3.6}$$

考虑式(5.3.2)~式(5.3.5),式(5.3.6)可进一步表示为

$$\delta(\boldsymbol{B}_{\mathrm{L}}+\boldsymbol{B}_{\mathrm{N1}})^{\mathrm{T}}\boldsymbol{t}+(\boldsymbol{B}_{\mathrm{L}}+\boldsymbol{B}_{\mathrm{N1}})^{\mathrm{T}}\boldsymbol{M}(\boldsymbol{B}_{\mathrm{L}}+\boldsymbol{B}_{\mathrm{N}})\delta\boldsymbol{d}=\delta\boldsymbol{P} \tag{5.3.7}$$

$\boldsymbol{B}_{\mathrm{L}}$ 与 $\boldsymbol{d}$ 无关,因此 $\delta\boldsymbol{B}_{\mathrm{L}}=0$。整理式(5.3.7)并与式(5.2.9)比较,可得切线刚度矩阵的表达式为

$$\boldsymbol{K}_{\mathrm{T}}=\boldsymbol{K}_0+\boldsymbol{K}_{\mathrm{g}}+\boldsymbol{K}_{\mathrm{d}} \tag{5.3.8}$$

式中,

$$\boldsymbol{K}_0=\boldsymbol{B}_{\mathrm{L}}^{\mathrm{T}}\boldsymbol{M}\boldsymbol{B}_{\mathrm{L}} \tag{5.3.9}$$

$$\boldsymbol{K}_{\mathrm{g}}\delta\boldsymbol{d}=\delta\boldsymbol{B}_{\mathrm{N1}}^{\mathrm{T}}\boldsymbol{t} \tag{5.3.10}$$

$$\boldsymbol{K}_{\mathrm{d}}=\boldsymbol{B}_{\mathrm{L}}^{\mathrm{T}}\boldsymbol{M}\boldsymbol{B}_{\mathrm{N}}+\boldsymbol{B}_{\mathrm{N1}}^{\mathrm{T}}\boldsymbol{M}\boldsymbol{B}_{\mathrm{L}}+\boldsymbol{B}_{\mathrm{N1}}^{\mathrm{T}}\boldsymbol{M}\boldsymbol{B}_{\mathrm{N}} \tag{5.3.11}$$

仅考察参考构型的切线刚度矩阵,此时 $\boldsymbol{t}=\boldsymbol{t}_0$,$\boldsymbol{d}=\boldsymbol{0}$。由式(5.3.3)和式(4.1.1)可知,当 $\boldsymbol{d}=\boldsymbol{0}$时,$\boldsymbol{B}_{\mathrm{N}}=\boldsymbol{B}_{\mathrm{N1}}=\boldsymbol{0}$,故式(5.3.11)的 $\boldsymbol{K}_{\mathrm{d}}$ 退化为零。于是,参考构型的切线刚度矩阵为

$$\boldsymbol{K}_{\mathrm{T}}=\boldsymbol{K}_0+\boldsymbol{K}_{\mathrm{g}} \tag{5.3.12}$$

式中,

$$\boldsymbol{K}_{\mathrm{g}}\delta\boldsymbol{d}=\delta\boldsymbol{B}_{\mathrm{N1}}^{\mathrm{T}}\boldsymbol{t}_0 \tag{5.3.13}$$

式(5.3.12)中的 $\boldsymbol{K}_{\mathrm{T}}$ 称为杆系切线刚度矩阵的 U.L. 列式,反映非线性系统某一平衡状态的刚度特征;$\boldsymbol{K}_0$ 通常称为系统的弹性刚度矩阵;$\boldsymbol{K}_{\mathrm{g}}$ 为几何刚度矩阵。此外,式(5.3.13)中 $\boldsymbol{B}_{\mathrm{N1}}^{\mathrm{T}}$ 实际上是 $\boldsymbol{d}$ 的函数,也反映 $\boldsymbol{K}_{\mathrm{g}}$ 与内力 $\boldsymbol{t}_0$ 相关。

5.4 杆系的几何稳定性

对于一个无内力的杆系,几何刚度矩阵 $\boldsymbol{K}_{\mathrm{g}}$ 实际上为零矩阵,则系统稳定性只与 $\boldsymbol{K}_0$ 相关。此时,稳定性判别准则式(5.2.6)可写为

$$\delta^2\Pi=\frac{1}{2}\delta\boldsymbol{d}^{\mathrm{T}}\boldsymbol{K}_0\delta\boldsymbol{d}>0 \tag{5.4.1}$$

根据平衡矩阵准则,第 3 章已经阐述一个几何可变体系会产生无构件伸长(应变)的刚体位移。也就是几何方程

$$\boldsymbol{B}_{\mathrm{L}}\boldsymbol{d}=\boldsymbol{0} \tag{5.4.2}$$

存在 $\boldsymbol{d}$ 的非平凡解。而 $\boldsymbol{d}$ 存在非平凡解的条件为

$$r=r(\boldsymbol{B}_{\mathrm{L}})<3J-c \tag{5.4.3}$$

式中，$r(\cdot)$表示矩阵的秩。

如前所述，“运动特性”判别问题通常并不认为是“结构稳定”问题，而是几何学问题。但应该承认，杆系运动特性判别问题的定义和杆系结构稳定性的定义具有一致性，均是考察一个保守系统维持当前平衡状态的能力(尽管几何稳定性考察的是无内力系统，但也属于平衡系统)，因此能量准则必然适用。

从式(5.3.12)中切线刚度矩阵的组成可以看出，一个杆件系统当前平衡状态的稳定性主要与三方面内容相关，即 $\boldsymbol{K}_0$ 中所反映的结构几何和构件刚度以及 $\boldsymbol{K}_{\mathrm{g}}$ 中包含的内力，只不过常规结构稳定分析中大多关注在荷载效应(内力)变化下的系统稳定性(主要体现在 $\boldsymbol{K}_{\mathrm{g}}$ 项)。应该说，几何稳定性完全可以看作结构稳定性问题的特殊情况。下面从能量准则出发来重新认识常规几何稳定性判别准则的充分必要条件。

根据式(5.3.9)，将 $\boldsymbol{K}_0$ 进一步按式(5.4.4)分解

$$\boldsymbol{K}_0=\boldsymbol{B}_{\mathrm{L}}^{\mathrm{T}}\boldsymbol{M}^*\boldsymbol{M}^{*\mathrm{T}}\boldsymbol{B}_{\mathrm{L}}=\boldsymbol{A}\boldsymbol{M}^*\boldsymbol{M}^{*\mathrm{T}}\boldsymbol{A}^{\mathrm{T}}=(\boldsymbol{A}\boldsymbol{M}^*)(\boldsymbol{A}\boldsymbol{M}^*)^{\mathrm{T}} \tag{5.4.4}$$

式中，$\boldsymbol{A}=\boldsymbol{B}_{\mathrm{L}}^{\mathrm{T}}$ 为平衡矩阵；$\boldsymbol{M}^*$ 为对角矩阵，其对角元素为 $D_k^*=\sqrt{D_k}(k=1,2,\cdots,b)$。因为 $\boldsymbol{M}^*$ 为对角阵，所以 $\boldsymbol{A}\boldsymbol{M}^*$ 即为将 $\boldsymbol{M}^*$ 中的对角元素 D_k^* 与 $\boldsymbol{A}$ 中对应列相乘得到。如果 $D_k^*(k=1,2,\cdots,b)$均大于零，以上运算相当于对矩阵 $\boldsymbol{A}$ 进行初等变换，因此可以得到 $r(\boldsymbol{A}\boldsymbol{M}^*)=r(\boldsymbol{A})$。另外，根据线性代数知识易知[55]，$r(\boldsymbol{K}_0)=r[(\boldsymbol{A}\boldsymbol{M}^*)(\boldsymbol{A}\boldsymbol{M}^*)^{\mathrm{T}}]=r(\boldsymbol{A}\boldsymbol{M}^*)$。因此有

$$r(\boldsymbol{K}_0)=r(\boldsymbol{A})=r \tag{5.4.5}$$

可见，$\boldsymbol{K}_0$ 的正定性可通过 $\boldsymbol{A}$ 的秩来判断。此时，有三种可能情况：

(1) $b<3J-c$ 时，有

$$r(\boldsymbol{K}_0)=r(\boldsymbol{A})=r\leqslant b<3J-c \tag{5.4.6}$$

此时 $\boldsymbol{K}_0$ 不能保持正定，体系为不稳定。这实际上反映的是 Maxwell 准则。

(2) $b\geqslant 3J-c$ 但 $r<3J-c$ 时，有

$$r(\boldsymbol{K}_0)=r(\boldsymbol{A})=r<3J-c \tag{5.4.7}$$

此时 $\boldsymbol{K}_0$ 不能保持正定，体系也是不稳定的。这实际上反映的是平衡矩阵准则。

(3) $b>3J-c$ 且 $r=3J-c$ 时，有

$$r(\boldsymbol{K}_0)=r(\boldsymbol{A})=r=3J-c \tag{5.4.8}$$

说明 $\boldsymbol{K}_0$ 是正定的，体系是稳定的，也反映的是平衡矩阵准则。

可以看出，无论 Maxwell 准则还是平衡矩阵准则，在理论上完全可以看成能量准则的特殊情况。但是应该注意到，在以上的分析过程中，一个重要的前提是要求杆件刚度矩阵 $\boldsymbol{M}$ 的对角元素 $D_k^*(k=1,2,\cdots,b)$均大于零，这在实际工程中是符合的。但是在结构数值分析中，D_k^* 等于零的情况往往可能出现，例如，某一构件

刚度远远小于其他构件刚度时，或者被误赋为零值时。在这种情况下，仅从几何角度利用 Maxwell 准则或平衡矩阵准则来判定体系的稳定性是不够的，而应该从刚度矩阵 $\boldsymbol{K}_0$ 的构成来进行判定。在实际结构分析中，很容易理解构件刚度为零相当于该构件从系统中撤除，但是构件刚度和构件撤除属于不同的参数范畴，前者是物理的，而后者是几何的。因此，两种情况对体系几何稳定性影响的一致性还须在数学上进行说明。

在 3.5 节中已经阐述，平衡矩阵 $\boldsymbol{A}$ 可以表示为以下向量的集合，即

$$\boldsymbol{A}=\{\boldsymbol{a}_1,\boldsymbol{a}_2\cdots,\boldsymbol{a}_{k-1},\boldsymbol{a}_k,\boldsymbol{a}_{k+1},\cdots,\boldsymbol{a}_b\} \tag{5.4.9}$$

式中，向量 $\boldsymbol{a}_k$ 代表第 k 根杆件对 $\boldsymbol{A}$ 的贡献。如果将第 k 根杆件撤除，则新体系的平衡矩阵为

$$\boldsymbol{A}'=\{\boldsymbol{a}_1,\boldsymbol{a}_2\cdots,\boldsymbol{a}_{k-1},\boldsymbol{a}_{k+1},\cdots,\boldsymbol{a}_b\} \tag{5.4.10}$$

另外，如果将第 k 根杆件的刚度置为零，即 $D_k=D_k^*=0$，那么式(5.4.4)中 $\boldsymbol{AM}^*$ 的第 k 列为零列，因此 $\boldsymbol{AM}^*$ 与 $\boldsymbol{A}'$ 的秩相同，进而根据式(5.4.5)可判定杆件撤除后系统的刚度矩阵 $\boldsymbol{K}_0$ 和 $\boldsymbol{A}'$ 同秩，这便说明了构件刚度为零和该构件撤除对系统稳定性影响的一致性。

5.5 杆系机构的稳定条件

5.5.1 机构的一般稳定条件

考虑二次型 $\delta\boldsymbol{d}^{\mathrm{T}}\boldsymbol{K}_0\delta\boldsymbol{d}$，并将式(5.3.9)代入，则

$$\delta\boldsymbol{d}^{\mathrm{T}}\boldsymbol{K}_0\delta\boldsymbol{d}=\delta\boldsymbol{d}^{\mathrm{T}}\boldsymbol{B}_{\mathrm{L}}^{\mathrm{T}}\boldsymbol{M}\boldsymbol{B}_{\mathrm{L}}\delta\boldsymbol{d}=(\boldsymbol{B}_{\mathrm{L}}\delta\boldsymbol{d})^{\mathrm{T}}\boldsymbol{M}(\boldsymbol{B}_{\mathrm{L}}\delta\boldsymbol{d})=\delta\bar{\boldsymbol{e}}^{\mathrm{T}}\boldsymbol{M}\delta\bar{\boldsymbol{e}} \tag{5.5.1}$$

可以发现，式(5.5.1)右端项变换为关于 $\boldsymbol{M}$ 的一个二次型。由于 $\boldsymbol{M}$ 是代表构件刚度的对角阵，其对角元素通常不为零，矩阵明显正定。因此，式(5.5.1)等于零的唯一条件是 $\delta\bar{\boldsymbol{e}}=\boldsymbol{B}_{\mathrm{L}}\delta\boldsymbol{d}=0$，即 $\boldsymbol{B}_{\mathrm{L}}\delta\boldsymbol{d}=\boldsymbol{0}$ 存在非平凡解。

对于 $m>0$ 的机构系统，机构位移模态矩阵 $\boldsymbol{U}_{\mathrm{m}}=\{\boldsymbol{u}_{r+1},\boldsymbol{u}_{r+2},\cdots,\boldsymbol{u}_{3J-c}\}$ 不为空，因此必然存在非零

$$\delta\boldsymbol{d}=\boldsymbol{U}_{\mathrm{m}}\boldsymbol{\beta}=\boldsymbol{u}_{r+1}\beta_{r+1}+\boldsymbol{u}_{r+2}\beta_{r+2}+\cdots+\boldsymbol{u}_{3J-c}\beta_{3J-c} \tag{5.5.2}$$

使得 $\boldsymbol{B}_{\mathrm{L}}\delta\boldsymbol{d}=\boldsymbol{0}$ 以及

$$\delta\boldsymbol{d}^{\mathrm{T}}\boldsymbol{K}_0\delta\boldsymbol{d}=0 \tag{5.5.3}$$

式(5.5.2)中，$\boldsymbol{\beta}=\{\beta_{r+1},\beta_{r+2},\cdots,\beta_{3J-c}\}^{\mathrm{T}}$ 为由任意不全为零的组合系数构成的向量，且 $\beta_i(i=r+1,\cdots,3J-c)$ 实际上是微量组合系数。

将式(5.3.12)代入结构稳定的一般性准则(5.2.6)中，则

$$\delta\boldsymbol{d}^{\mathrm{T}}\boldsymbol{K}_{\mathrm{T}}\delta\boldsymbol{d}=\delta\boldsymbol{d}^{\mathrm{T}}\boldsymbol{K}_0\delta\boldsymbol{d}+\delta\boldsymbol{d}^{\mathrm{T}}\boldsymbol{K}_{\mathrm{g}}\delta\boldsymbol{d}>0 \tag{5.5.4}$$

如果对于所有的非零 $\delta\boldsymbol{d}$，式(5.5.4)成立，那么该平衡系统是稳定的。注意

到，与系统几何以及构件刚度相关的 $\boldsymbol{K}_0$ 是影响平衡系统稳定性的内在因素，而 $\boldsymbol{K}_g$ 随内力或预应力而变化，是外在因素。

根据式(5.5.4)，杆系的稳定条件存在以下五种情况：

(1) 对于任意的 $\delta\boldsymbol{d}$，$\delta\boldsymbol{d}^T\boldsymbol{K}_0\delta\boldsymbol{d}>0$ 且 $\delta\boldsymbol{d}^T\boldsymbol{K}_g\delta\boldsymbol{d}\geqslant0$(有内力)。

(2) 对于任意的 $\delta\boldsymbol{d}$，$\delta\boldsymbol{d}^T\boldsymbol{K}_0\delta\boldsymbol{d}>0$ 且 $\delta\boldsymbol{d}^T\boldsymbol{K}_g\delta\boldsymbol{d}=0$(无内力)。

(3) 对于任意的 $\delta\boldsymbol{d}$，有 $\delta\boldsymbol{d}^T\boldsymbol{K}_0\delta\boldsymbol{d}>0$，且至少存在一个 $\delta\boldsymbol{d}$ 使 $\delta\boldsymbol{d}^T\boldsymbol{K}_g\delta\boldsymbol{d}<0$，但对于任意的 $\delta\boldsymbol{d}$ 均能保证 $\delta\boldsymbol{d}^T(\boldsymbol{K}_0+\boldsymbol{K}_g)\delta\boldsymbol{d}>0$。

(4) 至少存在一个 $\delta\boldsymbol{d}$ 使得 $\delta\boldsymbol{d}^T\boldsymbol{K}_0\delta\boldsymbol{d}=0$ 且 $\delta\boldsymbol{d}^T\boldsymbol{K}_g\delta\boldsymbol{d}>0$，但对于任意的 $\delta\boldsymbol{d}$ 均能保证 $\delta\boldsymbol{d}^T(\boldsymbol{K}_0+\boldsymbol{K}_g)\delta\boldsymbol{d}>0$。

(5) 存在一部分 $\delta\boldsymbol{d}$ 使得 $\delta\boldsymbol{d}^T(\boldsymbol{K}_0+\boldsymbol{K}_g)\delta\boldsymbol{d}=0$，并且对应的势能高阶变分均大于零，而对于其余的 $\delta\boldsymbol{d}$ 均满足 $\delta\boldsymbol{d}^T(\boldsymbol{K}_0+\boldsymbol{K}_g)\delta\boldsymbol{d}>0$。

应该指出的是，常规材料构成的线弹性刚度矩阵 $\boldsymbol{K}_0$ 不会负定[56]，即二次型 $\delta\boldsymbol{d}^T\boldsymbol{K}_0\delta\boldsymbol{d}$ 不小于零。$\boldsymbol{K}_g$ 的正定性与内力相关，因此可以通过调节系统的内力分布，来调节 $\boldsymbol{K}_g$ 的正定性。由设计经验及式(2.1.30)可知，在以压为主的杆系中，$\boldsymbol{K}_g$ 一般为负定($\delta\boldsymbol{d}^T\boldsymbol{K}_g\delta\boldsymbol{d}<0$)；相反，在以拉为主的杆系中，$\boldsymbol{K}_g$ 通常为正定($\delta\boldsymbol{d}^T\boldsymbol{K}_g\delta\boldsymbol{d}>0$)。根据以上五种情况，可以对图 5.1.1 所示的杆系稳定条件进行一个粗略的判别，见表 5.5.1。

表 5.5.1　图 5.1.1 所示各平衡杆系的稳定性判别

杆系编号	$\delta\boldsymbol{d}^T\boldsymbol{K}_0\delta\boldsymbol{d}$	$\delta\boldsymbol{d}^T\boldsymbol{K}_g\delta\boldsymbol{d}$	稳定性(判别条件号)
(a)	>0	<0	有条件稳定(3)
(b)	>0	>0	稳定(1)
(c)	$=0$	<0	不稳定(4)
(d)	$=0$	<0	不稳定(4)
(e)	$=0$	>0	稳定(4)
(f)	$=0$	>0	稳定(4)
(g)	$=0$	<0	不稳定(4)
(h)	$=0$	$=0$	稳定(5)

实际上，以上稳定性条件的情况(1)和(3)就是传统的结构稳定问题，即荷载作用在几何不变结构的稳定问题。情况(2)是不考虑荷载效应的纯粹几何稳定性问题。情况(4)和(5)则属于机构的稳定问题，这也是本节讨论的重点。

从式(5.5.4)可以看出，如果不存在内力，机构自身(内在因素)不足以保证体系的稳定性。因此定性地讲，内力提供的几何刚度矩阵是唯一使机构稳定的条件。

根据上面的分析，对于一个几何可变系统，当位移变分 $\delta\boldsymbol{d}=\boldsymbol{u}_{r+1}\beta_{r+1}+\boldsymbol{u}_{r+2}\beta_{r+2}$

$+\cdots+\boldsymbol{u}_{3J-c}\beta_{3J-c}$时，$\delta\boldsymbol{d}^{\mathrm{T}}\boldsymbol{K}_0\delta\boldsymbol{d}=0$。根据结构稳定条件式(5.5.4)，显然对于所有可能的机构位移 $\delta\boldsymbol{d}=\boldsymbol{u}_{r+1}\beta_{r+1}+\boldsymbol{u}_{r+2}\beta_{r+2}+\cdots+\boldsymbol{u}_{3J-c}\beta_{3J-c}$，如能够保证

$$\delta\boldsymbol{d}^{\mathrm{T}}\boldsymbol{K}_{\mathrm{g}}\delta\boldsymbol{d}>0 \tag{5.5.5}$$

那么体系就能够达到稳定。将式(5.3.13)和式(5.5.2)代入，式(5.5.5)可进一步表示为

$$\delta\boldsymbol{d}^{\mathrm{T}}\boldsymbol{K}_{\mathrm{g}}\delta\boldsymbol{d}=\delta\boldsymbol{d}^{\mathrm{T}}[\delta\boldsymbol{B}_{\mathrm{N1}}^{\mathrm{T}}(\boldsymbol{d})]\boldsymbol{t}_0=\boldsymbol{\beta}^{\mathrm{T}}\boldsymbol{U}_{\mathrm{m}}^{\mathrm{T}}\boldsymbol{B}_{\mathrm{N1}}^{\mathrm{T}}(\boldsymbol{U}_{\mathrm{m}}\boldsymbol{\beta})\boldsymbol{t}_0>0 \tag{5.5.6}$$

应该指出，式(5.5.6)仅提供了满足对应机构位移的稳定条件。但是对应于非机构位移，依然需要满足

$$\delta\boldsymbol{d}^{\mathrm{T}}(\boldsymbol{K}_0+\boldsymbol{K}_{\mathrm{g}})\delta\boldsymbol{d}>0 \tag{5.5.7}$$

总之，机构稳定的一般性条件为对应于机构位移和非机构位移分别满足式(5.5.6)和式(5.5.7)，其中前者是首要条件，即内力是机构稳定的必要条件。产生内力的途径通常有预应力和荷载两种，下面就分别针对这两类途径进一步讨论机构的稳定条件。

5.5.2　预应力机构

根据平衡矩阵准则，如果自应力模态数 $s>0$，则意味着该机构可维持预应力。如果系统内力仅由预应力产生，则根据式(3.4.17)可知杆件轴力必须为自应力模态的线性组合，即

$$\boldsymbol{t}_0=\boldsymbol{V}_{\mathrm{s}}\cdot\boldsymbol{\alpha}=\boldsymbol{v}_{r+1}\alpha_1+\boldsymbol{v}_{r+2}\alpha_2+\cdots+\boldsymbol{v}_b\alpha_s \tag{5.5.8}$$

式中，$\boldsymbol{\alpha}=\{\alpha_1,\alpha_2,\cdots,\alpha_s\}^{\mathrm{T}}$ 为自应力模态组合系数向量。将式(5.5.8)代入式(5.5.6)中的 $\boldsymbol{B}_{\mathrm{N1}}^{\mathrm{T}}(\boldsymbol{U}_{\mathrm{m}}\boldsymbol{\beta})\boldsymbol{t}_0$ 项，则

$$\begin{aligned}\boldsymbol{B}_{\mathrm{N1}}^{\mathrm{T}}(\boldsymbol{U}_{\mathrm{m}}\boldsymbol{\beta})\boldsymbol{t}_0 &= \sum_{j=1}^{m}[\beta_{r+j}\boldsymbol{B}_{\mathrm{N1}}^{\mathrm{T}}(\boldsymbol{u}_{r+j})]\boldsymbol{t}_0\\ &= \sum_{j=1}^{m}[\beta_{r+j}\boldsymbol{B}_{\mathrm{NL1}}^{\mathrm{T}}(\boldsymbol{u}_{r+j})]\sum_{i=1}^{s}[\alpha_i\boldsymbol{v}_{r+i}] = \sum_{j=1}^{m}\beta_{r+j}\left\{\sum_{i=1}^{s}[\boldsymbol{B}_{\mathrm{N1}}^{\mathrm{T}}(\boldsymbol{u}_{r+j})\boldsymbol{v}_{r+i}]\alpha_i\right\}\end{aligned} \tag{5.5.9}$$

定义第 i 个自应力模态所对应的矩阵 $\boldsymbol{F}_i=\{\boldsymbol{p}_{i1},\boldsymbol{p}_{i2},\cdots,\boldsymbol{p}_{im}\}$，其中 $\boldsymbol{p}_{ij}=\boldsymbol{B}_{\mathrm{N1}}^{\mathrm{T}}(\boldsymbol{u}_{r+j})\boldsymbol{v}_{r+i}$。实际上 $\boldsymbol{p}_{ij}$ 即为文献[44]中定义的乘积力(product force)向量。于是，式(5.5.9)可写成

$$\boldsymbol{B}_{\mathrm{N1}}^{\mathrm{T}}(\boldsymbol{U}_{\mathrm{m}}\boldsymbol{\beta})\boldsymbol{t}_0=\Big[\sum_{i=1}^{s}\boldsymbol{F}_i\alpha_i\Big]\boldsymbol{\beta} \tag{5.5.10}$$

再将式(5.5.10)代入式(5.5.6)，并考虑到矩阵 $\boldsymbol{U}_{\mathrm{m}}^{\mathrm{T}}\boldsymbol{F}_i$ 的对称性，机构首要稳定条件可以表达为

$$\delta\boldsymbol{d}^{\mathrm{T}}\boldsymbol{K}_{\mathrm{g}}\delta\boldsymbol{d}=\boldsymbol{\beta}^{\mathrm{T}}\boldsymbol{U}_{\mathrm{m}}^{\mathrm{T}}\Big[\sum_{i=1}^{s}\boldsymbol{F}_i\alpha_i\Big]\boldsymbol{\beta}=\boldsymbol{\beta}^{\mathrm{T}}\Big[\sum_{i=1}^{s}(\boldsymbol{U}_{\mathrm{m}}^{\mathrm{T}}\boldsymbol{F}_i)\alpha_i\Big]\boldsymbol{\beta}=\boldsymbol{\beta}^{\mathrm{T}}\Big[\sum_{i=1}^{s}\boldsymbol{F}_i^{\mathrm{T}}\boldsymbol{U}_{\mathrm{m}}\alpha_i\Big]\boldsymbol{\beta}>0 \tag{5.5.11}$$

式中，$\boldsymbol{\beta}^{\mathrm{T}}\left[\sum_{i=1}^{s}\boldsymbol{F}_i^{\mathrm{T}}\boldsymbol{U}_{\mathrm{m}}\alpha_i\right]\boldsymbol{\beta}>0$ 实际上就是 Calladine 和 Pellegrino 所提出的机构几何稳定判别准则(5.1.1)，至此该式也得到严格证明。可以发现，该判别式实际上就是系统势能二阶变分的正定性条件，从形式上看，更直接体现了预应力(自应力模态和组合系数 α_i)对机构稳定性的贡献。

一组满足式(5.5.8)的自应力模态组合系数 α_i 可以使机构强化而成为稳定系统。但是从数量上看，α_i 的大小并不可以任意按比例增大。因为对于非机构位移模式，依然需要满足机构第二稳定条件，即式(5.5.7)，这一点可以通过图 5.5.1 所示的预应力机构来说明。当机构存在如图所示的预应力分布时，体系为稳定的机构。如果预应力过大，杆[3]承受的压力增加，便存在常规的压杆稳定问题，这便是不满足稳定准则式(5.5.7)的结果。

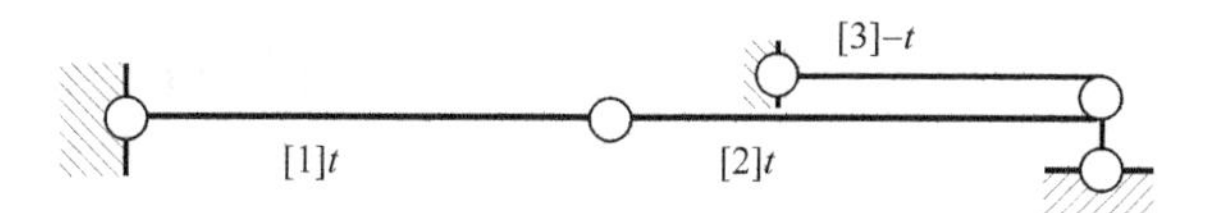

图 5.5.1　有条件稳定的预应力杆系机构(t 为正)

5.5.3　受荷机构

并不是所有机构都可以维持预应力。如果 $s=0$，则说明平衡方程 $\boldsymbol{At}=\boldsymbol{0}$ 不存在非平凡解，即机构中不能存在预应力。但是，既然机构内力也可以由荷载产生，那么施加荷载自然也是一种维持机构稳定性的途径。如图 5.5.2 所示的一个非预应力机构，承受四种不同的平衡荷载。图 5.5.2(a)为机构受一对竖向压力作用，显然只要微小的扰动都可以使系统不可恢复地偏离当前构型，故为不稳定平衡。当承受图 5.5.2(b)所示的一对竖向拉力时，体系则属于稳定平衡。对于图 5.5.2(c)所示情况，当体系受到扰动时，水平杆件将转动，但一对水平拉力所形成的力偶与转动方向相反，因而体系是稳定的。图 5.5.2(d)中当一对水平力为压力时，情况正好相反，体系为不稳定平衡。如何判别受荷的平衡机构是否稳定，也可以像预应力机构那样建立相应的判别准则。

对于一个构型固定的机构，承担的荷载并不是任意的。根据式(3.4.19)，荷载产生的构件内力(此时，$\boldsymbol{t}_0$ 仅由 t_p 提供)必然服从

$$\boldsymbol{t}_0=\boldsymbol{V}_{\mathrm{r}}\cdot\boldsymbol{\alpha}=\boldsymbol{v}_1\alpha_1+\boldsymbol{v}_2\alpha_2+\cdots+\boldsymbol{v}_r\alpha_r \tag{5.5.12}$$

式中，$\boldsymbol{\alpha}=\{\alpha_1,\alpha_2,\cdots,\alpha_r\}^{\mathrm{T}}$ 也为组合系数向量。

将式(5.5.12)代入式(5.5.6)中的 $\boldsymbol{B}_{\mathrm{N1}}^{\mathrm{T}}(\boldsymbol{U}_{\mathrm{m}}\boldsymbol{\beta})\boldsymbol{t}_0$ 项中，则

$$\boldsymbol{B}_{\mathrm{N1}}^{\mathrm{T}}(\boldsymbol{U}_{\mathrm{m}}\boldsymbol{\beta})\boldsymbol{t}_0=\sum_{j=1}^{m}\left[\beta_{r+j}\boldsymbol{B}_{\mathrm{N1}}^{\mathrm{T}}(\boldsymbol{u}_{r+j})\right]\boldsymbol{t}_0$$

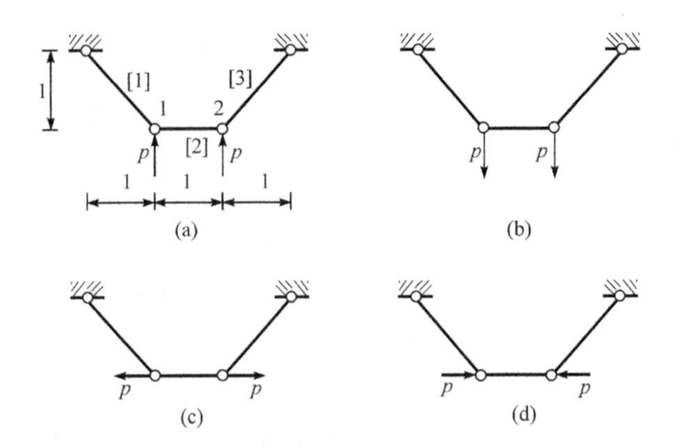

图 5.5.2　承受四种不同平衡荷载的非预应力三杆机构

$$= \sum_{j=1}^{m} [\beta_{r+j} \boldsymbol{B}_{\mathrm{N1}}^{\mathrm{T}} (\boldsymbol{u}_{r+j})] \sum_{i=1}^{r} [\alpha_i \boldsymbol{v}_i] = \sum_{j=1}^{m} \beta_{r+j} \left\{ \sum_{i=1}^{r} [\boldsymbol{B}_{\mathrm{N1}}^{\mathrm{T}} (\boldsymbol{u}_{r+j}) \boldsymbol{v}_i] \alpha_i \right\} \tag{5.5.13}$$

同样，定义乘积力矩阵 $\boldsymbol{F}_i = \{\boldsymbol{p}_{i1}, \boldsymbol{p}_{i2}, \cdots, \boldsymbol{p}_{im}\}$ 及其乘积力向量 $\boldsymbol{p}_{ij} = \boldsymbol{B}_{\mathrm{N1}}^{\mathrm{T}}(\boldsymbol{u}_{r+j})\boldsymbol{v}_i$，则

$$\boldsymbol{B}_{\mathrm{N1}}^{\mathrm{T}} (\boldsymbol{U}_{\mathrm{m}} \boldsymbol{\beta}) \boldsymbol{t}_0 = \left[\sum_{i=1}^{r} \boldsymbol{F}_i \alpha_i \right] \boldsymbol{\beta} \tag{5.5.14}$$

将式(5.5.14)代入式(5.5.6)，并考虑 $\boldsymbol{U}_{\mathrm{m}}^{\mathrm{T}} \boldsymbol{F}_i$ 的对称性，则受荷机构的稳定判别准则为

$$\delta \boldsymbol{d}^{\mathrm{T}} \boldsymbol{K}_{\mathrm{g}} \delta \boldsymbol{d} = \boldsymbol{\beta}^{\mathrm{T}} \boldsymbol{U}_{\mathrm{m}}^{\mathrm{T}} \left[\sum_{i=1}^{r} \boldsymbol{F}_i \alpha_i \right] \boldsymbol{\beta} = \boldsymbol{\beta}^{\mathrm{T}} \left[\sum_{i=1}^{r} (\boldsymbol{U}_{\mathrm{m}}^{\mathrm{T}} \boldsymbol{F}_i) \alpha_i \right] \boldsymbol{\beta} = \boldsymbol{\beta}^{\mathrm{T}} \left[\sum_{i=1}^{r} \boldsymbol{F}_i^{\mathrm{T}} \boldsymbol{U}_{\mathrm{m}} \alpha_i \right] \boldsymbol{\beta} > 0 \tag{5.5.15}$$

应该注意的是，式(5.5.15)与预应力机构的稳定条件式(5.5.11)形式相似，但是前者的乘积力矩阵 $\boldsymbol{F}_i$ 来自于荷载内力模态 $\boldsymbol{V}_{\mathrm{r}}$ 的贡献，而后者是自应力模态 $\boldsymbol{V}_{\mathrm{s}}$ 的贡献。当然，对于受荷机构也应该需要满足机构第二稳定条件，即式(5.5.7)。

令 $p=1$，可利用式(5.5.15)来判别图 5.5.2 中四种平衡构型的稳定性。易知 $2J-c=4, b=3$。建立平衡矩阵并对其进行奇异值分解，可得

$$r=3; m=1; s=0; \boldsymbol{U}_{\mathrm{m}} = \boldsymbol{u}_4 = [-0.5, -0.5, -0.5, 0.5]^{\mathrm{T}}$$

$$\boldsymbol{V} = \boldsymbol{V}_{\mathrm{r}} = \{\boldsymbol{v}_1, \boldsymbol{v}_2, \boldsymbol{v}_3\} = \begin{bmatrix} -0.3717 & 0.7071 & 0.6015 \\ 0.8507 & 0 & 0.5257 \\ -0.3717 & -0.7071 & 0.6015 \end{bmatrix}$$

根据式(5.5.14)，可得

$$
\boldsymbol{B}_{\mathrm{NL1}}^{\mathrm{T}}(\boldsymbol{u}_4)=\boldsymbol{B}_{\mathrm{NL1}}^{\mathrm{T}}(\boldsymbol{U}_{\mathrm{m}})=\begin{bmatrix} -\dfrac{0.5}{\sqrt{2}} & 0 & 0 \\ -\dfrac{0.5}{\sqrt{2}} & -\dfrac{1}{2} & 0 \\ 0 & 0 & -\dfrac{0.5}{\sqrt{2}} \\ 0 & \dfrac{1}{2} & \dfrac{0.5}{\sqrt{2}} \end{bmatrix}
$$

既然 $m=1$，式(5.4.15)中的 $\boldsymbol{F}_i^{\mathrm{T}}\boldsymbol{U}_{\mathrm{m}}$ 实际上退化为常数，因此

$$
\boldsymbol{F}_1^{\mathrm{T}}\boldsymbol{U}_{\mathrm{m}}=[\boldsymbol{B}_{\mathrm{NL1}}^{\mathrm{T}}(\boldsymbol{u}_4)\boldsymbol{v}_1]^{\mathrm{T}}\boldsymbol{U}_{\mathrm{m}}=0.1625
$$

$$
\boldsymbol{F}_2^{\mathrm{T}}\boldsymbol{U}_{\mathrm{m}}=[\boldsymbol{B}_{\mathrm{NL1}}^{\mathrm{T}}(\boldsymbol{u}_4)\boldsymbol{v}_2]^{\mathrm{T}}\boldsymbol{U}_{\mathrm{m}}=0
$$

$$
\boldsymbol{F}_3^{\mathrm{T}}\boldsymbol{U}_{\mathrm{m}}=[\boldsymbol{B}_{\mathrm{NL1}}^{\mathrm{T}}(\boldsymbol{u}_4)\boldsymbol{v}_3]^{\mathrm{T}}\boldsymbol{U}_{\mathrm{m}}=0.6882
$$

至此，可以对该杆系机构四个平衡形态的稳定性进行判别，计算过程和结果见表 5.5.2。

表 5.5.2　受荷三杆机构的四种平衡构型稳定性判别

编号	$\boldsymbol{t}_0$	α_1	α_2	α_3	$\boldsymbol{\beta}^{\mathrm{T}}\left[\sum_{i=1}^{r}\boldsymbol{F}_i^{\mathrm{T}}\boldsymbol{U}_{\mathrm{m}}\alpha_i\right]\boldsymbol{\beta}$	稳定性
(a)	$\{-\sqrt{2},-1,-\sqrt{2}\}^{\mathrm{T}}$	0.2008	0	−2.2270	$-1.5\beta_4^2<0$	不稳定
(b)	$\{\sqrt{2},1,\sqrt{2}\}^{\mathrm{T}}$	−0.2008	0	2.2270	$1.5\beta_4^2>0$	稳定
(c)	$\{0,1,0\}^{\mathrm{T}}$	0.8507	0	0.5257	$0.5\beta_4^2>0$	稳定
(d)	$\{0,-1,0\}^{\mathrm{T}}$	−0.8507	0	−0.5257	$-0.5\beta_4^2<0$	不稳定

注：表中 α_i 由 $\boldsymbol{V}_{\mathrm{r}}^{-1}\boldsymbol{t}_0$ 求得。

5.6　无穷小机构的稳定性

在运动学上，无穷小机构是指具有刚体位移趋势但又不能发生实际运动的体系，即具有确定的构型（In kinematic terms，an infinitesimal mechanism is defined as a system that possesses “virtual mobility” but no actual kinematic mobility, i. e. with unique configuration[45]）。无穷小机构最典型的例子就是前面已多次提到的 von Mises 连杆系统，如图 5.6.1 所示。根据平衡矩阵准则易知，该类连杆的机构位移模态 $m>0$，故一般归类为“机构”的范畴。但是可以注意到，杆件如不可伸缩，这些机构显然是不能发生位移的。从结构稳定的定义上来理解，即便不存在预应力，在微小干扰下中间节点总是会回到其初始位置，表明该杆系机构是稳定

的，而这与机构的定义相矛盾。

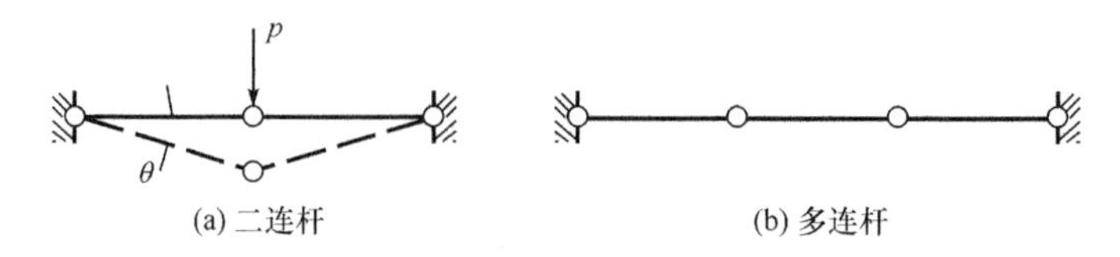

图 5.6.1　von Mises 连杆体系

关于无穷小机构这些似是而非的特点，最早可见于 Maxwell[5]、Mohr[57]、Levi-Civita 等[58]的研究文献。Maxwell 对无穷小机构的奇异行为进行了定性解释，但是没有给出具体的判定准则。直到 20 世纪下半叶，由于张拉整体等新型索杆张力结构的出现，无穷小机构的研究又重新引起人们的兴趣。1978 年 Calladine[16]讨论了张拉整体的构成特点，并提出了“无穷小机构阶次”(order of infinitesimal mechanisms)的概念。Tarnai[35]，Pellegrino 等[36]对简单的一阶无穷小机构进行了研究，后来 Calladine 等[44]、Kuznetsov[3]等将讨论延伸到机构的高阶无穷小可动性(higher-order infinitesimal mobility)问题。Koiter[59]基于弹性稳定理论提出无穷小机构可动性阶次(the order of infinitesimal mobility)的一般判定方法。Tarnai[59]也对无穷小机构阶次的定义进行了详细讨论。关于无穷小机构较为系统的研究综述，读者可以参考文献[45]。

注意无穷小机构的稳定性问题是不考虑预应力的，即不计几何刚度矩阵 $\boldsymbol{K}_g$ 对体系刚度的贡献。由于存在机构位移模态，线弹性刚度矩阵 $\boldsymbol{K}_0$ 也是奇异的。根据能量准则，此时体系的稳定性还要考虑势能二阶以上变分的特性。

以图 5.6.1(a)中的二连杆为例，在中间节点处作用一个向下的干扰力 P，将产生垂直于杆件方向的节点位移(即机构位移模态方向)和杆件转角 θ。若将 θ 作为位移变量，则系统势能为

$$\Pi = EAL\left(\frac{1}{\cos\theta}-1\right)^2 - PL\tan\theta \tag{5.6.1}$$

式中，E、A 和 L 分别为弹性模量、截面面积和杆件变形前长度。

对式(5.6.1)两边同时变分，可得

$$\delta\Pi = \left(\frac{\partial\Pi}{\partial\theta}\right)\delta\theta = \left[2EAL\left(\frac{1}{\cos\theta}-1\right)\frac{\sin\theta}{\cos^2\theta} - \frac{PL}{\cos^2\theta}\right]\delta\theta \tag{5.6.2}$$

由于 $\delta\Pi=0$ 即为系统的平衡条件，于是可得

$$P = 2EA\left(\frac{1}{\cos\theta}-1\right)\sin\theta \tag{5.6.3}$$

在初始平衡状态时($\theta=0$ 和 $P=0$)，势能 Π 的高阶变分为

$$\delta^2\Pi\big|_{\theta=0} = \left(\frac{1}{2!}\frac{\partial^2\Pi}{\partial\theta^2}\bigg|_{\theta=0}\right)\delta\theta^2 = \left[\frac{EAL(1-\cos^3\theta)}{\cos^4\theta}\bigg|_{\theta=0}\right]\delta\theta^2 = 0 \tag{5.6.4}$$

$$\delta^3\Pi|_{\theta=0}=\left(\frac{1}{3!}\frac{\partial^3\Pi}{\partial\theta^3}\bigg|_{\theta=0}\right)\delta\theta^3=\left[\frac{EAL\sin\theta(2-\cos^3\theta)}{\cos^5\theta}\bigg|_{\theta=0}\right]\delta\theta^3=0 \quad (5.6.5)$$

$$\begin{aligned}\delta^4\Pi|_{\theta=0}&=\left(\frac{1}{4!}\frac{\partial^4\Pi}{\partial\theta^4}\bigg|_{\theta=0}\right)\delta\theta^4\\&=\left[\frac{1}{12}\frac{EAL(-28\cos^2\theta-12\cos^3\theta+7\cos^5\theta+36)}{\cos^6\theta}\bigg)\bigg|_{\theta=0}\right]\delta\theta^4\\&=\frac{1}{4}EAL\delta\theta^4>0\end{aligned} \quad (5.6.6)$$

根据能量准则可知,纵使 $\delta^2\Pi=0$,但 $\delta^3\Pi=0$ 并且 $\delta^4\Pi>0$,也表明该无穷小机构依然为稳定的。

Salerno[47]从结构稳定的角度对复杂的无穷小机构进行了数值分析。从5.2节的讨论可知,二阶变分 $\delta^2\Pi$ 可等效为刚度矩阵的二次型求解。然而,相对求二阶变分而言,求解势能的高阶变分要困难得多。

需要注意的是,Kuznetsov[52]从结构稳定性的数学概念出发,提出了一种针对无穷小机构此类奇异系统(singular system)可实现性和可计算性的观点。他指出,随着体系退化为几何不变或几何可变体系,无穷小机构对构件控制参数(如长度和转角)的微小变化十分敏感。也就是说,杆件长度发生一个无穷小的变化,必然导致连杆系统转换为几何不变[图5.6.1(a)]或几何可变体系[图5.6.1(b)]。考虑到在真实情况或数值建模中均不能得到控制参数的具体值,因此,未施加预应力或不能施加预应力的一阶及高阶无穷小机构只能进行字符或整数运算。进一步而言,在真实条件下,只存在能承受有限预应力的一阶无穷小机构(如von Mises连杆系统),因为预应力能抵消构件初始状态和变形过程中的全部几何缺陷。

仅从理论出发,不考虑这些可实现性和可计算性问题,结构稳定理论是对无穷小机构这类奇异构型认识和分类的最好办法。至少从理论上可清楚表明,施加预应力后的一阶无穷小机构的稳定条件显然不同于无内力的情况,前者与势能的二阶变分相关,而后者需要考虑高阶变分。

第6章 预 张 力

索杆结构中,索单元只有被初始张力(initial tension force)“绷紧”后才可以有效发挥其强度和刚度性能。初始张力的产生包括荷载效应和非荷载效应。荷载效应是指由外荷载引起的张力。根据第5章对受荷机构稳定性的讨论可知,吊挂重物可使一根柔性索产生初始张力并获得几何刚度,进而稳定承受荷载。与之对应,初始张力也可由温差作用、支座沉降、张拉拉索等非荷载效应产生。实际工程中,由于施工方便并易于控制,对索进行张拉是最有效的一种引入初始张力的方式。

本书中,考虑到索杆结构中单元内力通常用轴力来描述且以拉力为主,故将由非荷载因素产生的、以拉力为主的自平衡初始内力称为“预张力”(pre-tension)。国外文献中关于“预张力”在术语学上并没有明确定义,一般较多使用“预应力”(prestress)。但是,英文中prestress一词也主要指结构当前已经存在的应力状态(即初始应力),可以是荷载效应和非荷载效应。对于非荷载效应的自平衡初始应力,则会采用第3章已经提到的一个术语self-stress(自应力)。我国的工程术语中并没有“自应力”的定义,对于非荷载效应的自平衡内力也都含糊地采用“预应力”来表述。

预张力是索杆结构最基本的特征。绪论中已经谈到,对于预应力网格结构、斜拉网格结构类的刚性索杆结构,设置拉索的目的就是引入预张力以调控结构的内力和变形。索网、索穹顶等柔性索杆结构更是必须依靠预张力提供的几何刚度来维持体系的稳定性。考虑到预张力分析是索杆结构设计的重要内容,本章将回答一些最基本的问题,包括结构是否可以维持预张力、结构的预张力分布应满足怎样的条件、如何有效分析结构的预张力等。此外,预张力一般通过张拉拉索来建立,而当拉索较多且不能保证同时张拉时,为确保张拉施工完成后的结构预张力值达到设计要求,还会面临每一级次或批次的施工张拉力分析问题,这也是本章要阐述的内容。最后,还将对刚性索杆结构预张力的监测及补偿问题进行一些理论上的讨论。

6.1 产生预张力的条件

索杆结构的预张力是指在无外荷载作用下结构自身所维持的非零平衡内力状态。既然为非外荷载效应,结构分析时便应该将预张力看成一种独立的效应,与恒荷载、活荷载等各类荷载效应同等对待。此外,预张力是对结构所有构件内力(包括边界约束反力)的总体描述,而不是特指某个或某些构件的内力。

6.1.1　拉索产生预张力的本质

张拉索产生预张力的本质问题往往被人们忽视。在传统的预应力混凝土结构分析中,一般将拉索张拉力作为外力来处理。正是这种习惯看法,使得人们普遍认为结构中的预张力是拉索张拉力的效应。应该注意,张拉拉索产生预张力的根源实际上是拉索的初始缺陷长度(或称为就位缺陷,lack of fit),即拉索实际长度与理论长度(两端节点间长度)的差值(图 6.1.1)[60]。对结构施加预张力的过程则是将具有初始缺陷长度的拉索通过张拉设备使其强迫就位的过程。当拉索张拉就位后,结构由于克服初始缺陷长度而产生的非零平衡内力状态,就是预张力。

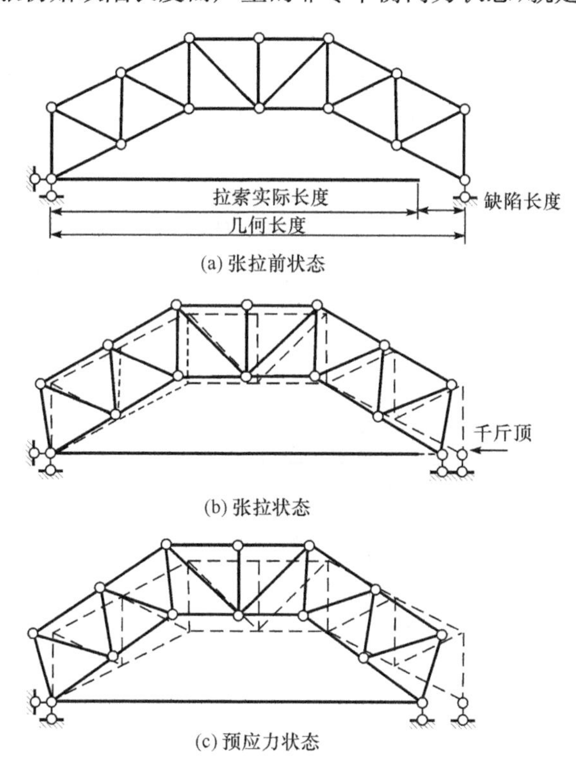

图 6.1.1　张拉索对结构施加预应力的本质

6.1.2　预张力维持的结构条件

对于某些索杆结构,即使拉索存在初始缺陷长度,对其进行张拉也不一定能够在结构中产生预张力。也就是说,预张力的产生首先与结构特性相关。

根据定义,既然预张力是指在无外荷载作用下结构自身所维持的非零平衡内力，故预张力首先应该满足平衡条件。根据第 2 章的分析，考虑到索杆结构中索单元的预张力水平一般较高，可将其简化为直杆单元。于是，当外荷载 $\boldsymbol{p}=0$ 时，由杆系的平衡方程(3.3.2)可得到预张力向量 $\boldsymbol{t}_0$ 必须满足

$$\boldsymbol{A}\boldsymbol{t}_0=\boldsymbol{0} \tag{6.1.1}$$

如果式(6.1.1)存在非平凡解，则表明结构可以存在预张力。在 3.4 节也已阐明，该方程存在非零解的条件是自应力模态数 $s=b-r>0$，并且 $\boldsymbol{t}_0$ 必定是自应力模态 $\boldsymbol{v}_{r+1},\boldsymbol{v}_{r+2},\cdots,\boldsymbol{v}_b$ 的线性组合，即

$$\boldsymbol{t}_0=\sum_{i=r+1}^{b}\alpha_i\boldsymbol{v}_i \tag{6.1.2}$$

式中，α_i 为组合系数。

对于一个静定结构，在给定荷载下杆件的内力由平衡方程(3.3.2)唯一确定，表明平衡矩阵 **A** 必定为正定方阵，即 $r=b=3J-c$。考虑到 $s=b-r=0$，方程式(6.1.1)不可能存在非零解，故静定结构不能维持预张力。

6.1.3　不可预应力杆件的判别

即便是超静定杆系，也并不是张拉任意杆件都可以在结构中产生预张力。以图 6.1.2 所示的超静定桁架结构为例，当杆件[9]～[12]存在初始缺陷长度时，张拉就位后结构中就会出现预张力，但是对于杆件[6]和[13]，张拉这些杆件实际上仅使得体系产生刚体位移而不会在结构中产生预张力。

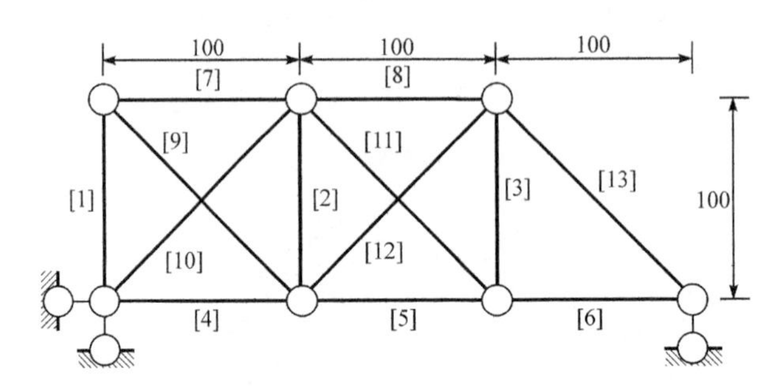

图 6.1.2　13 杆平面桁架

从物理意义上理解，自应力模态数 s 实际上就是杆系结构的超静定次数，也就是结构中的赘余杆件数。每个自应力模态向量 $\boldsymbol{v}_i(i=1,2,\cdots,s)$ 是结构中可能存在的一组预张力分布，而其中的一个分量 $v_{ij}(j=1,2,\cdots,b)$ 是在该组预张力分布下杆件 j 对应的轴力值。因此，如果对于所有的 s 个自应力模态向量，对应于杆件 j 的分量值均为零，即

$$v_{ij}=0,\quad i=1,2,\cdots,s \tag{6.1.3}$$

那么根据式(6.1.2)易知，即使在任意的自应力模态向量组合下，杆件 j 的预张力

值只能为零,故表明这根杆件不可施加预应力。

根据式(3.3.1)建立图6.1.2所示的13杆平面桁架的平衡方程 **A**,然后对 **A** 进行SVD分解可求得结构有 $s=2$ 个自应力模态:

$$\boldsymbol{v}_1=[0.154,-0.184,-0.338,0.154,-0.338,0,0.154,-0.338,-0.217,-0.217,0.478,0.478,0]^{\mathrm{T}}$$

$$\boldsymbol{v}_2=[0.322,0.434,0.112,0.322,0.112,0,0.322,0.112,-0.455,-0.455,-0.159,-0.159,0]^{\mathrm{T}}$$

可以发现,$v_{1,6}=v_{2,6}=0$ 和 $v_{1,13}=v_{2,13}=0$,表明张拉杆件[6]和[13]不能在桁架中产生预张力。

6.2 刚性结构预张力的简便分析

基于平衡矩阵准则来分析结构预张力特性在理论上是严谨的。但是,对于一个杆件和自由度数量众多的结构,平衡矩阵规模大,这也会引起自应力模态求解的工作量非常大。此外,求得的自应力模态与所有杆件相关,并不直接与张拉索的初始缺陷长度建立关系。因此,对于受力性能满足小变形、线弹性假定的刚性索杆结构,可采用一些简便方法来进行结构的预张力分析。

实际工程中,刚性索杆结构中的拉索数量通常较少,且设置拉索的目的就是通过张拉这些拉索(后续将简称为"主动索")在结构中引入预张力。在拉索布置确定的前提下,预张力分析的目的就是求解结构中预张力的分布。如图6.2.1所示,设一刚性索杆结构中设置了 n 根主动索,设各索的初始缺陷长度为 e_k^0($k=1,2,\cdots,n$,以缩短为正)。对于任意一根拉索 k,可建立图6.2.2所示的局部坐标系 $\bar{o}$-$\bar{x}$。

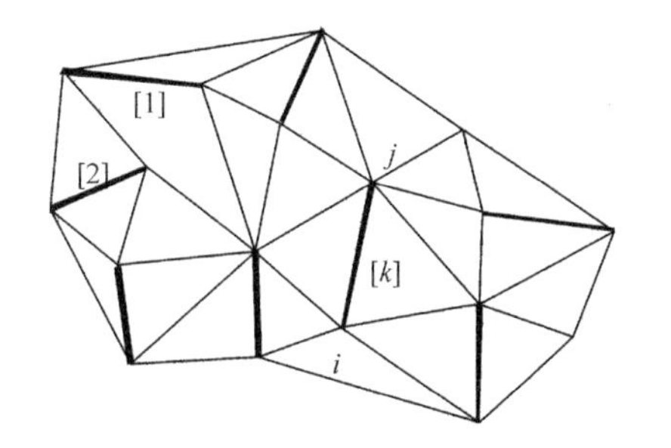

图6.2.1 刚性索杆结构

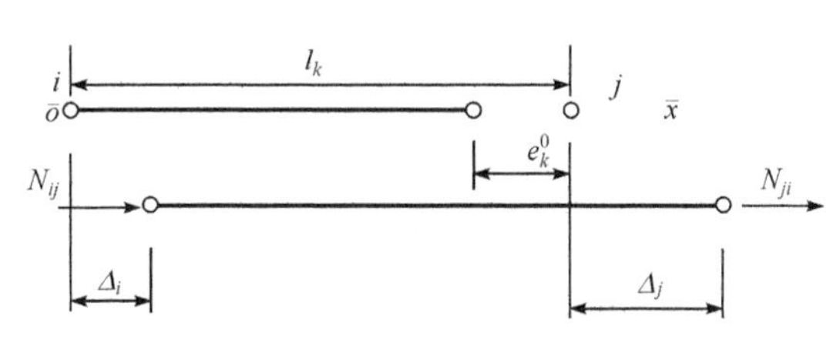

图6.2.2 局部坐标系下的单根拉索

在坐标系 $\bar{o}$-$\bar{x}$ 下,拉索 k 两端 i、j 节点的轴向位移为 Δ_i 和 Δ_j,则两端节点力为

$$\begin{cases} N_{ij}=\dfrac{E_kA_k}{l_k}(\Delta_i-\Delta_j-e_k^0) \\ N_{ji}=\dfrac{E_kA_k}{l_k}(\Delta_j-\Delta_i+e_k^0) \end{cases} \tag{6.2.1}$$

式中，E_k、A_k、l_k 分别为拉索的弹性模量、截面面积和长度。定义局部坐标系下的节点力向量为 $\boldsymbol{N}=\{N_{ij},N_{ji}\}^{\mathrm{T}}$，节点位移向量为 $\boldsymbol{\Delta}=\{\Delta_i,\Delta_j\}^{\mathrm{T}}$，则式(6.2.1)可表示为如下矩阵形式：

$$\boldsymbol{N}=\bar{\boldsymbol{k}}_0^k\boldsymbol{\Delta}+\boldsymbol{N}_k^0 \tag{6.2.2}$$

式中，$\bar{\boldsymbol{k}}_0^k$ 为局部坐标系下拉索 k 的单元弹性刚度矩阵；$\boldsymbol{N}_k^0$ 为拉索 k 初始缺陷长度所产生的杆端节点力向量。两者的具体形式如下：

$$\bar{\boldsymbol{k}}_0^k=\frac{E_kA_k}{l_k}\begin{bmatrix} 1 & -1 \\ -1 & 1 \end{bmatrix} \tag{6.2.3}$$

$$\boldsymbol{N}_k^0=\{-\bar{t}_k^0,\bar{t}_k^0\}^{\mathrm{T}} \tag{6.2.4}$$

式中，$\bar{t}_k^0=E_kA_ke_k^0/l_k$。可见，$\boldsymbol{N}_k^0$ 实际上为 $\bar{t}_k^0$ 对拉索两端节点产生的一对节点力(图 6.2.3)，也称为初内力[61]。

图 6.2.3　$\bar{t}_k^0$ 和 $\boldsymbol{N}_k^0$ 的物理含义

将拉索 k 在整体坐标系的节点力和节点位移表示成如下向量形式：

$$\boldsymbol{F}_k=\{F_{ix},F_{iy},F_{iz},|F_{jx},F_{jy},F_{jz}\}^{\mathrm{T}} \tag{6.2.5}$$

$$\boldsymbol{d}_k=\{u_i,v_i,w_i,u_j,v_j,w_j\}^{\mathrm{T}} \tag{6.2.6}$$

易知，整体坐标系和局部坐标系的节点力向量和节点位移向量存在以下关系：

$$\boldsymbol{F}_k=\boldsymbol{R}\boldsymbol{N} \tag{6.2.7}$$

$$\boldsymbol{d}_k=\boldsymbol{R}\boldsymbol{\Delta} \tag{6.2.8}$$

式中，$\boldsymbol{R}$ 为由拉索 k 的方向余弦 θ_x、θ_y、θ_z 确定的坐标变换矩阵，形式如下：

$$\boldsymbol{R}=\begin{bmatrix} \theta_x & \theta_y & \theta_z & 0 & 0 & 0 \\ 0 & 0 & 0 & \theta_x & \theta_y & \theta_z \end{bmatrix}^{\mathrm{T}} \tag{6.2.9}$$

将式(6.2.2)代入式(6.2.7)，同时考虑式(6.2.8)，可得

$$\boldsymbol{F}_k=\boldsymbol{R}(\bar{\boldsymbol{k}}_0^k\boldsymbol{\Delta}+\boldsymbol{N}_k^0)=(\boldsymbol{R}\bar{\boldsymbol{k}}_0^k\boldsymbol{R}^{\mathrm{T}})\boldsymbol{d}_k+\boldsymbol{R}\boldsymbol{N}_k^0 \tag{6.2.10}$$

注意式(6.2.10)的右端项中，$\boldsymbol{R}\boldsymbol{N}_k^0$ 为初内力 $\boldsymbol{N}_k^0$ 在整体坐标系三个坐标轴方向的分量。进一步将式(6.2.10)简写为

$$\boldsymbol{F}_k=\boldsymbol{k}_0^k\boldsymbol{d}_k+\bar{\boldsymbol{F}}_k \tag{6.2.11}$$

式中，$\boldsymbol{k}_0^k=\boldsymbol{R}\bar{\boldsymbol{k}}_0^k\boldsymbol{R}^{\mathrm{T}}$ 为拉索在整体坐标系下的单元刚度矩阵，形式见式(2.1.29)；$\bar{\boldsymbol{F}}_k=\boldsymbol{R}\boldsymbol{N}_k^0$。

式(6.2.11)同样适用于非拉索单元，但是这些单元无初始缺陷长度，故 $\bar{\boldsymbol{F}}_k=\boldsymbol{0}$。对所有单元建立式(6.2.11)并进行组集，同时利用节点的位移协调和平衡条

件，可建立刚性索杆结构分析的基本方程：

$$\boldsymbol{K}_0\boldsymbol{d}=\boldsymbol{P}+\overline{\boldsymbol{P}} \tag{6.2.12}$$

式中，$\boldsymbol{K}_0$ 为结构的总刚度矩阵；$\boldsymbol{P}$ 为节点荷载向量；$\overline{\boldsymbol{P}}=-\overline{\boldsymbol{F}}$，而 $\overline{\boldsymbol{F}}$ 为所有单元 $\overline{\boldsymbol{F}}_k$ 组集而成的杆端节点力向量。$\overline{\boldsymbol{P}}$ 可称为预应力等效节点荷载向量，即将所有主动索初始缺陷长度产生的节点力 $\overline{\boldsymbol{F}}_k$ 或 $\boldsymbol{N}_k^0$ 作为外荷载反向施加到两端节点上。

令式(6.2.12)中的荷载向量 $\boldsymbol{P}=\boldsymbol{0}$，则结构预张力分析的基本方程式为

$$\boldsymbol{K}_0\boldsymbol{d}=\overline{\boldsymbol{P}} \tag{6.2.13}$$

如果已知每根拉索的初始缺陷长度 e_k^0，则可先根据式(6.2.4)求解各拉索初始缺陷长度产生的杆端力 $\bar{t}_k^0$；然后将 $\boldsymbol{N}_k^0=\{-\bar{t}_k^0,\bar{t}_k^0\}^{\mathrm{T}}$ 作为外荷载反向施加到杆件两端节点上(图 6.2.4)，即 $\overline{\boldsymbol{P}}$；再根据式(6.2.13)求解出整体坐标系下的节点位移 $\boldsymbol{d}$，并通过式(6.2.8)将整体坐标系下的单元节点位移 $\boldsymbol{d}_k$ 变换成局部坐标系的单元节点位移Δ；最后计算各杆件的内力。各类杆件预张力的计算公式如下：

$$(\text{拉索})\quad t_k^0=\frac{E_kA_k}{l_k}(\Delta_j-\Delta_i+e_k^0)=\frac{E_kA_k}{l_k}(\Delta_j-\Delta_i)+\bar{t}_k^0 \tag{6.2.14}$$

$$(\text{非拉索})\quad t_k^0=\frac{E_kA_k}{l_k}(\Delta_j-\Delta_i) \tag{6.2.15}$$

注意，式(6.2.14)中拉索的预张力包含了其初始缺陷长度产生的拉力 $\bar{t}_k^0$。

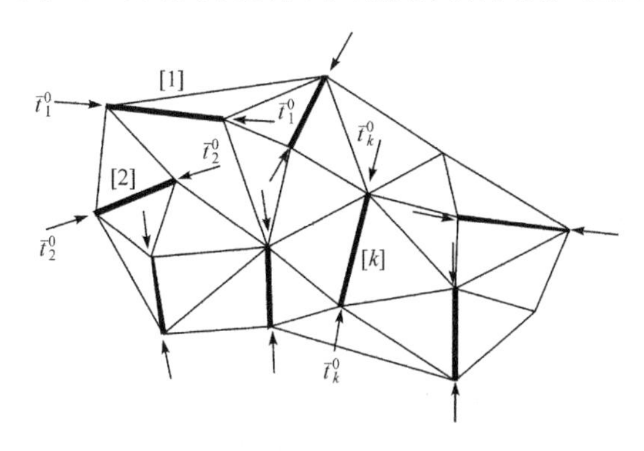

图 6.2.4　施加等效节点力的索杆结构

实际工程中，一般是给定某工况下主动索的施工张拉力 t_k^{t}(如屋面安装后拉索的张拉力)，而不是拉索的初始缺陷长度。此时，t_k^{t} 由两部分组成：

$$t_k^{\mathrm{t}}=t_k^{\mathrm{p}}+t_k^0 \tag{6.2.16}$$

式中，t_k^{p} 是该工况外荷载产生的轴力；t_k^0 为预张力。由于满足线性叠加原则且 t_k^{p} 可根据式(3.3.4)～式(3.3.7)求得，故

$$t_k^0=t_k^{\mathrm{t}}-t_k^{\mathrm{p}} \tag{6.2.17}$$

依然以图 6.2.4 的刚性索杆结构为例。令拉索 k 的 $\bar{t}_k^0=1$，然后将其反向作为

一对预应力等效节点荷载施加到结构上，如图 6.2.5 所示。于是可根据以上方法求得结构中所有 n 根主动索的内力，并写成如下向量形式：

$$\tilde{t}_k=\{\tilde{t}_{1k},\cdots,\tilde{t}_{kk},\cdots,\tilde{t}_{ik},\cdots,\tilde{t}_{nk}\}^{\mathrm{T}},\quad k=1,2,\cdots,n \tag{6.2.18}$$

式中，$\tilde{t}_{ik}$ 为拉索 k 的单位预应力等效节点荷载在拉索 i 中产生的轴力。根据式(6.2.14)，拉索 k 的内力还应叠加上 $\bar{t}_k^0$，即为$(1+\tilde{t}_{kk})$。

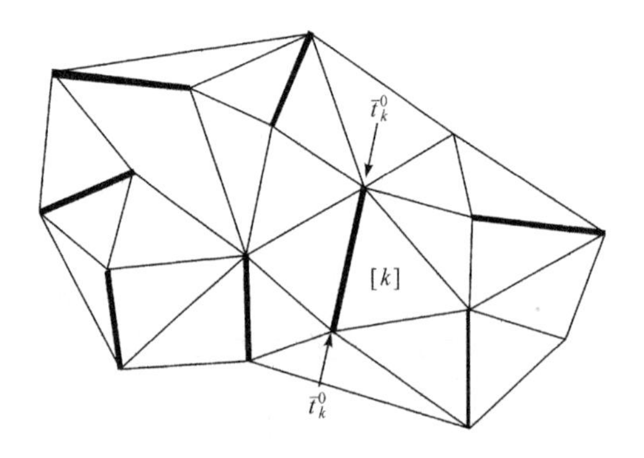

图 6.2.5　单根拉索施加单位初内力的计算简图

注意到结构中主动索的预张力 $t_k^0(k=1,2,\cdots,n)$ 是所有拉索初内力 $\boldsymbol{N}_k^0$，也就是 $\bar{t}_k^0$ 作用的结果。根据线性叠加原则，其满足以下条件：

$$\begin{cases}(1+\tilde{t}_{11})\bar{t}_1^0+\tilde{t}_{12}\bar{t}_2^0+\cdots+\tilde{t}_{1k}\bar{t}_k^0+\cdots+\tilde{t}_{1n}\bar{t}_n^0=t_1^0\\ \cdots\\ \tilde{t}_{k1}\bar{t}_1^0+\tilde{t}_{k2}\bar{t}_2^0+\cdots+(1+\tilde{t}_{kk})\bar{t}_k^0+\cdots+\tilde{t}_{kn}\bar{t}_n^0=t_k^0\\ \cdots\\ \tilde{t}_{n1}\bar{t}_1^0+\tilde{t}_{n2}\bar{t}_2^0+\cdots+\tilde{t}_{nk}\bar{t}_k^0+\cdots+(1+\tilde{t}_{nn})\bar{t}_n^0=t_n^0\end{cases} \tag{6.2.19}$$

式(6.2.19)为 n 阶的线性方程组。求解该方程组便可得到所有拉索的 $\bar{t}_k^0(k=1,2,\cdots,n)$，进而根据 $\bar{t}_k^0=E_kA_ke_k^0/l_k$ 可求得各主动索的初始缺陷长度 e_k^0。

当使用一些通用软件进行结构预张力分析时，可以采用不同方式引入 e_k^0，如将其等代为拉索单元的初应变、初应力和温度差等。断索法也是设计人员通常会采用的一种方法。该方法即先将拉索撤除，并将张拉力施加到两端节点上，然后进行结构分析求解预张力。这种方法处理较为简单，但是用于计算预张力的结构模型不含拉索，而荷载分析却是在包含拉索的模型上进行的。有限元软件的工况组合一般只能在同一结构模型上进行，因此断索法在实际应用时并不方便。

6.3 分级分批张拉分析

6.3.1 设计工况的特殊性[62]

刚性索杆结构的施工张拉过程实际上可以看成一个内力代换的过程。以拉索预应力空间网格结构为例，张拉拉索的目的是将网格结构中由外荷载产生的一部分内力，逐步转换到由拉索承担。内力替换的过程可以一次到位，也可以分多次逐步进行。当对网格结构仅施加一次预应力时，则称为单次预应力结构，这类结构的施工一般有加荷—张拉或加荷—张拉—加荷两种过程。当施加两次或两次以上预应力时，则称为多次预应力结构，相应地结构的施工一般为加荷—张拉—加荷—张拉—…多次重复的过程。图1.3.2所示的四川省攀枝花市体育馆屋盖网壳为两次预应力结构，即在网壳安装就位后先安装一半的屋面板，然后对拉索施加一部分张拉力，再安装完另一半屋面板，最后将拉索张拉到设计拉力值。该工程采用钢筋混凝土重屋面板，结构内力中恒荷载的效应起控制作用。如果施工时先将屋面板全部安装，再一次张拉拉索，那么在张拉拉索之前，由于预应力未建立而不能抵消恒荷载的内力效应，势必造成网壳杆件内力增大，从而使其截面面积增加，用钢量加大。但是采用二次预应力，可以使恒荷载效用逐步被替换，使杆件内力维持在一个较小的变化幅度内。

可以看出，刚性索杆结构设计时不仅包括结构服役期各种不利工况的验算，还需进行施工阶段的结构分析和验算。此外，无论单次预应力还是多次预应力，结构总是要经过“加荷—张拉”的一次或多次重复过程，而每一个加荷或张拉过程都应该作为一个独立的设计阶段来分析，且每一个设计阶段不仅荷载发生变化，也会由于后续张拉索不断参与工作而导致结构体系产生变化。

6.3.2 施工张拉分析方法

刚性索杆结构施工过程中常出现拉索不能同时张拉的情况。除采用多次预应力技术外，当结构中拉索数量较多以及张拉力过大时，出于张拉设备、操作面等客观条件的限制，也可能出现拉索分级分批张拉的情况。拉索的分批张拉有两种情况：一种是将多根拉索分批次张拉；另一种是每一根拉索中可能有多束索，因此出现有的束先张拉，有的束后张拉的情况。在施工张拉过程中，如果前批主动索按照设计张力值进行张拉，那么在后批主动索张拉完毕后，由于结构变形协调，前批主动索就会偏离原张力值，从而不满足设计要求。如何考虑后批主动索的影响来计算当前主动索的施工张拉力，是刚性索杆结构施工张拉分析的重要问题。

前面已经阐述，克服主动索初始缺陷长度是张拉施工在结构中产生预张力的本质，因此无论采取怎样的张拉步骤，目的就是将具有初始缺陷长度的主动索张拉就位即可。也就是说，任何施工阶段主动索的初始缺陷长度是不变的，而初始缺陷长度可由式(6.2.19)中的 $\bar{t}_k^0$ 求得，即

$$e_k^0=\bar{t}_k^0 l_k/E_k A_k,\quad k=1,2,\cdots,n \tag{6.3.1}$$

再以图 6.2.4 所示结构为例，假定拉索分两批张拉，其中粗实线为第一批主动索，粗虚线为第二批主动索[图 6.3.1(a)]。如果给定所有主动索在结构成形态的设计张拉力，利用 6.2 节的理论可以计算主动索的初始缺陷长度 $e_k^0(k=1,2,\cdots,n)$。于是，在计算第一批张拉索的张拉力时，由于第二批张拉索还未张拉，结构计算模型则如图 6.3.1(b)所示。根据初始缺陷长度不变的特点，只要利用式(6.2.4)计算第一批索初始缺陷长度产生的初内力，然后将其反向作为预应力等效节点荷载施加到该计算模型上，由此计算得到第一批主动索的内力即为其实际施工张拉力。

对于同一根拉索中的各束索分批次张拉的问题，同样可采用以上方法进行分析。

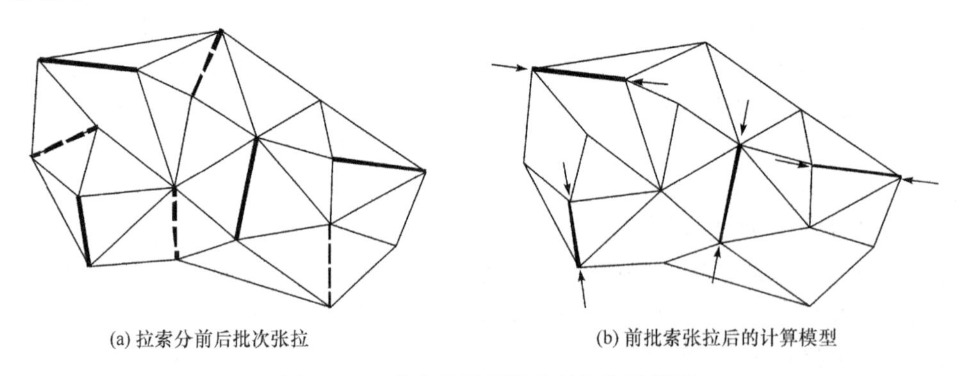

(a) 拉索分前后批次张拉　　(b) 前批索张拉后的计算模型

图 6.3.1　拉索分批张拉的结构分析模型

6.3.3　算例

1. 预应力平面桁架

如图 6.3.2 所示的预应力平面桁架，杆[1]和[4]的面积 $A_1=A_4=500\text{mm}^2$，弹性模量 $E_1=E_4=200\text{GPa}^2$；索[2]和[3]的面积 $A_2=A_3=250\text{mm}^2$，弹性模量 $E_2=E_3=160\text{GPa}$。在桁架上作用外荷载 $P=100\text{kN}$ 的情况下，应最终保证索的张力值为 $t_2^{\text{t}}=t_3^{\text{t}}=40\text{kN}$，且张拉施工时需先张拉索[2]再张拉索[3]。

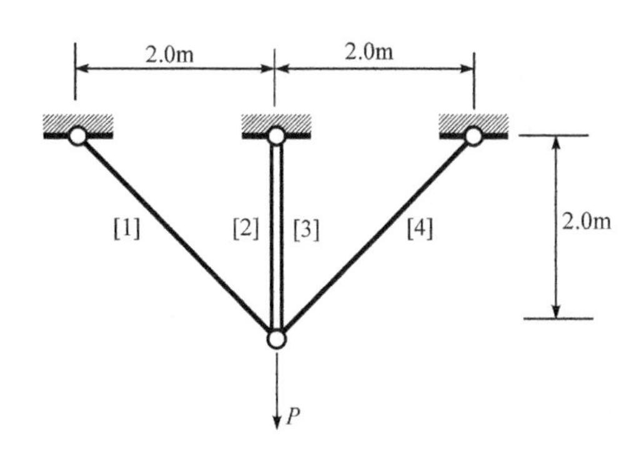

图 6.3.2 预应力平面桁架

按如下步骤进行该桁架的预张力和施工张拉分析：

(1) 计算仅在外荷载 $P=100\text{kN}$ 作用下各单元的内力值，可得 $t_1^{\text{p}}=t_4^{\text{p}}=33.18\text{kN}$，$t_2^{\text{p}}=t_3^{\text{p}}=26.54\text{kN}$。根据式(6.2.17)可计算仅初始缺陷长度在索[2]和[3]中产生的预张力为 $t_2^0=t_3^0=40\text{kN}-26.54\text{kN}=13.46\text{kN}$。

(2) 考虑结构的对称性，先假定索[2]和[3]同时存在单位初始缺陷长度 $e_2^0=e_3^0=-1\text{mm}$。根据式(6.2.4)可以得到 $\bar{t}_2^0=\bar{t}_3^0=-20\text{kN}$ 以及相应的初内力向量 $\boldsymbol{N}_2^0$ 和 $\boldsymbol{N}_3^0$。仅将 $\boldsymbol{N}_2^0$ 和 $\boldsymbol{N}_3^0$ 反向作为外荷载施加于索[2]和[3]的两端节点，利用式(6.2.13)和式(6.2.14)可以求得 $t_2^0=t_3^0=9.38\text{kN}$。

(3) 考虑到实际结构中 $t_2^0=t_3^0=13.45\text{kN}$。根据比例关系，索[2]和[3]的初始缺陷长度应为 $e_2^0=e_3^0=(-1\text{mm})\times 13.46/9.38=-1.42\text{mm}$。根据式(6.2.4)，可得到 $\bar{t}_2^0=\bar{t}_3^0=-28.70\text{kN}$ 以及对应的 $\boldsymbol{N}_2^0$ 和 $\boldsymbol{N}_3^0$。

(4) 利用式(6.2.13)和式(6.2.15)，进一步可求得 $t_1^0=t_4^0=19.05\text{kN}$。

(5) 施工中索[2]先进行张拉，可利用“初始缺陷长度不变”的特点计算该索的张拉力，但应注意此时的结构计算模型不包含索[3]。由于 e_2^0、$\bar{t}_2^0$ 和 $\boldsymbol{N}_2^0$ 已知，只要将 $\boldsymbol{N}_2^0$ 反向作为外荷载施加于该计算模型中索[2]的两端节点，然后进行结构分析便可求得此施工阶段索[2]的张拉力为 $t_2^0=54.46\text{kN}$。

2. 预应力球面网壳

图 6.3.3 为一个 Kiewitt6-4 型双层球面网壳，网壳跨度 32m，矢高 4.8m，厚度 1.2m。网壳支承在六根柱上，柱顶支座仅对网壳提供竖向支承。网壳上、下弦杆均采用 ϕ114mm×4.0mm 钢管，腹杆为 ϕ75mm×3.75mm 钢管。在支座间布置六根拉索对结构施加预应力，索采用 ϕ20mm 的钢拉杆。钢材的弹性模量 $E=2.06\times 10^8\text{kPa}$。当在网壳上弦作用 6.0kPa^2 的竖向均布荷载时，保证六根索的拉力值为 $t_k^{\text{t}}=500\text{kN}(k=1,2,\cdots,6)$。

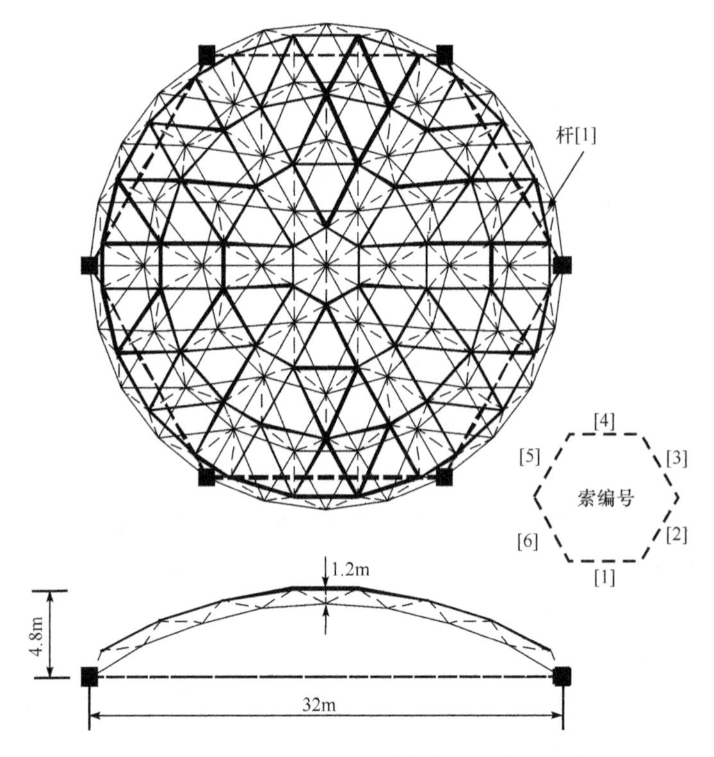

图 6.3.3 Kiewitt6-4 型预应力双层球面网壳

进行结构的预张力分析，步骤如下：

(1) 注意到结构的对称性，仅在 6.0kN/m² 的竖向均布荷载作用下，可以求得六根索的拉力均为 $t_k^{\mathrm{p}}=233.14\mathrm{kN}(k=1,2,\cdots,6)$。根据式(6.2.17)，可以求得各索的预张力为 $t_k^0=500\mathrm{kN}-233.14\mathrm{kN}=266.86\mathrm{kN}(k=1,2,\cdots,6)$。

(2) 令索[1]的 $\bar{t}_1^0=1\mathrm{kN}$，将其构成的初内力 $\boldsymbol{N}_1^0$ 反向并作为节点荷载施加到结构上，可计算得到所有六根索的内力向量 $\tilde{\boldsymbol{t}}_1=\{-0.279,0.00966,-0.0102,-0.00338,-0.0102,0.00966\}^{\mathrm{T}}$。由于结构对称，当其他任意一根索也单独存在 $\bar{t}_k^0=1\mathrm{kN}$ 时，根据 $\tilde{\boldsymbol{t}}_1$ 的结果很容易确定向量 $\tilde{\boldsymbol{t}}_k(k=2,3,\cdots,6)$。

(3) 利用以上计算得到的 t_k^0 和 $\tilde{\boldsymbol{t}}_k(k=1,2,\cdots,6)$，建立线性方程式(6.2.19)，可求得各索的 $\bar{t}_k^0=372.43\mathrm{kN}(k=1,2,\cdots,6)$，再采用式(6.2.4)计算各索的初始缺陷长度为 $e_k^0=92.1\mathrm{mm}(k=1,2,\cdots,6)$。

(4) 将 $\bar{t}_k^0(k=1,2,\cdots,6)$对应的初内力 $\boldsymbol{N}_k^0$ 全部反向并作为外荷载施加到结构上，利用式(6.2.13)～式(6.2.15)可求解拉索之外其他杆件的预张力，也可采用式(6.2.12)计算外荷载和预张力共同作用下的结构变形和杆件内力。

施工时，假定可以保证对网壳中的六根索进行同步张拉，但需考虑以下三种张拉方案：

(1) 分两级张拉。先将索张拉到一半的初始缺陷长度位置，然后施加50%的屋面均布荷载；再将索张拉到位，最后施加剩余的50%屋面均布荷载。

(2) 一次张拉。先将索一步张拉到位，再施加所有的屋面荷载。

(3) 一次张拉。先施加所有的屋面荷载，然后再将索张拉到位。

利用前面已经计算得到的各索初始缺陷长度 $e_k^0(k=1,2,\cdots,6)$。根据“初始缺陷长度不变”的特点，将其引入结构计算模型中，同时考虑张拉时刻存在的屋面荷载，可以分析每个张拉阶段索的拉力值。对于张拉方案(1)，可求得前后批次索的施工张拉力分别为133.27kN和384.14kN。对于张拉方案(2)和(3)，索的张拉力分别为266.03kN和500kN。实际上，尽管三种方案存在施工顺序和张拉批次不同，但施工完成后所有索的张力值都会是500kN。图6.3.4为三种方案张拉过程中杆件[1](位置见图6.3.3)和跨中节点挠度的变化。由图可以看出，由于采用了分级张拉，方案(1)的杆件内力和节点挠度在施工过程中的变化幅值都比方案(2)和(3)要平缓。

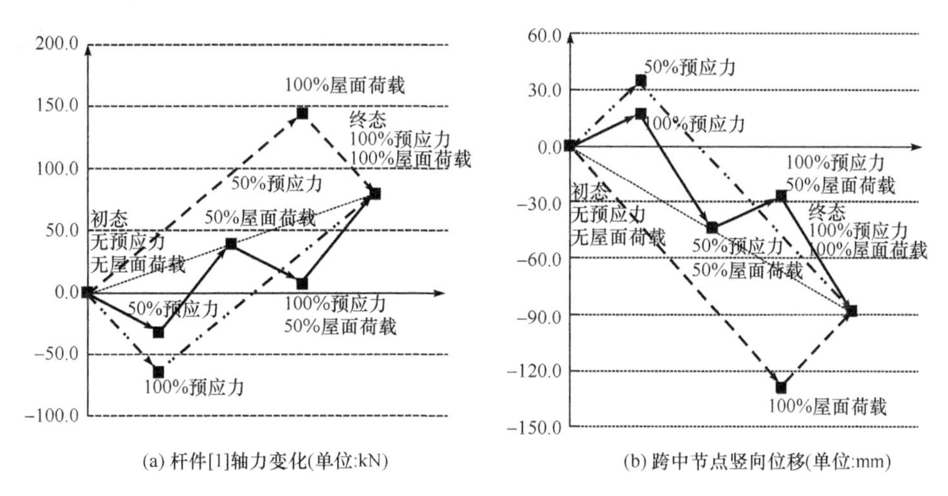

图6.3.4　预应力双层球面网壳在不同张拉方案下的内力和挠度变化

6.4　预张力的监测及补偿

实际工程中，索杆结构的预张力发生偏差难以避免。引起预张力偏差的原因较多，如构件长度加工误差、支座安装偏差、拉索的松弛徐变、边界约束刚度退化等，因此服役期索杆结构的预张力监测和损失补偿是重要的工程问题。本节重点对刚性索杆结构预张力监测面临的测点布置、预张力偏差识别以及张力补偿三方面问题进行讨论。柔性索杆结构的预张力偏差问题更为复杂，甚至会影响施工张拉时主动索的选取，因此将在第 10 章专门阐述。

6.4.1 基本公式

对于一个满足小变形假定的刚性索杆结构，若将拉索作为杆单元处理，则可采用第 3 章杆系结构的式(3.3.2)、式(3.3.4)和式(3.3.6)来建立以下三个基本方程式。

平衡方程：
$$\boldsymbol{A}\boldsymbol{t}=\boldsymbol{P} \tag{6.4.1}$$
几何方程：
$$\boldsymbol{B}_{\mathrm{L}}\boldsymbol{d}=\boldsymbol{e} \tag{6.4.2}$$
物理方程：
$$\boldsymbol{t}=\boldsymbol{M}(\boldsymbol{e}-\boldsymbol{e}_0) \tag{6.4.3}$$

注意式(6.4.2)中的 $\boldsymbol{e}_0=\{e_1^0,\cdots,e_k^0,\cdots,e_b^0\}^{\mathrm{T}}$，为杆件缺陷长度向量($b\times 1$)。进一步考虑 $\boldsymbol{B}_{\mathrm{L}}=\boldsymbol{A}^{\mathrm{T}}$，易得

$$\boldsymbol{d}=(\boldsymbol{AMA}^{\mathrm{T}})^{-1}(\boldsymbol{P}+\boldsymbol{AMe}_0) \tag{6.4.4}$$

$$\boldsymbol{t}=\boldsymbol{MA}^{\mathrm{T}}(\boldsymbol{AMA}^{\mathrm{T}})^{-1}\boldsymbol{P}+\boldsymbol{M}(\boldsymbol{A}^{\mathrm{T}}(\boldsymbol{AMA}^{\mathrm{T}})^{-1}\boldsymbol{AM}-\boldsymbol{I})\boldsymbol{e}_0 \tag{6.4.5}$$

式中，$\boldsymbol{I}$ 为单位矩阵。式(6.4.4)和式(6.4.5)反映了缺陷长度 $\boldsymbol{e}_0$、外荷载 $\boldsymbol{P}$ 与节点位移 $\boldsymbol{d}$、杆件轴力 $\boldsymbol{t}$ 的关系。由式(3.3.8)可知，$\boldsymbol{AMA}^{\mathrm{T}}$ 实际上就是结构的线弹性刚度矩阵 $\boldsymbol{K}_0$。

结构中除主动索以外的单元均称为被动构件，则可将 $\boldsymbol{e}_0$ 对应主动索和被动构件写作为$\{(\boldsymbol{e}_0^{\mathrm{a}})^{\mathrm{T}}|(\boldsymbol{e}_0^{\mathrm{p}})^{\mathrm{T}}\}^{\mathrm{T}}$。根据定义，结构预张力 $\boldsymbol{t}_0$ 仅是由主动索的初始缺陷长度 $\boldsymbol{e}_0^{\mathrm{a}}$ 产生，故令式(6.4.5)中的 $\boldsymbol{e}_0^{\mathrm{p}}=\boldsymbol{0}$和 $\boldsymbol{P}=\boldsymbol{0}$，可得

$$\boldsymbol{t}_0=\{(\boldsymbol{t}_0^{\mathrm{a}})^{\mathrm{T}}|(\boldsymbol{t}_0^{\mathrm{p}})^{\mathrm{T}}\}^{\mathrm{T}}=\boldsymbol{M}(\boldsymbol{A}^{\mathrm{T}}(\boldsymbol{AMA}^{\mathrm{T}})^{-1}\boldsymbol{AM}-\boldsymbol{I})\{(\boldsymbol{e}_0^{\mathrm{a}})^{\mathrm{T}}|\boldsymbol{0}\}^{\mathrm{T}} \tag{6.4.6}$$

式中，$\boldsymbol{t}_0^{\mathrm{a}}$、$\boldsymbol{t}_0^{\mathrm{p}}$ 分别为主动索和被动构件的预张力。

6.3 节已经谈到，实际工程中通常已知的是主动索的施工张拉力 $\boldsymbol{t}^{\mathrm{a}}$，但 $\boldsymbol{t}^{\mathrm{a}}$ 包括施工张拉时结构所受荷载 $\boldsymbol{P}$ 产生的轴力 $\boldsymbol{t}_{\mathrm{P}}^{\mathrm{a}}$ 和初始缺陷长度 $\boldsymbol{e}_0$ 产生的预张力 $\boldsymbol{t}_0^{\mathrm{a}}$。根据式(6.4.5)，$\boldsymbol{t}_{\mathrm{p}}^{\mathrm{a}}$ 可通过式(6.4.7)求得：

$$\boldsymbol{t}_{\mathrm{p}}=\{(\boldsymbol{t}_{\mathrm{p}}^{\mathrm{a}})^{\mathrm{T}}|(\boldsymbol{t}_{\mathrm{p}}^{\mathrm{p}})^{\mathrm{T}}\}^{\mathrm{T}}=\boldsymbol{MA}^{\mathrm{T}}(\boldsymbol{AMA}^{\mathrm{T}})^{-1}\boldsymbol{P} \tag{6.4.7}$$

式中，$\boldsymbol{t}_{\mathrm{p}}^{\mathrm{p}}$ 为荷载 $\boldsymbol{P}$ 在被动构件中产生的轴力。这样，可以计算出 $\boldsymbol{t}_0^{\mathrm{a}}=\boldsymbol{t}^{\mathrm{a}}-\boldsymbol{t}_{\mathrm{p}}^{\mathrm{a}}$，然后利用式(6.4.6)求解出主动索的初始缺陷长度 $\boldsymbol{e}_0^{\mathrm{a}}$。

尽管影响索杆结构出现预张力偏差的因素很多(如构件长度加工误差、支座安装偏差、拉索的松弛徐变等)，但是这些因素在数学上都可以等效为杆件原长发生了变化。因此，当杆件原长变化为 $\delta\boldsymbol{e}_0$ 时，由式(6.4.6)可求得杆件轴力的改变量 $\delta\boldsymbol{t}$ 为

$$\delta\boldsymbol{t}=\boldsymbol{S}_{\mathrm{t}}\delta\boldsymbol{e}_0 \tag{6.4.8}$$

式中，$\boldsymbol{S}_{\mathrm{t}}=\boldsymbol{M}[\boldsymbol{A}^{\mathrm{T}}(\boldsymbol{AMA}^{\mathrm{T}})^{-1}\boldsymbol{AM}-\boldsymbol{I}]$为内力灵敏度矩阵($b\times b$)，其元素$(\boldsymbol{S}_{\mathrm{t}})_{ij}$ 反映了

杆件 j 原长变化对杆件 i 轴力增量的放大倍数。区分主动索和被动构件的贡献，进一步可将式(6.4.8)表示为

$$\delta \boldsymbol{t}=\boldsymbol{S}_{\mathrm{t}}\delta \boldsymbol{e}_0=\{\boldsymbol{S}_{\mathrm{t}}^{\mathrm{a}}\,|\,\boldsymbol{S}_{\mathrm{t}}^{\mathrm{p}}\}\left\{\frac{\delta \boldsymbol{e}_0^{\mathrm{a}}}{\delta \boldsymbol{e}_0^{\mathrm{p}}}\right\}=\boldsymbol{S}_{\mathrm{t}}^{\mathrm{a}}\delta \boldsymbol{e}_0^{\mathrm{a}}+\boldsymbol{S}_{\mathrm{t}}^{\mathrm{p}}\delta \boldsymbol{e}_0^{\mathrm{p}} \tag{6.4.9}$$

相应地，$\boldsymbol{S}_{\mathrm{t}}^{\mathrm{a}}$ 和 $\boldsymbol{S}_{\mathrm{t}}^{\mathrm{p}}$ 分别为主动索和被动构件对应的内力灵敏度矩阵。

6.4.2　预张力偏差的监测

1. 测点数量的确定

预张力偏差的测量一般是在指定杆件上安装传感器(如振弦式应变仪、光纤应变仪、磁通量索力测量仪等)，通过监测这些测点杆件的内力变化来实现对整体预张力偏差的估计。既然监测的对象是结构的预张力，而预张力又是由主动索的初始缺陷长度产生的，那么主动索是否发生原长变化则应首先被关注，也是监测的重点。当仅有主动索原长发生变化时，根据式(6.4.9)可求得初始预张力的变化为

$$\delta \boldsymbol{t}=\boldsymbol{S}_{\mathrm{t}}^{\mathrm{a}}\delta \boldsymbol{e}_0^{\mathrm{a}} \tag{6.4.10}$$

如果已知主动索数量 n 和测点杆件数 q，则测点杆件的轴力变化 $\delta \boldsymbol{t}_{\mathrm{q}}(q\times 1)$ 与 $\delta \boldsymbol{e}_0^{\mathrm{a}}(n\times 1)$ 的关系满足

$$\delta \boldsymbol{t}_{\mathrm{q}}=\boldsymbol{S}_{\mathrm{tq}}^{\mathrm{a}}\delta \boldsymbol{e}_0^{\mathrm{a}} \tag{6.4.11}$$

式中，$\boldsymbol{S}_{\mathrm{tq}}^{\mathrm{a}}(q\times n)$ 为 $\boldsymbol{S}_{\mathrm{t}}^{\mathrm{a}}(b\times n)$ 中测点杆件对应的子矩阵。要根据式(6.4.11)中的 $\delta \boldsymbol{t}_{\mathrm{q}}$ 来确定 $\delta \boldsymbol{e}_0^{\mathrm{a}}$，如果令 $\boldsymbol{S}_{\mathrm{tq}}^{\mathrm{a}}$ 的秩为 r_{q}，则根据矩阵理论[63]易知：

(1) 当 $q<n$ 时，式(6.4.11)为欠定线性方程组，$\delta \boldsymbol{e}_0^{\mathrm{a}}$ 存在多解，表明无法根据测量的 $\delta \boldsymbol{t}_{\mathrm{q}}$ 唯一确定主动索的索长偏差。

(2) 当 $q=n$ 时，如果 $r_{\mathrm{q}}<n$，则 $\delta \boldsymbol{e}_0^{\mathrm{a}}$ 依然存在多解，结果同(1)；如果 $r_{\mathrm{q}}=n$，则由式(6.4.11)可唯一求得一组 $\delta \boldsymbol{e}_0^{\mathrm{a}}$ 的解。

可见，要实现对主动索原长变化的监测，一个必要的条件是 $q=n$，且 $r_{\mathrm{q}}=n$。值得注意的是，虽然满足以上必要条件就可唯一求得一组主动索的索长偏差值，但并不能排除测点杆件轴力偏差可能由被动构件长度变化所致。要进一步识别这种情况，显然必须满足 $q>n$。假定结构的预张力偏差还来自于 m 根被动构件的松弛，则由式(6.4.9)可得

$$\delta \boldsymbol{t}_{\mathrm{q}}=\{\boldsymbol{S}_{\mathrm{tq}}^{\mathrm{a}}\,|\,\boldsymbol{S}_{\mathrm{tq}}^{\mathrm{m}}\}\left\{\frac{\delta \boldsymbol{e}_0^{\mathrm{a}}}{\delta \boldsymbol{e}_0^{\mathrm{m}}}\right\}=\boldsymbol{S}_{\mathrm{tq}}^{\mathrm{a}}\delta \boldsymbol{e}_0^{\mathrm{a}}+\boldsymbol{S}_{\mathrm{tq}}^{\mathrm{m}}\delta \boldsymbol{e}_0^{\mathrm{m}} \tag{6.4.12}$$

式中，$\boldsymbol{S}_{\mathrm{tq}}^{\mathrm{m}}(q\times m)$ 为 $\boldsymbol{S}_{\mathrm{tq}}^{\mathrm{p}}[q\times(b-n)]$ 中 m 根被动构件对应的子矩阵；$\boldsymbol{S}_{\mathrm{tq}}^{\mathrm{p}}$ 为 $\boldsymbol{S}_{\mathrm{t}}^{\mathrm{p}}$ 中测点杆件对应的子矩阵。同理，如果要实现 n 根主动索和 m 根被动构件的准确监测，则最小测点杆件数 $q=n+m$，且 $\{\boldsymbol{S}_{\mathrm{tq}}^{\mathrm{a}}\,|\,\boldsymbol{S}_{\mathrm{tq}}^{\mathrm{m}}\}$ 的秩等于 $n+m$。

实际上，发生松弛的被动构件无论数量还是位置往往是未知的，因此一般并不能实现对被动构件松弛的准确监测。但是，增设若干个测点(即 $q>n$)对于判别预张力偏差的特性是非常重要的。将式(6.4.12)中 $\delta\boldsymbol{t}_{\mathrm{q}}$ 与灵敏度子矩阵 $\boldsymbol{S}_{\mathrm{tq}}^{\mathrm{a}}$构成增广矩阵$[\boldsymbol{S}_{\mathrm{tq}}^{\mathrm{a}}|\delta\boldsymbol{t}_{\mathrm{q}}][q\times(n+1)]$，此时可通过该增广矩阵的秩 r_{q}'来分析预应力偏差产生的原因：

(1) 当 $r_{\mathrm{q}}'<n$ 时，依然表明方程 $\delta\boldsymbol{t}_{\mathrm{q}}=\boldsymbol{S}_{\mathrm{tq}}^{\mathrm{a}}\delta\boldsymbol{e}_0^{\mathrm{a}}$ 中 $\delta\boldsymbol{e}_0^{\mathrm{a}}$ 存在多解，主动索的索长偏差不能唯一确定。

(2) 当 $r_{\mathrm{q}}'=n$ 时，说明存在且唯一存在 $\delta\boldsymbol{e}_0^{\mathrm{a}}$ 使得式(6.4.12)满足 $\delta\boldsymbol{t}_{\mathrm{q}}=\boldsymbol{S}_{\mathrm{tq}}^{\mathrm{a}}\delta\boldsymbol{e}_0^{\mathrm{a}}$，即要么该预张力偏差就是由主动索松弛引起的，要么被动构件虽然松弛但没有造成测点杆件的内力变化。

(3) 当 $r_{\mathrm{q}}'=n+1$ 时，则不能找到一组主动索的缺陷长度 $\delta\boldsymbol{e}_0^{\mathrm{a}}$ 使得 $\delta\boldsymbol{t}_{\mathrm{q}}=\boldsymbol{S}_{\mathrm{tq}}^{\mathrm{a}}\delta\boldsymbol{e}_0^{\mathrm{a}}$，故由式(6.4.12)可知，预张力偏差必定来自于被动构件的长度变化。

总之，要实现预张力偏差的有效监测，测点杆件数量至少要满足 $q>n$ 且 $r_{\mathrm{q}}'\geqslant n$。当然，更多地体现被动构件松弛的影响，多增加测点杆件数量总是有利的。此外，对于松弛可能性较大的被动构件，也可直接将这些杆件作为主动索来对待。

2. 测点的有效布置

在最少测点杆件数确定后，接下来的问题是如何合理地选择测点杆件来达到对结构整体预张力变化的最有效监测，其中主动索是否会发生松弛同样是首先关注的问题。

由式(6.4.10)可得，主动索松弛所引起的杆件 j 的内力变化 δt_j 可写为

$$\delta t_j=\sum_{i=1}^{n}(\boldsymbol{S}_{\mathrm{tq}}^{\mathrm{a}})_{ij}\,\delta e_{0i}^{\mathrm{a}} \tag{6.4.13}$$

式中，$(\boldsymbol{S}_{\mathrm{tq}}^{\mathrm{a}})_{ij}$ 为灵敏度矩阵的元素；$\delta e_{0i}^{\mathrm{a}}$为第 i 根主动索发生的长度变化。显然，选择那些轴力对主动索索长变化敏感的杆件作为测点杆件，这对于结构初始预张力的监测是最为有效。由于 $\delta e_{0i}^{\mathrm{a}}$是随机变量，故 $\delta \boldsymbol{t}_j$ 也是一个随机变量。根据统计学原理，可采用基于方差的敏感性方法来进行分析[64]。

假设各根主动索的松弛是相互独立的随机变量，且松弛长度服从统一的随机分布形式，其方差 $V(\delta e_{0i}^{\mathrm{a}})=\sigma_i^2(i=1,2,\cdots,n)$。一般情况下，$\sigma_i^2$ 可根据杆件松弛长度的上下限 $[a,b]$并选择合适的概率密度函数来计算。例如，当 $\delta e_{0i}^{\mathrm{a}}$的概率密度在$[a,b]$均匀分布时，$\sigma_i^2=(b-a)^2/12$[65]。于是，进一步根据式(6.4.13)可得 δt_j 的方差为

$$V(\delta t_j)=V\Big(\sum_{i=1}^{s}(\boldsymbol{S}_{\mathrm{tq}}^{\mathrm{a}})_{ij}\,\delta e_{0i}^{\mathrm{a}}\Big)=\sum_{i=1}^{s}(\boldsymbol{S}_{\mathrm{tq}}^{\mathrm{a}})_{ij}^2V(\delta e_{0i}^{\mathrm{a}})=\sum_{i=1}^{s}(\boldsymbol{S}_{\mathrm{tq}}^{\mathrm{a}})_{ij}^2\sigma_i^2 \tag{6.4.14}$$

可见，$V(\delta t_j)$越大，则第 j 根杆件的预张力对主动索索长变化的依赖程度越大。把

所有杆件的 $V(\delta t_j)$ 按照从大到小的顺序排列出来，就可以找到对主动索索长偏差最敏感的杆件。可见，依照 $V(\delta t_j)$ 的大小来选择测点杆件，将能最大限度地反映结构整体预张力的变化状态。

前面谈到，为了估计被动构件的松弛情况，应保证 $q>n$。然而，当测点杆件分别对应于主动索的灵敏度矩阵 $\boldsymbol{S}_{\mathrm{tq}}^{\mathrm{a}}$ 与某些被动构件的灵敏度矩阵 $\boldsymbol{S}_{\mathrm{tq}}^{\mathrm{m}}$ 线性相关时，由式(6.4.12)易知，此时测点杆件的实测内力偏差并不可确定为仅由主动索松弛引起的。为了避免这一情况，则要求所取的 $q(q>n)$ 个测点对应的灵敏度矩阵还需满足

$$r(\boldsymbol{S}_{\mathrm{tq}})=r(\{\boldsymbol{S}_{\mathrm{tq}}^{\mathrm{a}}|\boldsymbol{S}_{\mathrm{tq}}^{\mathrm{p}}\})>r(\boldsymbol{S}_{\mathrm{tq}}^{\mathrm{a}}) \tag{6.4.15}$$

式中，$r(\cdot)$ 表明为矩阵的秩；$\boldsymbol{S}_{\mathrm{tq}}^{\mathrm{p}}$ 为测点杆件对应于所有被动构件的灵敏度矩阵。

6.4.3 预张力偏差的识别和调整

1. 预张力偏差的识别

如前分析，对于一组测点杆件数为 $q>n$ 的内力偏差 $\delta\boldsymbol{t}_{\mathrm{q}}(q\times1)$，如果增广矩阵 $[\boldsymbol{S}_{\mathrm{tq}}^{\mathrm{a}}|\delta\boldsymbol{t}_{\mathrm{q}}]$ 的秩 $r_{\mathrm{q}}'=n$，则必然存在一组非零的主动索缺陷长度 $(\delta\boldsymbol{e}_0^{\mathrm{a}})^*$ 满足

$$(\delta\boldsymbol{e}_0^{\mathrm{a}})^*=[\boldsymbol{S}_{\mathrm{tq}}^{\mathrm{a}}]^+\delta\boldsymbol{t}_{\mathrm{q}} \tag{6.4.16}$$

式中，$[\boldsymbol{S}_{\mathrm{tq}}^{\mathrm{a}}]^+$ 表示矩阵 $\boldsymbol{S}_{\mathrm{tq}}^{\mathrm{a}}$ 的 Moore-Penrose 广义逆[63]。将 $(\delta\boldsymbol{e}_0^{\mathrm{a}})^*$ 代入式(6.4.12)，可得

$$\boldsymbol{S}_{\mathrm{tq}}^{\mathrm{m}}\delta\boldsymbol{e}_0^{\mathrm{m}}=\boldsymbol{0} \tag{6.4.17}$$

由此表明，要么初始预张力偏差完全由主动索的松弛产生，即 $\delta\boldsymbol{e}_0^{\mathrm{m}}=\boldsymbol{0}$；要么被动构件虽然松弛但没有造成测点杆件的内力变化，即 $\delta\boldsymbol{e}_0^{\mathrm{m}}$ 和 $\boldsymbol{S}_{\mathrm{tq}}^{\mathrm{m}}$ 的列空间正交。

在实际工程中，由于被动构件的松弛较难避免以及测量误差的存在，通常很难出现增广矩阵 $[\boldsymbol{S}_{\mathrm{tq}}^{\mathrm{a}}|\delta\boldsymbol{t}_{\mathrm{q}}]$ 的秩 $r_{\mathrm{q}}'=n$ 的情况，而是 $r_{\mathrm{q}}'=n+1$，则被动构件的松弛就必须考虑。但是，此时对于方程式(6.4.11)而言 $\delta\boldsymbol{e}_0^{\mathrm{a}}$ 无解，但可对 $\delta\boldsymbol{e}_0^{\mathrm{a}}$ 进行最小二乘估计[65]，即

$$(\delta\boldsymbol{e}_0^{\mathrm{a}})^{\#}=[(\boldsymbol{S}_{\mathrm{tq}}^{\mathrm{a}})^{\mathrm{T}}(\boldsymbol{S}_{\mathrm{tq}}^{\mathrm{a}})]^{-1}(\boldsymbol{S}_{\mathrm{tq}}^{\mathrm{a}})^{\mathrm{T}}\delta\boldsymbol{t}_{\mathrm{q}} \tag{6.4.18}$$

进一步将式(6.4.16)中的 $(\delta\boldsymbol{e}_0^{\mathrm{a}})^*$ 或式(6.4.18)中 $(\delta\boldsymbol{e}_0^{\mathrm{a}})^{\#}$ 代入式(6.4.10)中，便可求得主动索的索力偏差 $\delta\hat{\boldsymbol{t}}^{\mathrm{a}}$ 和被动构件的轴力偏差 $\delta\hat{\boldsymbol{t}}^{\mathrm{p}}$，其中也包含了测点杆件的轴力偏差 $\delta\hat{\boldsymbol{t}}_{\mathrm{q}}$[对于 $(\delta\boldsymbol{e}_0^{\mathrm{a}})^*$，$\delta\hat{\boldsymbol{t}}_{\mathrm{q}}=\delta\boldsymbol{t}_{\mathrm{q}}$]。

2. 被动构件松弛影响的指标

当测点杆件的 $\delta\boldsymbol{t}_{\mathrm{q}}$ 包含被动构件的松弛效应时，通常需要评价被动构件松弛的影响大小。对于式(6.4.18)中主动索松弛长度的最小二乘估计 $(\delta\boldsymbol{e}_0^{\mathrm{a}})^{\#}$，其对测

点杆件造成的轴力偏差就是上面求得的 $\delta\hat{\boldsymbol{t}}_{\mathrm{q}}$，因此被动构件松弛造成的测点杆件轴力变化量可认为是

$$\delta\tilde{\boldsymbol{t}}_{\mathrm{q}}=\delta\boldsymbol{t}_{\mathrm{q}}-\delta\hat{\boldsymbol{t}}_{\mathrm{q}} \tag{6.4.19}$$

式中，$\delta\tilde{\boldsymbol{t}}_{\mathrm{q}}$ 实际上是一个反映实测值和拟合值差距的残差向量。进一步定义参数

$$\rho=(\delta\tilde{\boldsymbol{t}}_{\mathrm{q}})^{\mathrm{T}}\cdot\delta\tilde{\boldsymbol{t}}_{\mathrm{q}} \tag{6.4.20}$$

即 ρ 为测点杆件内力残差的平方和。ρ 越大，表明被动构件松弛对结构整体预张力的影响越大，故可将其作为被动构件松弛影响的指标。

在应用指标 ρ 时，通常可结合测点数量来综合考察被动构件松弛的影响。如前所述，对被动构件松弛情况的识别最有效办法是增加测点数，因此在实际测量时，可以增设几个补偿测点，然后按包含补偿测点和不包含偿测点的实测内力偏差值进行主动索松弛长度的最小二乘估计，并分别计算 ρ 值。通过比较不同测点数据下 ρ 值的大小，来判别被动构件松弛对结构整体预张力的影响程度。在后面的算例中将阐述这种做法的有效性。

3. 张力偏差的调整

结构预张力的调整或补偿主要是通过补张拉来实现的。由于实际工程中拉索一般可设长度调节端，如果调节端事先也预留好后期补张拉的构造，那么这些拉索就可用来进行结构预张力偏差的调整。应该注意，补张拉索通常不仅仅是主动索，也可以是被动索。

在进行补张拉施工时，评判补偿是否到位通常还是要依靠测点杆件来监测，即最佳的状态是使得测点杆件的内力偏差 $\delta\boldsymbol{t}_{\mathrm{q}}$ 恢复到零。假定补张拉索数为 k（一般不小于主动索数 n），那么要使 $\delta\boldsymbol{t}_{\mathrm{q}}$ 恢复到零，就需要这些补张拉索产生一个原长变化量 $\delta\boldsymbol{e}_0^{\mathrm{k}}$，且满足

$$-\delta\boldsymbol{t}_{\mathrm{q}}=\boldsymbol{S}_{\mathrm{tq}}^{\mathrm{k}}\delta\boldsymbol{e}_0^{\mathrm{k}} \tag{6.4.21}$$

式中，$\boldsymbol{S}_{\mathrm{tq}}^{\mathrm{k}}$ 为补张拉索对应的内力灵敏度矩阵（$q\times k$）。由此可见，结构的补张拉分析实际上最终又落实到分析式(6.4.21)中 $\delta\boldsymbol{e}_0^{\mathrm{k}}$ 解的性质上。同样先计算增广矩阵 $[\boldsymbol{S}_{\mathrm{tq}}^{\mathrm{k}}|\delta\boldsymbol{t}_{\mathrm{q}}][q\times(k+1)]$ 的秩 r'_{k}，易知存在三种情况：

(1) 如果 $r'_{\mathrm{k}}>k$，则表明方程(6.4.21)中的 $\delta\boldsymbol{e}_0^{\mathrm{k}}$ 无解，此时可如式(6.4.18)那样对 $\delta\boldsymbol{e}_0^{\mathrm{k}}$ 进行最小二乘估计，然后将该估计值代入式(6.4.8)来计算补张拉索应提供的补偿张力值 $\delta\hat{\boldsymbol{t}}^{\mathrm{k}}$。实际上，当仅将主动索作为补张拉索时，按式(6.4.18)中的 $(\delta\boldsymbol{e}_0^{\mathrm{a}})^{\#}$ 所计算的主动索轴力偏差 $-\delta\hat{\boldsymbol{t}}^{a}$ 便是应施加的补偿张力值。

(2) 如果 $r'_{\mathrm{k}}=k$，则表明式(6.4.21)中的 $\delta\boldsymbol{e}_0^{\mathrm{k}}=-[\boldsymbol{S}_{\mathrm{tq}}^{\mathrm{k}}]^{+}\delta\boldsymbol{t}_{\mathrm{q}}$，有唯一解。然后再将 $\delta\boldsymbol{e}_0^{\mathrm{k}}$ 代入式(6.4.8)来计算补张拉索应提供的补偿张力值 $\delta\hat{\boldsymbol{t}}^{\mathrm{k}}$。

(3) 如果 $r'_{\mathrm{k}}<k$，则表明式(6.4.21)中的 $\delta\boldsymbol{e}_0^{\mathrm{k}}$ 有无穷多解。此时就没有必要张

拉所有 q 根拉索来进行预张力补偿，而只要选择其中的 k 根作为补张拉索即可，但此时应如情况(2)那样，保证 $r'_{\mathrm{k}}=k$。另外，补偿张力值 $\delta\hat{t}^{\mathrm{k}}$ 的计算也同情况(2)。

6.4.4　算例

图 6.4.1 为一个由 12 个对称折面构成的锥形预应力杆系结构，每个折面由谷线、脊线和边线上的杆单元组成，同时布置了 6 根环向主动张拉索。结构共有 30 个单元和 6 个三向约束的铰支座，杆件刚度 EA 及结构尺寸参数也列于图 6.4.1。结构锥顶节点作用一竖向荷载 $P=5000$*，主动索的施工张拉力 $\boldsymbol{t}^{\mathrm{a}}=2357.7$。

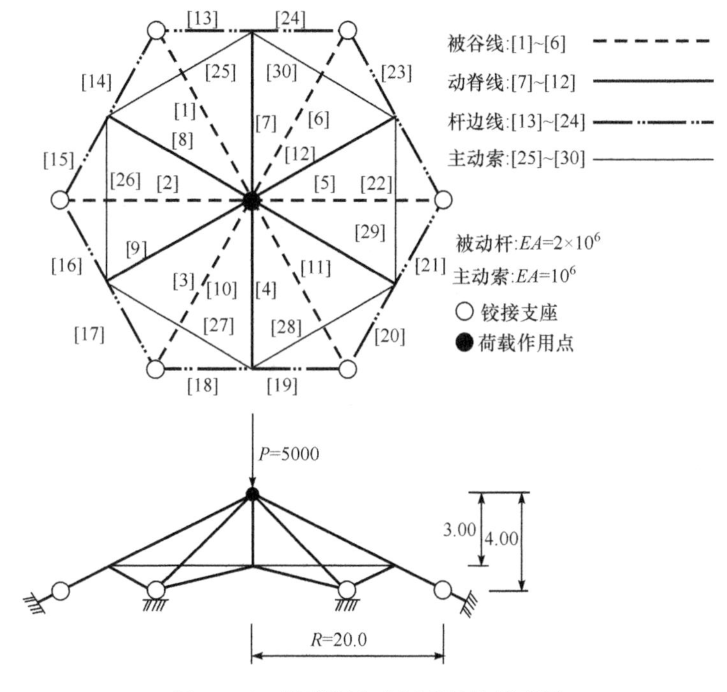

图 6.4.1　锥形预应力杆系结构模型图

考虑结构的对称性，根据式(6.4.7)和式(6.4.6)可求得荷载产生的杆件轴力 $\boldsymbol{t}_{\mathrm{p}}$ 和每根主动张拉索的初始缺陷长度 $(e_0^{\mathrm{a}})_i=0.06062$。再根据式(6.4.5)和式(6.4.6)，得到初始态时所有杆件的内力，包括初始预张力 $\boldsymbol{t}_0$ 及其与 $\boldsymbol{t}_{\mathrm{p}}$ 的共同效应 $\boldsymbol{t}$，结果列于表 6.4.1。

* 本书部分算例中变量无量纲。以下同。

表 6.4.1 初始态构件轴力

杆件类型		t_p	t_0	t	$V(\delta t_j)/\times10^5$
被动构件	谷线	−3443.2	1276.5	−2166.6	0.32
	脊线	−926.2	−1466.9	−2393.1	0.50
	边线	−794.3	−1258.0	−2052.3	1.04
主动索		912.5	1445.2	2357.7	1.37

1. 测点数量与位置

根据式(6.4.8)和式(6.4.9)，可建立主动索对应的内力灵敏度矩阵 $\boldsymbol{S}_t^a$ 并求得其秩 $r(\boldsymbol{S}_t^a)=6$，故可知测点杆件数最少为 6 根。为识别被动构件的松弛情况，还需设置补充测点。

假定结构服役期主动索的长度变化量概率密度函数在[−0.02，0.02]均匀分布，于是按公式 $\sigma_i^2=(b-a)^2/12$ 计算其原长变化量方差，再根据式(6.4.14)计算出各类杆件预张力偏差的方差 $V(\delta t_j)$，结果见表 6.4.1。

根据 $V(\delta t_j)$ 的大小，可按主动索、边线杆、脊线杆和谷线杆的顺序进行测点布置。但是发现，如果仅在边线杆上设置补充测点，结果不能满足式(6.4.15)关于灵敏度子矩阵秩的要求。同样，如果仅在脊线杆上布置补充测点，也不符合式(6.4.15)的要求。于是，最终确定将 6 根主动索作为基本测点，同时将谷线杆[1]、脊线杆[7]、边线杆[13]作为可设置补充测点的杆件，并进一步讨论在这三根杆上设置 1～3 个补充测点的情况。

2. 张力偏差识别分析

假定测点数为 9 个，且有三组实测预张力偏差值 δt_q（表 6.4.2），依式(6.4.18)可计算主动索缺陷长度的最小二乘估计值分别为

$$(\delta \boldsymbol{e}_0^a)^{\#1}=\{3.59,-15.74,17.68,5.88,-12.53,19.60\}\times10^{-3}$$

$$(\delta \boldsymbol{e}_0^a)^{\#2}=\{3.62,0.04,-2.19,-0.26,4.34,4.89\}\times10^{-3}$$

$$(\delta \boldsymbol{e}_0^a)^{\#3}=\{-2.84,2.00,3.55,-1.18,-7.30,-5.70\}\times10^{-3}$$

利用式(6.4.11)，可求得由以上估计值引起的测点杆件内力拟合值 $\delta\hat{t}_q$。再根据式(6.4.19)和式(6.4.20)计算出实测值和拟合值的差值 $\delta\tilde{t}_q$ 及 ρ 值，见表 6.4.2。

表 6.4.2　三组预张力偏差值 δt_q 的分析

杆件编号	第一组			第二组			第三组		
	δt_q	$\delta \hat{t}_q$	$\delta \tilde{t}_q$	δt_q	$\delta \hat{t}_q$	$\delta \tilde{t}_q$	δt_q	$\delta \hat{t}_q$	$\delta \tilde{t}_q$
[1]	82.5	82.5	0	359.8	119.6	240.2	−618.2	−149.5	−468.7
[7]	−393.4	−393.4	0	−56.5	−103.8	47.3	9.8	102.2	−92.4
[13]	−585.1	−585.1	0	−58.5	−99.0	40.5	31.2	110.5	−79.3
[25]	102.9	102.9	0	44.3	90.9	−46.6	16.8	−74.4	90.4
[26]	−597.5	−597.5	0	1.2	1.2	0	48.7	48.7	0
[27]	618.9	618.9	0	−24.0	−59.3	35.3	28.4	97.4	−69
[28]	165.6	165.6	0	−12.3	−12.3	0	−24.1	−24.1	0
[29]	−521.6	−521.6	0	44.3	115.0	−70.7	−56.2	−194.2	138
[30]	672.2	672.0	0	67.0	113.7	−46.7	−35.9	−127.0	91.1
$\rho/\times 10^4$	—	—	0	—	—	7.22	—	—	27.48

由表 6.4.2 可以看出，对于第一组预张力偏差，实测值和拟合值的残差 $\delta \tilde{t}_q$ 为零，说明该预张力偏差仅由主动索松弛引起。而第二、三组预张力偏差对应的 $\delta \tilde{t}_q$ 不为零，则说明被动构件也出现了松弛。同时根据 ρ 值的大小可知，第三组预张力偏差中被动构件发生松弛的情况较第二组严重。

再以第二组实测预张力偏差数据为例，进一步讨论测点个数及布置对偏差识别的影响。在表 6.4.2 第二组数据的 δt_q 中分别选择 1～3 个补测点杆件的数据进行分析。建立这些补测点设置在不同杆件上时的灵敏度矩阵 $\boldsymbol{S}_{tq}^{a}$，然后计算式(6.4.15)定义的 $r(\boldsymbol{S}_{tq})$ 以及式(6.4.20)定义的 ρ 值，结果见表 6.4.3。由表可以发现，当设置一个补测点在杆[7]或杆[13]上时，$r(\boldsymbol{S}_{tq}^{a})=r(\boldsymbol{S}_{tq})$，不满足式(6.4.15)，且 $\rho=0$。这正如前面已经提到的，如果仅在边线杆或脊线杆上设置单一测点，则该测点杆件的实测内力偏差不能反映被动构件是否发生松弛。相比之下，由于 $\rho>0$，谷线杆[1]则可以。当设置两个补充测点时，杆[1]和[13]的组合以及杆[1]和[7]的组合所计算的 ρ 值差距不大。当再将杆[1]、[7]和[13]都作为补充测点时，ρ 值也比两个测点的值略有增加，但增加并不多，说明三个补测点数已经能够有效地估计被动构件的松弛。当然，测点数越多，对于被动构件松弛的估计越准确，但经济性也在下降，可见 ρ 值的分析对于平衡两者之间的关系是有帮助的。

表 6.4.3 不同测点布置的杆件轴力偏差平方和

补测点数	位置(杆号)	$r(\boldsymbol{S}_{tq}^{a})$	$r(\boldsymbol{S}_{tq})$	$\rho/\times10^{4}$
1	[1]	6	7	6.50
	[7]	6	6	0.00
	[13]	6	6	0.00
2	[1]、[13]	6	7	6.92
	[1]、[7]	6	7	6.96
3	[1]、[7]、[13]	6	7	7.22

3. 张力偏差的调整

假定除主动索外，与支座相连的谷线杆(杆 1～6)也可作为补张拉索(杆)，即共有 12 根补张拉索。当有 9 个测点时，式(6.4.22)中补张拉索对应的灵敏度矩阵与测点内力组成增广矩阵一定满足 $r_{k}'<k$，因此取 $k=9$ 根补张拉索进行补张拉即可。下面取 6 根主动索以及谷线杆[1]、[3]、[5]作为补张拉索，对应于第二、三组实测预张力偏差，由式(6.4.22)可计算该 9 根补张拉索的 δe_{0}^{k}，然后将 $\delta \boldsymbol{e}_{0}^{k}$ 代入式(6.4.11)，可计算出这些补张拉索的补偿张力值 $\delta\hat{t}^{k}$，结果列于表 6.4.4。

表 6.4.4 补张力索(杆)的 δe_{0}^{k} 和补偿张力值 $\delta\hat{t}^{k}$

杆件编号	第二组		第三组	
	$\delta e_{0}^{k}/\times10^{-3}$	$\delta\hat{t}^{k}$	$\delta e_{0}^{k}/\times10^{-3}$	$\delta\hat{t}^{k}$
[1]	6.13	359.8	−11.96	−618.2
[3]	0.03	1.4	1.22	103.1
[5]	−0.14	−12.9	−0.61	−51.3
[25]	0	44.3	3.73	16.7
[26]	0.06	1.2	1.39	48.7
[27]	0.01	24.0	−0.82	28.4
[28]	−0.31	−12.3	−0.69	−24.1
[29]	−0.01	44.3	1.64	−56.2
[30]	0	67.0	3.85	−35.9

6.4.5 讨论

结构在使用中是否会出现预张力偏差对预应力索杆结构来说是非常重要的问题。以上将各类导致结构预张力偏差的因素统一简化为杆件的原长改变，构建了预张力监测和补偿分析的数学模型。可以发现，包括合理测点数、有效测点位置、张力偏差识别和损失补偿在内的一系列工程问题都可以在这个理论模型上进行分析和解答,而且所有的这些分析仅是利用了矩阵理论中一些基本方法,如方程组解的特性和灵敏度矩阵的分析等。但必须强调的是,要有效地理解预应力杆系结构的监测和补偿问题,需要对此类结构的一些重要概念和特征有清晰的认识,例如,根据初始预张力产生原因所定义的主动索和被动构件;测点杆件监测的重点是主动索的松弛,被动构件的松弛只能进行估计;张力补偿实际上落实到分析补张拉索和测点杆件之间内力关系的问题。而在所有的分析中,描述各类参数之间关系的灵敏度矩阵又是分析工作的基础。灵敏度矩阵是在有限元法的基础上推导得到的,可直接采用本章的解析公式直接计算。但对于大型结构,也可以利用通用有限元软件来求解灵敏度矩阵。再者,以上讨论以测点杆件的内力变化来评判初始预张力的偏差,这对于测点杆件设置内力传感器是有效的。但是当希望通过测点杆件的应变(安装的是应变传感器)来监测预张力偏差时,也可将相关公式中的内力灵敏度矩阵改为应变灵敏度矩阵,这样便可按相同的方法进行分析。

第7章　预应力杆系机构的找形

索网、索穹顶等结构根据平衡矩阵准则实际上应归类为机构，系统形态的稳定性需依靠预张力提供的几何刚度来维持。应该注意，不是任意形状的杆系（索杆）机构都可以维持预张力。第3章已经讨论了给定形状的杆系机构是否可以维持预张力的判别准则，并指出预张力必须是自应力模态的线性组合，此问题一般称为“找力”(force-finding)。此外，即便杆系机构可以维持预张力，该预张力未必能够保证系统当前平衡形状的稳定，第5章也相应地给出了判别预应力杆系机构稳定性的准则。

实际工程设计中，当机构具有较高的机构位移模态时，任意给定其形状往往很难满足以上可维持预张力以及机构稳定性的条件。以索网为例，假定其曲面形状为球面，则易知与任一节点相连的所有单元均位于该节点处球面切平面的同侧。由于索单元仅对该节点提供拉力，显然无法保证垂直切平面方向的节点平衡条件，故球面形状的索网在工程上不可行。一般而言，对于索网此类具有较高机构位移模态的预应力机构，设计时需要进行体系合理形状的分析，通常称此问题为“找形”(form-finding)。考虑到索网、索穹顶等结构一般具有较高的预张力，工程中一般简化为杆系机构进行找形分析。

杆系机构找形问题一般描述为在给定边界约束、单元连接方式（结构拓扑）和单元预张力参数的前提下，求解系统的平衡构型。数学上，节点坐标是找形问题的未知量，而节点平衡条件是找形问题的约束条件。所谓单元预张力参数，就是决定系统最终平衡构型预张力的参数，如最终平衡构型的单元轴力、力密度（单元轴力与其长度的比值）或者单元原长等。单元预张力参数的性质一般与找形问题的难易相关，甚至影响数值解法。例如，给定力密度，则找形问题在数学上最终描述为线性方程，求解最为方便。如果给定的是单元轴力或原长，则找形问题将成为一个非线性问题。实际工程设计中，找形问题一般还会附加一些约束条件，例如，考虑外荷载的找形问题，其实质是系统最终形状要满足预张力和节点外荷载共同作用下的平衡。

杆系机构找形的基本方法主要有力密度法、动力松弛法和有限元法。力密度法是直接利用平衡方程进行杆系平衡构型节点坐标的求解。由于将力密度作为单元预张力参数，可将平衡方程简化为节点坐标的线性方程，一次求解便可得到杆系机构的平衡构型。对于以单元轴力或原长为预张力参数的找形问题，系统平衡方程是节点坐标的非线性方程，而动力松弛法则是一种有效的非线性数值求解方法。

该方法利用达朗贝尔原理(d'Alembert's principle),将静力问题转化成为一个拟动力分析问题。求解基本思路是先将结构离散为各节点位置上有一定虚拟质量的质点,在不平衡力作用下各质点将产生运动并向平衡构型靠近,运动过程中又利用人为引入的阻尼将不平衡力所加大的系统动能降低,最终使系统停留在静力平衡状态。动力松弛法的优点是不需要建立系统的刚度矩阵,收敛速度快。有限元法本身作为一种结构平衡状态的求解方法,也应用于杆系机构的找形分析。但是由于机构系统的刚度矩阵易于奇异,在有限元非线性基本方程迭代求解过程中,容易引起数值计算的不稳定,这在一定程度上限制了该方法在复杂杆系机构找形方面的应用。

7.1　力密度法

力密度法(force density method)由 Linkwitz 和 Schek 于 1971 年首先提出[66],最早用于索网结构找形分析。将杆系的平衡方程式(3.3.1)改写为如下形式:

$$
\begin{Bmatrix}
\cdots & \overset{\text{杆}\,k}{0} & \cdots & \overset{\text{杆}\,n}{0} & \cdots \\
\cdots & \cdots & \cdots & \cdots & \cdots \\
\cdots & (x_i-x_j) & \cdots & (x_i-x_l) & \cdots \\
\cdots & (y_i-y_j) & \cdots & (y_i-y_l) & \cdots \\
\cdots & (z_i-z_j) & \cdots & (z_i-z_l) & \cdots \\
\cdots & \cdots & \cdots & \cdots & \cdots \\
\cdots & (x_j-x_i) & \cdots & 0 & \cdots \\
\cdots & (y_j-y_i) & \cdots & 0 & \cdots \\
\cdots & (z_j-z_i) & \cdots & 0 & \cdots \\
\cdots & \cdots & \cdots & \cdots & \cdots \\
\cdots & 0 & \cdots & (x_l-x_i) & \cdots \\
\cdots & 0 & \cdots & (y_l-y_i) & \cdots \\
\cdots & 0 & \cdots & (z_l-z_i) & \cdots \\
\cdots & \cdots & \cdots & \cdots & \cdots \\
\cdots & 0 & \cdots & 0 & \cdots
\end{Bmatrix}
\begin{Bmatrix} \cdots \\ \cdots \\ q_k \\ \cdots \\ q_n \\ \cdots \\ \cdots \end{Bmatrix}
=
\begin{Bmatrix} \cdots \\ \cdots \\ p_{ix} \\ p_{iy} \\ p_{iz} \\ \cdots \\ p_{hx} \\ p_{hy} \\ p_{hz} \\ \cdots \\ p_{lx} \\ p_{ly} \\ p_{lz} \\ \cdots \\ \cdots \end{Bmatrix}
\begin{matrix} \\ \\ \\ \text{节点}\,i \\ \\ \\ \\ \text{节点}\,j \\ \\ \\ \\ \text{节点}\,l \\ \\ \\ \\ \end{matrix}
\tag{7.1.1}
$$

式中,$q_k=\boldsymbol{t}_k/l_k(k=1,2,\cdots,b)$为单元的力密度。应该注意,对于找形问题,以上平衡方程的未知量为所有自由节点的坐标 $x_i,y_i,z_i(i=1,2,\cdots,J-f)$,$f$ 为约束节点数。如果已知节点荷载 p_{ix}、p_{iy} 和 $p_{iz}(i=1,2,\cdots,J)$和单元轴力 $t_k(k=1,2,\cdots,$

b)，但注意到 $l_k(k=1,2,\cdots,b)$ 实际上是节点坐标的函数，显然式(7.1.1)属于节点坐标的非线性方程。然而，当以力密度 $q_k(k=1,2,\cdots,b)$ 作为已知量时，可将式(7.1.1)转化为节点坐标的线性方程。

首先，定义系统的枝-点(拓扑)矩阵：

$$\boldsymbol{C}^{\mathrm{s}}(k,v)=\begin{cases}\boldsymbol{I}, & v=i\\ -\boldsymbol{I}, & v=j\\ 0, & v\neq i,j\end{cases} \tag{7.1.2}$$

式中，k 为单元编号，其两端节点编号分别为 i、$j(i<j)$；$\boldsymbol{I}$ 为 3×3 的单位矩阵。实际上 $\boldsymbol{C}^{\mathrm{s}}(b\times 3J)$ 描述了杆件的连接形式，即结构拓扑，具体形式如下：

$$\begin{array}{cc} & \qquad\quad \text{节点 } i \quad\quad \text{节点 } j \quad\quad \text{节点 } l \\ \boldsymbol{C}^{\mathrm{s}}=\begin{matrix} \\ \text{杆 } k \\ \\ \text{杆 } n \\ \\ \end{matrix} & \left\{\begin{matrix} \cdots & \cdots & \cdots & \cdots & \cdots & \cdots & \cdots & \cdots & \cdots \\ 0 & \cdots & I & \cdots & -I & \cdots & 0 & \cdots & 0 \\ \cdots & \cdots & \cdots & \cdots & \cdots & \cdots & \cdots & \cdots & \cdots \\ 0 & \cdots & I & \cdots & 0 & \cdots & -I & \cdots & 0 \\ \cdots & \cdots & \cdots & \cdots & \cdots & \cdots & \cdots & \cdots & \cdots \end{matrix}\right\} \end{array} \tag{7.1.3}$$

利用 $\boldsymbol{C}^{\mathrm{s}}$ 可以表示两方面的数学关系。首先，如果令节点坐标向量 $\boldsymbol{x}^{\mathrm{s}}=\{\boldsymbol{x}_1,\cdots,\boldsymbol{x}_i,\cdots,\boldsymbol{x}_J\}^{\mathrm{T}}$，其中 $\boldsymbol{x}_i=\{x_i,y_i,z_i\}(i=1,2,\cdots,J)$，则杆件两端节点坐标差的向量可表示为

$$\boldsymbol{u}=\boldsymbol{C}^{\mathrm{s}}\boldsymbol{x}^{\mathrm{s}} \tag{7.1.4}$$

由于约束节点的坐标已知，故可将 $\boldsymbol{C}^{\mathrm{s}}$ 和 $\boldsymbol{x}^{\mathrm{s}}$ 均按照自由节点和约束节点进行分块，即

$$\begin{gathered}\boldsymbol{C}^{\mathrm{s}}=\{\boldsymbol{C},\boldsymbol{C}^{\mathrm{f}}\}\\ \boldsymbol{x}^{\mathrm{s}}=\begin{Bmatrix}\boldsymbol{x}\\ \boldsymbol{x}^{\mathrm{f}}\end{Bmatrix}\end{gathered} \tag{7.1.5}$$

式中，$\boldsymbol{x}$ 和 $\boldsymbol{x}^{\mathrm{f}}$ 分别为自由节点和约束节点的坐标向量。进而式(7.1.4)可表示为

$$\boldsymbol{u}=\boldsymbol{C}\boldsymbol{x}+\boldsymbol{C}^{\mathrm{f}}\boldsymbol{x}^{\mathrm{f}} \tag{7.1.6}$$

将 $\boldsymbol{u}$ 写成具体形式：

$$\boldsymbol{u}=\{\cdots,(x_i-x_j),(y_i-y_j),(z_i-z_j),\cdots,(x_i-x_l),(y_i-y_l),(z_i-z_l),\cdots\}^{\mathrm{T}} \tag{7.1.7}$$

观察式(7.1.1)可以发现，该式是由所有自由节点的平衡方程构成的。于是，还可利用自由节点对应的枝-点矩阵 $\boldsymbol{C}$，将式(7.1.1)改写为如下形式：

$$\boldsymbol{C}^{\mathrm{T}}\boldsymbol{U}\boldsymbol{q}=\boldsymbol{p} \tag{7.1.8}$$

式中，$\boldsymbol{p}$ 为作用在自由节点上的外荷载向量；$\boldsymbol{q}=\{q_1,q_2,\cdots,q_b\}^{\mathrm{T}}$ 为力密度向量；$\boldsymbol{U}$ 分别为坐标差向量 $\boldsymbol{u}$ 扩展成的对角矩阵($b\times b$)，即

$$\boldsymbol{U}=\mathrm{diag}\{\cdots,(x_i-x_j),(y_i-y_j),(z_i-z_j),\cdots,(x_i-x_l),(y_i-y_l),(z_i-z_l),\cdots\} \tag{7.1.9}$$

可见，未知量 $\boldsymbol{x}$ 隐含在 $\boldsymbol{U}$ 中。为将式(7.1.8)表示为 x 的显式形式，先将密度向量 $\boldsymbol{q}$ 扩展成对角矩阵 $\boldsymbol{Q}=\mathrm{diag}\{q_1,q_2,\cdots,q_b\}$，于是

$$\boldsymbol{Uq}=\boldsymbol{Qu} \tag{7.1.10}$$

将式(7.1.10)代入式(7.1.8)，并考虑式(7.1.6)，可得

$$\boldsymbol{C}^{\mathrm{T}}\boldsymbol{QCx}+\boldsymbol{C}^{\mathrm{T}}\boldsymbol{QC}^{\mathrm{f}}\boldsymbol{x}^{\mathrm{f}}=\boldsymbol{p} \tag{7.1.11}$$

令 $\boldsymbol{D}=\boldsymbol{C}^{\mathrm{T}}\boldsymbol{QC}$，$\boldsymbol{D}^{\mathrm{f}}=\boldsymbol{C}^{\mathrm{T}}\boldsymbol{QC}^{\mathrm{f}}$，则式(7.1.11)可化简并写为

$$\boldsymbol{Dx}=\boldsymbol{p}_x-\boldsymbol{D}^{\mathrm{f}}\boldsymbol{x}^{\mathrm{f}} \tag{7.1.12}$$

式中，$\boldsymbol{D}$ 称为力密度矩阵$[3(J-f)\times 3(J-f)]$。

可以看出，在给定节点荷载向量 $\boldsymbol{p}$、力密度向量 $\boldsymbol{q}$ 和约束节点坐标向量 $\boldsymbol{x}^{\mathrm{f}}$ 的前提下，根据枝-点矩阵 $\boldsymbol{C}^{\mathrm{s}}$ 确定出 $\boldsymbol{C}$ 和 $\boldsymbol{C}^{\mathrm{f}}$，于是可计算出 $\boldsymbol{D}$ 和 $\boldsymbol{D}^{\mathrm{f}}$，进而利用式(7.1.12)求得自由节点的坐标向量 $\boldsymbol{x}$，即获得杆系机构的平衡构型。实际工程设计时，可以通过改变力密度向量 $\boldsymbol{q}$ 对最终平衡构型及其预张力分布进行调整，以满足建筑形体和结构受力性能的要求。

7.2　动力松弛法

动力松弛法(dynamic relaxation method)是 20 世纪 60 年代由 Day[67] 提出的一种求解系统平衡状态的非线性数值方法，最早应用于流体计算。Papadrakakis[68]、Barnes[69]、Topping[70]、Lewis 等[71]、Wakefield[72] 等将该方法推广用于索网结构和膜结构的找形，并成为柔性结构主要的找形方法之一。

动力松弛法的基本思路是将静力问题转化成为一个拟动力问题，将结构离散为空间节点位置上有一定虚拟质量的质点。在不平衡力的作用下，这些离散的质点将产生沿不平衡力方向的运动，宏观上使结构的总体不平衡力趋于减小。进一步通过人工引入的阻尼使结构运动的动能逐步减小并趋近于零，最终使系统达到静力平衡状态。与有限单元法相比，动力松弛法不建立刚度矩阵，无需求解大型非线性方程组，也可避免机构系统刚度矩阵易于奇异而引起的数值计算困难。

根据达朗贝尔原理，系统的动力平衡方程为

$$\boldsymbol{R}^t=\boldsymbol{M}\dot{\boldsymbol{v}}^t+\boldsymbol{C}\boldsymbol{v}^t \tag{7.2.1}$$

式中，$\boldsymbol{R}^t$ 为 t 时刻节点的不平衡力向量；$\boldsymbol{M}$ 和 $\boldsymbol{C}$ 分别为虚拟质量矩阵和虚拟阻尼矩阵；$\dot{\boldsymbol{v}}^t$ 和 $\boldsymbol{v}^t$ 分别为 t 时刻节点的加速度和速度向量。对于杆系机构，i 节点的不平衡力可按式(7.2.2)取值：

$$\boldsymbol{R}_i^t=\boldsymbol{p}_i^t-\sum_{k\in\Omega}\boldsymbol{F}_{ki}^t \tag{7.2.2}$$

式中，$\boldsymbol{R}_i^t=\{R_{ix},R_{iy},R_{iz}\}^{\mathrm{T}}$；$\boldsymbol{p}_i^t=\{p_{ix},p_{iy},p_{iz}\}^{\mathrm{T}}$ 为节点 i 的外荷载向量；Ω 为所有与节点 i 相连单元的集合；$\boldsymbol{F}_{ki}^t=\{F_{ix},F_{iy},F_{iz}\}^{\mathrm{T}}$ 为第 k 根杆件内力在 i 节点处的节点力。

在给定的时间步 Δt 内，假定节点速度变化近似线性，则 t 时刻节点速度 $\boldsymbol{v}^t$ 可以表示为

$$\boldsymbol{v}^t=\frac{1}{2}(\boldsymbol{v}^{t+\Delta t/2}+\boldsymbol{v}^{t-\Delta t/2}) \tag{7.2.3}$$

同样地，t 时刻的加速度 $\dot{\boldsymbol{v}}^t$ 也可近似表示为

$$\dot{\boldsymbol{v}}^t=\frac{1}{\Delta t}(\boldsymbol{v}^{t+\Delta t/2}-\boldsymbol{v}^{t-\Delta t/2}) \tag{7.2.4}$$

将式(7.2.3)和式(7.2.4)代入式(7.2.1)，可得

$$\boldsymbol{R}^t=\frac{\boldsymbol{M}}{\Delta t}(\boldsymbol{v}^{t+\Delta t/2}-\boldsymbol{v}^{t-\Delta t/2})+\frac{\boldsymbol{C}}{2}(\boldsymbol{v}^{t+\Delta t/2}+\boldsymbol{v}^{t-\Delta t/2}) \tag{7.2.5}$$

早期的动力松弛法采用与节点速度成比例的黏性阻尼，其参数一般与结构最低阶的振动模态有关。然而对于较为畸形的初始几何形状，这种阻尼参数的选取方法不能可靠地保证运动过程的收敛性。Barnes 建议采用 Cundall 提出的“运动阻尼”[73]，即将系统运动按无阻尼的自由振动来处理，而振动的收敛则通过控制系统总动能的大小来实现。也就是说，当不平衡力将系统总动能加速到某个峰值时，强行令节点的速度分量为零，使得体系在此新位置上重新开始振动，直到下一个动能峰值出现。由于新构型的不平衡力总是在减小，重复以上过程，则体系最终会趋近平衡构型直至收敛。

如果采用运动阻尼，令 $\boldsymbol{C}=\boldsymbol{0}$，整理式(7.2.5)可得

$$\boldsymbol{v}^{t+\Delta t/2}=\boldsymbol{v}^{t-\Delta t/2}+\Delta t\boldsymbol{M}^{-1}\boldsymbol{R}^t \tag{7.2.6}$$

同时，$t+\Delta t$ 时刻节点坐标为

$$\boldsymbol{x}^{t+\Delta t}=\boldsymbol{x}^t+\boldsymbol{v}^{t+\Delta t/2}\Delta t \tag{7.2.7}$$

系统在 $t+\Delta t/2$ 时刻的动能 $E^{t+\Delta t/2}$ 可以通过式(7.2.8)表示

$$E^{t+\Delta t/2}=\frac{(\boldsymbol{M}\boldsymbol{v}^{t+\Delta t/2})^{\mathrm{T}}\boldsymbol{v}^{t+\Delta t/2}}{2} \tag{7.2.8}$$

如果当前系统动能小于上一时刻的系统动能，即 $E^{t+\Delta t/2}<E^{t-\Delta t/2}$，结构在 $t-3\Delta t/2$ 和 $t+\Delta t/2$ 之间的某个 t^* 时刻达到局部动能峰值(图 7.2.1)。假设 t^* 时刻距 t 时刻为 δt^*，则可用式(7.2.9)按抛物线插值近似确定

$$\delta t^*=\Delta t\cdot(E^{t-\Delta t/2}-E^{t+\Delta t/2})/(2E^{t-\Delta t/2}-E^{t+\Delta t/2}-E^{t-3\Delta t/2})=\gamma\Delta t \tag{7.2.9}$$

进而可得，t^* 时刻节点坐标为

$$\boldsymbol{x}^{t^*}=\boldsymbol{x}^{t+\Delta t}-\Delta t(1+\gamma)\boldsymbol{v}^{t+\Delta t/2}+\gamma\frac{\Delta t^2}{2}\boldsymbol{M}^{-1}\boldsymbol{R}^t \tag{7.2.10}$$

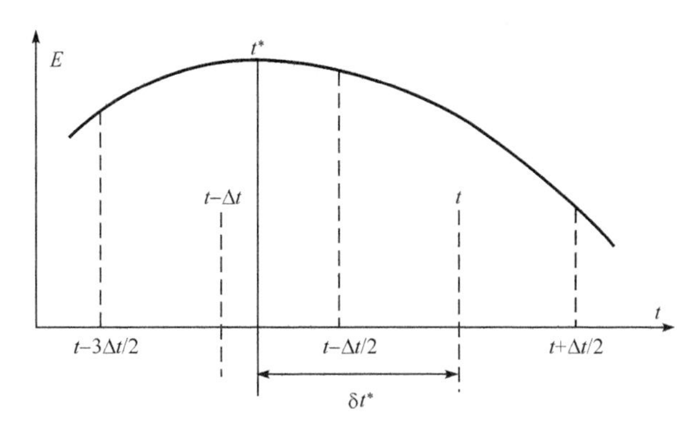

图 7.2.1　动能峰值

确定系统动能峰值后，需将各节点坐标重置为 t^* 时刻坐标，速度置零，重新开始迭代，实现“运动阻尼”。

更新 $t+\Delta t$ 时刻的节点坐标后，重新根据式(7.2.2)计算系统的 $\boldsymbol{R}$ 值。若满足收敛条件，计算结束；否则，继续计算直到收敛。

采用动力松弛法进行杆系机构找形时，有以下几个问题值得明确。

1. 初始化

假定体系在 $t=0$ 时刻从静止状态开始振动，即 $\boldsymbol{v}^0=0$。按直线差分可以得到 $\boldsymbol{v}^{-\Delta t/2}=-\boldsymbol{v}^{\Delta t/2}$，于是根据式(7.2.6)，可得

$$\boldsymbol{v}^{-\Delta t/2}=-\frac{\Delta t}{2}\boldsymbol{M}^{-1}\boldsymbol{R}^{t=0} \tag{7.2.11}$$

2. 虚设质量矩阵 $\boldsymbol{M}$

从式(7.2.6)可以看出，$\boldsymbol{M}$ 的设定是整个计算过程的关键参数。理论上讲，动力松弛法可以采用任意虚设质点质量。根据 Barnes 的建议[74]，节点各个方向的虚设质量可以相等，但为保证迭代过程的收敛性和稳定性，时间步 Δt 应该满足

$$\Delta t\leqslant\sqrt{2|\boldsymbol{M}|/|\boldsymbol{K}|} \tag{7.2.12}$$

式中，$|\boldsymbol{M}|$、$|\boldsymbol{K}|$ 分别为当前质量矩阵和刚度矩阵的行列式。式(7.2.12)表明，虚设质量大小与事先确定的时间步 Δt 相关时，计算时直接利用式(7.2.12)显然并不方便。一般的做法则是根据当前构型每一个节点 i 的最大可能刚度矩阵 $K_{i\max}$，按式(7.2.13)来逐个确定节点的质量 M_i：

$$M_i=\frac{\eta K_{i\max}\Delta t^2}{2} \tag{7.2.13}$$

式中，η 为刚度增大系数，通常计算时可取 $\eta=1$。当计算不容易收敛时，可适当增

大 η；当计算收敛很慢时，可适当减小 η 以加快收敛速度。节点 i 最大可能刚度 $\boldsymbol{K}_{i\max}$ 指的是与之相连的所有杆单元的最大可能刚度之和：

$$K_{i\max}=\sum_{k\in\Omega}\left(\frac{E_kA_k+t_k}{l_k}\right) \tag{7.2.14}$$

对照杆单元的刚度矩阵表达式(2.1.29)和式(2.1.30)可以发现，式中 E_kA_k/l_k、t_k/l_k 实际上为单元 k 对节点 i 可能提供的最大弹性刚度和几何刚度。其中 t_k、l_k 为迭代过程中单元 k 在当前构型下的轴力和长度。

3. 节点力的计算

对于求解过程的某个构型，式(7.2.2)中节点力 $\boldsymbol{F}_{ki}^t$ 的计算公式如下：

$$F_{ix}=t_k(x_j-x_i)/l_k;F_{iy}=t_k(y_j-y_i)/l_k;F_{iz}=t_k(z_j-z_i)/l_k \tag{7.2.15}$$

如果给定的预应力参数是单元预张力 $t_k^0(k=1,2,\cdots,b)$，则对于迭代过程中的各构型，式(7.2.15)总是取 $t_k=t_k^0(k=1,2,\cdots,b)$。但是如果给定的是单元的原长 $l_k^0(k=1,2,\cdots,b)$(无应力长度或加工长度)，t_k 采用式(7.2.16)计算：

$$t_k=\frac{E_kA_k}{l_k^0}(l_k-l_k^0) \tag{7.2.16}$$

4. 收敛性条件

动力松弛法计算的收敛准则一般可单独或同时采用以下两类条件：

(1) 不平衡力小于容许值，即 $\|\boldsymbol{R}^t\|<\varepsilon_R$。

(2) 相邻迭代步坐标差值小于容许值，即 $\|\boldsymbol{x}^{t+\Delta t}-\boldsymbol{x}^t\|<\varepsilon_x$。

7.3 有限元法

有限元法也是系统平衡状态的求解方法，因此也可作为杆系机构的找形方法。假定杆系机构当前 t 时刻构型的坐标为 $\boldsymbol{x}^t$，于是可按式(7.2.16)和式(7.2.15)计算各单元的轴力 $\boldsymbol{t}_k$ 和节点力 $\boldsymbol{F}_{ki}^t$，再根据式(7.2.2)计算节点的不平衡力 $\boldsymbol{R}_i^t$。如果所有节点的不平衡力满足 $\|\boldsymbol{R}^t\|<\varepsilon_R$，则当前构型 $\boldsymbol{x}^t$ 即为该杆系机构的平衡构型。如果 $\|\boldsymbol{R}^t\|\geqslant\varepsilon_R$，表明杆系机构在当前构型并不平衡，即在 $\boldsymbol{R}^t$ 作用下将产生位移 $\Delta\boldsymbol{d}^t$。根据有限元法的荷载位移增量方程(5.2.9)，可得以下近似关系：

$$\boldsymbol{K}_{\mathrm{T}}^t\Delta\boldsymbol{d}^t=\boldsymbol{R}^t \tag{7.3.1}$$

式中，$\boldsymbol{K}_{\mathrm{T}}^t$ 为当前 t 时刻构型下的切线刚度矩阵，可表达为

$$\boldsymbol{K}_{\mathrm{T}}^t=\boldsymbol{K}_0^t+\boldsymbol{K}_{\mathrm{g}}^t \tag{7.3.2}$$

式中，$\boldsymbol{K}_0^t$ 为机构在 t 时刻构型下的线弹性刚度矩阵，由所有单元的线弹性刚度矩

阵组集而成，形式见式(2.1.29)；$\boldsymbol{K}_{\mathrm{g}}^{t}$ 为机构在 t 时刻构型下的几何刚度矩阵，也由所有单元的几何刚度组集而成，形式见式(2.1.30)。

由式(7.3.1)求得 $\Delta\boldsymbol{d}^{t}$ 后，修改杆系机构的形状：

$$\boldsymbol{x}^{t+1}=\boldsymbol{x}^{t}+\Delta\boldsymbol{d}^{t} \tag{7.3.3}$$

即得到 $t+1$ 时刻的构型。然后针对新构型重新计算单元内力、节点力并对节点平衡条件进行判别。如果 $\|\boldsymbol{R}^{t+1}\|<\varepsilon_{R}$，则表明该构型即为所要求得的平衡构型。否则，需继续重复以上的迭代过程。

当事先假定的形状远离最终平衡构型时，杆系机构由于其几何可变的特性易造成 $\boldsymbol{K}_{\mathrm{T}}^{t}$ 奇异，引起方程式(7.3.1)的求解困难。这也是有限元法进行杆系机构找形的不足之处。此时，可以通过限制位移增量 $\Delta\boldsymbol{d}^{t}$ 或采用弧长法[75,76]等策略来保证系统不发生过大的位移但又向平衡构型靠近。弧长法求解策略将在第 8 章介绍。但应该注意，找形过程中机构形状越靠近最终平衡构型，系统的切向刚度矩阵 $\boldsymbol{K}_{\mathrm{T}}^{t}$ 的性态一般会越来越好，数值计算也会越来越稳定。

第 8 章　受荷杆系机构的运动

第 4 章讨论了杆系机构的可动性和运动路径问题，但主要是基于协调条件来分析系统的刚体位移性质。一般而言，对于有单一机构位移模态的杆系(如空间天线的可展背架，图 1.5.1)，其运动路径由刚体位移决定，因此可采用第 4 章理论进行运动分析。然而，实际工程中存在的杆系机构运动分析问题更为复杂，主要特点是机构位移模态并不唯一，而且运动形态还决定于所承受的荷载。图 1.5.5 所示的 Pantadome 系统是最典型的例子，其顶升成形过程涉及刚体位移和弹性变形的耦合。

对于受荷杆系机构，由于刚度矩阵易于奇异和刚体位移的存在，传统结构分析方法并非能直接应用于其运动分析。但是可以看到，像 Pantadome 类机构系统，其机构位移模态的数量总体不多，因此依然可以利用有限元法中处理结构非线性和刚度矩阵奇异性的一些策略来实现其运动路径的跟踪。本章将介绍一种以驱动杆长度为控制参数、基于有限元法的受荷杆系机构运动分析方法，并采用弧长法来进行运动路径的跟踪。本章还会对受荷杆系机构运动形态稳定性和路径分岔问题进行讨论，包括形态稳定性的判别条件、运动路径分岔条件、奇异点的定位方法以及分岔路径的跟踪方法等。

8.1　受荷杆系机构的工程特点

观察图 1.5.5 所示的 Pantadome 系统和图 1.5.7 所示的折叠展开式柱面网壳的顶升或提升过程，可以发现此类受荷杆系机构的运动形态分析具有以下特点：

(1) 驱动这些机构运动的直接原因是某些杆件产生伸长或缩短。Pantadome 利用顶升杆的伸长来驱动系统运动，而折叠展开式柱面网壳的运动是由提升索的不断缩短引起的。这些“驱动杆件”的长度或伸长量可作为机构运动分析的控制参数。

(2) 这些杆系机构的运动过程是缓慢的，惯性力可忽略，因此其运动分析并不属于动力学问题。

(3) 运动路径中，机构的构型变化不仅取决于协调条件，还应满足外荷载与系统内力的平衡，即运动形态与外荷载相关。

根据上述特点，可将受荷杆系机构的运动路径看成由随控制参数变化的连续静力平衡构型组成，因此其运动分析的实质就是求解随控制参数变化的系统静力平衡构型。具体可描述为，在已知系统拓扑、边界约束、单元原长和轴向刚度、外荷载条件下，求解与当前控制参数值相对应的系统平衡形状及内力。

8.2　运动路径跟踪的有限元法

8.2.1　基本方程

1. 基本假定

(1) 机构仅由两端铰接的杆单元组成。

(2) 外荷载仅作用在节点上，且运动过程中外荷载不变。

(3) 杆件材料满足胡克定律和小应变假定。

(4) 杆系机构运动过程中，所有驱动杆件的伸长(或缩短)量等比例变化。

2. 运动方程

取运动路径上任一平衡构型 G_0 为参考构型。当杆件发生伸长 $\boldsymbol{e}_0=\{e_1^0,e_2^0,\cdots,e_b^0\}^{\mathrm{T}}$ 后，系统运动到一个新的平衡构型 G。根据 3.3 节和 4.1 节的理论，此时系统应满足以下三个基本方程。

平衡方程：
$$\boldsymbol{A}\boldsymbol{t}=\boldsymbol{p} \tag{8.2.1}$$

协调方程：
$$\overline{\boldsymbol{B}}\boldsymbol{d}=\boldsymbol{e} \tag{8.2.2}$$

物理方程：
$$\boldsymbol{t}=\boldsymbol{t}_0+\boldsymbol{M}(\boldsymbol{e}-\boldsymbol{e}_0) \tag{8.2.3}$$

式中，$\boldsymbol{t}_0$ 为构型 G_0 时杆件的轴力向量；$\overline{\boldsymbol{B}}=\boldsymbol{B}_{\mathrm{L}}+1/2\boldsymbol{B}_{\mathrm{N1}}(\boldsymbol{d})+o(\boldsymbol{d})$ 为考虑几何非线性的协调矩阵，$\boldsymbol{B}_{\mathrm{L}}$ 和 $\boldsymbol{B}_{\mathrm{N1}}(\boldsymbol{d})$ 的具体形式分别见式(3.3.3)和式(4.1.2)。如前所述，杆件的主动伸长量 $\boldsymbol{e}_0$ 可作为运动方程的控制参数。由于假定所有驱动杆的伸长(或缩短)量等比例变化，则 $\boldsymbol{e}_0=\mu\bar{\boldsymbol{e}}_0$，其中向量 $\bar{\boldsymbol{e}}_0$ 是各驱动杆长度变化速率的比值(注意，非驱动杆件对应的元素为零)，于是增量因子 μ 可作为控制变量。由式(8.2.1)～式(8.2.3)易得到杆系机构运动方程的全量表达式为

$$\boldsymbol{E}(\boldsymbol{d},\mu)=\boldsymbol{A}\boldsymbol{t}_0+\boldsymbol{A}\boldsymbol{M}\overline{\boldsymbol{B}}\boldsymbol{d}-\mu\boldsymbol{A}\boldsymbol{M}\bar{\boldsymbol{e}}_0-\boldsymbol{p}=\boldsymbol{0} \tag{8.2.4}$$

同样采用 5.3 节的方法对式(8.2.4)进行变分，并针对构型 G_0 采用 U.L. 列式描述，且注意 $\boldsymbol{A}=\boldsymbol{B}_{\mathrm{L}}^{\mathrm{T}}$，可得以上运动方程的增量表达式：

$$\boldsymbol{K}_{\mathrm{T}}\delta\boldsymbol{d}=\delta\mu(\boldsymbol{B}_{\mathrm{L}}^{\mathrm{T}}\boldsymbol{M}\bar{\boldsymbol{e}}_0)+\delta\boldsymbol{p} \tag{8.2.5}$$

式中，$\boldsymbol{K}_{\mathrm{T}}=\boldsymbol{K}_0+\boldsymbol{K}_{\mathrm{g}}$ 为系统的切线刚度矩阵，其中 $\boldsymbol{K}_0$ 和 $\boldsymbol{K}_{\mathrm{g}}$ 的表达式分别见式(5.3.9)和(5.3.10)。由于假定杆系机构运动过程中外荷载不变，即 $\delta\boldsymbol{p}=0$，则式(8.2.5)可表示为

$$\boldsymbol{K}_{\mathrm{T}}\delta\boldsymbol{d}=\delta\mu\overline{\boldsymbol{\Phi}} \tag{8.2.6}$$

式中，$\overline{\boldsymbol{\Phi}}=\boldsymbol{B}_{\mathrm{L}}^{\mathrm{T}}\boldsymbol{M}\bar{\boldsymbol{e}}_0$。应注意，$\overline{\boldsymbol{\Phi}}$ 的物理意义为由驱动杆件长度变化 $\bar{\boldsymbol{e}}_0$ 造成的节点力，可称为“单位驱动力”。

8.2.2　弧长法求解策略

式(8.2.4)其实就是一个有限元方程，无非是控制变量由通常的荷载增量因子变成为驱动杆长度变化速率增量因子 μ。如果杆系机构的自由度为 $N=3J-c$，则式(8.2.4)实际上含 N 个非线性方程，进一步可采用弧长法进行求解。弧长法最初由 Riks[75] 提出，并由 Crisfield[76-79] 等加以修正和发展的一种结构非线性平衡路径的求解方法，其特点是可克服常规牛顿法无法跨越平衡路径上临界点的困难，并能自动调节控制变量增量步长以实现平衡路径全过程的跟踪。弧长法是目前非线性计算中最稳定的迭代求解策略之一[80]。

式(8.2.4)中包括 $\delta\mu$ 和 $\delta\boldsymbol{d}$ 在内共有 $N+1$ 个未知量。根据弧长法的基本思想，在迭代求解过程中的任意一个增量步 k，可补充一个步长控制方程：

$$(\Delta\boldsymbol{d}^k)^{\mathrm{T}}\Delta\boldsymbol{d}^k+(\Delta\mu^k)^2\overline{\boldsymbol{\Phi}}^{\mathrm{T}}\overline{\boldsymbol{\Phi}}=(\Delta S^k)^2 \tag{8.2.7}$$

式中，$\Delta\boldsymbol{d}^k$、$\Delta\mu^k$ 和 ΔS^k 分别为第 k 个增量步的节点位移向量增量、控制变量增量和控制弧长。联立式(8.2.4)和式(8.2.7)并进行迭代计算，可求得同时满足平衡条件和给定弧长的 $\Delta\boldsymbol{d}^k$ 和 $\Delta\mu^k$。

以第 k 个增量步为例(图 8.2.1)来阐述弧长法的计算过程。给定 ΔS^k，首先进行预测步的计算。利用式(8.2.6)和式(8.2.7)，可按式(8.2.8)和式(8.2.9)求解 $\Delta\boldsymbol{d}^k$ 和 $\Delta\mu^k$ 的初始预测值($\Delta\boldsymbol{d}_0^k$，$\Delta\mu_0^k$)：

$$\Delta\mu_0^k=\frac{\pm\Delta S^k}{\sqrt{(\boldsymbol{d}_{\overline{\boldsymbol{\Phi}}}^k)^{\mathrm{T}}\boldsymbol{d}_{\overline{\boldsymbol{\Phi}}}^k+1}} \tag{8.2.8}$$

$$\Delta\boldsymbol{d}_0^k=\Delta\mu_0^k\boldsymbol{d}_{\overline{\boldsymbol{\Phi}}}^k \tag{8.2.9}$$

式中，$\boldsymbol{d}_{\overline{\boldsymbol{\Phi}}}^k=[(\boldsymbol{K}_{\mathrm{T}})^{k-1}]^{-1}\overline{\boldsymbol{\Phi}}$，即单位驱动力作用下的位移增量。注意式(8.2.8)中，$\Delta\mu_0^k$ 的正负号将决定跟踪分析是向前还是返回，一般引入当前刚度参数 S_{p}[81] 来决定 $\Delta\mu_0^k$ 的取值。刚度参数的定义和方向判断依据

$$S_{\mathrm{p}}=\frac{(\Delta\mu^{k-1}\overline{\boldsymbol{\Phi}})^{\mathrm{T}}(\Delta\mu^{k-1}\overline{\boldsymbol{\Phi}})}{(\Delta\mu^{k-1}\overline{\boldsymbol{\Phi}})^{\mathrm{T}}\Delta\boldsymbol{d}^{k-1}} \tag{8.2.10}$$

$$\Delta\mu_0^k=\begin{cases}\mathrm{sign}(S_{\mathrm{p}})\,|\Delta\mu_0^k|, & S_{\mathrm{p}}\neq 0\\ -\mathrm{sign}(\mu^{k-1})\,|\Delta\mu_0^k|, & S_{\mathrm{p}}=0\end{cases} \tag{8.2.11}$$

式中，$\Delta\mu^{k-1}$、$\Delta\boldsymbol{d}^{k-1}$ 为第 $k-1$ 增量步的控制变量增量和位移增量；$\mathrm{sign}(S_{\mathrm{p}})$ 代表 S_{p} 的正负号。在求得初始预测值($\Delta\boldsymbol{d}_0^k$，$\Delta\mu_0^k$)后，令 $i=1$，计算

$$\boldsymbol{d}_i^k=\boldsymbol{d}^{k-1}+\Delta\boldsymbol{d}_{i-1}^k \tag{8.2.12}$$

$$\mu_i^k=\mu^{k-1}+\Delta\mu_{i-1}^k \tag{8.2.13}$$

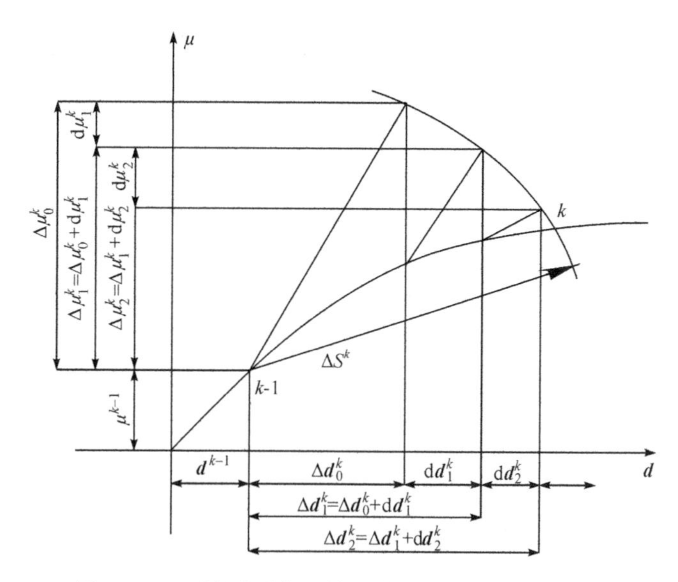

图 8.2.1　弧长法进行机构运动路径跟踪的迭代过程

将$(\boldsymbol{d}_i^k,\mu_i^k)$代入式(8.2.4)便可计算此构型下 $\boldsymbol{E}$ 的残值。如果满足给定的收敛条件$|\boldsymbol{E}|<\varepsilon_{\boldsymbol{E}}$，则开始第 $k+1$ 个增量步的计算。如果不满足，则根据如下两式进行“修正步”计算：

$$(\boldsymbol{K}_{\mathrm{T}})_{i-1}^k \mathrm{d}\boldsymbol{d}_i^k - \mathrm{d}\mu_i^k \overline{\boldsymbol{\Phi}} = -\boldsymbol{E} \tag{8.2.14}$$

$$(\Delta\boldsymbol{d}_{i-1}^k)^{\mathrm{T}} \mathrm{d}\boldsymbol{d}_i^k + \Delta\mu_{i-1}^k \mathrm{d}\mu_i^k \overline{\boldsymbol{\Phi}}^{\mathrm{T}} \overline{\boldsymbol{\Phi}} = 0 \tag{8.2.15}$$

式中，$\mathrm{d}\boldsymbol{d}_i^k$ 和 $\mathrm{d}\mu_i^k$ 分别为位移和控制变量的修正值。令 $\mathrm{d}\boldsymbol{d}_{\boldsymbol{E}}^k = -(\boldsymbol{K}_{\mathrm{T}})_{i-1}^k \boldsymbol{E}$，$\boldsymbol{d}_{\boldsymbol{\Phi}} = -(\boldsymbol{K}_{\mathrm{T}})_{i-1}^k \overline{\boldsymbol{\Phi}}$，$\mathrm{d}\mu_i^{\mathrm{k}}$ 可以根据如下公式求得：

$$b_1(\mathrm{d}\mu_i^k)^2 + b_2 \mathrm{d}\mu_i^k + b_3 = 0 \tag{8.2.16}$$

式中，$b_1 = \boldsymbol{d}_{\boldsymbol{\Phi}}^{\mathrm{T}} \boldsymbol{d}_{\boldsymbol{\Phi}} + \overline{\boldsymbol{\Phi}}^{\mathrm{T}} \overline{\boldsymbol{\Phi}}$；$b_2 = 2\boldsymbol{d}_{\boldsymbol{\Phi}}^{\mathrm{T}}(\Delta\boldsymbol{d}_{i-1}^k + \mathrm{d}\boldsymbol{d}_{\boldsymbol{E}}^k) + 2\Delta\mu_{i-1}^k \overline{\boldsymbol{\Phi}}^{\mathrm{T}} \overline{\boldsymbol{\Phi}}$；$b_3 = (\Delta\boldsymbol{d}_{i-1}^k + \mathrm{d}\boldsymbol{d}_{\boldsymbol{E}}^k)^{\mathrm{T}} (\Delta\boldsymbol{d}_{i-1}^k + \mathrm{d}\boldsymbol{d}_{\boldsymbol{E}}^k) + (\Delta\mu_{i-1}^k)^2 \overline{\boldsymbol{\Phi}}^{\mathrm{T}} \overline{\boldsymbol{\Phi}} - (\Delta S^k)^2$。

将求得的 $\mathrm{d}\mu_i^k$ 代入式(8.2.14)，即可求得 $\mathrm{d}d_i^k$。注意到式(8.2.16)为一元二次方程，$\mathrm{d}\mu_i^k$ 有两个解。根据 Crisfield 的理论[77]，选择与上一个位移增量 $\Delta\boldsymbol{d}_{i-1}^k$ 夹角较小的那个解。求得$(\mathrm{d}d_i^k,\mathrm{d}\mu_i^k)$后，计算

$$\Delta\boldsymbol{d}_i^k = \Delta\boldsymbol{d}_{i-1}^k + \mathrm{d}\boldsymbol{d}_i^k \tag{8.2.17}$$

$$\Delta\mu_i^k = \Delta\mu_{i-1}^k + \mathrm{d}\mu_i^k \tag{8.2.18}$$

令 $i=i+1$，将式(8.2.17)和式(8.2.18)代入式(8.2.12)和式(8.2.13)中，重新迭代计算，直至收敛。

以上计算中，弧长 ΔS^k 是人为设定的，其取值大小决定迭代过程的收敛性和计算时间。实际计算时，也可采用 Bellini 等[82]提出的自动弧长控制方法，即取

$\Delta S^k=\sqrt{\overline{N}/\widetilde{N}^{k-1}}\Delta S^{k-1}$，其中 $\overline{N}$ 为预先设定的迭代次数，$\widetilde{N}^{k-1}$ 是上一增量步的迭代次数。

8.2.3　平面连杆机构的提升形态

图 8.2.2 所示为一正放四角锥柱面网壳的剖面图，其上弦曲线由三段不同圆心的弧线构成，具体几何参数也列于图中。上弦杆将网壳剖面的三段圆弧等分为 39 份。参照折叠展开式柱面网壳提升施工方法的要求，沿柱面母线方向拆除多道上弦或下弦杆，可将网壳划分为如图 8.2.3(a)和(b)所示的可动机构系统，并分别简化为五连杆或七连杆模型。简化模型中，设各杆轴向刚度(EA)均为 4.12×10^{11}N，机构法施工时提升吊索(图 8.2.4 和图 8.2.6)的轴向刚度均取 1.7×10^9N。网壳总重 G=2500kN，假定沿着圆弧方向均匀分布，故各杆重量可按比例确定，并等分到两端节点上，不考虑吊索重量。

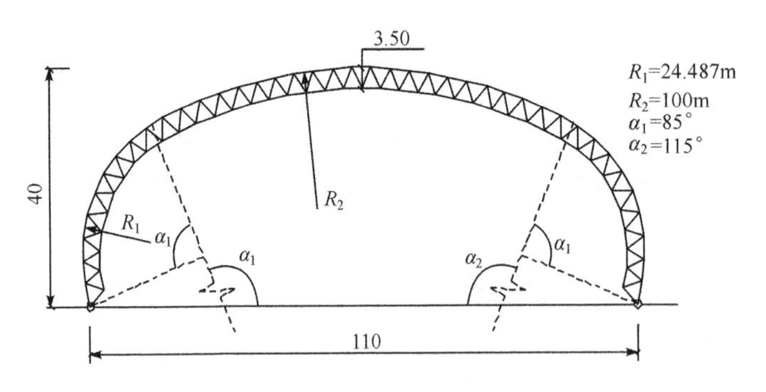

图 8.2.2　正放四角锥柱面网壳剖面(长度单位：m)

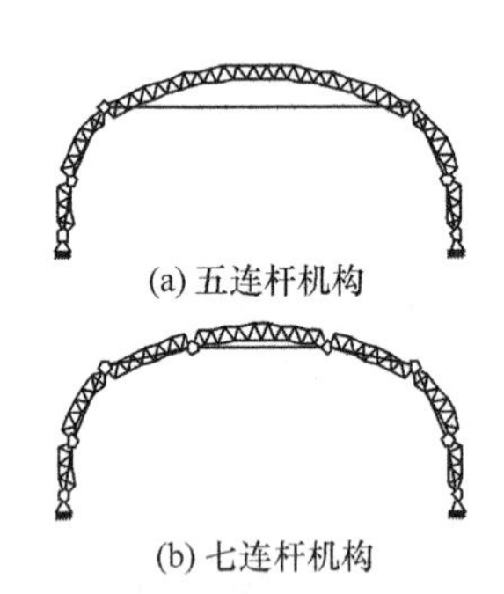

图 8.2.3　简化的连杆机构

1. 平面五连杆机构

对图 8.2.3(a)所示的五连杆机构布置两根吊索(按杆单元处理)进行对称提升，机构分析模型的单元和节点编号如图 8.2.4 所示，其中各杆重量分别为：$G_1=(3/39)G$，$G_2=(5/39)G$，$G_3=(13/39)G$。由于仅吊索单元[6]、[7]为驱动杆，其他杆件原长不变，故 $\boldsymbol{\bar{e}}_0=\{0,0,0,0,0,-1,-1\}^{\mathrm{T}}$。连杆机构初始态和设计态(图 8.2.4)的节点坐标见表 8.2.1，包含吊索在内系统的机构位移模态数为 1。对提升过程系统的形态进行分析，表 8.2.2 列出了运动路径中各提升步的节点坐标，同时形状变化如图 8.2.5 所示。

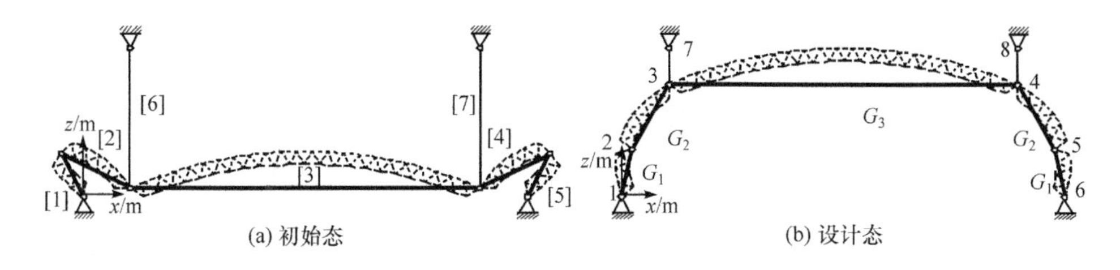

图 8.2.4　五连杆机构的单元和节点编号

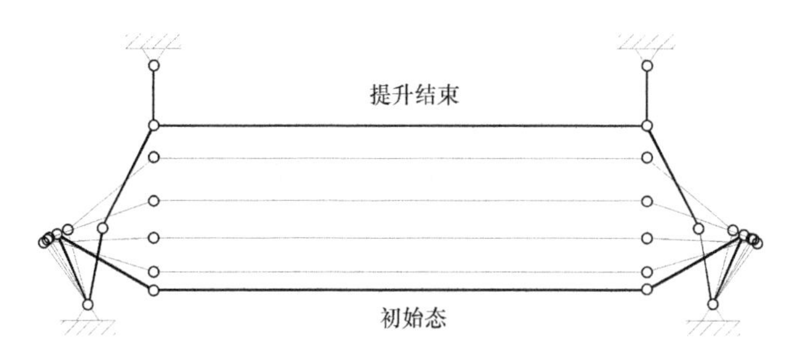

图 8.2.5　五连杆机构提升过程形状变化

从表 8.2.2 以及图 8.2.5 中可以看出，五连杆提升稳步进行，在 $\mu=27.7351$ 时，形态到达设计态，提升过程终止。

表 8.2.1　五连杆机构初始态和设计态各节点坐标　　(单位：m)

节点号		1	2	3	4	5	6	7	8
初始态	x	0	−5.596	11.583	98.417	115.596	110	11.583	98.417
	z	0	11.706	2.324	2.324	11.706	0	40	40
设计态	x	0	2.468	11.583	98.417	107.532	110	11.583	98.417
	z	0	12.738	30.060	30.060	12.738	0	40	40

表 8.2.2　五连杆机构主路径各提升步的节点坐标　　(单位：m)

k	μ	x_2	z_2	x_3	z_3	x_4	z_4	x_5	z_5
0	初始态	−5.596	11.706	11.583	2.324	98.417	2.324	115.596	11.706
50	3.0580	−7.234	10.771	11.583	5.381	98.417	5.381	117.234	10.771
104	8.6084	−7.977	10.233	11.583	10.983	98.417	10.983	117.977	10.233
140	14.9225	−6.953	10.955	11.583	17.244	98.417	17.244	116.953	10.955
180	22.2209	−3.779	12.412	11.583	24.542	98.417	24.542	113.779	12.412
244	27.7351	2.461	12.739	11.583	30.058	98.417	30.058	107.539	12.739
—	设计态	2.468	12.738	11.583	30.060	98.417	30.060	107.532	12.738

2. 平面七连杆机构

对于图 8.2.3(b)中的七连杆机构，设置 4 根不对称的吊索进行提升分析。系统的单元和节点编号如图 8.2.6(a)所示，各杆重量分别为 $G_1=(3/39)G$，$G_2=(5/39)G$，$G_3=(6.5/39)G$，$G_4=(10/39)G$。由于吊索的布置是不对称的，易知连杆机构在图 8.2.6(a)所示的初始态构型下并不能保持平衡，于是首先求解其实际平衡构型并作为运动路径跟踪的初始平衡态，如图 8.2.6(c)所示。表 8.2.3 给出初始平衡状态和设计态的节点坐标，包含吊索在内系统的机构位移模态数也为 1。吊索单元[8]～[11]作为驱动单元，此时 $\bar{e}_0=\{0,0,0,0,0,0,0,-0.8415,-1,-1,-0.8284\}^{\mathrm{T}}$。

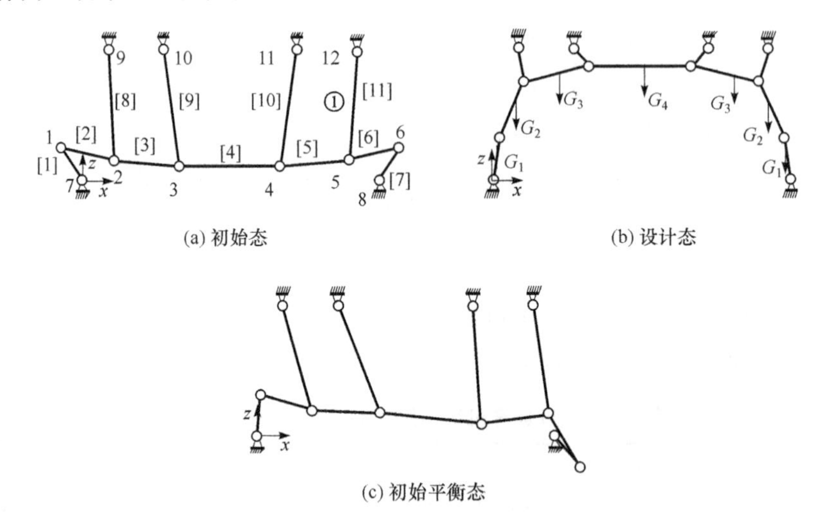

(c) 初始平衡态

图 8.2.6　七连杆机构模型单元和节点编号

采用前述方法对系统的提升过程进行分析。表 8.2.4 给出了所求得的各提升步的节点坐标，图 8.2.7 为连杆机构提升过程的运动形态。从表 8.2.4 和图 8.2.7中可以看出，提升过程在 $\mu=27.87$ 附近发生形态突变，具体表现为节点 1 和节点 6 的突然“塌落”，如图 8.2.7 中粗虚线所示。发生塌落后，七连杆机构无法继续提升至设计态。可见该分段形式和提升策略将不能让网壳提升就位。

表 8.2.3　七连杆机构初始态和设计态各节点坐标　　(单位:m)

节点号		7	1	2	3	4	5	6	8	9	10	11	12
初始态	x	0	−7.950	11.243	36.272	73.728	98.757	117.950	110	10	30	80	102
	z	0	10.254	6.412	4.333	4.333	6.412	10.254	0	40	40	40	40
设计态	x	0	2.468	11.583	36.272	73.728	98.417	107.532	110	10	30	80	102
	z	0	12.738	30.060	34.665	34.665	30.060	12.738	0	40	40	40	40

表 8.2.4　七连杆机构主路径各提升步的节点坐标　(单位:m)

k	μ	x_1	z_1	x_2	z_2	x_3	z_3	x_4	z_4	x_5	z_5	x_6	z_6
0	初始平衡态	1.510	12.887	20.480	8.063	45.584	7.308	82.884	3.902	107.838	6.744	119.039	−9.308
190	12.6502	−6.767	11.071	11.853	17.107	36.965	17.488	74.418	17.106	99.532	16.863	117.955	10.250
240	18.5566	−5.058	11.949	11.689	22.082	36.753	23.683	74.207	23.319	99.277	21.828	115.930	11.541
290	23.0668	−2.761	12.678	11.674	25.897	36.532	28.604	74.092	28.254	99.072	25.657	113.547	12.481
367	28.8617	**3.052**	**12.611**	11.981	30.029	36.620	34.901	74.067	34.119	98.812	29.822	**108.658**	**12.905**
368	27.8782	**6.799**	**11.051**	11.731	29.993	36.408	34.664	73.862	34.356	98.581	29.909	**102.803**	**10.796**

注:下划线处坐标发生突变。

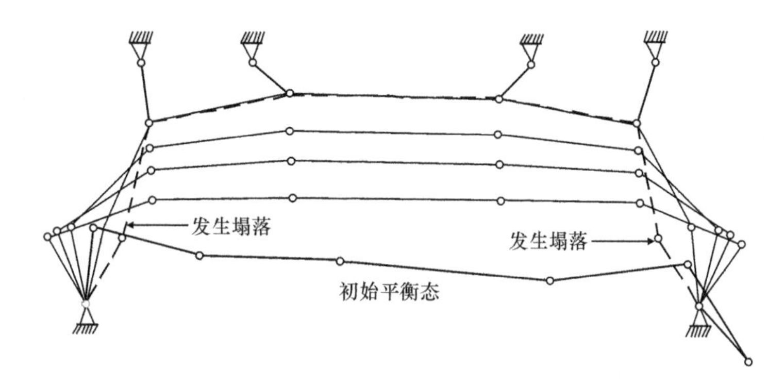

图 8.2.7　七连杆机构不对称提升过程的运动形态

8.2.4　空间杆系机构的顶升形态

图 8.2.8 所示为一个模仿 Pantadome 系统的简化空间杆系机构。初始态下,除了中心顶点,由内至外每六个节点分别位于图中三个虚线圆的内接正六边形的角点上,外圈的节点为固定铰接节点,最内圈节点为顶升点,每个顶升点下设一根顶升杆。易知,该顶升机构的自由节点数为 13,自由度数为 39,单元数为 36,机构位移模态数为 $m=3$。初始态时[图 8.2.9(a)],顶点 z 向坐标为 3,内圈节点 z 向坐标为 1,中圈节点 z 向坐标为 8.516。通过伸长顶升杆,将此空间杆系机构逐渐顶升至设计态[图 8.2.9(b)]。考虑结构的轴对称,设计态部分节点的 z 向坐标列于表 8.2.5 中。设杆件弹性模量为 1×10^5,截面积为 1,杆件单位长度的重量为 0.1,但不计顶升杆重量。

图 8.2.10 为空间杆系顶升过程的剖面示意图,表 8.2.5 列出了顶升过程中部分节点的 z 向坐标。从表中可以发现,顶升过程中系统发生了两次形状突变:在 $\mu=16.15$ 附近,中圈节点发生塌落;$\mu=17.60$ 时,机构即将接近设计态,但顶点随后发生塌落(见图 8.2.10 中粗虚线)。整个顶升过程中,中圈节点和内圈节点分别保持在一个水平面上。

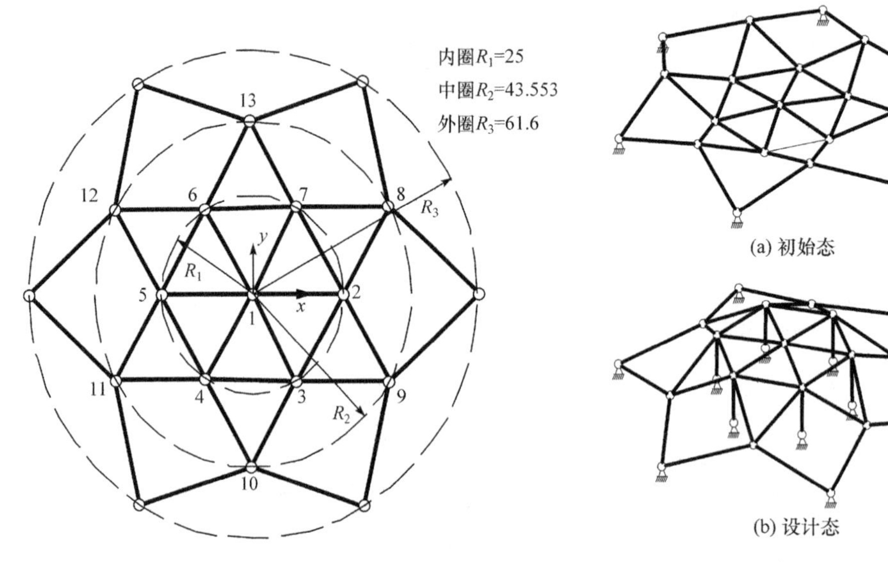

图 8.2.8　简化空间杆系机构初始态俯视图　　　图 8.2.9　空间杆系机构轴侧图

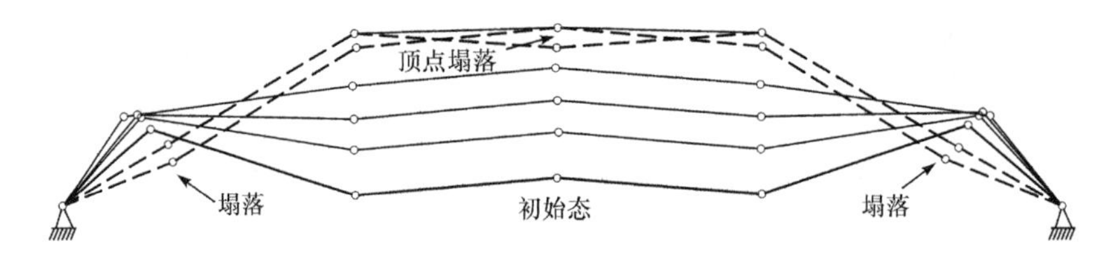

图 8.2.10　空间杆系机构顶升过程的剖面示意图

表 8.2.5　机构运动路径部分节点 z 向坐标

k	μ	z_1	z_2	z_4	z_6	z_8	z_{10}	z_{12}
0	初始态	3	1	1	1	8.516	8.516	8.516
20	0.340779	3.23503	1.24017	1.24017	1.24017	8.58279	8.58268	8.58279
50	10.683105	13.65521	11.65848	11.65848	11.65848	9.69643	9.69628	9.69643
80	14.760165	17.61084	15.6063	15.6063	15.6063	8.74249	8.74228	8.74249
127	16.151801	19.17498	17.121	17.121	17.121	**7.02101**	**7.02101**	**7.02101**
128	16.152203	19.07047	17.13078	17.13078	17.13078	**4.75347**	**4.75373**	**4.75347**
200	16.504918	19.35893	17.47748	17.47748	17.47748	5.67874	5.679	5.67874
300	17.016679	19.54328	17.97453	17.97453	17.97453	6.36167	6.36166	6.36167
412	17.601736	**19.36524**	18.54887	18.54887	18.54887	6.72367	6.72363	6.72367
416	17.607101	**17.14680**	18.58445	18.58445	18.58445	6.74566	6.74562	6.74566
—	设计态	19.365	18.548	18.548	18.548	6.724	6.724	6.724

注：下划线处坐标发生突变。

8.3　运动形态的稳定性分析

8.2 节的算例分析表明，当受荷杆系机构运动到特定构型时，平衡内力不再能保证形态的稳定性，便会发生形状突变而偏离期望的运动路径。可见，对运动过程中系统平衡形态的稳定性进行判别，也是受荷杆系机构运动分析的重要内容。

8.3.1　稳定性判别

第 5 章已讨论了受荷杆系机构的稳定条件，指出其稳定性可以利用系统势能的二阶变分

$$\delta^2 \boldsymbol{\Pi} = \frac{1}{2}\delta^{\mathrm{T}}\boldsymbol{d}\boldsymbol{K}_{\mathrm{T}}\delta\boldsymbol{d} = \frac{1}{2}\delta^{\mathrm{T}}\boldsymbol{d}(\boldsymbol{K}_0 + \boldsymbol{K}_{\mathrm{g}})\delta\boldsymbol{d} \tag{8.3.1}$$

来判别，而 $\delta^2\boldsymbol{\Pi}$ 的正负性则等价于切线刚度矩阵 $\boldsymbol{K}_{\mathrm{T}}$ 的正定性与否。根据线性代数知识[83]易知，$\boldsymbol{K}_{\mathrm{T}}$ 的正定性又可通过其特征值的大小来反映。令 $\boldsymbol{K}_{\mathrm{T}}$ 的最小特征值为 $\lambda_{\min}$，于是机构系统稳定性的判别准则可以表示为

$$\begin{cases} \lambda_{\min} > 0, & \text{稳定平衡状态} \\ \lambda_{\min} = 0, & \text{临界平衡状态} \\ \lambda_{\min} < 0, & \text{不稳定平衡状态} \end{cases} \tag{8.3.2}$$

由式(8.3.2)易知，如果运动过程中 $\lambda_{\min}$ 发生变号，则说明机构在运动过程中经历了临界平衡构型(奇异点)。奇异点对应的构型是机构运动路径中的重要构型。根据稳定理论[53]，奇异点又可分为极值点和分岔点，然而要判别属于何种失稳类型以及跟踪可能的分岔路径，严格取决于奇异点对应的系统切线刚度矩阵性质，因此也就需要对奇异点进行精确定位。

8.3.2　机构运动路径上的奇异点

1. 判别条件

杆系机构当前平衡状态下的切线刚度矩阵 $\boldsymbol{K}_{\mathrm{T}}$ 为实对称方阵($N\times N$)。对 $\boldsymbol{K}_{\mathrm{T}}$ 进行特征值分解：

$$\boldsymbol{K}_{\mathrm{T}}\boldsymbol{\theta} = \boldsymbol{\theta}\boldsymbol{\Lambda} \tag{8.3.3}$$

式中，$\boldsymbol{\theta}=[\boldsymbol{\theta}_1,\cdots,\boldsymbol{\theta}_j,\cdots,\boldsymbol{\theta}_N]$，$\boldsymbol{\Lambda}=\mathrm{diag}(\lambda_1,\cdots,\lambda_j,\cdots,\lambda_N)$，其中 $\boldsymbol{\theta}_j(j=1,2,\cdots,N)$ 为特征值 λ_j 对应的特征向量并相互正交，且满足 $\boldsymbol{\theta}_j^{\mathrm{T}}\boldsymbol{\theta}_j=1$。于是，式(8.3.3)可改写为

$$\boldsymbol{K}_{\mathrm{T}} = \sum_{j=1}^{N}\lambda_j\boldsymbol{\theta}_j\boldsymbol{\theta}_j^{\mathrm{T}} \tag{8.3.4}$$

将式(8.3.4)代入机构运动增量方程(8.2.6),可得

$$\sum_{j=1}^{N}\lambda_j\boldsymbol{\theta}_j\boldsymbol{\theta}_j^{\mathrm{T}}\delta\boldsymbol{d}=\delta\mu\bar{\boldsymbol{\Phi}} \tag{8.3.5}$$

当 $\lambda_{\min}>0$ 时,易知式(8.3.5)对于给定的非零 $\delta\mu$ 和 $\delta\boldsymbol{d}$ 有且仅有一个非零解,表明此状态下若驱动杆长度发生微小改变,则系统的运动方向是唯一的。但对于 $\lambda_{\min}=0$ 的奇异点,若此时包括 $\lambda_{\min}$ 在内共存在 m 个零特征值 $\lambda_i=0(i=1,2,\cdots,m)$,则式(8.3.5)可以写成

$$\left(\sum_{i=1}^{m}\lambda_i\boldsymbol{\theta}_i\boldsymbol{\theta}_i^{\mathrm{T}}+\sum_{j=m+1}^{N}\lambda_j\boldsymbol{\theta}_j\boldsymbol{\theta}_j^{\mathrm{T}}\right)\delta\boldsymbol{d}=\delta\mu\bar{\boldsymbol{\Phi}} \tag{8.3.6}$$

式中,$\boldsymbol{\theta}_i$ 特指零特征值 λ_i 对应的特征向量。

在式(8.3.6)两边左乘矩阵 $\boldsymbol{\Theta}=[\boldsymbol{\theta}_1,\cdots,\boldsymbol{\theta}_i,\cdots,\boldsymbol{\theta}_m]$,可得

$$\left(\sum_{i=1}^{m}\lambda_i\boldsymbol{\Theta}^{\mathrm{T}}\boldsymbol{\theta}_i\boldsymbol{\theta}_i^{\mathrm{T}}+\sum_{j=m+1}^{N}\lambda_j\boldsymbol{\Theta}^{\mathrm{T}}\boldsymbol{\theta}_j\boldsymbol{\theta}_j^{\mathrm{T}}\right)\delta\boldsymbol{d}=\delta\mu\boldsymbol{\Theta}^{\mathrm{T}}\bar{\boldsymbol{\Phi}} \tag{8.3.7}$$

考虑到 $\lambda_i=0$ 以及不同特征向量间的正交性,即 $\boldsymbol{\Theta}^{\mathrm{T}}\boldsymbol{\theta}_j=\boldsymbol{0}(j=m+1,m+2,\cdots,N)$,于是当且仅当 $\delta\mu\boldsymbol{\Theta}^{\mathrm{T}}\bar{\boldsymbol{\Phi}}=\boldsymbol{0}$ 时,式(8.3.7)中的 $\delta\boldsymbol{d}$ 有非平凡解。因此,奇异点可以分为以下两种情况:

(1) 当 $\boldsymbol{\Theta}^{\mathrm{T}}\bar{\boldsymbol{\Phi}}\neq\boldsymbol{0}$时,对于非零的 $\delta\mu$ 和 $\delta\boldsymbol{d}$ 无解。说明该状态下若驱动杆长度发生微小改变,系统沿当前的运动趋势无法找到与之对应的平衡构型。为满足势能最小的原则,系统会发生形状突变(失稳)以寻求新的平衡构型。

(2) 当 $\boldsymbol{\Theta}^{\mathrm{T}}\bar{\boldsymbol{\Phi}}=\boldsymbol{0}$时,对于非零的 $\delta\mu$,$\delta\boldsymbol{d}$ 存在多解,则说明机构虽然延续当前运动趋势的平衡形态不稳定,但是可以沿非零 $\delta\boldsymbol{d}$ 方向运动,即出现了分岔路径。这时的奇异点又称为“分岔点”。

综上分析可知,机构运动中分岔点的判别条件为:$\lambda_{\min}=0$ 且 $\boldsymbol{\Theta}^{\mathrm{T}}\bar{\boldsymbol{\Phi}}=\boldsymbol{0}$。注意,$\boldsymbol{\Theta}$ 其实是切线刚度矩阵零空间基底,即满足 $\boldsymbol{K}_{\mathrm{T}}\boldsymbol{\Theta}=\boldsymbol{0}$。

2. 奇异点的精确求解

前面谈到,要判断受荷机构运动到临界构型时是否存在分岔路径,就必须对奇异点进行精确求解。根据式(8.2.4)和式(8.3.2),杆系机构运动路径的奇异点应同时满足

$$\boldsymbol{E}(\boldsymbol{d},\mu)=\boldsymbol{0}\ \text{且}\ \lambda_i=0,\quad i=1,2,\cdots,m \tag{8.3.8}$$

式中,第一式为平衡条件;第二式为零特征值条件。

参考式(8.2.6),当采用牛顿法对式(8.3.8)进行迭代求解时,其增量迭代式为

$$\boldsymbol{K}_{\mathrm{T}}\mathrm{d}\boldsymbol{d}-\mathrm{d}\mu\bar{\boldsymbol{\Phi}}=-\boldsymbol{E},\quad \mathrm{d}\lambda_i=-\lambda_i \tag{8.3.9}$$

式中,$\mathrm{d}\lambda_i$ 为由位移变化量 $\mathrm{d}\boldsymbol{d}$ 引起的特征值变化量。

取奇异点附近的一个最小特征值 $\lambda_1^k\neq0$ 的平衡构型作为初始构型。对于奇异

点处的 m 个零特征值，先近似认为求解奇异点的过程中均等于 λ_1^k。此时，由 $\mathrm{d}\boldsymbol{d}^k$ 引起的特征值变化量 $\mathrm{d}\lambda_1^k$ 的关系可表示为

$$\mathrm{d}\lambda_1^k = \Lambda\left[\boldsymbol{\Theta}^{\mathrm{T}}\left(\sum_{i=1}^{N}\mathrm{d}d_i^k\frac{\partial \boldsymbol{K}_{\mathrm{T}}^k}{\partial d_i^k}\right)\boldsymbol{\Theta}\right] \tag{8.3.10}$$

式中，$\Lambda(*)$表示取矩阵的最小特征值；$\boldsymbol{d}_i^k$ 为 $\boldsymbol{d}^k$ 的第 i 分量。而根据式(8.3.9)，$\mathrm{d}\boldsymbol{d}^k$ 又可以表示为

$$\mathrm{d}\boldsymbol{d}^k = \mathrm{d}\boldsymbol{d}_{\mathrm{E}}^k + \mathrm{d}\mu^k \boldsymbol{d}_{\bar{\Phi}}^k \tag{8.3.11}$$

式中，$\mathrm{d}\boldsymbol{d}_{\mathrm{E}}^k = -(\boldsymbol{K}_{\mathrm{T}}^k)^{-1}\boldsymbol{E}$；$\boldsymbol{d}_{\bar{\Phi}}^k = (\boldsymbol{K}_{\mathrm{T}}^k)^{-1}\bar{\boldsymbol{\Phi}}$。将式(8.3.11)代入式(8.3.10)，可得

$$\mathrm{d}\lambda_1^k = \Lambda\left\{\boldsymbol{\Theta}^{\mathrm{T}}\left(\sum_{i=1}^{N}\mathrm{d}(\boldsymbol{d}_{\mathrm{E}}^k)_i\frac{\partial \boldsymbol{K}_{\mathrm{T}}^k}{\partial d_i^k} + \mathrm{d}\mu^k\sum_{i=1}^{N}(\boldsymbol{d}_{\bar{\Phi}}^k)_i\frac{\partial \boldsymbol{K}_{\mathrm{T}}^k}{\partial d_i^k}\right)\boldsymbol{\Theta}\right\} \tag{8.3.12}$$

式中，$(\boldsymbol{d}_{\mathrm{E}}^k)_i$、$(\boldsymbol{d}_{\bar{\Phi}}^k)_i$ 分别为 $\boldsymbol{d}_{\mathrm{E}}^k$、$\boldsymbol{d}_{\bar{\Phi}}^k$ 的第 i 分量；刚度矩阵的变化量可以用如下两式近似计算[84,85]：

$$\sum_{i=1}^{N}\mathrm{d}(\boldsymbol{d}_{\mathrm{E}}^k)_i\frac{\partial \boldsymbol{K}_{\mathrm{T}}^k}{\partial d_i^k} = (1/\eta_{\mathrm{E}})[\boldsymbol{K}_{\mathrm{T}}(\boldsymbol{d}^k + \eta_{\mathrm{E}}\mathrm{d}\boldsymbol{d}_{\mathrm{E}}^k) - \boldsymbol{K}_{\mathrm{T}}(\boldsymbol{d}^k)] \tag{8.3.13}$$

$$\sum_{i=1}^{N}(\boldsymbol{d}_{\bar{\Phi}}^k)_i\frac{\partial \boldsymbol{K}_{\mathrm{T}}^k}{\partial d_i^k} = (1/\eta_{\bar{\Phi}})[\boldsymbol{K}_{\mathrm{T}}(\boldsymbol{d}^k + \eta_{\bar{\Phi}}\boldsymbol{d}_{\bar{\Phi}}^k) - \boldsymbol{K}_{\mathrm{T}}(\boldsymbol{d}^k)] \tag{8.3.14}$$

式中，η_{E} 和 $\eta_{\bar{\Phi}}$ 均为小量。令 $\Delta\boldsymbol{K}_1^k = \boldsymbol{\Theta}^{\mathrm{T}}\left(\sum_{i=1}^{N}\mathrm{d}(\boldsymbol{d}_{\mathrm{E}}^k)_i\right)\frac{\partial \boldsymbol{K}_{\mathrm{T}}^k}{\partial d_i^k}\boldsymbol{\Theta}$、$\Delta\boldsymbol{K}_2^k = \boldsymbol{\Theta}^{\mathrm{T}}\left(\sum_{i=1}^{N}(\boldsymbol{d}_{\bar{\Phi}}^k)_i\frac{\partial \boldsymbol{K}_{\mathrm{T}}^k}{\partial d_i^k}\right)\boldsymbol{\Theta}$，并代入式(8.3.12)，整理后可得

$$\mathrm{d}\lambda_1^k = \Lambda(\Delta\boldsymbol{K}_1^k + \mathrm{d}\mu^k\Delta\boldsymbol{K}_2^k) \tag{8.3.15}$$

联立式(8.3.9)和式(8.3.15)，可得

$$\Lambda(\Delta\boldsymbol{K}_1^k + \mathrm{d}\mu^k\Delta\boldsymbol{K}_2^k) = -\lambda_1^k \tag{8.3.16}$$

进一步利用式(8.3.16)，可求 $\mathrm{d}\mu^k$。若 $m=1$，易知 $\Delta\boldsymbol{K}_1^k$、$\Delta\boldsymbol{K}_2^k$ 均为数值，则式(8.3.15)退化为一次方程，即 $\mathrm{d}\mu^k = (-\lambda_1^k - \Delta\boldsymbol{K}_1^k)/\Delta\boldsymbol{K}_2^k$。若 $m>1$，$\Delta\boldsymbol{K}_1^k$、$\Delta\boldsymbol{K}_2^k$ 均为 $m\times m$ 矩阵，式(8.3.16)则为 $\mathrm{d}\mu^k$ 的一元 m 次方程。将求得的 $\mathrm{d}\mu^k$ 代入式(8.3.11)便可求出 $\mathrm{d}\boldsymbol{d}^k$，于是更新$(\boldsymbol{d}^k, \mu^k)$后计算此构型下 $\boldsymbol{E}$ 的残值，如果满足给定的收敛条件$|\boldsymbol{E}|<\varepsilon_{\mathrm{E}}$ 和$|\lambda_1|<\varepsilon_\lambda$，则此构型为奇异点。若不满足，则需要继续迭代直至收敛条件得到满足。

8.3.3　分岔路径的跟踪

使用弧长法跟踪运动路径时，如果弧长值选择恰当，一般容易越过奇异点继续跟踪。但在分岔点处，式(8.3.5)中 $\delta\boldsymbol{d}$ 存在不同解，即机构实际上还存在切线刚度矩阵零空间基底方向的不同运动路径，如图 8.3.1 所示。计算中，主路径位移方

向 $\delta \boldsymbol{d}_{\mathrm{I}}$ 一般可近似取分岔点附近一个非奇异平衡点处的位移方向，但分岔路径上的位移方向 $\delta \boldsymbol{d}_{\mathrm{II}}$ 却不易确定。

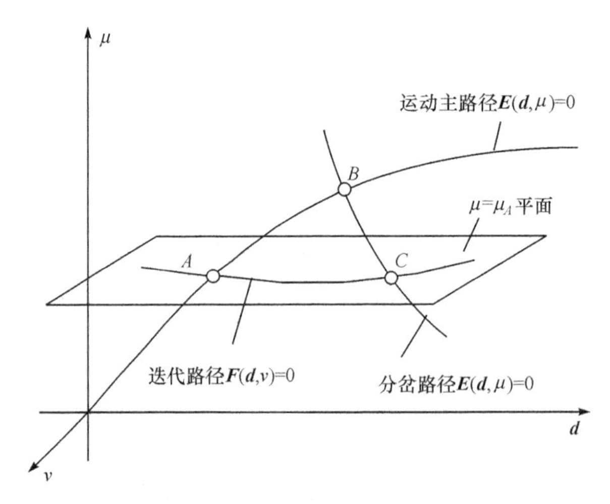

图 8.3.1 分岔路径的跟踪

首先研究分岔点位移增量的特征。将式(8.3.6)中 $\delta \boldsymbol{d}$ 的解写为

$$\delta \boldsymbol{d}=\delta \boldsymbol{d}_{\mathrm{c}}+\delta \boldsymbol{d}_{\Phi} \tag{8.3.17}$$

式中，

$$\delta \boldsymbol{d}_{\mathrm{c}}=\sum_{i=1}^{m} c_i \boldsymbol{\theta}_i \tag{8.3.18}$$

$$\delta \boldsymbol{d}_{\Phi}=\sum_{j=m+1}^{N} \frac{\theta_j^{\mathrm{T}}(\delta \mu \overline{\boldsymbol{\Phi}})}{\lambda_j} \theta_j \tag{8.3.19}$$

式中，$\delta \boldsymbol{d}_{\mathrm{c}}$ 是 $\boldsymbol{K}_{\mathrm{T}}$ 零空间列向量的一个线性组合；c_i 为组合系数；$\delta \boldsymbol{d}_{\Phi}$ 是驱动力 $\delta \mu \overline{\boldsymbol{\Phi}}$ 产生的位移增量，且对于指定的非零 $\delta \mu$，$\delta \boldsymbol{d}_{\Phi}$ 为定值。式(8.3.17)表明，当发生由 $\boldsymbol{K}_{\mathrm{T}}$ 零空间列向量 $\boldsymbol{\theta}_i$ 任意组合而成的位移增量 $\delta \boldsymbol{d}_{\mathrm{c}}$ 时，式(8.3.6)隐含的平衡条件总是满足，也说明图 8.3.1 中主运动路径上的位移 $\delta \boldsymbol{d}_{\mathrm{I}}$ 和分岔路径上的位移 $\delta \boldsymbol{d}_{\mathrm{II}}$ 的差值为 $\sum_{i=1}^{m} c_i \theta_i$。

当跟踪主运动路径到奇异点附近时，可在运动方程式(8.2.4)中引入一个由切线刚度矩阵零空间基底组成的干扰力向量 $v\boldsymbol{f}$ 来激发出分岔路径，即

$$\boldsymbol{F}(\boldsymbol{d}, v)=\boldsymbol{E}(\boldsymbol{d}, \mu_A)-v \boldsymbol{f}=\mathbf{0} \tag{8.3.20}$$

式中，μ_A 为分岔点附近某平衡点 A 对应的控制参数；v 为干扰力参数；$\boldsymbol{f}$ 为单位干扰力向量，形式如下：

$$\boldsymbol{f}=\sum_{i=1}^{m} c_i \boldsymbol{\theta}_i \quad \left(\text{其中，} \sum_{i=1}^{m} c_i^2=1\right) \tag{8.3.21}$$

对于 $m=1$ 的分岔点，$\boldsymbol{f}$ 的方向确定，分岔点称为"简单分岔点"；对于 $m>1$ 的分岔点，理论上 $\boldsymbol{f}$ 可取无数个非零向量，分岔点称为多重分岔点(multiple bifurcation point)。对于 $m=2$ 的奇异点[86]，可以使用 $\boldsymbol{f}=(\cos\alpha)\boldsymbol{\theta}_1+(\sin\alpha)\boldsymbol{\theta}_2$；对于 $m=3$ 的奇异点，可使用 $\boldsymbol{f}=(\cos\alpha\cos\beta)\boldsymbol{\theta}_1+(\sin\alpha\cos\beta)\boldsymbol{\theta}_2+(\sin\beta)\boldsymbol{\theta}_3$。

参照图 8.3.1，从平衡点 A 出发，通过求解式(8.3.20)可寻找分岔路径上与点 A 相对应的平衡构型。设这条曲线和平衡路径相交，A 即为已知的主路径和此曲线的交点。跟踪这条曲线，当 $v=0$ 时，可得到另一个交点 C 即为分岔路径上的平衡点。

对式(8.3.20)，同样可以采用 8.8.2 节的弧长法进行求解，无非将控制参数由 μ 变成了 v，求解终止条件为 $|v|<\varepsilon_v$。相应地，增量预测值改写为

$$\Delta v=\pm\Delta S/\sqrt{\Delta\boldsymbol{d}_{\mathrm{f}}^{\mathrm{T}}\Delta\boldsymbol{d}_{\mathrm{f}}+1} \tag{8.3.22}$$

$$\Delta\boldsymbol{d}=\Delta v\boldsymbol{d}_{\mathrm{f}} \tag{8.3.23}$$

式中，$\boldsymbol{d}_{\mathrm{f}}=\boldsymbol{K}_{\mathrm{T}}^{-1}\boldsymbol{f}$；$\Delta S$ 为控制弧长。增量的修正值为

$$\boldsymbol{K}_{\mathrm{T}}\mathrm{d}\boldsymbol{d}-\mathrm{d}v\boldsymbol{f}=-\boldsymbol{F} \tag{8.3.24}$$

$$\Delta\boldsymbol{d}^{\mathrm{T}}\mathrm{d}\boldsymbol{d}+\Delta v\mathrm{d}v\boldsymbol{f}^{\mathrm{T}}\boldsymbol{f}=0 \tag{8.3.25}$$

在确定 C 点的平衡构型后，从 C 点重新启动机构运动路径跟踪策略，便能实现分岔路径的跟踪。

8.3.4　平面连杆机构的提升稳定性

1. 平面五连杆机构

计算图 8.2.4 中的平面五连杆机构提升过程中系统切线刚度矩阵的特征值。图 8.3.2 为其最小特征值 λ_1 和次小特征值 λ_2 的变化情况。由图可以看出，λ_2 在整个提升过程中均大于零且远大于 λ_1，相比之下 λ_1 则由负值逐渐增大并转为正值，但在靠近设计态时又快速减小至负值。说明该连杆机构的提升过程由最初的不稳

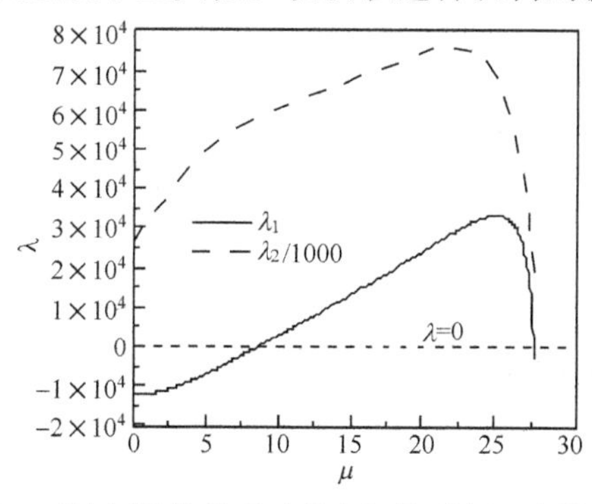

图 8.3.2　五连杆机构提升过程中切线刚度矩阵特征值变化

定构型进入稳定构型，但在设计态附近又出现了不稳定状态，提升过程先后经历了两个 $\lambda_1=0$ 的奇异点Ⅰ和Ⅱ。进一步利用本节方法进行两个奇异点的精确求解，求解过程分别见表 8.3.1 和表 8.3.2，其中奇异点Ⅰ对应的 $\mu=8.661016$，奇异点Ⅱ对应的 $\mu=27.696468$。还可以发现，两个奇异点对应的 $\boldsymbol{\theta}_1^{\mathrm{T}}\boldsymbol{\Phi}$ 均可近似为零，根据 8.3.2 节的准则可判别两者均为分岔点。两个奇异点对应临界构型如图 8.3.3(a)中的粗线所示。

表 8.3.1　五连杆机构提升过程中定位奇异点 I 的迭代过程

k	$d\mu$	μ	λ_1	λ_2	$\boldsymbol{\theta}_1^{\mathrm{T}}\boldsymbol{\Phi}$	$\lvert\boldsymbol{E}\rvert$
0	0	8.608371	−106	5.84×10^{7}	-1.03×10^{-6}	1.90×10^{-4}
5	6.37×10^{-4}	8.611649	−100	5.84×10^{7}	1.05×10^{-6}	8.55×10^{-5}
20	5.26×10^{-4}	8.620305	−83.8	5.84×10^{7}	-3.36×10^{-6}	1.28×10^{-4}
40	4.07×10^{-4}	8.629525	−64.8	5.84×10^{7}	3.74×10^{-6}	1.50×10^{-5}
60	2.43×10^{-4}	8.642164	−38.8	5.85×10^{7}	8.23×10^{-6}	3.25×10^{-5}
80	8.73×10^{-5}	8.654242	−13.9	5.85×10^{7}	4.01×10^{-6}	1.89×10^{-4}
100	2.83×10^{-5}	8.659158	−3.84	5.85×10^{7}	4.60×10^{-7}	2.44×10^{-5}
120	2.83×10^{-5}	8.660572	−0.963	5.85×10^{7}	2.60×10^{-7}	8.68×10^{-5}
140	3.31×10^{-5}	8.660223	−0.0162	5.85×10^{7}	1.11×10^{-5}	8.45×10^{-5}
189	3.31×10^{-5}	8.661016	-3.51×10^{-5}	5.85×10^{7}	-2.13×10^{-5}	8.06×10^{-5}

注：以 $\mu=8.608371$ 为起始点，$\varepsilon_E=\varepsilon_\lambda=10^{-4}$。

表 8.3.2　五连杆机构提升过程中定位奇异点 II 的迭代过程

k	$d\mu$	μ	λ_1	λ_2	$\boldsymbol{\theta}_1^{\mathrm{T}}\boldsymbol{\Phi}$	$\lvert\boldsymbol{E}\rvert$
0	0	27.696040	31.1	1.78×10^{7}	3.30×10^{-5}	0.523
5	1.60×10^{-5}	27.696126	26.2	1.78×10^{7}	-5.50×10^{-5}	2.25
15	1.01×10^{-5}	27.696250	16.7	1.78×10^{7}	2.00×10^{-6}	0.985
30	3.04×10^{-6}	27.696347	9.07	1.78×10^{7}	-2.80×10^{-6}	0.257
45	2.10×10^{-6}	27.696381	6.50	1.78×10^{7}	-5.70×10^{-6}	0.192
60	1.23×10^{-6}	27.696406	4.65	1.78×10^{7}	-5.90×10^{-6}	0.142
75	1.03×10^{-7}	27.696454	1.07	1.78×10^{7}	-3.20×10^{-5}	0.0351
90	1.01×10^{-7}	27.696462	4.60×10^{-3}	1.78×10^{7}	-7.12×10^{-5}	0.0152
121	-2.30×10^{-7}	27.696468	5.09×10^{-5}	1.78×10^{7}	-9.82×10^{-5}	2.70×10^{-5}

注：以 $\mu=27.696040$ 为起始点，$\varepsilon_E=\varepsilon_\lambda=10^{-4}$。

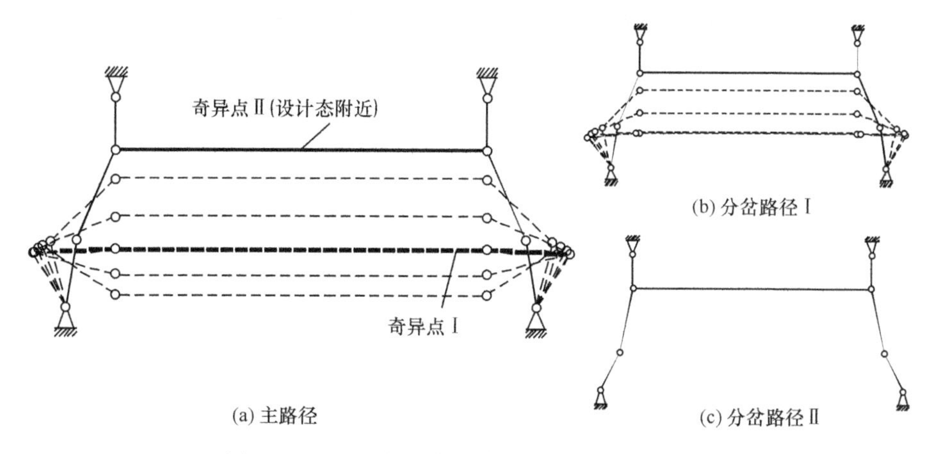

图 8.3.3　五连杆机构提升的主路径和分岔路径

分别以分岔点Ⅰ附近的 μ=8.6084 和分岔点Ⅱ附近 μ=27.6960 为起始点，以分岔点处最小特征值对应的特征向量 $\boldsymbol{\theta}_1$ 为单位干扰力向量，求解分岔路径上对应的平衡构型。计算后发现，在分岔点Ⅰ处找到了两个对称的平衡构型，分别对应两条分岔路径，见图 8.3.3(b)(仅列出了其中一条)；在分岔点Ⅱ处找到了一个平衡构型，对应一条分岔路径，见图 8.3.3(c)。以这些平衡构型为起始点，重新使用弧长法跟踪分岔路径，计算得到分岔路径上的节点坐标列于表 8.3.3 和表 8.3.4 中。从表 8.3.3 和图 8.3.3(b)可以看出，五连杆机构在奇异点Ⅰ处短暂偏离主路径后会很快回到主路径上。但是如表 8.3.4 和图 8.3.3(c)所示，分岔点Ⅱ处该连杆机构在偏离主路径后发生了明显的形状改变，最终不能回到主路径上。

表 8.3.3　五连杆机构分岔路径Ⅰ各提升步的节点坐标　(单位:m)

k	μ	x_2	z_2	x_3	z_3	x_4	z_4	x_5	z_5
—	8.6084*	−7.977	10.233	11.583	10.983	98.417	10.983	117.977	10.233
0	8.6084	−9.003	9.343	10.505	10.952	97.339	10.952	116.913	10.980
80	8.8506	−7.969	10.239	11.583	11.173	98.417	11.173	117.968	10.239
124	15.1001	−6.903	10.986	11.583	17.422	98.417	17.422	116.903	10.986
166	22.2220	−3.778	12.412	11.583	24.543	98.417	24.543	113.779	12.412
230	27.7360	2.464	12.739	11.583	30.059	98.417	30.059	107.536	12.739
—	设计态	2.468	12.738	11.538	10.060	98.417	10.060	107.532	12.738

注:k 从计算点处重新编号。

* 对应的是主路径上 μ=8.6084 时平衡构型各节点坐标。

表 8.3.4　五连杆机构分岔路径Ⅱ各提升步的节点坐标　　(单位:m)

k	μ	x_2	z_2	x_3	z_3	x_4	z_4	x_5	z_5
—	27.6960*	2.347	12.761	11.583	30.019	98.417	30.019	107.653	12.761
0	27.6960	6.842	11.024	11.583	30.015	98.417	30.015	103.158	11.024
9	27.7110	6.801	11.050	11.583	30.030	98.417	30.030	103.199	11.050
14	27.7366	6.735	11.090	11.583	103.265	98.417	30.054	103.265	11.090

注:k 从计算点处重新编号。

* 对应的是主路径上 μ=27.6960 时平衡构型各节点坐标。

2. 平面七连杆机构

分析图 8.2.6 所示的平面七连杆机构提升过程的形态稳定性。系统切线刚度矩阵最小特征值 λ_1 和次小特征值 λ_2 的变化如图 8.3.4 所示。由图可以看出,λ_2 在整个提升过程中一直大于零。λ_1 在提升开始时逐渐降低,随后逐渐增长,数值一直大于零。但在接近设计态时,λ_1 急剧下降至零后又急剧增长,即在提升快结束时经历了奇异点Ⅰ。

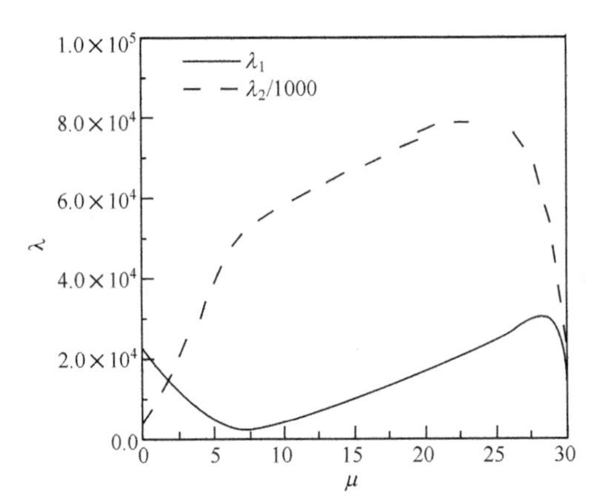

图 8.3.4　七连杆机构提升过程中切线刚度矩阵特征值变化

进一步进行奇异点Ⅰ的精确求解,求解迭代过程列于表 8.3.5。根据分岔点判断准则,Ⅰ为极值点,此时节点 1 和 6 突然坍落,系统形状突变后的构型见图 8.3.5中的粗虚线。

表 8.3.5　七连杆机构提升过程中定位奇异点Ⅰ的迭代过程

k	$d\mu$	μ	λ_1	λ_2	$\boldsymbol{\theta}_1^{\mathrm{T}}\boldsymbol{\Phi}$	$\lvert\boldsymbol{E}\rvert$
0	0	27.861600	2.98×10^{2}	2.02×10^{7}	7.92×10^{4}	3.38×10^{-4}
10	4.60×10^{-7}	27.861664	1.31×10^{2}	2.01×10^{7}	7.98×10^{4}	3.47×10^{-4}
20	1.30×10^{-7}	27.861667	87.9	2.01×10^{7}	7.99×10^{4}	2.29×10^{-4}
40	3.00×10^{-8}	27.861668	54.1	2.01×10^{7}	8.00×10^{4}	4.44×10^{-4}
60	1.00×10^{-8}	27.861669	27.5	2.01×10^{7}	8.01×10^{4}	1.80×10^{-4}
80	1.00×10^{-12}	27.861669	6.05×10^{-2}	2.01×10^{7}	8.02×10^{4}	3.85×10^{-4}
120	2.00×10^{-12}	27.861669	2.26×10^{-2}	2.01×10^{7}	8.02×10^{4}	2.82×10^{-4}
283	5.00×10^{-12}	27.861669	2.86×10^{-5}	2.01×10^{7}	8.02×10^{4}	2.40×10^{-4}

注：以 $\mu=27.861600$ 为起始点，$\varepsilon_E=\varepsilon_\lambda=10^{-4}$。

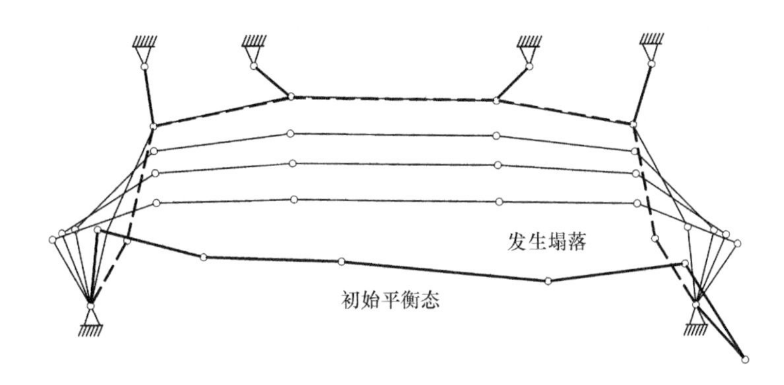

图 8.3.5　七连杆机构不对称提升过程

8.3.5　空间杆系机构的顶升稳定性

对于图 8.2.8 所示的空间杆系机构，跟踪顶升过程中系统切线刚度矩阵三个最小特征值的变化如图 8.3.6 所示。由图可以看出，在 $15<\mu<17$ 的区间内，λ_2、λ_1 的曲线几乎重合，且在 $\mu=16$ 之后经历了零值；在 $\mu>17$ 之后，λ_2、λ_3 的曲线逐渐重合，而 λ_1 在 $\mu=17.5$ 之后又经历了零值。设这两处奇异点分别为Ⅰ、Ⅱ，并分别以 $\mu=16.151801$ 和 $\mu=17.596372$ 的平衡构型为起始点对两个奇异点进行精确定位，最终可得到Ⅰ点 $\mu=16.151470$，Ⅱ点 $\mu=17.605986$，迭代过程分别列于表 8.3.6 和表 8.3.7。

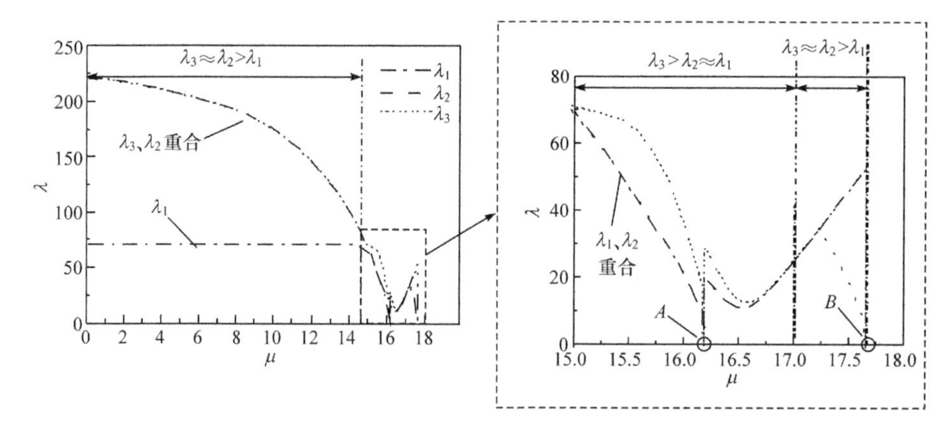

图 8.3.6 空间杆系机构顶升过程中切线刚度矩阵特征值变化

表 8.3.6 空间杆系机构顶升过程中定位奇异点 Ⅰ 的迭代过程

k	$d\mu$	μ	λ_1	λ_2	λ_3	$\boldsymbol{\theta}_1^T\boldsymbol{\Phi}$	$\boldsymbol{\theta}_2^T\boldsymbol{\Phi}$	$\|\boldsymbol{E}\|$
0	0	16.151801	1.44163	1.456328	5.20013	2.34×10^{-8}	2.16×10^{-8}	1.43×10^{-4}
1	-2.74×10^{-4}	16.151527	-4.11×10^{-2}	-1.84×10^{-2}	3.09906	3.26×10^{-8}	2.50×10^{-8}	8.78×10^{-3}
2	-1.50×10^{-7}	16.151527	-1.82×10^{-3}	2.05×10^{-2}	3.15499	1.34×10^{-5}	-2.18×10^{-5}	2.21×10^{-3}
3	-1.10×10^{-5}	16.151516	-2.18×10^{-3}	2.21×10^{-3}	3.15452	-3.17×10^{-4}	-2.17×10^{-5}	9.80×10^{-7}
4	-4.54×10^{-5}	16.151470	2.03×10^{-5}	2.04×10^{-5}	3.15760	-9.16×10^{-4}	1.50×10^{-5}	2.42×10^{-5}

注：以 μ=16.151801 为起始点；$\varepsilon_E=\varepsilon_\lambda=10^{-4}$。

表 8.3.7 空间杆系机构顶升过程中定位奇异点 Ⅱ 的迭代过程

k	$d\mu$	μ	λ_1	λ_2	$\boldsymbol{\theta}_1^T\boldsymbol{\Phi}$	$\|\boldsymbol{E}\|$
0	0	17.596372	45.70334	54.49269	−77.9919	2.0×10^{-2}
1	1.81×10^{-2}	17.614521	3.75753	52.88854	14.7146	8.73×10^{-3}
2	-8.48×10^{-3}	17.606042	0.29434	53.65506	−16.1329	1.54
3	-5.53×10^{-5}	17.605987	0.00826	53.26886	16.3887	0.246
4	-3.48×10^{-7}	17.605986	0.00823	53.26737	16.3886	1.13×10^{-3}
5	3.50×10^{-7}	17.605987	0.01467	53.26745	16.3858	7.23×10^{-5}
6	-3.41×10^{-7}	17.605986	1.49×10^{-5}	53.26727	16.3916	7.23×10^{-5}

注：以 μ=17.596372 为起始点；$\varepsilon_E=\varepsilon_\lambda=10^{-4}$。

根据分岔点判别准则可以判别 Ⅰ 为一多重分岔点。进一步通过引入干扰力来跟踪分岔路径，其中按式 $\boldsymbol{f}=(\cos\alpha)\boldsymbol{\theta}_1+(\sin\alpha)\boldsymbol{\theta}_2$ 确定单位干扰力向量。在(0～2π)区间取 8 个 α 值：0、1/4π、1/2π、3/4π、π、5/4π、3/2π 和 7/4π，并以 Ⅰ 点附近一个平衡构型 μ=16.151801 作为起始点迭代求解分岔路径上的构型。8 种情况下求得的分岔构型部分节点 z 向坐标列于表 8.3.8。比较 μ=16.151801 时主路径和分岔路径的平衡构型发现，主路径上中圈节点保持水平，但分岔路径上中圈节点不能保持水平。再分别以这八个分岔构型为起始点，重新采用弧长法跟踪，可得到顶升过程的分岔路径，表 8.3.9 列出了 $\alpha=1/4\pi$ 对应的分岔路径上部分节点 z 向坐标。由表可以看出，随着顶升的进行，中圈节点虽逐渐恢复水平位置，但是系统形状已发生突变且不能回到主路径上，无法到达设计态。此外，Ⅱ为极值点，节点 1 在Ⅱ点后突然塌落，如图 8.3.7 中粗虚线所示。

表 8.3.8　多重分岔点 A 处分岔构型(μ=16.151801)

α	z_1	z_2	z_4	z_6	z_8	z_9	z_{10}	z_{11}	z_{12}	z_{13}
0	19.17498	17.12096	17.12100	17.12095	7.02094	7.01716	7.01405	7.01716	7.02094	7.02166
$1/4\pi$	19.17498	17.12094	17.12100	17.12097	7.02205	7.01985	7.01563	7.01600	7.01827	7.02013
$1/2\pi$	19.17498	17.12094	17.12097	17.12100	7.01985	7.02205	7.02013	7.01827	7.01600	7.01563
$3/4\pi$	19.17498	17.12093	17.12099	17.12099	7.02264	7.02264	7.01790	7.01539	7.01539	7.01790
π	19.17498	17.12096	17.12095	17.12100	7.01716	7.02094	7.02166	7.02094	7.01716	7.01405
$5/4\pi$	19.17498	17.12098	17.12095	17.12098	7.01600	7.01827	7.02013	7.02205	7.01985	7.01563
$3/2\pi$	19.17498	17.12100	17.12096	17.12096	7.01539	7.01539	7.01790	7.02264	7.02264	7.01790
$7/4\pi$	19.17498	17.12098	17.12098	17.12095	7.01827	7.01600	7.01563	7.01985	7.02205	7.02013
主路径	19.17498	17.121	17.121	17.121	7.02101	7.02101	7.02101	7.02101	7.02101	7.02101

表 8.3.9　机构运动分岔路径上部分节点 z 向坐标($\alpha=1/4\pi$)

k	μ	z_1	z_2	z_4	z_6	z_8	z_{10}	z_{12}	z_{11}	z_{12}	z_{13}
0(初始态)	16.151801	19.175	17.121	17.121	17.121	7.021	7.0172	7.014	7.017	7.021	7.022
8	16.159144	19.187	17.128	17.129	17.129	6.979	6.970	6.955	6.953	6.963	6.975
16	16.175025	19.082	17.143	17.143	17.143	4.774	4.774	4.775	4.774	4.774	4.774
24	16.405646	19.284	17.372	17.372	17.372	5.380	5.380	5.382	5.382	5.380	5.380
32	17.610450	19.408	18.540	18.540	18.540	6.718	6.718	6.718	6.718	6.718	6.718
	设计态	19.365	18.548	18.548	18.548	6.724	6.724	6.724	6.724	6.724	6.724

注：k 从计算点处重新编号。

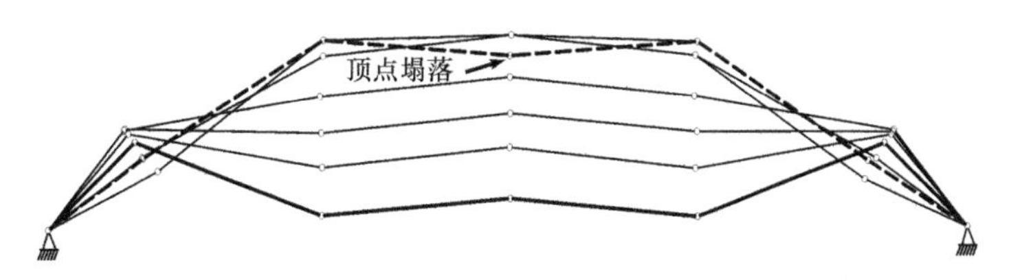

图 8.3.7　空间杆系机构顶升过程

第9章　松弛索杆机构的形态分析

第5章讨论了索杆机构是如何借助预张力来强化其自身刚度并维持形态的稳定性，但实际工程也面临索杆机构的大位移运动分析问题，如绪论中已经谈到的索穹顶的施工成形(图1.5.8)分析、荷载缓和体系(图1.6.1)的形态分析等。相对于第8章受荷杆系机构的运动分析，这些索杆机构具有更多的机构位移模态数，系统组成也以柔性索单元为主。此外，这些索杆机构通常处于松弛的低应力状态，一般不能维持预张力，故其形状主要取决于所承受的荷载(如自重)，索单元自身也呈现出大垂度的特点。

本章主要围绕索穹顶、环形索桁结构此类索杆张力结构的施工成形问题展开讨论。工程中，这些索杆机构的运动分析也属于准静力问题，其运动过程可离散为一系列随控制参数变化的静力平衡构型。但是与第8章讨论的受荷杆系机构相比，这些索杆机构高度的几何可变性和低应力水平使得系统刚度矩阵易于病态，故较难使用有限元方法进行运动形态分析。相比之下，同样能够求解结构平衡形态的力密度法和动力松弛法由于不需要直接建立系统的刚度矩阵，可以避免刚度矩阵病态所引起的数值计算困难，故可推广应用于这些松弛索杆机构的平衡形态求解以及运动路径的跟踪。

本章将结合工程应用对松弛索杆机构运动分析问题的特点进行阐述，然后介绍如何应用力密度法和动力松弛法进行松弛索杆机构的找形。进一步将弧长法引入动力松弛法中，以实现索杆机构运动过程的自动跟踪。最后，还将对索杆机构运动的形态稳定性和路径分岔问题进行讨论。

9.1　问题的描述

绪论中对索穹顶、环形索桁结构此类索杆张力结构的施工成形方法进行了介绍。可以看出，成形过程中体系属于具有较高机构位移模态数的几何可变系统，且并不能维持预张力。成形分析实际上也是一个形态分析问题，同样需要跟踪系统在施工过程中的形状和内力变化。而系统形态的变化也是源于张拉(牵引)某些拉索(主动索)使其长度缩短，因此运动驱动在数学上可以描述为主动索长度的变化量，即控制参数。从满足工程需求的角度而言，索杆张力结构的施工成形分析一般并不需要完整连续地对其形态变化进行描述，而只要求解一系列特定施工步骤或时刻下，系统的形状以及相应的内力。也就是说，可以将成形过程分析看成对应于一系列控制参数离散点(主动索长度)上的形态分析问题。当然,如果控制参数离散点的取值足够密,也可实现施工成形过程的近似连续描述。

应该注意,对于某个特定施工步骤或时刻,构件的原长 s_0(即无伸长长度,或放样长度)是已知的,即

$$s_0=s_1-\Delta s+s_t \tag{9.1.1}$$

式中,s_1 为成形后(即设计平衡态)的几何长度;Δs 为设计平衡态构件的弹性伸长量或者缩短量(对于杆);s_t 为主动索的牵引长度,对于非张拉构件为零。成形过程中,主动索的 s_t 是变化的。

索杆张力结构的施工可以认为是将一些已知长度的构件进行组装的过程。对于某个特定的时刻,已组装好的构件所形成的索杆系统在以其自重为主的荷载作用下所达到的平衡状态即为需要求解的形态。从这个角度来理解,成形过程中某特定时刻的系统形态求解,实际上就是一个找形问题,其数学描述如下:

(1) 已知条件。

该时刻所有索单元和杆单元的原长 s_0;单元的截面面积 A 和弹性模量 E;单元之间的连接关系(拓扑关系)以及边界约束条件;索上横向荷载 q(通常仅为索的自重)和节点荷载 p(包括实际节点重量以及可能的外挂荷载)。

(2) 求解内容。

在当前荷载作用下系统的平衡形态,即节点坐标和构件内力。

9.2　松弛索杆机构的找形

9.2.1　单元分析

1. 基本假定

(1) 索是理想柔索,即只能承受拉力,且没有抗弯刚度。

(2) 索单元承受的荷载(包括自重)沿索长均匀分布。

(3) 其他外荷载均作用在节点上,杆单元自重也平均分配到两端节点上。

(4) 索和杆都符合线弹性的应力-应变关系,且都属小应变。

2. 抛物线索单元

如图 9.2.1 所示的索单元,原长为 s_0。索平面内局部坐标系 $o\text{-}\tilde{x}\tilde{z}$ 的 $\tilde{x}$ 轴平行于整体坐标系 $o\text{-}xyz$ 的 xy 平面,$\tilde{z}$ 轴与 z 轴平行。单元两端节点 i 和 j 在整体坐标系下的坐标为(x_i,y_i,z_i)、(x_j,y_j,z_j)。由于假定索上竖向($\tilde{z}$ 向)荷载沿索长方向均布,则索的形状应为悬链线。但对于小垂度索,为方便计算也可将其简化为抛

物线。

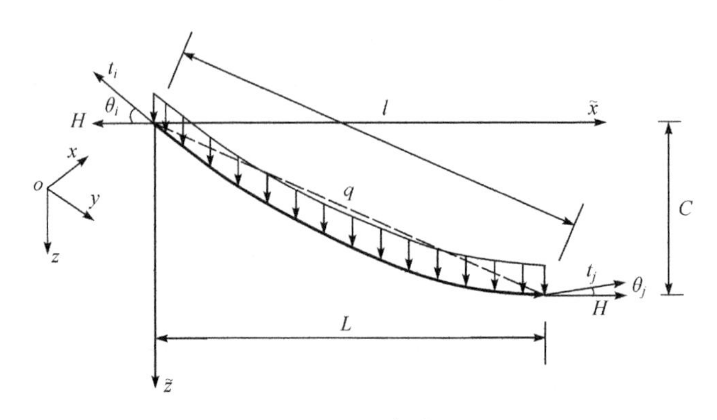

图 9.2.1　索单元

根据式(2.2.7),抛物线索的曲线方程为

$$\tilde{z}=\frac{w}{2HL}\tilde{x}(L-\tilde{x})+\frac{C}{L}\tilde{x} \tag{9.2.1}$$

式中,$w=qs_0$ 是作用在索上总的荷载。

根据式(9.2.1),可知两端节点处索曲线切线与 $\tilde{x}$ 轴夹角 θ_i、θ_j 分别满足

$$\begin{cases}\tan\theta_i=\dfrac{C}{L}+\dfrac{w}{2H}=\dfrac{z_j-z_i}{L}+\dfrac{w}{2H}\\[2ex]\tan\theta_j=\dfrac{C}{L}-\dfrac{w}{2H}=\dfrac{z_j-z_i}{L}-\dfrac{w}{2H}\end{cases} \tag{9.2.2}$$

在整体坐标系 o-xyz 中,索拉力在两端节点产生的节点力分量为

$$\begin{cases}F_{ix}=H\dfrac{x_i-x_j}{L}=\left(H\dfrac{l}{L}\right)\dfrac{x_i-x_j}{l}=t\dfrac{x_i-x_j}{l}\\[2ex]F_{iy}=H\dfrac{y_i-y_j}{L}=\left(H\dfrac{l}{L}\right)\dfrac{y_i-y_j}{l}=t\dfrac{y_i-y_j}{l}\\[2ex]F_{iz}=-H\tan\theta_i=H\dfrac{z_i-z_j}{L}-\dfrac{w}{2}=t\dfrac{z_i-z_j}{l}-\dfrac{w}{2}\end{cases} \tag{9.2.3}$$

$$\begin{cases}F_{jx}=-F_{ix}=t\dfrac{x_j-x_i}{l}\\[2ex]F_{jy}=-F_{iy}=t\dfrac{y_j-y_i}{l}\\[2ex]F_{zj}=-w+H\tan\theta_i=t\dfrac{z_j-z_i}{l}-\dfrac{w}{2}\end{cases} \tag{9.2.4}$$

式中,l 为悬索两端节点的距离;$t=Hl/L$ 可认为是索的名义拉力。

既然索原长 s_0 已知,可利用抛物线索单元的变形协调方程(2.3.15)求解当前

形状下的索拉力 H 以及 t，即

$$
\begin{aligned}
g(H,q,L,C,s_0)=&\frac{H}{2q}\left[\ln\left(C-\frac{qL^2}{2H}-\sqrt{\kappa_1}\right)-\ln\left(C+\frac{qL^2}{2H}-\sqrt{\kappa_2}\right)\right]\\
&-\frac{H}{2qL^2}(\sqrt{\kappa_1}-\sqrt{\kappa_2})+\frac{1}{4}(\sqrt{\kappa_1}+\sqrt{\kappa_2})-s_0\\
&-\frac{H}{EA}\left(L+\frac{C^2}{L}+\frac{q^2L^3}{12H^2}\right)=0
\end{aligned}
\tag{9.2.5}
$$

式中，$\kappa_1=\left(C-\dfrac{qL^2}{2H}\right)^2+L^2$；$\kappa_2=\left(C+\dfrac{qL^2}{2H}\right)^2+L^2$。考虑式(9.2.5)的复杂性，一般可以采用二分法等数值方法来求解 H，且求得的 H 只有一个正根。

3. 悬链线索单元

采用精确的悬链线方程(2.2.22)来描述图 9.2.1 中的索单元。通过对 $\tilde{x}$ 进行求导，可得悬链线的斜率方程为

$$
\tilde{z}'(x)=\sinh\left(\alpha-\frac{q\tilde{x}}{H}\right) \tag{9.2.6}
$$

式中，$\alpha=\operatorname{arsinh}\left(\dfrac{qC}{2H\sinh\dfrac{qL}{2H}}\right)+\dfrac{qL}{2H}$。

易知当 $\tilde{x}=0$ 时，有 $\tilde{z}'(0)=\sinh\alpha$。于是，索两端节点处拉力 t_i、t_j 与 $\tilde{z}'(\tilde{x})$、H 的关系式为

$$
\begin{cases}
t_i=H\sqrt{1+[\tilde{z}'(0)]^2}\\
t_j=H\sqrt{1+[\tilde{z}'(L)]^2}
\end{cases}
\tag{9.2.7}
$$

在局部坐标系 $\tilde{o}$-$\tilde{x}\tilde{z}$ 下，t_i、t_j 在各坐标轴上的分量为

$$
\begin{cases}
F_{i\tilde{x}}=-H\\
F_{i\tilde{z}}=-H\tilde{z}'(0)\\
F_{j\tilde{x}}=H\\
F_{j\tilde{z}}=-w-F_{i\tilde{z}}
\end{cases}
\tag{9.2.8}
$$

整体坐标系 o-xyz 下，t_i、t_j 产生的节点力分别为

$$
\begin{cases}
F_{ix}=\dfrac{H(x_i-x_y)}{L}\\
F_{iy}=\dfrac{H(y_i-y_j)}{L}\\
F_{iz}=-H\tilde{z}'(0)
\end{cases}
\tag{9.2.9}
$$

$$\begin{cases} F_{jx}=\dfrac{H(x_j-x_i)}{L} \\ F_{jy}=\dfrac{H(y_j-y_i)}{L} \\ F_{jz}=-w-F_{iz} \end{cases} \tag{9.2.10}$$

同样在给定索原长 s_0 的前提下，利用悬链线索单元的变形协调方程(2.3.17)，即

$$g(H,q,L,C,s_0)=\frac{H}{q}(\sinh\alpha-\sinh\beta)-\frac{H}{4qEA}[2Lq+H\sinh(2\alpha)-H\sinh(2\beta)]-s_0=0 \tag{9.2.11}$$

求得当前状态下的拉力水平分量 H。

应该注意的是，结构设计平衡态是施工成形分析的已知条件。将该状态的 H 代入式(9.2.5)或式(9.2.11)中，便可求得不含牵引长度 s_t 的索单元原长 s_0。

4. 杆单元分析

对于空间杆单元(图 9.2.2)，轴力 t、杆原长 s_0 及当前变形长度 l 的关系为

$$t=\frac{EA}{s_0}(l-s_0) \tag{9.2.12}$$

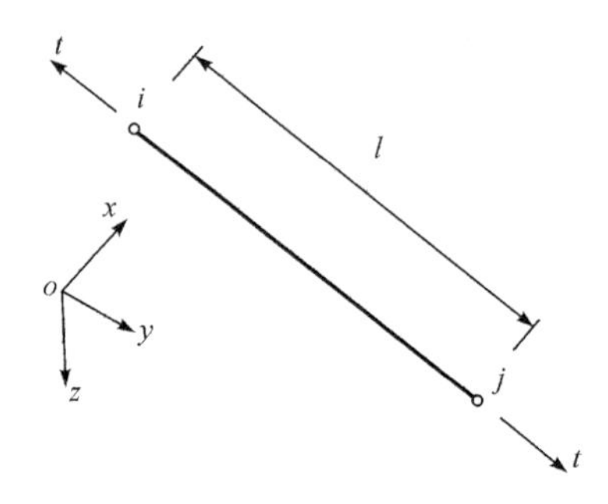

图 9.2.2　空间杆单元

在整体坐标系下，杆轴力对两端 i、j 节点产生的节点力为

$$\begin{cases} F_{ix}=t(x_i-x_j)/l \\ F_{iy}=t(y_i-y_j)/l \\ F_{iz}=t(z_i-z_j)/l \end{cases} \tag{9.2.13}$$

$$\begin{cases} F_{jx}=t(x_j-x_i)/l \\ F_{jy}=t(y_j-y_i)/l \\ F_{jz}=t(z_j-z_i)/l \end{cases} \tag{9.2.14}$$

9.2.2　力密度法

7.1 节中已经介绍了力密度法的基本原理。该方法以节点坐标为未知量，在给定单元力密度的条件下直接利用系统平衡方程进行预应力杆系机构的找形。对于本章讨论的松弛索杆机构，也依然是需要求解机构平衡形态的节点坐标，但已知条件是单元的原长以及所承受的荷载，而不是力密度，故找形问题的基本方程为非线性方程。以下以抛物线索单元为例，阐述如何利用力密度法来实现松弛索杆机构的找形。

同样可根据式(7.1.2)定义系统的枝-点矩阵 $\boldsymbol{C}^{\mathrm{s}}$，并对应自由节点与约束节点将其分块为$\{\boldsymbol{C},\boldsymbol{C}^{\mathrm{f}}\}$。于是，单元两端节点的坐标差向量 $\boldsymbol{u}$ 可表示为

$$\boldsymbol{u}=\boldsymbol{C}\boldsymbol{x}+\boldsymbol{C}^{\mathrm{f}}\boldsymbol{x}^{\mathrm{f}} \tag{9.2.15}$$

式中，$\boldsymbol{x}$ 为自由节点的坐标向量，即需要求解的未知量；$\boldsymbol{x}^{\mathrm{f}}$ 为约束节点的坐标向量。

考虑索、杆单元的节点力表达式(9.2.3)和式(9.2.13)，对任意自由节点 i 建立平衡方程：

$$\begin{cases} \sum\limits_{k\in\Omega} t_k \dfrac{x_i-x_j}{l_k} = p_{xi} \\ \sum\limits_{k\in\Omega} t_k \dfrac{y_i-y_j}{l_k} = p_{yi} \\ \sum\limits_{k\in\Omega} t_k \dfrac{z_i-z_j}{l_k} - \sum\limits_{k\in\Omega} \dfrac{w_k}{2} = p_{zi} \end{cases} \tag{9.2.16}$$

式中，t_k、l_k 对于索和杆单元具有不同的含义；Ω 为所有与节点 i 相连单元的集合；杆单元上的总荷载 w_k 根据假定均分到两端节点上。

按式(9.2.16)建立所有自由节点的平衡方程。引入枝-点矩阵 $\boldsymbol{C}$，则系统的平衡方程为

$$\boldsymbol{C}^{\mathrm{T}}\boldsymbol{U}\boldsymbol{L}^{1}\boldsymbol{t}=\boldsymbol{p}+|\boldsymbol{C}|^{\mathrm{T}}\boldsymbol{w}/2 \tag{9.2.17}$$

式中，$\boldsymbol{U}$ 为坐标差向量 $\boldsymbol{u}$[式(7.1.7)]扩展的对角矩阵；$\boldsymbol{p}$ 为节点荷载向量；$\boldsymbol{w}=\{0,0,w_1,\cdots,0,0,w_k,\cdots\}^{\mathrm{T}}$ 为单元上荷载构成的向量；$\boldsymbol{L}=\mathrm{diag}\{l_1,l_1,l_1,\cdots,l_k,l_k,l_k,\cdots\}$为单元两端节点间直线距离构成的对角矩阵；$\boldsymbol{t}=\{t_1,t_1,t_1,\cdots,t_k,t_k,t_k,\cdots\}^{\mathrm{T}}$ 为单元内力向量；$|\boldsymbol{C}|$ 为 $\boldsymbol{C}$ 的绝对值矩阵，即将 $\boldsymbol{C}$ 中的所有元素都取绝对值。

如果令 $\boldsymbol{f}(\boldsymbol{x})=\boldsymbol{C}^{\mathrm{T}}\boldsymbol{U}\boldsymbol{L}^{-1}\boldsymbol{t}$，且 $\boldsymbol{p}'=\boldsymbol{p}+|\boldsymbol{C}|^{\mathrm{T}}\boldsymbol{w}/2$，则式(9.2.17)可以改写为

$$\boldsymbol{f}(\boldsymbol{x})=\boldsymbol{p}' \tag{9.2.18}$$

由于 $\boldsymbol{U}$、$\boldsymbol{L}$ 和 $\boldsymbol{t}$ 均为节点坐标向量 $\boldsymbol{x}$ 的函数，故式(9.2.18)为非线性方程组。

对系统赋予一个初始几何 $\boldsymbol{x}_0$，并在 $\boldsymbol{x}_0$ 处对式(9.2.18)进行 Taylor 级数展开且取线性项，可得

$$\boldsymbol{f}(\boldsymbol{x}_0)+\left.\frac{\partial \boldsymbol{f}(\boldsymbol{x})}{\partial \boldsymbol{x}}\right|_{\boldsymbol{x}=\boldsymbol{x}_0}\Delta\boldsymbol{x}=\boldsymbol{p}' \tag{9.2.19}$$

考虑式(9.2.15)，式(9.2.19)左端第二项可表示为

$$\frac{\partial \boldsymbol{f}(\boldsymbol{x})}{\partial \boldsymbol{x}}=\frac{\partial \boldsymbol{f}(\boldsymbol{x})}{\partial \boldsymbol{u}}\frac{\partial \boldsymbol{u}}{\partial \boldsymbol{x}}=\frac{\partial \boldsymbol{f}(\boldsymbol{x})}{\partial \boldsymbol{u}}\boldsymbol{C}=\boldsymbol{C}^{\mathrm{T}}\left(\boldsymbol{L}^{-1}\boldsymbol{T}+\boldsymbol{UT}\frac{\partial \boldsymbol{l}^{-1}}{\partial \boldsymbol{u}}+\boldsymbol{UL}^{-1}\frac{\partial \boldsymbol{t}}{\partial \boldsymbol{u}}\right)\boldsymbol{C} \tag{9.2.20}$$

式中，$\boldsymbol{T}$ 为向量 $\boldsymbol{t}$ 的扩展的对角矩阵，即 $\boldsymbol{T}=\mathrm{diag}\{t_1,t_1,t_1,\cdots,t_k,t_k,t_k,\cdots\}$；$\boldsymbol{l}^{-1}=\{l_1^{-1},l_1^{-1},l_1^{-1},\cdots,l_k^{-1},l_k^{-1},l_k^{-1},\cdots\}^{\mathrm{T}}$ 则是对应对角矩阵 $\boldsymbol{L}^{-1}$的向量。将式(9.2.20)代入式(9.2.19)，化简整理后可得

$$\Delta\boldsymbol{x}=\left(\boldsymbol{C}^{\mathrm{T}}\boldsymbol{D}\big|_{\boldsymbol{x}=\boldsymbol{x}_0}\boldsymbol{C}\right)^{-1}[\boldsymbol{p}'-\boldsymbol{f}(\boldsymbol{x}_0)] \tag{9.2.21}$$

式中，

$$\boldsymbol{D}=\boldsymbol{L}^{-1}\boldsymbol{T}+\boldsymbol{UT}\frac{\partial \boldsymbol{l}^{-1}}{\partial \boldsymbol{u}}+\boldsymbol{UL}^{-1}\frac{\partial \boldsymbol{t}}{\partial \boldsymbol{u}} \tag{9.2.22}$$

$$\frac{\partial \boldsymbol{l}^{-1}}{\partial \boldsymbol{u}}=\mathrm{diag}\left\{-\frac{u_{1x}}{l_1^3},-\frac{u_{1y}}{l_1^3},-\frac{u_{1z}}{l_1^3},\cdots,-\frac{u_{kx}}{l_k^3},-\frac{u_{ky}}{l_k^3},-\frac{u_{kz}}{l_k^3},\cdots\right\} \tag{9.2.23}$$

$$\frac{\partial \boldsymbol{t}}{\partial \boldsymbol{u}}=\mathrm{diag}\left\{\frac{\mathrm{d}t_1}{\mathrm{d}u_x},\frac{\mathrm{d}t_1}{\mathrm{d}u_y},\frac{\mathrm{d}t_1}{\mathrm{d}u_z},\cdots,\frac{\mathrm{d}t_k}{\mathrm{d}u_x},\frac{\mathrm{d}t_k}{\mathrm{d}u_y},\frac{\mathrm{d}t_k}{\mathrm{d}u_z},\cdots\right\} \tag{9.2.24}$$

对于给定的一组坐标 $\boldsymbol{x}$，只要没有任意两个节点重合，则矩阵 $\boldsymbol{D}$ 通常为对角满秩矩阵，因此$\boldsymbol{C}^{\mathrm{T}}\boldsymbol{D}\big|_{\boldsymbol{x}=\boldsymbol{x}_0}\boldsymbol{C}$ 的逆存在，$\Delta\boldsymbol{x}$ 有唯一解。应该注意的是，计算式(9.2.24)中的$\partial t_k/\partial u$ 时，对于杆单元可方便地通过式(9.2.12)求导得到；但是对于索单元，则必须对式(9.2.5)进行隐函数求导。两种单元$\partial t_k/\partial u$ 的表达式如下。

索单元：

$$\begin{aligned}\frac{\partial t}{\partial u_x}&=-\left(\frac{\partial g}{\partial l}\frac{u_x}{l}+\frac{\partial g}{\partial L}\frac{u_x}{L}\right)\bigg/\frac{\partial g}{\partial t}\\ \frac{\partial t}{\partial u_y}&=-\left(\frac{\partial g}{\partial l}\frac{u_y}{l}+\frac{\partial g}{\partial L}\frac{u_y}{L}\right)\bigg/\frac{\partial g}{\partial t}\\ \frac{\partial t}{\partial u_z}&=-\left[\frac{\partial g}{\partial l}\frac{u_z}{l}+\frac{\partial g}{\partial L}\frac{u_z}{L}+\frac{\partial g}{\partial c}\mathrm{sign}(u_z)\right]\bigg/\frac{\partial g}{\partial t}\end{aligned} \tag{9.2.25}$$

式中，$\mathrm{sign}(u_z)$代表 u_z 的正负号。

杆单元：

$$\begin{aligned}\frac{\partial t}{\partial u_x}&=\frac{EAu_x}{ls_0}\\ \frac{\partial t}{\partial u_y}&=\frac{EAu_y}{ls_0}\\ \frac{\partial t}{\partial u_z}&=\frac{EAu_z}{ls_0}\end{aligned} \tag{9.2.26}$$

采用力密度法进行松弛索杆机构找形的计算步骤如下：

(1) 确定各索、杆单元的原长 s_0 及其截面面积 A 和弹性模量 E，同时根据单元之间的连接关系和边界约束条件建立拓扑矩阵 $\boldsymbol{C}$ 和 $\boldsymbol{C}^f$。

(2) 根据对平衡形状的估计选择自由节点的初始迭代坐标向量 $\boldsymbol{x}_0$。

(3) 由当前坐标 $\boldsymbol{x}_0$ 下，根据式(9.2.5)或式(9.2.12)求出 $\boldsymbol{t}$，利用式(9.2.15)求出 $\boldsymbol{u}$。

(4) 由式(9.2.22)求出当前坐标向量 $\boldsymbol{x}_0$ 对应的矩阵 $\boldsymbol{D}$。

(5) 采用式(9.2.21)计算坐标增量 $\Delta\boldsymbol{x}$。如果 $\Delta\boldsymbol{x}$ 小于规定的容许限值，则求解结束；否则，进入下一步。

(6) 更新坐标 $\boldsymbol{x}_0=\boldsymbol{x}_0+\Delta\boldsymbol{x}$。

(7) 重复步骤(3)～(6)，直到满足精度要求。

应该指出的是，初始坐标向量 $\boldsymbol{x}_0$ 的选取是影响求解收敛速度的重要因素。当选择了一个远离最终平衡构型的初始坐标向量 $\boldsymbol{x}_0$ 时，不平衡力会产生较大的节点坐标增量 $\Delta\boldsymbol{x}$。在这种情况下，为了保证节点往最终平衡构型方向运动，此时可对 $\Delta\boldsymbol{x}$ 的大小适当进行限制。但是，当索杆机构越接近平衡构型时，迭代过程将变得越稳定。

9.2.3　动力松弛法

动力松弛法的基本思想和求解过程已经在 7.2 节做了详细介绍。作为一种平衡形态的求解方法，该方法也可以应用于松弛索杆机构的找形分析。对于一个索杆机构，节点 i 在 t 时刻的不平衡力为

$$\boldsymbol{R}_i^t=\boldsymbol{p}_i^t-\sum_{k\in\Omega}\boldsymbol{F}_{ki}^t \tag{9.2.27}$$

式中，$\boldsymbol{p}_i^t$ 为节点 i 上的外荷载向量；$\boldsymbol{F}_{ki}^t$ 为单元 k 内力对节点 i 产生的节点力向量。对于 $\boldsymbol{F}_{ki}^t$，抛物线索单元可以通过式(9.2.3)或式(9.2.4)求解；悬链线索单元则可采用式(9.2.9)或式(9.2.10)求解。杆单元的 $\boldsymbol{F}_{ki}^t$ 可根据式(9.2.13)或式(9.2.14)求得。

为了保证算法的收敛性和稳定性，需利用自由节点的最大可能刚度矩阵 $K_{i\max}$ 和时间步 Δt 来确定节点 i 的虚拟集中质量 M_i，即

$$M_i=\frac{\eta K_{i\max}\Delta t^2}{2} \tag{9.2.28}$$

式中，η 为刚度增大系数；$K_{i\max}$ 为与节点 i 相连的所有索、杆单元贡献的最大可能刚度之和，其中杆单元的最大可能刚度由式(7.2.14)计算，索单元的最大可能刚度

则可取索单元的弦向刚度：

$$k_c = -\alpha_1 \cos^2\gamma + \alpha_2 \sin 2\gamma - \alpha_4 \sin^2\gamma \tag{9.2.29}$$

式(9.2.29)的具体含义见式(2.4.25)。

采用动力松弛法进行索杆机构找形的计算步骤如下：

(1)假定体系的初始形状，并将初始迭代速度置零。

(2)利用已知的构件原长 s_0，根据式(9.2.5)、式(9.2.11)或式(9.2.12)求出当前构型下各索单元张力水平分量 H 和杆单元轴力 t，再根据式(9.2.27)计算节点不平衡力 $\boldsymbol{R}_i^t$。

(3) 利用式(7.2.14)和式(9.2.29)求出各节点最大可能刚度 $K_{i\max}$，再根据式(9.2.28)计算节点虚设质量 M_i，进而由式(7.2.11)确定 $\boldsymbol{v}^{-\Delta t/2}$。

(4) 由式(7.2.6)和式(7.2.7)，可求得 $t+\Delta t/2$ 时刻节点速度 $\boldsymbol{v}^{t+\Delta t/2}$ 和 $t+\Delta t$ 时刻节点坐标 $\boldsymbol{x}^{t+\Delta t}$。

(5) 由 $\boldsymbol{v}^{t+\Delta t/2}$ 计算此时系统总动能 $E^{t+\Delta t/2}$。如果发现 $E^{t+\Delta t/2} < E^{t-\Delta t/2}$，按式(7.2.9)和式(7.2.10)确定 E 最大时 t^* 时刻的节点坐标 $\boldsymbol{x}^{t^*}$，并将速度置零。然后，以 $\boldsymbol{x}^{t^*}$ 为初始节点坐标，返回步骤(2)重新开始迭代计算。否则，进入下一步。

(6) 经计算求得 $t+\Delta t$ 时刻节点坐标后，结合初始数据，再计算各单元内力对两端节点产生的节点力及节点不平衡力；重复步骤(2)～(6)，直到节点不平衡力或节点坐标增量小于给定的容许值。

9.2.4 算例

1. 正交索网

图 9.2.3 为一松弛的正交索网。各索段的截面面积和弹性模量均为 $A=1.4645\times10^{-4}\,\text{m}^2$，$E=8.2737\times10^{10}\,\text{Pa}$；单元[3]、[4]、[8]、[11]的原长为 30.419m，单元[1]、[2]、[5]、[6]、[7]、[9]、[10]、[12]的原长为 31.76m；在节点 4、5、8、9 上作用 35.56kN 的竖向力。以上参数根据文献[34]换算为国际标准单位得到。

分别采用力密度法和动力松弛法计算系统的最终平衡形态，其中前者采用抛物线索单元，后者采用悬链线索单元。考虑索网的对称性，表 9.2.1 仅列出了两种方法计算得到的系统最终平衡形态[图 9.2.3(b)]节点 5 的坐标值，同时与文献[34]和[37]结果进行比较。可以看出，采用力密度法和动力松弛法以及两种曲线索单元，都能够实现该松弛索网系统平衡构型的精确求解。

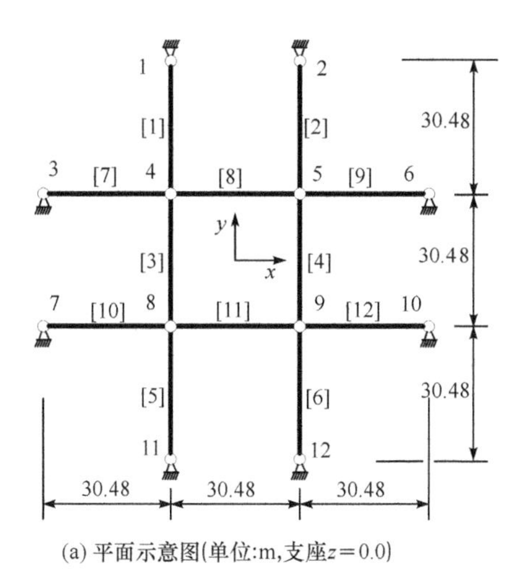

(a) 平面示意图(单位:m,支座$z=0.0$)

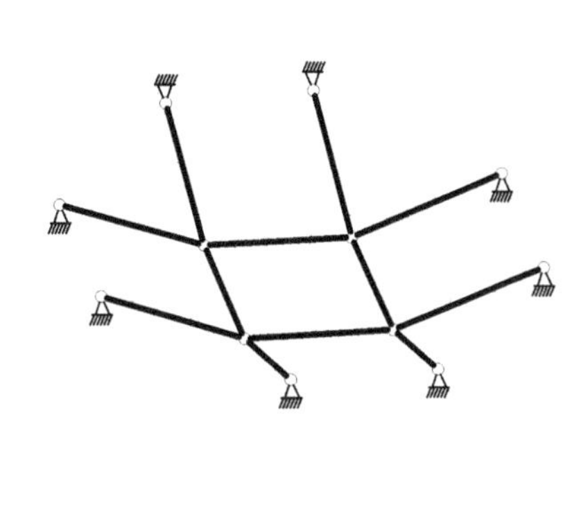

(b) 平衡形状图

图 9.2.3　正交索网

表 9.2.1　平衡形态节点 5 的坐标

找形方法	单元类型	x_5	y_5	z_5
力密度法	抛物线单元	15.2805	15.2805	−9.5945
动力松弛法	悬链线索单元	15.2807	15.2807	−9.5963
有限元法[34]	悬链线索单元	15.2796	15.2802	−9.5873
有限元法[34]	杆单元	15.2802	15.2802	−9.5922
有限元法[37]	杆单元	15.2804	15.2804	−9.5920

图 9.2.4 和图 9.2.5 分别给出了两种方法迭代计算过程中节点 5 坐标的收敛过程，其中初始坐标分别为(15.24，15.24，−9.00)和(15.24，12.24，−15.00)，也可以看出两种算法的收敛性良好。

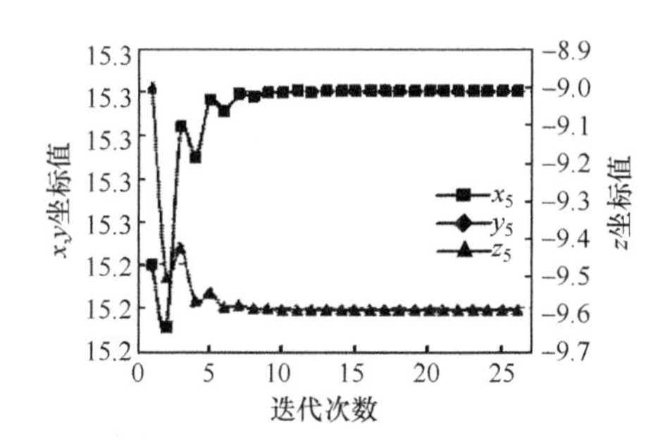

图 9.2.4　力密度法找形时节点 5 的坐标收敛过程

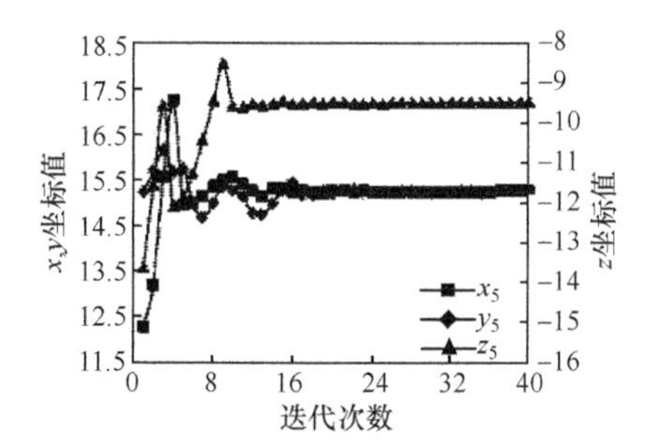

图 9.2.5　动力松弛法找形时节点 5 的坐标收敛过程

2. 悬挂索环

图 9.2.6 为一个轴对称的悬挂索环，外围节点均匀分布在一个半径为 75m 圆周上。所有索单元的截面面积为 $A=1963.44\text{mm}^2$，材料弹性模量为 $E=170\text{GPa}$。径向索单元的松弛长度为 40m，内环索单元为 32m。索材密度为 7850kg/m^3，重力加速度取 9.8m/s^2。

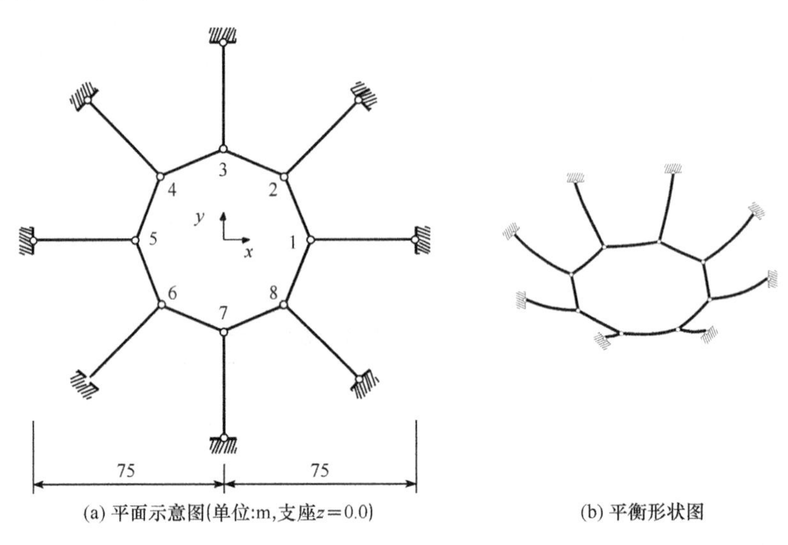

(a) 平面示意图(单位:m，支座$z=0.0$)　　(b) 平衡形状图

图 9.2.6 悬挂索环

采用力密度法和抛物线索单元，求解自重作用下索环的平衡构型[图 9.2.6(b)]，其中节点 2 的坐标值列于表 9.2.2。进一步改变索的质量密度，计算索环相应的平衡构型，结果也列于表 9.2.2。可以发现，索环的最终形状对于其质量密度的影响并不敏感。

表 9.2.2 不同质量密度下索环节点 2 在最终平衡构型的坐标值

索的质量密度/(kg/m^3)	x_2/m	y_2/m	z_2/m
7850	29.451	29.451	−21.713
6000	29.450	29.450	−21.712
4000	29.450	29.450	−21.710
2000	29.450	29.450	−21.709

9.3　索杆机构的运动分析

9.3.1　弧长法自动跟踪策略

索杆张力结构的施工成形过程可以看成是对应于控制参数(主动索原长)离散点的一系列平衡构型的组成,而每个离散点对应的平衡构型都可以采用上述力密度法或动力松弛法进行求解。如果控制参数离散点足够密,也相当于施工成形过程的近似连续描述。此外,还可将弧长法引入到动力松弛法中,利用系统运动速率来调节控制参数离散点的取值,以实现索杆张力结构施工成形过程的自动跟踪。

根据式(7.2.7),索杆机构由 t 至 $t+\Delta t$ 时刻产生的位移增量为

$$\mathrm{d}\boldsymbol{d}^{t+\Delta t}=\boldsymbol{x}^{t+\Delta t}-\boldsymbol{x}^{t}=\Delta t\boldsymbol{v}^{t+\Delta t/2} \tag{9.3.1}$$

将式(7.2.6)代入式(9.3.1),可得

$$\mathrm{d}\boldsymbol{d}^{t+\Delta t}=\Delta t\boldsymbol{v}^{t-\Delta t/2}+\Delta t^{2}\boldsymbol{M}^{-1}\boldsymbol{R}^{t} \tag{9.3.2}$$

为了引入控制参数,将 $\boldsymbol{R}^t$ 用节点荷载 $\boldsymbol{p}^t$ 以及单元节点力 $\boldsymbol{F}^{t+\Delta t}$ 来表示,式(9.3.2)可表示为

$$\mathrm{d}\boldsymbol{d}^{t+\Delta t}=\Delta t\boldsymbol{v}^{t-\Delta t/2}+\Delta t^{2}\boldsymbol{M}^{-1}(\boldsymbol{p}^{t}-\boldsymbol{F}^{t+\Delta t}) \tag{9.3.3}$$

假定系统运动过程中外荷载不变,即 $\boldsymbol{p}^t=\boldsymbol{p}$。利用索、杆单元的协调方程式(9.2.5)以及式(9.2.11)和式(9.2.12),可将 $\boldsymbol{F}^{t+\Delta t}$ 用单元原长 $\boldsymbol{s}_0^{t+\Delta t}$ 来表示,即

$$\boldsymbol{F}^{t+\Delta t}=\boldsymbol{g}(\boldsymbol{s}_0^{t+\Delta t}) \tag{9.3.4}$$

应该注意,$t+\Delta t$ 时刻的 $\boldsymbol{s}_0^{t+\Delta t}$ 可由式(9.3.5)计算:

$$\boldsymbol{s}_0^{t+\Delta t}=\bar{\boldsymbol{s}}_0+\mu^{t+\Delta t}\bar{\boldsymbol{e}}_0 \tag{9.3.5}$$

式中,$\bar{\boldsymbol{s}}_0$ 为 $t=0$ 时刻(提升起始构型)的构件原长向量;$\bar{\boldsymbol{e}}_0$ 是主动索长度的牵引速率向量;$\mu^{t+\Delta t}$ 为 $t+\Delta t$ 时刻主动索牵引长度的控制参数。由于 $\bar{\boldsymbol{s}}_0$、$\bar{\boldsymbol{e}}_0$ 已知,$\boldsymbol{F}^{t+\Delta t}$ 最终是 $\mu^{t+\Delta t}$ 的函数,记为 $\boldsymbol{f}(\mu^{t+\Delta t})$。于是,式(9.3.3)可以写为

$$\mathrm{d}\boldsymbol{d}^{t+\Delta t}=\Delta t\boldsymbol{v}^{t-\Delta t/2}+\Delta t^{2}\boldsymbol{M}^{-1}[\boldsymbol{p}-\boldsymbol{f}(\mu^{t+\Delta t})] \tag{9.3.6}$$

在以上方程的基础上增加一个位移增量的约束方程:

$$(\Delta\boldsymbol{d}^{t+\Delta t})^{\mathrm{T}}(\Delta\boldsymbol{d}^{t+\Delta t})=(\Delta S^{t+\Delta t})^{2} \tag{9.3.7}$$

式中,$\Delta S^{t+\Delta t}$ 为控制弧长。同时

$$\Delta\boldsymbol{d}^{t+\Delta t}=\Delta\boldsymbol{d}^{t}+\mathrm{d}\boldsymbol{d}^{t+\Delta t} \tag{9.3.8}$$

联立式(9.3.6)～式(9.3.8),参考 8.2.2 节的弧长求解策略,可以求解 $t+\Delta t$ 时刻对应的($\mu^{t+\Delta t}$,$\mathrm{d}\boldsymbol{d}^{t+\Delta t}$),于是

$$\boldsymbol{x}^{t+\Delta t}=\boldsymbol{x}^{t}+\Delta\boldsymbol{d}^{t+\Delta t} \tag{9.3.9}$$

更新 $t+\Delta t$ 时刻的节点坐标后,重新计算 $\boldsymbol{R}$。若 $\boldsymbol{R}$ 小于给定的容许值,进入下一个 $\Delta\boldsymbol{d}$ 的增量步计算;若不满足,继续进行($\mu^{t+\Delta t}$,$\mathrm{d}\boldsymbol{d}^{t+\Delta t}$)的迭代计算。位移增量

约束的迭代计算过程如图 9.3.1 所示。

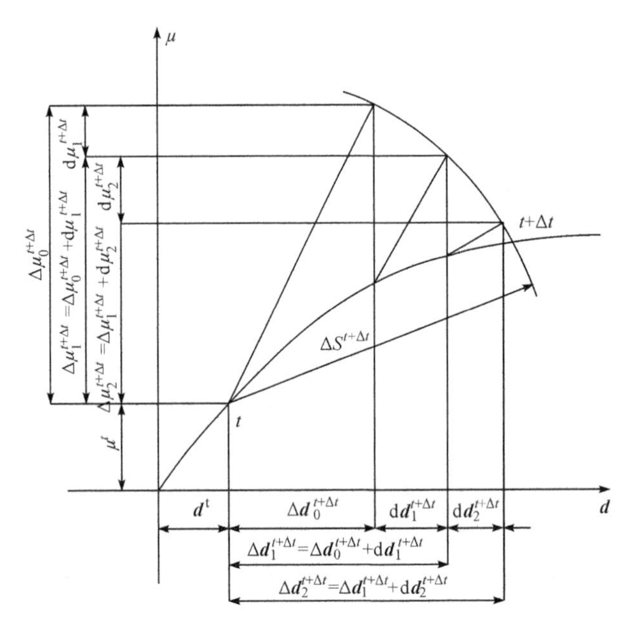

图 9.3.1 采用弧长法跟踪索杆机构成形的迭代过程

由于采用运动阻尼策略，在更新节点坐标之前还需判断系统的动能峰值。当 $E^{t+\Delta t/2}<E^{t-\Delta t/2}$ 时，可由式(7.2.9)确定 $t-3\Delta t/2$ 和 $t+\Delta t/2$ 之间的局部动能峰值时刻 t^*，并利用式(7.2.10)求得 t^* 时刻的节点坐标 $\boldsymbol{x}^{t^*}$，于是，有

$$\mathrm{d}\boldsymbol{d}^{t+\Delta t^*}=\boldsymbol{x}^{t^*}-\boldsymbol{x}^{t+\Delta t}+\mathrm{d}\boldsymbol{d}^{t+\Delta t} \tag{9.3.10}$$

确定系统动能峰值后，重置各节点坐标为 t^* 时刻坐标，然后将式(9.3.10)代入式(9.3.8)更新位移增量 $\Delta\boldsymbol{d}^{t+\Delta t^*}$，并将速度置零，重新开始迭代，以实现“运动阻尼”。

采用以上方法进行成形过程的自动跟踪时，由于抛物线索单元和悬链线索单元的协调方程均为复杂的超越方程，导致式(9.3.4)的形式也很复杂，故直接求解 $\mu^{t+\Delta t}$ 非常困难。一个简化的处理方法是在每个位移增量步 $\Delta\boldsymbol{d}$ 的迭代计算过程中先使用杆单元近似模拟索，得到杆系的计算结果后，再重新使用动力松弛法考虑抛物线或悬链线索单元求解索杆机构的平衡构型。

对于杆系机构，式(9.3.6)可以简单地表示为

$$\mathrm{d}\boldsymbol{d}^{t+\Delta t}=\Delta t\boldsymbol{v}^{t-\Delta t/2}+\Delta t^2\boldsymbol{M}^{-1}[\boldsymbol{p}-\boldsymbol{A}^t\boldsymbol{D}^t(\boldsymbol{L}^t-\bar{\boldsymbol{s}}_0-\mu^{t+\Delta t}\bar{\boldsymbol{e}}_0)] \tag{9.3.11}$$

式中，$\boldsymbol{A}^t$ 为 t 时刻系统的平衡矩阵；$\boldsymbol{D}^t=\mathrm{diag}\left\{\dfrac{E_1A_1}{s_{01}{}^t},\dfrac{E_2A_2}{s_{02}{}^t},\cdots,\dfrac{E_bA_b}{s_{0b}{}^t}\right\}$ 为 t 时刻单元轴向线刚度构成的对角矩阵，其中 $s_{0k}^t(k=1,2,\cdots,b)$ 为 t 时刻单元 k 的原长；$\boldsymbol{L}^t$ 表示 t 时刻杆件长度向量，可以利用 t 时刻杆件两端节点坐标求得。将式

(9.3.11)代入式(9.3.8),整理得

$$\Delta \boldsymbol{d}^{t+\Delta t}=\Delta \boldsymbol{d}^{t}+\mu^{t+\Delta t}\boldsymbol{a}_1+\boldsymbol{a}_2 \tag{9.3.12}$$

式中,$\boldsymbol{a}_1=\Delta t^2\boldsymbol{M}^{-1}(\boldsymbol{A}^t\boldsymbol{D}^t)\bar{\boldsymbol{e}}_0$;$\boldsymbol{a}_2=\Delta t\boldsymbol{v}^{t-\Delta t/2}+\Delta t^2\boldsymbol{M}^{-1}[\boldsymbol{p}-\boldsymbol{A}^t\boldsymbol{D}^t(\boldsymbol{L}^t-\bar{\boldsymbol{s}}_0)]$。再将式(9.3.12)代入式(9.3.7),可得

$$b_1(\mu^{t+\Delta t})^2+b_2\mu^{t+\Delta t}+b_3=0 \tag{9.3.13}$$

式中,$b_1=\boldsymbol{a}_1{}^{\mathrm{T}}\boldsymbol{a}_1$;$b_2=2\boldsymbol{a}_1^{\mathrm{T}}(\Delta\boldsymbol{d}^t+\boldsymbol{a}_2)$;$b_3=(\Delta\boldsymbol{d}^t+\boldsymbol{a}_2)^{\mathrm{T}}(\Delta\boldsymbol{d}^t+\boldsymbol{a}_2)-(\Delta S^{t+\Delta t})^2$。通过式(9.3.13)可求解出 $\mu^{t+\Delta t}$,然后将其代入式(9.3.11)便可求出 $\mathrm{d}\boldsymbol{d}^{t+\Delta t}$。

采用弧长法自动跟踪索杆机构运动路径的计算步骤总结如下:

(1) 确定系统的拓扑关系、约束条件、材料特性、荷载、初始形状、主动索长度的牵引速率、单元原长和截面特性。

(2) 令 $t=0$,$\boldsymbol{v}^0=0$,$\Delta\boldsymbol{d}^0=0$,并给定当前弧长 $\Delta S^{t+\Delta t}$。

(3) 将所有索单元均简化为杆单元。采用式(9.2.12)计算杆单元轴力,再根据式(7.2.2)~式(7.2.14)分别计算节点最大可能刚度 $\boldsymbol{K}_{i\max}$和节点虚设质量 M_i。

(4) 根据式(9.3.11)~式(9.3.13)求解 $\mu^{t+\Delta t}$、$\mathrm{d}\boldsymbol{d}^{t+\Delta t}$、$\boldsymbol{v}^{t+\Delta t}$,根据式(7.2.8)计算动能 $E^{+\Delta t/2}$;

(5) 如果 $E^{t+\Delta t/2}<E^{t-\Delta t/2}$,则按式(7.2.9)、式(7.2.10)和式(9.3.10)确定动能最大的 t^* 时刻的节点坐标 $\boldsymbol{x}^{t^*}$、位移增量 $\Delta\boldsymbol{d}^{t+\Delta t^*}$ 并将速度置零,更新坐标,重新启动计算。否则,根据式(9.3.8)和式(9.3.9)更新体系坐标,计算当前节点不平衡力 $\boldsymbol{R}$。

(6) 如果$|\boldsymbol{R}|$小于给定的收敛容差,此时可考虑更精细的悬链线或抛物线索单元,重新使用动力松弛法求得索杆机构平衡形态,之后回到步骤(1)开始启动下一施工步平衡构型的求解。否则,重新回到步骤(3),继续迭代直至$|\boldsymbol{R}|$小于给定的收敛容差。

9.3.2　形态稳定性和分岔路径

1. 稳定性判别和奇异点定位

根据能量原理,依然可以利用索杆机构切线刚度矩阵 $\boldsymbol{K}_{\mathrm{T}}$的最小特征值 $\lambda_{\min}$来跟踪索杆机构运动形态的稳定性,即

$$\begin{cases}\lambda_{\min}>0, & \text{稳定平衡状态}\\ \lambda_{\min}=0, & \text{临界平衡状态}\\ \lambda_{\min}<0, & \text{不稳定平衡状态}\end{cases} \tag{9.3.14}$$

根据式(9.3.14),若索杆机构运动过程两个相邻平衡状态的 $\lambda_{\min}$正负号相异,表明此间系统经历了奇异点。设这两个平衡状态的控制参数和最小特征值分别为(μ_1,λ_1)和(μ_2,λ_2),则奇异点对应的运动驱动控制参数 μ^* 可采用如下线性插值公式近似计算:

$$\mu^{*}=\frac{\mu_1\lambda_2-\mu_2\lambda_1}{\lambda_2-\lambda_1} \tag{9.3.15}$$

将式(9.3.15)求得的μ^{*}代入式(9.3.6)，求解对应的平衡构型以及切线刚度最小特征值λ^{*}。若满足$|\lambda^{*}|$小于给定的容差，则该平衡构型为奇异点；若不满足，可继续利用式(9.3.15)进行迭代求解。

2. 分岔路径的跟踪策略

同杆系机构一样，索杆机构的奇异点也可以根据 8.3.2 节的理论来判断。由切线刚度矩阵零空间基底$\boldsymbol{\Theta}=\{\boldsymbol{\theta}_1,\boldsymbol{\theta}_2,\cdots,\boldsymbol{\theta}_m\}$和单位驱动力向量$\overline{\boldsymbol{\Phi}}$是否正交来判断其是否为分岔点。若$\boldsymbol{\Theta}^{\mathrm{T}}\overline{\boldsymbol{\Phi}}=\mathbf{0}$则该奇异点为分岔点，反之为极值点。

在动力松弛法计算过程中，可通过引入由$\boldsymbol{\theta}_i(i=1,2,\cdots,m)$组成的干扰速度$\tilde{\boldsymbol{v}}^0$来寻找分岔路径。参照图 9.3.2，设点 A 为分岔点 B 附近主路径上的一个普通平衡点，此时在点 A 处通过引入干扰速度$\tilde{\boldsymbol{v}}^0$，则系统将偏离主路径而运动到分岔路径上的平衡点 C。

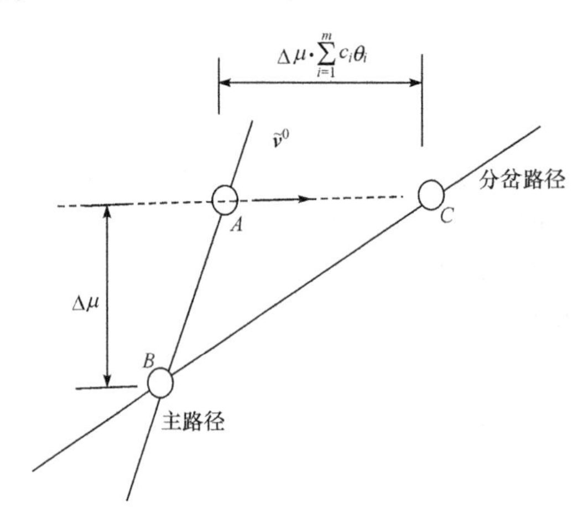

图 9.3.2　主路径和分岔路径上 A、B、C 示意图

干扰速度$\tilde{\boldsymbol{v}}^0$是切线刚度矩阵零空间基底的线性组合，形式可表示为

$$\tilde{\boldsymbol{v}}^0=\sum_{i=1}^{m}c_i\boldsymbol{\theta}_i \tag{9.3.16}$$

式中，$\sum_{i=1}^{m}c_i^2=1$。引入$\tilde{\boldsymbol{v}}^0$后，令系统在平衡点 A 处重新开始振动。但应注意，在重新启动动力松弛法计算时，由式(7.2.6)可得

$$\boldsymbol{v}^{-\Delta t/2}=\sum_{i=1}^{m}c_i\boldsymbol{\theta}_i-\frac{\Delta t\boldsymbol{M}^{-1}}{2}\boldsymbol{R}^{t=0} \tag{9.3.17}$$

求得平衡点 C 后，便可以该点为起点进一步跟踪索杆机构的分岔路径。

9.4　索杆张力结构的施工成形分析

9.4.1　环形索桁结构

1. 施工方法

环形索桁结构主要应用于体育场的看台罩棚，1.5.3 节对此类结构的施工成形方法进行了介绍。假定图 9.4.1(a)所示的环形索桁结构的平面投影为圆环，外环直径为 100m，内环直径为 70m，24 榀索桁架绕圆心轴对称设置。结构设计平衡态的剖面形状如图 9.4.1(b)。根据对称性将单元分为 8 组，各组单元的编号标于如图 9.4.1(b)中，其弹性模量、截面面积及设计平衡态预张力列于表 9.4.1。

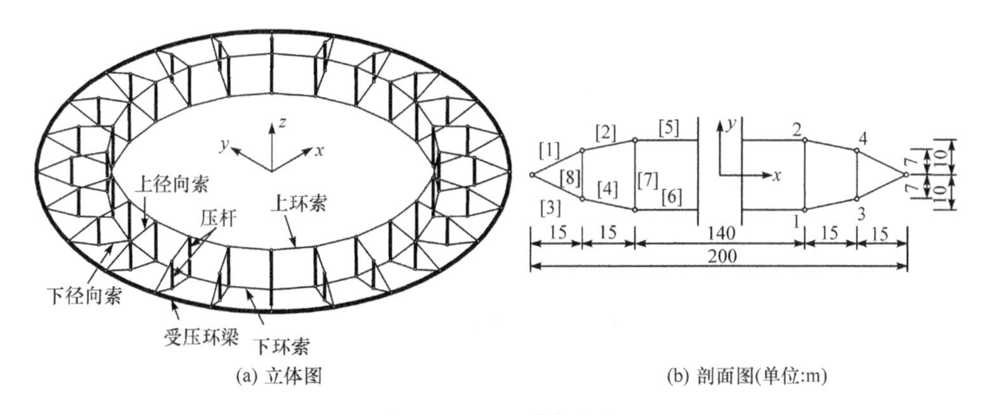

图 9.4.1　环形索桁结构

表 9.4.1　环形索桁结构各组单元基本参数

单元组号	[1]	[2]	[3]	[4]	[5]	[6]	[7]	[8]
设计平衡态预张力 t/kN	2063.2	1903.2	2407	2228.9	7158.4	8360.5	−399.1	−536.6
截面面积 A/mm^2	4247	4247	7263	7263	11877	20819	25898	25898
原长 s_0/m	16.505	15.257	16.521	15.270	18.209	18.231	20.001	14.001
弹性模量 E/GPa	170	170	170	170	170	170	210	210

在成形分析之前，首先计算索、杆单元的原长。采用抛物线索单元的协调方程(9.2.5)，将设计平衡态的单元几何参数、弹性模量、截面面积及预张力的水平分量代入该式便可直接求解索单元原长。杆单元的原长则采用式(9.2.12)求解。两类

单元原长 s_0的计算结果也列于表 9.4.1 中。令该环形索桁结构的施工成形过程为七个特定步骤，具体如下(参照图 1.5.9)：

(1) 地面拼装上环索[5]，然后将上径向索一端与上环索连接，另一端与周圈环梁的支座节点连接。

(2) 在支座节点处通过张拉设备收缩上径向索，同时牵引上环索[5]到一定标高以方便安装压杆，此时上径向索外段[1]的原长为 22.505m(设计平衡态原长为 16.505m，此外还预留 6m 牵引长度)。

(3) 安装压杆[7]、[8]。

(4) 安装下环索[6]和下径向索内段[4]。

(5) 张拉(牵引)上径向索外段[1]至其设计平衡态的原长 16.505m 处。

(6) 安装下径向索外段[3]，此时其原长为 30.521m(含设计平衡态原长 15.521m 和牵引长度 14m)。

(7) 张拉下径向索外段[3]到其设计平衡态的原长 15.521m 处，此时结构张拉施工完成。

2. 成形过程的模拟

采用力密度法和抛物线索单元，计算得到七个特定施工步的系统平衡构型。各施工步平衡形态的单元内力见表 9.4.2，节点坐标见表 9.4.3。由表可以看出，跟踪计算得到的结构成形形态[步骤(7)]的节点坐标及单元内力与设计平衡态相比，误差很小。

表 9.4.2 各施工步平衡形态的各组单元内力 t (单位:kN)

单元组号	[1]	[2]	[3]	[4]	[5]	[6]	[7]	[8]
步骤(2)	39.8	36.1	—	—	117.8	—	—	—
步骤(3)	140.1	120.5	—	—	405.1	—	20.0	13.9
步骤(4)	183.8	95.4	—	72.6	340.4	162.6	−6.0	117.1
步骤(5)	360.4	335.5	—	15.0	1238.8	48.8	42.3	30.5
步骤(6)	361.4	335.6	8.0	21.8	1243.6	66.2	38.7	35.8
步骤(7)	2057.8	1898.3	2401.8	2224.2	7139.7	8342.6	−398.2	−535.3
设计形态	2079.2	1915.0	2375.7	2201.9	7193.4	8270.9	−396.5	−536.4

表 9.4.3　各施工步平衡形态的部分节点坐标　　(单位:m)

节点坐标	x_1	z_1	x_2	z_2	x_3	z_3	x_4	z_4
步骤(2)	—	—	69.704	−22.376	—	—	82.618	−14.267
步骤(3)	69.786	−42.479	69.786	−22.477	82.815	−28.537	82.815	−14.536
步骤(4)	69.631	−41.191	69.763	−21.191	78.468	−28.741	84.078	−15.913
步骤(5)	68.822	−29.655	69.794	−9.677	79.663	−19.053	84.595	−5.949
步骤(6)	69.291	−29.606	69.794	−9.611	80.648	−19.480	84.638	−6.059
步骤(7)	70.002	−10.065	69.999	9.935	84.981	−6.959	85.020	7.041
设计平衡态	70.000	−10.000	70.000	10.000	85.000	−7.000	85.000	7.000

3. 成形过程的自动跟踪

以步骤(4)为计算的起始点,也可使用动力松弛法和弧长法对此环形索桁结构的成形过程进行自动跟踪,其中索单元采用悬链线单元。图 9.4.2 为成形过程中节点 1~4 的标高变化。由图可以看出,各节点标高随着张拉施工的进行稳定增加。节点 1、2(长压杆[7]的上下节点)间标高差和节点 3、4(短压杆[8]的上下节点)间标高差基本保持不变,说明整个成形过程中压杆能保持竖直。图 9.4.3 为径向索单元[1]~[4]的内力变化,图 9.4.4 为环索单元[5]、[6]的内力变化。可以发现,在下径向索外段[3]的张拉过程中,上径向索和上环索内力会减少,并长期处于松弛状态。直到下径向索快要张拉到位时,径向索和环索内力才快速增长,最终成形。

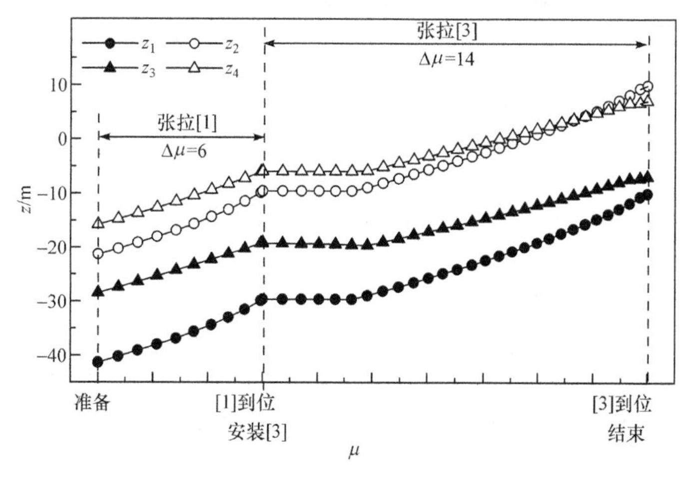

图 9.4.2　成形过程中节点 1~4 的标高变化

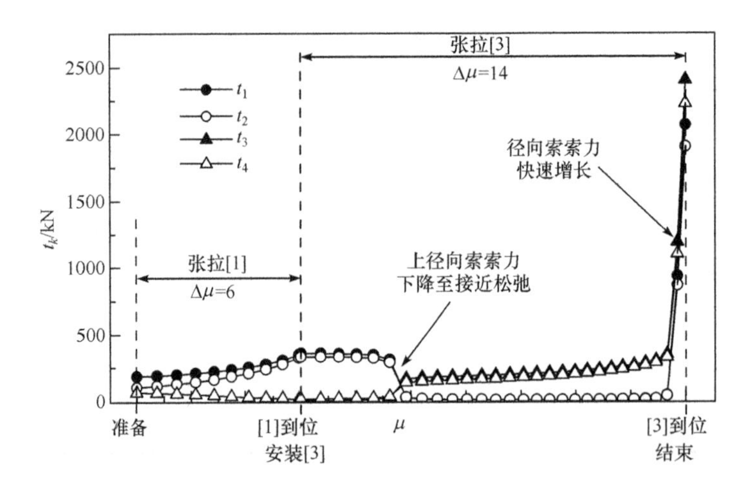

图 9.4.3　成形过程中单元[1]～[4]的内力变化

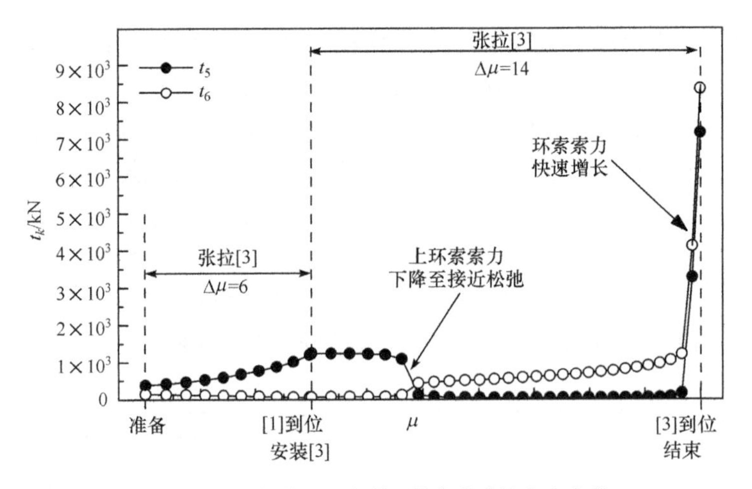

图 9.4.4　成形过程中单元[5]、[6]的内力变化

图 9.4.5 为成形过程中系统切线刚度矩阵的最小特征值 λ_1 和次小特征值 λ_2 的变化。由图可以看出，在下径向索张拉之前，λ_1 和 λ_2 大于零但数值很小，在下径向索[3]张拉至 $\Delta\mu=4\sim5$m，λ_1 和 λ_2 甚至减小至负值。直到下径向索即将张拉就位时，λ_1 和 λ_2 才增长至正值。对于施工过程中系统经历的两个 $\lambda_1=0$ 的奇异点 B_1、B_2，采用 9.3.2 节的方法可确定两个奇异点分别对应于下径向索[3]的拔出长度 $\Delta\mu=3.6486$m 和 $\Delta\mu=13.4523$m，且均为分岔点。分别在 B_1、B_2 附近确定两个一般平衡构型 A_1、A_2，根据 9.3.2 节的计算策略可找到分岔路径上对应于 A_1、A_2 的平衡构型 C_1、C_2，如图 9.4.6 所示。继续进行分岔路径的跟踪，发现分岔路径上的竖腹杆在 C_1、C_2 处发生倾斜，整体结构发生逆时针方向扭转，但随着张拉的进行，

竖腹杆最终又恢复到竖直状态，运动回到主路径上。

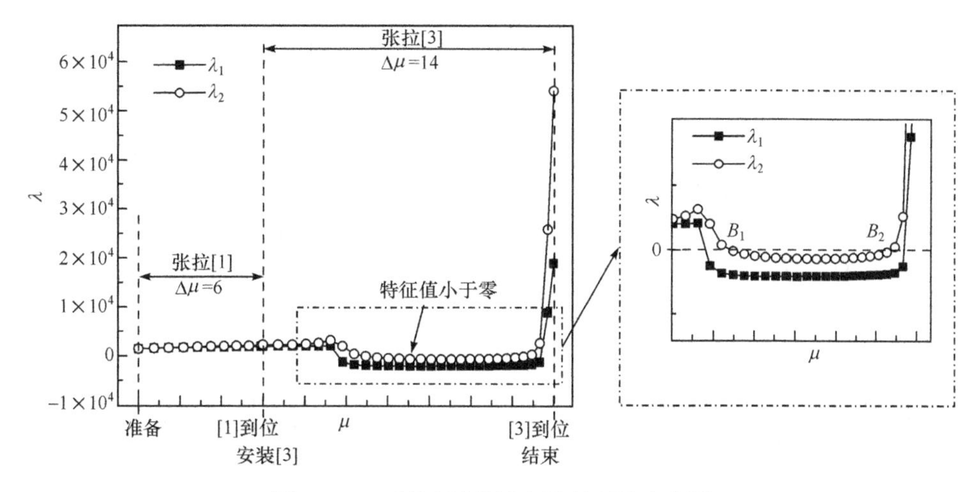

图 9.4.5　系统切向刚度矩阵特征值变化图

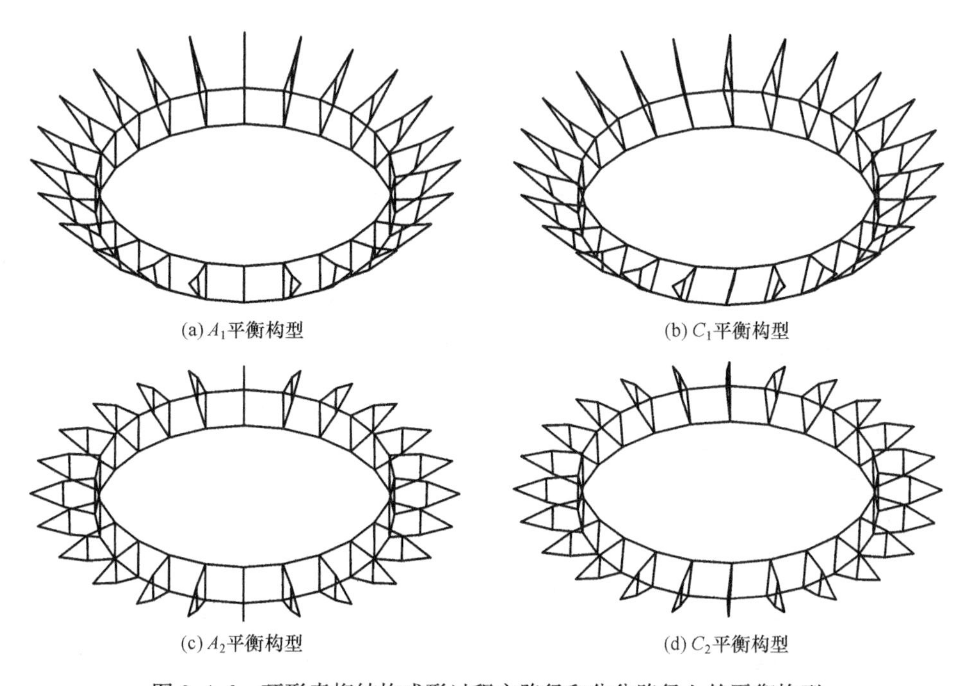

(a) A_1平衡构型　(b) C_1平衡构型

(c) A_2平衡构型　(d) C_2平衡构型

图 9.4.6　环形索桁结构成形过程主路径和分岔路径上的平衡构型

9.4.2　索穹顶

1. 施工方法

索穹顶的施工成形过程在 1.5.3 节进行过介绍。以图 9.4.7(a)所示的一个轴对称 Geiger 型索穹顶为算例，对其成形过程进行数值模拟。该索穹顶的跨度为 100m，设计平衡态的几何参数如图 9.4.7(b)所示。根据对称性将单元分为 11 组。各组单元的编号见图 9.4.7(b)，其材料和截面参数、设计平衡态的内力值(包括自应力和自重效应)列于表 9.4.4。

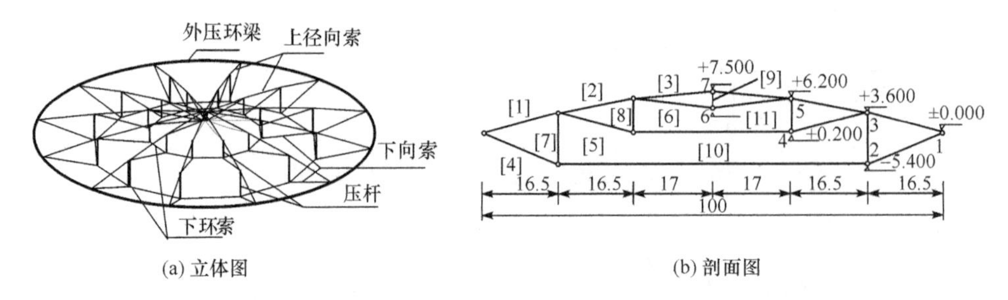

(a) 立体图　　(b) 剖面图

图 9.4.7　Geiger 型索穹顶(单位:m)

表 9.4.4　Geiger 索穹顶各组单元基本参数

单元组编号	[1]	[2]	[3]	[4]	[5]	[6]
设计平衡态预张力 t/kN	1924.20	1001.00	535.24	1527.10	909.89	457.39
截面面积 A/mm²	3205	3205	3205	3391	3205	3205
原长 s_0/m	16.829	16.673	17.033	17.315	16.819	17.071
弹性模量 E/GPa	170	170	170	170	170	170
单元组编号	[7]	[8]	[9]	[10]	[11]	—
设计平衡态预张力 t/kN	−453.14	−172.73	−517.91	2803.80	1721.60	—
截面面积 A/mm²	25819	25819	25819	7996	4250	—
原长 s_0/m	9.001	6.000	3.000	17.305	8.779	—
弹性模量 E/GPa	210	210	210	170	170	—

采用悬链线索单元和杆单元的协调方程(9.2.11)和式(9.2.12)，根据已知的设计平衡态参数，也可求得各组索、杆单元原长，结果列于表 9.4.4。考察该索穹顶施工成形过程的如下六个特定步骤(参照图 1.5.8)：

(1) 安装脊索[1]、[2]、[3]，压杆[7]、[8]、[9]，环索[10]、[11]。然后将下斜索[4]安装，此时其原长为 23.3152m(包括设计平衡态原长 17.315m 和预留牵引长度 6m)。

(2) 张拉下斜索[4],使其到达设计平衡态原长 17.315m。

(3) 安装下斜索[5],此时其原长为 20.8185m(含设计平衡态原长 16.819m 和预留牵引长度 4m)。

(4) 张拉下斜索[5],使其到达设计平衡态原长 16.819m。

(5) 安装下斜索[6],此时其原长为 19.071m(包括设计平衡态原长为 17.071m 和牵引长度 2m)。

(6) 张拉下斜索[6]至设计平衡态原长 17.0705m,此时结构张拉施工完成。

2. 成形过程的模拟

采用动力松弛法和悬链线索单元,计算出以上各施工步平衡形态的节点坐标和单元内力,分别见表 9.4.5 和表 9.4.6。

表 9.4.5　各施工步平衡形态的部分节点坐标　(单位:m)

节点坐标	x_2	z_2	x_3	z_3	x_4	z_4	x_5	z_6	x_7	z_7	x_8	z_8
步骤(1)	32.198	−12.854	33.639	−3.970	16.159	−11.521	17.038	−5.586	0.000	−8.787	0.000	−5.787
步骤(2)	33.446	−5.114	33.620	3.885	16.158	−3.839	17.037	2.096	0.000	−1.127	0.000	1.873
步骤(3)	33.447	−5.119	33.618	3.880	16.703	−3.920	17.038	2.071	0.000	−1.144	0.000	1.857
步骤(4)	33.490	−5.346	33.523	3.654	16.995	0.416	17.057	6.416	0.000	3.358	0.000	6.358
步骤(5)	33.490	−5.348	33.523	3.652	16.995	0.409	17.056	6.409	0.000	3.314	0.000	6.314
步骤(6)	33.500	−5.400	33.500	3.600	17.000	0.200	17.000	6.200	0.000	4.500	0.000	7.500

表 9.4.6　各施工步平衡形态的各组单元内力 t　(单位:kN)

单元组号	[1]	[2]	[3]	[4]	[5]	[6]	[7]	[8]	[9]	[10]	[11]
步骤(1)	231.46	222.48	220.00	4.85	—	—	20.12	8.93	2.98	12.00	2.91
步骤(2)	203.12	201.05	198.41	351.08	—	—	−81.61	8.93	2.98	643.76	2.90
步骤(3)	212.00	208.01	206.06	371.49	3.67	—	−87.74	9.84	2.98	681.18	4.88
步骤(4)	1569.00	771.63	762.81	1300.40	787.41	—	−378.56	−140.41	2.98	2386.11	1489.21
步骤(5)	1563.72	758.25	747.22	1309.20	795.57	3.58	−381.42	−142.19	21.93	2402.21	1504.62
步骤(6)	1924.53	1001.11	535.39	1528.20	910.57	457.74	−453.28	−172.79	−518.13	2804.51	1722.11

3. 成形过程的自动跟踪

采用动力松弛法对该索穹顶的成形过程进行自动跟踪。图 9.4.8 给出了节点 3、5 和 7 的标高变化情况。由图可以看出,节点 3 的标高变化主要发生在斜索[4]的张拉后期,此后其标高基本保持不变;节点 5 的标高在斜索[5]张拉到位后也基本保持不变;相比之下,节点 7(即顶点)的标高在每组斜索张拉后期均发生了较迅速的增长。图 9.4.9 为斜索[4]、[5]、[6]成形过程的内力变化。可以发现这些斜索的轴力增长均发生在每个张拉段的后期。此外，顶点 7 的标高在整个施工过程中并不是一直呈增长趋势，在张拉斜索[4]和[5]的过程中均出现该顶点标高减小的现象。

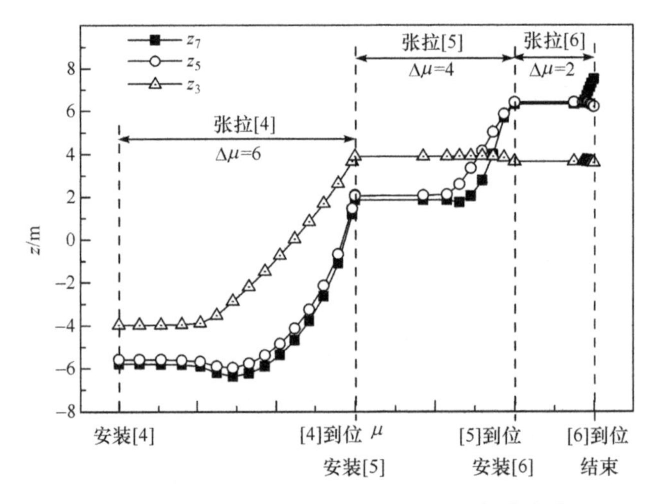

图 9.4.8　成形过程中节点 3、5 和 7 的标高变化

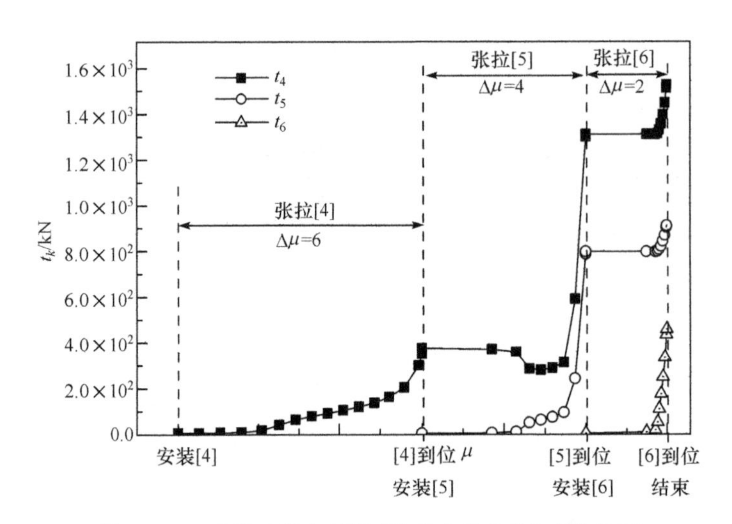

图 9.4.9　成形过程中下斜索[4]、[5]、[6]索力变化图

图 9.4.10 给出了成形过程中系统切线刚度矩阵特征值的变化。其中 λ_1 和 λ_2 分别代表最小特征值和次小特征值。由图可以看出，在斜索[6]安装之前，索穹顶几何不完整，故该两阶特征值数值很低(1000 左右)；当斜索[6]安装后，由于系统几何得到完善，λ_1 和 λ_2 显著提高。注意到，在张拉斜索[5]的后半段，λ_1 突然从正值减小为负值，然后又重新增长为正值。采用 9.3.2 节的方法，进一步跟踪发现

该阶段系统经历了两个奇异构型 B_1、B_2，其中斜索[5]的内力在 B_1 附近发生了减小(图 9.4.10)。

精确求得两个奇异构型 B_1、B_2 处于斜索[5]的牵引长度 $\Delta\mu$ 分别为 2.5258m、3.3193m 的时刻，迭代求解过程列于表 9.4.7。索穹顶为轴对称，表中的单位驱动力向量 $\bar{\boldsymbol{\Phi}}$ 实为该组主动索的内力方向。根据分岔点判别条件，可确定这两个奇异点均为分岔点。设 A_1、A_2 分别为 B_1、B_2 附近的两个平衡点，采用 9.3.2 节的方法可以找到分岔路径上分别对应于 A_1、A_2 的平衡构型 C_1、C_2(图 9.4.11)。可发现，分岔路径上的竖压杆在 C_1、C_2 处发生倾斜乃至翻转，整个索穹顶的构型发生显著变化。继续张拉，系统无法回到原来的路径。

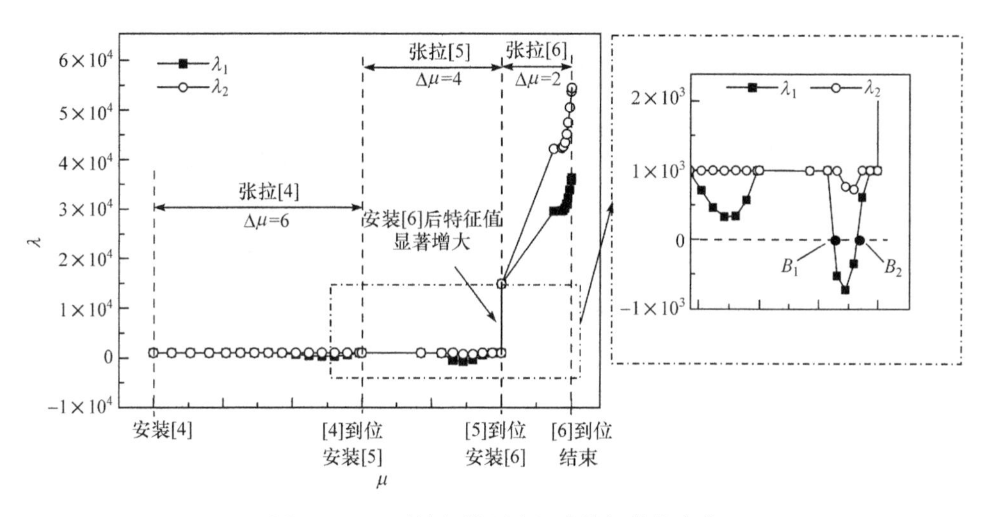

图 9.4.10　系统切线刚度矩阵特征值的变化

表 9.4.7　奇异构型 B_1、B_2 定位的迭代过程

B_1				B_2			
μ^*	λ_1	λ_2	$\boldsymbol{\theta}_1^{\mathrm{T}}\boldsymbol{\Phi}$	μ^*	λ_1	λ_2	$\boldsymbol{\theta}_1^{\mathrm{T}}\boldsymbol{\Phi}$
2.5083	171.1169	992.8849	6.7×10^{-8}	3.2867	−94.0604	808.3927	7.1×10^{-9}
2.5350	−96.2664	991.7663	7.8×10^{-8}	3.3103	−41.7445	848.9582	3.4×10^{-9}
2.5254	4.3898	993.9853	2.4×10^{-8}	3.3201	3.9542	864.0294	8.0×10^{-9}
2.5258	0.3105	993.2662	6.1×10^{-8}	3.3193	0.0276	854.3618	6.7×10^{-9}

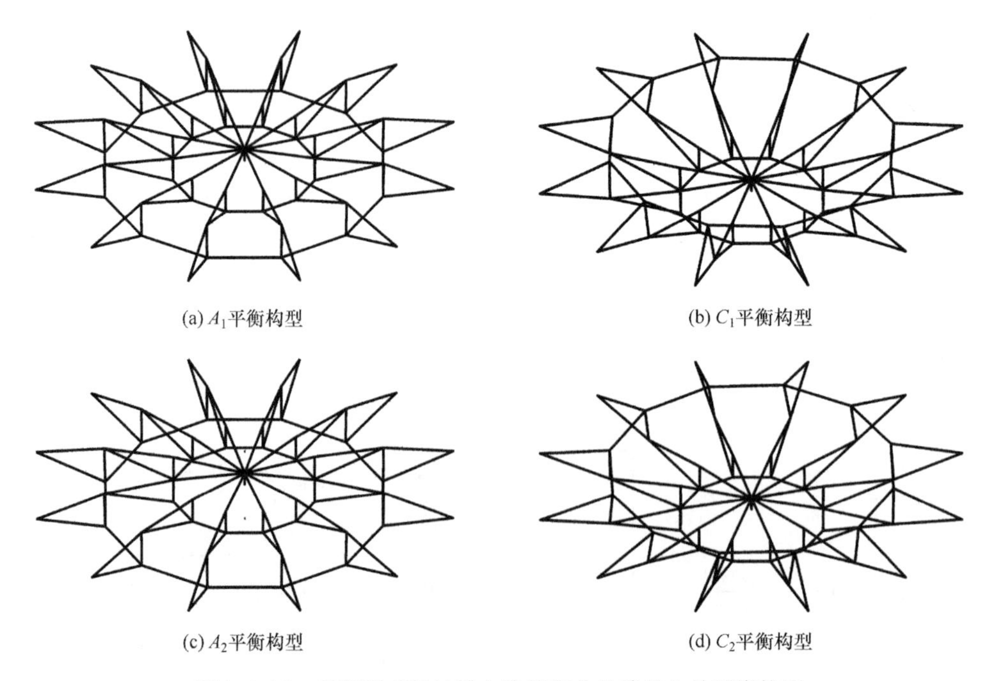

图 9.4.11 索穹顶成形过程主路径和分岔路径上的平衡构型

第 10 章 预张力偏差及张拉控制

索杆结构中的预张力一般是通过对主动索进行张拉来建立的。第 6 章阐明了预张力源于主动索的“初始缺陷长度”。理想情况下，如果所有构件能够精确放样，那么只要能够将这些包含初始缺陷长度的构件连接起来(包括采用张拉的方法)，结构预张力就能建立。然而，构件长度的加工安装误差(以下简称“索长误差”)不可避免，且与构件初始缺陷长度处于同一个量级，因此索长误差对结构预张力造成的偏差往往不可忽视。

实际工程施工中，索杆结构的张拉控制方法通常有两种。第一种方法是原长控制法，即将主动索张拉到其标定的原长(设计成形态长度扣除该状态下拉力所引起的弹性伸长量)位置即认为张拉结束。该方法操作简单，可减少拉索的长度调节接头数量，并可忽略拉索分级分批张拉的影响。但易见，采用原长控制法的前提是认为索长误差效应可以忽略。第二种方法是主动索索力控制法。与原长控制法的区别是，该方法将主动索张拉到设计拉力值，而不是标定的原长位置。施工张拉的最终目的是建立结构的预张力，因此直接控制主动索的拉力比控制其原长更为可靠。

对于工程中的索杆结构，一般构件众多，施工时只能对少数主动索进行张拉，而大多数构件只能按原长进行安装。因此，即便能将主动索的预张力控制到设计值，被动构件的长度误差也依然存在，即采用索力控制法也依然不能避免被动构件的索长误差效应。如果理想地将所有构件都作为主动索并直接控制其张拉力，预张力偏差在理论上可被消除，但会对张拉设备、施工条件等方面提出很高要求，一般情况下很难做到。

本章将讨论索杆结构的预张力偏差分析和张拉控制问题。首先将建立索长误差变量的随机数学模型，以解析形式给出索长误差和预张力偏差间的关系。然后会指出原长控制法和索力控制法对于控制结构索长误差效应的不同，同时说明选择不同的主动索对于索长误差的控制效果存在差异。还将给出随机预张力偏差特征参数的计算方法，分析预张力偏差的有界性和确定最不利索长误差分布的方法。正是由于张拉方案对预张力偏差控制效果不同，最后还将讨论主动索的优选问题。

10.1 随机索长误差

影响索长加工误差的因素众多，如设备误差、测量误差、温度变化、材料性质变化等。如果各种因素相互独立，且各因素造成正偏差或负偏差的可能性相同，根据林德伯格-莱维(Lindburg-Levy)中心极限定理[87]，可以认为索长误差近似服从正态分布。对于结构中的索 i，令其长度误差 e_i^0 的正态分布概率密度函数为

$$p(e_i^0)=N(\mu_{ei},\sigma_{ei}^2) \tag{10.1.1}$$

式中，μ_{ei}、σ_{ei}^2分别为 e_i^0 的均值和方差。易知，e_i^0 在区间$(\mu_{ei}-3\sigma_{ei},\mu_{ei}+3\sigma_{ei})$内取值的概率 $P\{\mu_{ei}-3\sigma_{ei}<e_i^0<\mu_{ei}+3\sigma_{ei}\}=99.7\%$，工业生产中通常限制索 i 实际加工长度误差与 μ_{ei}的偏差不超过 $3\sigma_{ei}$，即为质量控制的“3σ 原则”[88]。如果规定索长误差允许范围是$[a,c]$，其中 c、a 分别为索长误差的上下限值，则 μ_{ei}、σ_{ei}的近似值为

$$\mu_{ei}=\frac{a+c}{2};\quad \sigma_{ei}=\frac{1}{6}(c-a) \tag{10.1.2}$$

注意式(10.1.2)仅适用于单根连续索。实际工程中，一根连续索经常分为多个索段，如索桁架(图 1.2.9)的承重索和稳定索上需要安装多个索夹节点与连杆相连。在进行索长误差效应的分析时，还要先将单根连续索的索长误差根据某些假定分配到各个索段上。

设索 i 为连续索并分为 $\bar{m}$ 段，其总长度为 s_i。如果每个索段的长度误差 $\tilde{e}_j\,(j=1,2\cdots,\bar{m})$ 也满足正态分布 $N(\tilde{\mu}_j,\tilde{\sigma}_j^2)$并且相互独立，则易知

$$p(\tilde{e}_1+\tilde{e}_2+\cdots+\tilde{e}_{\bar{m}})=N\left(\sum_{j=1}^{\bar{m}}\tilde{\mu}_j,\sum_{j=1}^{\bar{m}}\tilde{\sigma}_j^2\right) \tag{10.1.3}$$

既然假定 $\tilde{e}_j$ 由总索长误差 e_i^0 来分配，即 $\tilde{e}_1+\tilde{e}_2+\cdots+\tilde{e}_{\bar{m}}=e_{0i}$，于是

$$\sum_{j=1}^{\bar{m}}\tilde{\mu}_j=\mu_{ei};\quad \sum_{j=1}^{\bar{m}}\tilde{\sigma}_j^2=\sigma_{ei}^2 \tag{10.1.4}$$

无论单根连续索还是索段，其加工或安装长度正误差和负误差出现的概率一般是相等的，即 $\mu_{ei}=0$ 以及 $\tilde{\mu}_j=0(j=1,2,\cdots,\bar{m})$，则显然式(10.1.4)中第一式满足。如果进一步假定 $\tilde{\mu}_j$ 与索段长度 $\tilde{s}_j$ 相关，且 $\tilde{\sigma}_j^2=(\tilde{s}_j/s_i)\sigma_{ei}^2$，则可发现式(10.1.4)中第二式也可以满足。于是，有

$$p(\tilde{e}_j)=N\left(0,\left(\frac{\tilde{s}_j}{s_i}\right)\sigma_{ei}^2\right),\quad j=1,2,\cdots,\bar{m} \tag{10.1.5}$$

如果长度误差 e_i^0 的限值为$[-e_i^u,e_i^u]$，根据式(10.1.2)可进一步将式(10.1.5)写成如下形式：

$$p(\tilde{e}_j)=N\left[0,\frac{\tilde{s}_j}{s_i}\left(\frac{e_i^u}{3}\right)^2\right] \tag{10.1.6}$$

10.2 预张力偏差

10.2.1 索长误差与张力偏差的关系

实际工程中索杆结构的预张力通常较高，索单元可简化为杆单元来处理。以

某平衡构型 $\boldsymbol{G}_0$ 作为参考构型，当引入索长误差向量 $\boldsymbol{e}_0$ 后，系统变化到一个新平衡构型 $\boldsymbol{G}$。根据 5.3 节的理论，此时系统应满足

平衡方程：
$$\boldsymbol{A}\boldsymbol{t}=\boldsymbol{p} \tag{10.2.1}$$
物理方程：
$$\boldsymbol{t}=\boldsymbol{t}_0+\boldsymbol{M}(\boldsymbol{e}-\boldsymbol{e}_0) \tag{10.2.2}$$
协调方程：
$$\bar{\boldsymbol{B}}\boldsymbol{d}=\boldsymbol{e} \tag{10.2.3}$$

式中，$\boldsymbol{t}_0$ 为构型 G_0 时杆件的轴力向量；$\boldsymbol{A}$ 为构型 $\boldsymbol{G}$ 对应的平衡矩阵；$\bar{\boldsymbol{B}}$ 为考虑几何非线性的协调矩阵。$\boldsymbol{A}$ 和 $\bar{\boldsymbol{B}}$ 可分别表示为

$$\boldsymbol{A}^{\mathrm{T}}=\boldsymbol{B}_{\mathrm{L}}+\boldsymbol{B}_{\mathrm{N1}}(\boldsymbol{d}) \tag{10.2.4}$$

$$\bar{\boldsymbol{B}}=\boldsymbol{B}_{\mathrm{L}}+1/2\boldsymbol{B}_{\mathrm{N1}}(\boldsymbol{d})+o(\boldsymbol{d}) \tag{10.2.5}$$

式中，$\boldsymbol{B}_{\mathrm{L}}$ 为系统协调矩阵的线性部分；$\boldsymbol{B}_{\mathrm{N1}}(\boldsymbol{d})$为协调矩阵仅包含位移 $\boldsymbol{d}$ 一次项的非线性部分，是 $\boldsymbol{d}$ 的函数；$o(\boldsymbol{d})$代表含位移 $\boldsymbol{d}$ 一次方[除 $1/2\boldsymbol{B}_{\mathrm{N1}}(\boldsymbol{d})$外]及以上高阶项的和。$\boldsymbol{B}_{\mathrm{L}}$ 和 $\boldsymbol{B}_{\mathrm{N1}}(\boldsymbol{d})$的具体形式分别见式(3.3.3)和式(4.1.2)。

由式(10.2.1)～式(10.2.3)可得

$$\Delta\boldsymbol{t}=\boldsymbol{t}-\boldsymbol{t}_0=\boldsymbol{M}\bar{\boldsymbol{B}}\boldsymbol{d}-\boldsymbol{M}\boldsymbol{e}_0 \tag{10.2.6}$$

$$\boldsymbol{A}\boldsymbol{t}_0+\boldsymbol{A}\boldsymbol{M}\bar{\boldsymbol{B}}\boldsymbol{d}=\boldsymbol{p}+\boldsymbol{A}\boldsymbol{M}\boldsymbol{e}_0 \tag{10.2.7}$$

分别对式(10.2.6)和式(10.2.7)进行变分，并在平衡构型 $\boldsymbol{G}_0$ 上采用 U. L. 列式描述，可得两方程的增量表达式为

$$\delta\Delta\boldsymbol{t}=\boldsymbol{M}\boldsymbol{B}_{\mathrm{L}}\delta\boldsymbol{d}-\boldsymbol{M}\delta\boldsymbol{e}_0 \tag{10.2.8}$$

$$\boldsymbol{K}_{\mathrm{T}}\delta\boldsymbol{d}=\boldsymbol{B}_{\mathrm{L}}^{\mathrm{T}}\boldsymbol{M}\boldsymbol{e}_0+\delta\boldsymbol{p} \tag{10.2.9}$$

式中，$\delta\Delta\boldsymbol{t}$、$\delta\boldsymbol{d}$、$\delta\boldsymbol{e}_0$、$\delta\boldsymbol{p}$ 分别为杆件内力偏差向量、节点位移向量、索长误差向量和节点荷载向量的变分；$\boldsymbol{K}_{\mathrm{T}}$ 为系统的切线刚度矩阵。根据 5.3 节的推导，可知 $\boldsymbol{K}_{\mathrm{T}}=\boldsymbol{K}_0+\boldsymbol{K}_{\mathrm{g}}$，且 $\boldsymbol{K}_0=\boldsymbol{B}_{\mathrm{L}}^{\mathrm{T}}\boldsymbol{M}\boldsymbol{B}_{\mathrm{L}}$，$\boldsymbol{K}_{\mathrm{g}}\delta\boldsymbol{d}=\delta[\boldsymbol{B}_{\mathrm{N1}}(\boldsymbol{d})]\boldsymbol{t}_0$。

假定荷载不变，即 $\delta\boldsymbol{p}=\boldsymbol{0}$，仅考察索长误差 $\boldsymbol{e}_0$ 变化对预张力的影响，于是式(10.2.9)和式(10.2.8)可表达为

$$\delta\boldsymbol{d}=\boldsymbol{K}_{\mathrm{T}}^{-1}\boldsymbol{B}_{\mathrm{L}}^{\mathrm{T}}\boldsymbol{M}\delta\boldsymbol{e}_0 \tag{10.2.10}$$

$$\delta\Delta\boldsymbol{t}=\boldsymbol{M}(\boldsymbol{B}_{\mathrm{L}}\boldsymbol{K}_{\mathrm{T}}^{-1}\boldsymbol{B}_{\mathrm{L}}^{\mathrm{T}}\boldsymbol{M}-\boldsymbol{I})\delta\boldsymbol{e}_0 \tag{10.2.11}$$

式中，$\boldsymbol{I}$ 为单位矩阵。式(10.2.10)和式(10.2.11)分别反映了索长误差与节点位移偏差、预张力偏差之间的增量关系。当 $\boldsymbol{d}$ 很小时，由式(10.2.11)可得到构型 $\boldsymbol{G}_0$ 下索长误差与预张力偏差的近似线性方程为

$$\Delta\boldsymbol{t}=\boldsymbol{S}_{\mathrm{t}}\boldsymbol{e}_0 \tag{10.2.12}$$

式中，$\boldsymbol{S}_{\mathrm{t}}=\boldsymbol{M}(\boldsymbol{B}_{\mathrm{L}}^{\mathrm{T}}\boldsymbol{K}_{\mathrm{T}}^{-1}\boldsymbol{B}_{\mathrm{L}}\boldsymbol{M}-\boldsymbol{I})$为构型 $\boldsymbol{G}_0$ 对应的内力灵敏度矩阵。严格意义上讲，$\boldsymbol{e}_0$和 $\Delta\boldsymbol{t}$ 应该呈非线性关系，但在结构预张力水平较高且 $\boldsymbol{e}_0$ 较小情况下，采用式(10.2.12)计算得到的 $\Delta\boldsymbol{t}$ 一般具有相当高的精度。

10.2.2　索力控制法的预张力偏差计算

对于原长控制法，利用式(10.2.12)可以计算给定索长误差 $\boldsymbol{e}_0$ 下的结构预张

力偏差的近似值。但是对于索力控制法，结构张拉完成以主动索张力到达其设计拉力值为特征，即主动索的预张力偏差 $\Delta \boldsymbol{t}_{\mathrm{a}}=\mathbf{0}$。因此，将构件按主动索和被动构件分开，则式(10.2.12)可写为如下分块形式：

$$\begin{Bmatrix} \Delta \boldsymbol{t}_{\mathrm{a}} \\ \Delta \boldsymbol{t}_{\mathrm{p}} \end{Bmatrix} = \begin{bmatrix} \boldsymbol{S}_{\mathrm{aa}} & \boldsymbol{S}_{\mathrm{ap}} \\ \boldsymbol{S}_{\mathrm{pa}} & \boldsymbol{S}_{\mathrm{pp}} \end{bmatrix} \begin{Bmatrix} \boldsymbol{e}_0^{\mathrm{a}} \\ \boldsymbol{e}_0^{\mathrm{p}} \end{Bmatrix} \tag{10.2.13}$$

式中，$\Delta \boldsymbol{t}_{\mathrm{a}}$、$\Delta \boldsymbol{t}_{\mathrm{p}}$ 分别为主动索和被动构件的内力偏差；$\boldsymbol{e}_0^{\mathrm{a}}$、$\boldsymbol{e}_0^{\mathrm{p}}$ 分别为主动索和被动构件的长度误差。

当 $\Delta \boldsymbol{t}_{\mathrm{a}}=\mathbf{0}$时，则由式(10.2.13)可得

$$\Delta \boldsymbol{t}_{\mathrm{p}} = \boldsymbol{S}_{\mathrm{t}}^{\mathrm{R}} \boldsymbol{e}_0^{\mathrm{p}} \tag{10.2.14}$$

式中，$\boldsymbol{S}_{\mathrm{t}}^{\mathrm{R}}=\boldsymbol{S}_{\mathrm{pp}}-\boldsymbol{S}_{\mathrm{pa}}\boldsymbol{S}_{\mathrm{aa}}^{-1}\boldsymbol{S}_{\mathrm{ap}}$。当有 n 根主动索时，$\boldsymbol{S}_{\mathrm{t}}^{\mathrm{R}}$ 为$(b-n)\times(b-n)$矩阵。可见，施工中选择不同的主动索，会得到不同的灵敏度矩阵 $\boldsymbol{S}_{\mathrm{t}}^{\mathrm{R}}$，这也是不同张拉方案对于索长误差效应控制效果不同的原因。

10.2.3 随机预张力偏差

根据索长误差与预张力偏差的近似线性关系式(10.2.12)，当每根索的索长误差服从正态分布且相互独立时，则每根索的预张力偏差 Δt_i 也服从正态分布 $N(\mu_{\mathrm{t}i},\sigma_{\mathrm{t}i}^2)$，且其均值和方差分别为

$$\mu_{\mathrm{t}i} = \sum_{j=1}^{b} (\boldsymbol{S}_{\mathrm{t}})_{ij} \mu_{\mathrm{e}j} \tag{10.2.15}$$

$$\sigma_{\mathrm{t}i}^2 = \sum_{j=1}^{b} (\boldsymbol{S}_{\mathrm{t}})_{ij}^2 \sigma_{\mathrm{e}j}^2 \tag{10.2.16}$$

式中，$(\boldsymbol{S}_{\mathrm{t}})_{ij}$ 为单元 j 产生单位长度误差引起单元 i 的张力偏差。

根据式(10.2.15)，也可得到采用索力控制法时，被动构件张力偏差的均值和方差：

$$\mu_{\mathrm{t}i} = \sum_{j=1}^{b-n} (\boldsymbol{S}_{\mathrm{t}}^{\mathrm{R}})_{ij} \mu_{\mathrm{e}j} \tag{10.2.17}$$

$$\sigma_{\mathrm{t}i}^2 = \sum_{j=1}^{b-n} (\boldsymbol{S}_{\mathrm{t}}^{\mathrm{R}})_{ij}^2 \sigma_{\mathrm{e}j}^2 \tag{10.2.18}$$

式中，$(\boldsymbol{S}_{\mathrm{t}}^{\mathrm{R}})_{ij}$ 为主动索张力偏差为零的条件下，由单元 j 的单位长度误差引起单元 i 的张力偏差。

根据“3σ 原则”，索 i 的最大张力偏差为

$$\Delta t_{i\max} = \mu_{\mathrm{t}i} \pm 3\sigma_{\mathrm{t}i} \tag{10.2.19}$$

由式(10.2.15)～式(10.2.18)可看出，$\mu_{\mathrm{t}i}$、$\sigma_{\mathrm{t}i}$的大小与随机索长误差的特征参数和灵敏度矩阵的系数相关，而后者主要取决于主动索的选择。一般情况下，$\mu_{\mathrm{e}j}=0(j=1,2,\cdots,b)$，故 $\mu_{\mathrm{t}i}=0$，于是$|\Delta t_{i\max}|=3\sigma_{\mathrm{t}i}$，表明 $\sigma_{\mathrm{t}i}$的大小可作为评价单元

随机轴力偏差大小的指标。

10.2.4 灵敏度矩阵的特征值

利用矩阵理论中的 LDU 分解方法[89]，可将式(10.2.12)中的 $\boldsymbol{S}_{\mathrm{t}}$ 表示为如下形式：

$$\boldsymbol{S}_{\mathrm{t}}=\begin{Bmatrix}\boldsymbol{S}_{\mathrm{aa}} & \boldsymbol{S}_{\mathrm{ap}}\\ \boldsymbol{S}_{\mathrm{pa}} & \boldsymbol{S}_{\mathrm{pp}}\end{Bmatrix}=\begin{Bmatrix}\boldsymbol{I}_{\mathrm{a}} & \boldsymbol{0}\\ \boldsymbol{S}_{\mathrm{pa}}\boldsymbol{S}_{\mathrm{aa}}^{-1} & \boldsymbol{I}_{\mathrm{p}}\end{Bmatrix}\begin{Bmatrix}\boldsymbol{S}_{\mathrm{aa}} & \boldsymbol{0}\\ \boldsymbol{0} & \boldsymbol{S}_{\mathrm{pp}}-\boldsymbol{S}_{\mathrm{pa}}\boldsymbol{S}_{\mathrm{aa}}^{-1}\boldsymbol{S}_{\mathrm{ap}}\end{Bmatrix}\begin{Bmatrix}\boldsymbol{I}_{\mathrm{a}} & \boldsymbol{S}_{\mathrm{aa}}^{-1}\boldsymbol{S}_{\mathrm{ap}}\\ \boldsymbol{0} & \boldsymbol{I}_{\mathrm{p}}\end{Bmatrix}$$

(10.2.20)

应注意，式(10.2.20)将 $\boldsymbol{S}_{\mathrm{t}}$ 表示成为一个拟下三角矩阵、一个拟对角矩阵及一个拟上三角矩阵的乘积。该式中，$\boldsymbol{I}_{\mathrm{a}}(n\times n)$ 和 $\boldsymbol{I}_{\mathrm{p}}[(b-n)\times(b-n)]$ 均为单位矩阵，而拟对角矩阵的两个子块恰好为主动索对应的子矩阵 $\boldsymbol{S}_{\mathrm{aa}}$ 与索力控制法时的灵敏度矩阵 $\boldsymbol{S}_{\mathrm{t}}^{\mathrm{R}}$。由于拟下三角矩阵和拟上三角矩阵的行列式值均为 1，则对式(10.2.20)两边同时取行列式值，可得

$$|\boldsymbol{S}_{\mathrm{t}}|=|\boldsymbol{S}_{\mathrm{aa}}|\,|\boldsymbol{S}_{\mathrm{pp}}-\boldsymbol{S}_{\mathrm{pa}}\boldsymbol{S}_{\mathrm{aa}}^{-1}\boldsymbol{S}_{\mathrm{ap}}|=|\boldsymbol{S}_{\mathrm{aa}}|\,|\boldsymbol{S}_{\mathrm{t}}^{\mathrm{R}}| \tag{10.2.21}$$

根据矩阵行列式值与其特征值之间的关系，可得

$$\prod_{i=1}^{b-n}\lambda_{\mathrm{t}i}^{\mathrm{R}}=\prod_{i=1}^{b}\lambda_{\mathrm{t}i}\Big/\prod_{i=1}^{n}\lambda_{\mathrm{a}i} \tag{10.2.22}$$

式中，$\prod$ 为连乘运算符；$\lambda_{\mathrm{t}i}(i=1,2,\cdots,b)$、$\lambda_{\mathrm{t}i}^{\mathrm{R}}(i=1,2,\cdots,b-n)$ 与 $\lambda_{\mathrm{a}i}(i=1,2,\cdots,n)$ 分别为矩阵 $\boldsymbol{S}_{\mathrm{t}}$、$\boldsymbol{S}_{\mathrm{t}}^{\mathrm{R}}$ 和 $\boldsymbol{S}_{\mathrm{aa}}$ 的特征值，且均随着下标 i 的增大而减小。

容易证明，$\boldsymbol{S}_{\mathrm{t}}$、$\boldsymbol{S}_{\mathrm{t}}^{\mathrm{R}}$、$\boldsymbol{S}_{\mathrm{pp}}$ 和 $\boldsymbol{S}_{\mathrm{aa}}$ 均为对称正定方阵。考虑到 $\boldsymbol{S}_{\mathrm{pp}}$ 为 $\boldsymbol{S}_{\mathrm{t}}$ 的 $b-n$ 阶主子矩阵($1\leqslant b-n\leqslant b-1$)，故根据特征值分隔定理[90]可知

$$\lambda_{\mathrm{t}i}\geqslant\lambda_{\mathrm{p}i}\geqslant\lambda_{\mathrm{t}(n+i)},\quad i=1,2,\cdots,b-n \tag{10.2.23}$$

式中，$\lambda_{\mathrm{p}i}(i=1,2,\cdots,b-n)$ 为 $\boldsymbol{S}_{\mathrm{pp}}$ 的特征值，且 $\lambda_{\mathrm{p}1}\geqslant\lambda_{\mathrm{p}2}\geqslant\cdots\geqslant\lambda_{\mathrm{p}(b-n)}$。

将 $\boldsymbol{S}_{\mathrm{pp}}$ 与 $\boldsymbol{S}_{\mathrm{t}}^{\mathrm{R}}$ 相减，两者之差为 $\boldsymbol{S}_{\mathrm{pa}}\boldsymbol{S}_{\mathrm{aa}}^{-1}\boldsymbol{S}_{\mathrm{ap}}$，且容易证明该矩阵也为对称正定矩阵。于是，$\boldsymbol{S}_{\mathrm{pp}}$ 与 $\boldsymbol{S}_{\mathrm{t}}^{\mathrm{R}}$ 的特征值应满足如下不等关系[90]：

$$\lambda_{\mathrm{p}i}>\lambda_{\mathrm{t}i}^{\mathrm{R}},\quad i=1,2,\cdots,b-n \tag{10.2.24}$$

综合考虑式(10.2.23)和式(10.2.24)，可得：

$$\lambda_{\mathrm{t}i}\geqslant\lambda_{\mathrm{p}i}>\lambda_{\mathrm{t}i}^{\mathrm{R}},\quad i=1,2,\cdots,b-n \tag{10.2.25}$$

可以看出，在保证主动索的预张力偏差为零的前提下，$\boldsymbol{S}_{\mathrm{t}}^{\mathrm{R}}$ 矩阵的各阶特征值的乘积较 $\boldsymbol{S}_{\mathrm{t}}$ 矩阵降低，且其前 $b-n$ 阶特征值均比相应的 $\boldsymbol{S}_{\mathrm{t}}$ 矩阵的前 $b-n$ 阶特征值小。一般情况下，$\boldsymbol{S}_{\mathrm{t}}^{\mathrm{R}}$ 的特征值较 $\boldsymbol{S}_{\mathrm{t}}$ 的特征值降幅还非常显著，这也导致结构预张力偏差大幅降低。进一步的理解是，对于索力控制法，主动索选取的不同使得 $\boldsymbol{S}_{\mathrm{t}}^{\mathrm{R}}$ 矩阵不同，也使得其特征值 $\lambda_{\mathrm{t}i}^{\mathrm{R}}$ 不同，因此是否可以借助 $\lambda_{\mathrm{t}i}^{\mathrm{R}}$ 的大小来评价不同施工方案(不同主动索的选取)对预张力偏差的控制效果，将在后面讨论。

10.3　主动索的优选

10.3.1　结构预张力偏差的有界性

对于索力控制方法，选择不同的主动张拉索会对结构的预张力偏差产生较大的影响，这也说明对预张力偏差的控制效果可以作为评价张拉方案优劣性的重要方面。导致预张力偏差的各类误差因素具有随机性，因此结构的最不利预张力偏差显然是实施定量评价的一个重要参数。

考虑到索长误差 $\boldsymbol{e}_0$ 的随机性，工程中一般通过规范[91]对其最大容许误差进行限定。索长容许误差的正负限值通常相同，如果假定正限值为 $\boldsymbol{e}_{\mathrm{u}}=\{e_1^{\mathrm{u}},\cdots,e_i^{\mathrm{u}},\cdots,e_b^{\mathrm{u}}\}^{\mathrm{T}}$ 且 $e_i^{\mathrm{u}}>0(i=1,2,\cdots,b)$，则

$$-\boldsymbol{e}_{\mathrm{u}}\leqslant\boldsymbol{e}_0\leqslant\boldsymbol{e}_{\mathrm{u}} \tag{10.3.1}$$

预张力偏差向量 $\Delta\boldsymbol{t}$ 实际上反映的是各构件的预应力偏差大小，是构件层面的指标。为衡量整体结构误差效应的大小，可采用构件的绝对或相对预张力偏差平方和(以下分别表示为 ρ_1 和 ρ_2)来表征结构的预张力偏差。为便于描述，后续推导中将式(10.2.12)和式(10.2.14)中的灵敏度矩阵 $\boldsymbol{S}_{\mathrm{t}}$ 和 $\boldsymbol{S}_{\mathrm{t}}^{\mathrm{R}}$ 统一记为 $\boldsymbol{S}_{\mathrm{t}}$，其阶数为 s'。于是 ρ_1 和 ρ_2 可分别表示为

$$\rho_1=\sum_{i=1}^{s'}\Delta t_i^2=\Delta\boldsymbol{t}^{\mathrm{T}}\Delta\boldsymbol{t}=\boldsymbol{e}_0^{\mathrm{T}}(\boldsymbol{S}_{\mathrm{t}}{}^{\mathrm{T}}\boldsymbol{S}_{\mathrm{t}})\boldsymbol{e}_0 \tag{10.3.2}$$

$$\rho_2=\sum_{i=1}^{s'}(\Delta t_i/t_i^0)^2=(\Delta\boldsymbol{t}^{\mathrm{T}}\boldsymbol{\Lambda}_0)(\Delta\boldsymbol{t}^{\mathrm{T}}\boldsymbol{\Lambda}_0)^{\mathrm{T}}=\boldsymbol{e}_0^{\mathrm{T}}(\boldsymbol{S}_{\mathrm{t}}^{\mathrm{T}}\boldsymbol{\Lambda}_0^2\boldsymbol{S}_{\mathrm{t}})\boldsymbol{e}_0 \tag{10.3.3}$$

式中，Δt_i 和 t_i^0 分别为单元 i 的预张力偏差和设计预张力值，$\boldsymbol{\Lambda}_0=\mathrm{diag}\{\cdots,1/t_i^0,\cdots\}$为对角矩阵。可以发现，$\rho_1$、$\rho_2$ 实际上是 $\boldsymbol{e}_0$ 的二次型形式。将式(10.3.2)和式(10.3.3)统一写为

$$\rho=\boldsymbol{e}_0^{\mathrm{T}}\boldsymbol{Q}\boldsymbol{e}_0 \tag{10.3.4}$$

式中，当 ρ 为 ρ_1 时，$\boldsymbol{Q}=\boldsymbol{S}_{\mathrm{t}}^{\mathrm{T}}\boldsymbol{S}_{\mathrm{t}}$；$\rho$ 为 ρ_2 时，$\boldsymbol{Q}=\boldsymbol{S}_{\mathrm{t}}^{\mathrm{T}}\boldsymbol{\Lambda}_0^2\boldsymbol{S}_{\mathrm{t}}$。容易证明，$\boldsymbol{Q}$ 为对称正定矩阵，阶数也为 s'。

将索长误差向量 $\boldsymbol{e}_0$ 单位化。当 $\boldsymbol{e}_0\neq\boldsymbol{0}$ 时，有

$$\bar{\boldsymbol{e}}_0=\frac{\boldsymbol{e}_0}{\boldsymbol{e}_0^{\mathrm{T}}\boldsymbol{e}_0}=\frac{\boldsymbol{e}_0}{\|\boldsymbol{e}_0\|^2},\quad \|\bar{\boldsymbol{e}}_0\|^2=1 \tag{10.3.5}$$

则 $\boldsymbol{Q}$ 矩阵与 $\bar{\boldsymbol{e}}_0$ 构成的 Rayleigh 商[89]为

$$R(\bar{\boldsymbol{e}}_0)=\bar{\boldsymbol{e}}_0^{\mathrm{T}}\boldsymbol{Q}\bar{\boldsymbol{e}}_0=\frac{\boldsymbol{e}_0^{\mathrm{T}}\boldsymbol{Q}\boldsymbol{e}_0}{\boldsymbol{e}_0^{\mathrm{T}}\boldsymbol{e}_0} \tag{10.3.6}$$

对 $\boldsymbol{Q}$ 进行特征值分解，可得

$$\boldsymbol{Q}=\bar{\boldsymbol{V}}\boldsymbol{\Lambda}\bar{\boldsymbol{V}}^{\mathrm{T}} \tag{10.3.7}$$

式中，$\boldsymbol{\Lambda}=\mathrm{diag}\{\lambda_1,\cdots,\lambda_i,\cdots,\lambda_{s'}\}$为对角矩阵($s'\times s'$)，$\lambda_i(i=1,2,\cdots,s')$为 $\boldsymbol{Q}$ 的特征值，且 $\lambda_1\geqslant\lambda_2\geqslant\cdots\geqslant\lambda_i\cdots\geqslant\lambda_{s'}>0$；$\bar{\boldsymbol{V}}=[\bar{\boldsymbol{v}}_1,\cdots,\bar{\boldsymbol{v}}_i,\cdots,\bar{\boldsymbol{v}}_{s'}]$为正交矩阵，且 $\bar{\boldsymbol{v}}_i(i=1,2,\cdots,s')$为 $\boldsymbol{Q}$ 的特征向量。

将式(10.3.7)代入式(10.3.6)，则

$$R(\bar{\boldsymbol{e}}_0)=(\bar{\boldsymbol{V}}^{\mathrm{T}}\bar{\boldsymbol{e}}_0)^{\mathrm{T}}\boldsymbol{\Lambda}(\bar{\boldsymbol{V}}^{\mathrm{T}}\bar{\boldsymbol{e}}_0) \tag{10.3.8}$$

令 $\boldsymbol{y}=\bar{\boldsymbol{V}}^{\mathrm{T}}\bar{\boldsymbol{e}}_0$，由正交矩阵的保范性可知，$\|\boldsymbol{y}\|=\|\bar{\boldsymbol{e}}_0\|=1$，于是

$$R(\bar{\boldsymbol{e}}_0)=\boldsymbol{y}^{\mathrm{T}}\boldsymbol{\Lambda}\boldsymbol{y}=\sum_{i=1}^{s'}\lambda_i y_i^2\begin{cases}\geqslant\lambda_{s'}\|\boldsymbol{y}\|=\lambda_{s'}\\ \leqslant\lambda_1\|\boldsymbol{y}\|=\lambda_1\end{cases} \tag{10.3.9}$$

式中，当 $y_1=1$ 且所有 $y_i=0(i\neq1)$时，$R(\bar{\boldsymbol{e}}_0)$达到极大值 λ_1，此时 $\bar{\boldsymbol{e}}_0=\bar{\boldsymbol{v}}_1$；当 $y_{s'}=1$ 且所有 $y_i=0(i\neq s')$时，$R(\bar{\boldsymbol{e}}_0)$达到极小值 $\lambda_{s'}$，此时 $\bar{\boldsymbol{e}}_0=\bar{\boldsymbol{v}}_{s'}$。可见，$\lambda_{s'}\leqslant R(\bar{\boldsymbol{e}}_0)\leqslant\lambda_1$。

进一步根据式(10.3.1)、式(10.3.6)和式(10.3.9)，可得

$$0\leqslant\lambda_{s'}\|\boldsymbol{e}_0\|^2\leqslant\rho\leqslant\lambda_1\|\boldsymbol{e}_0\|^2\leqslant\lambda_1\|\boldsymbol{e}_{\mathrm{u}}\|^2 \tag{10.3.10}$$

由此可见，当 $\boldsymbol{e}_0=\boldsymbol{0}$时(结构无索长误差)，$\rho$ 取得最小值 $\rho_{\min}=0$，即结构预张力偏差为零；而当 $\bar{\boldsymbol{e}}_0=\bar{\boldsymbol{v}}_1$，且 $\|\boldsymbol{e}_0\|=\|\boldsymbol{e}_{\mathrm{u}}\|$时，$\rho$ 可达到最大值 $\rho_{\max}=\lambda_1\|\boldsymbol{e}_{\mathrm{u}}\|^2$，此时索长误差 $\boldsymbol{e}_0$ 与 $\boldsymbol{Q}$ 的最大特征值 λ_1 对应的特征向量 $\bar{\boldsymbol{v}}_1$ 分布相同，且位于式(10.3.1)规定的索长误差区间的边界上。

实际工程中，索长误差不可能为零，也很难同时与 $\bar{\boldsymbol{v}}_1$ 分布相同且位于其限定区间的边界上，因此以上两种情况通常无法满足。可见在一般情况下，$0<\rho<\lambda_1\|\boldsymbol{e}_{\mathrm{u}}\|^2$，即表明了 ρ 的有界性。

10.3.2　最不利预张力偏差的近似解

最不利预张力偏差问题实际上是个优化问题，即在允许索长误差区间内求解 ρ 的最大值 $\rho_{\max}$，以及对应的索长误差值 $\boldsymbol{e}_0^*$。该优化问题的数学模型可以写为

$$\begin{aligned}\max\quad&\rho(\boldsymbol{e}_0)=\boldsymbol{e}_0^{\mathrm{T}}\boldsymbol{Q}\boldsymbol{e}_0\\ \mathrm{s.t.}\quad&-\boldsymbol{e}_{\mathrm{u}}\leqslant\boldsymbol{e}_0\leqslant\boldsymbol{e}_{\mathrm{u}}\end{aligned} \tag{10.3.11}$$

由于 $\boldsymbol{Q}$ 为正定矩阵，在优化理论中以上模型称为箱形约束凸二次规划最大值问题(the maximum of box constrained convex quadratic programming, MaxBQP)[92]。一般情况下，以上模型需要转化为相应的最小值问题(MinBQP)来求解，即

$$\begin{aligned}\min\quad&\rho(\boldsymbol{e}_0)=-\boldsymbol{e}_0^{\mathrm{T}}\boldsymbol{Q}\boldsymbol{e}_0\\ \mathrm{s.t.}\quad&-\boldsymbol{e}_{\mathrm{u}}\leqslant\boldsymbol{e}_0\leqslant\boldsymbol{e}_{\mathrm{u}}\end{aligned} \tag{10.3.12}$$

然而正是由于 $\boldsymbol{Q}$ 为正定矩阵，导致式(10.3.12)的 MinBQP 问题中核矩阵($-\boldsymbol{Q}$)为负定，即该优化模型为非凸二次规划问题。目前非凸二次规划问题主要从凸分析、

多面体理论或分支定界的角度进行求解策略的探讨，尚缺少有效的求解整体最优解的算法[93]。一些可用来求解非凸二次规划问题的算法，例如 MATLAB 优化工具箱提供的 quadprog 算法[94]、MINQ 算法[95]等，也只能保证计算结果为一个局部最优解。

将式(10.3.7)表示为如下形式：

$$\boldsymbol{Q}=\sum_{i=1}^{s'}\lambda_i(\bar{\boldsymbol{v}}_i\bar{\boldsymbol{v}}_i^{\mathrm{T}}) \tag{10.3.13}$$

再将式(10.3.13)代入式(10.3.4)，可得

$$\rho=\boldsymbol{e}_0^{\mathrm{T}}\Big[\sum_{i=1}^{s'}\lambda_i(\bar{\boldsymbol{v}}_i\bar{\boldsymbol{v}}_i^{\mathrm{T}})\Big]\boldsymbol{e}_0=\sum_{i=1}^{s'}\lambda_i(\bar{\boldsymbol{v}}_i^{\mathrm{T}}\boldsymbol{e}_0)^2 \tag{10.3.14}$$

式中，$\bar{\boldsymbol{v}}_i^{\mathrm{T}}\boldsymbol{e}_0$ 为索长误差 $\boldsymbol{e}_0$ 在 $\bar{\boldsymbol{v}}_i$ 上的投影值，而特征值 λ_i 则可理解为该投影值的权重因子。可见，ρ 表示成以 $\boldsymbol{Q}$ 矩阵的各阶特征值为权重、以 $\boldsymbol{e}_0$ 在特征向量上的投影值为因子的加权平方和。

在后续算例分析中可以发现，索杆张力结构 $\boldsymbol{Q}$ 矩阵的特征值 $\lambda_i(i=1,2,\cdots,s')$ 具有快速衰减的性质，仅前几阶特征值较大，因而式(10.3.14)右端各项对 ρ 的贡献(权重)也逐项衰减。由于 λ_1 最大，若能同时保证 $(\bar{\boldsymbol{v}}_1^{\mathrm{T}}\boldsymbol{e}_0)^2$ 取最大值，则可以得到 $\rho_{\max}$ 的一个近似解。易知，当 $\boldsymbol{e}_0$ 在误差区间的边界上取值且其元素 e_{0j} 与 $\bar{\boldsymbol{v}}_1$ 中元素 $\bar{v}_{1j}$ 符号相同 $(j=1,2,\cdots,s')$，即

$$\boldsymbol{e}_0=\boldsymbol{e}_0^*=\pm[\mathrm{sign}(\bar{v}_{11})e_1^{\mathrm{u}},\cdots,\mathrm{sign}(\bar{v}_{1s'})e_{s'}^{\mathrm{u}}]^{\mathrm{T}} \tag{10.3.15}$$

式中，$\mathrm{sign}(\bar{v}_{1j})$ 表示取 $\bar{v}_{1j}$ 的符号，则此时 $\bar{\boldsymbol{v}}_1^{\mathrm{T}}\boldsymbol{e}_0$ 最大。于是

$$\rho_{\max}\approx\sum_{i=1}^{s'}\lambda_i(\boldsymbol{v}_i^{\mathrm{T}}\boldsymbol{e}_0^*)^2=\boldsymbol{e}_0^{*\mathrm{T}}\boldsymbol{Q}\boldsymbol{e}_0^* \tag{10.3.16}$$

将 $\boldsymbol{e}_0^*$ 分别代入式(10.3.2)和式(10.3.3)，可求得结构最不利预张力偏差指标 $\rho_{1\max}$ 和 $\rho_{2\max}$，同时也得到对应的各单元预张力偏差向量 $\Delta\boldsymbol{t}_{\mathrm{exm}}(s'\times1)$。

在实际工程中，也可定义非平方和形式的结构最不利预张力偏差率 f 来反映结构的整体预张力偏差水平，其形式如下：

$$f=\frac{\sum_{i=1}^{s'}|\Delta t_{\mathrm{exm}\,i}|}{\sum_{i=1}^{s'}|t_i^0|} \tag{10.3.17}$$

式中，$\Delta t_{\mathrm{exm}\,i}$ 为向量 $\Delta\boldsymbol{t}_{\mathrm{exm}}$ 中单元 i 对应的预张力偏差值。

10.3.3　主动索的优选方法

根据对结构预张力偏差的控制效果来进行主动索的优选是值得探讨的问题。由以上分析可知，$\boldsymbol{S}_{\mathrm{t}}(\boldsymbol{S}_{\mathrm{t}}^{\mathrm{R}})$ 矩阵特征值的降低意味着结构预张力偏差对索长误差的

敏感性降低。此外，在 $\boldsymbol{S}_{\mathrm{t}}(\boldsymbol{S}_{\mathrm{t}}^{\mathrm{R}})$ 矩阵特征值快速衰减的前提下，结构的最不利预张力偏差 $\rho_{\max}$ 主要由该矩阵的第一阶特征值 λ_1 与特征向量 $\boldsymbol{v}_1$ 决定，因此 λ_1 是表征 $\rho_{\max}$ 大小的一个重要参数。而对于控制索力法，选择不同的主动索，$\boldsymbol{S}_{\mathrm{t}}^{\mathrm{R}}$ 的 λ_1 相应发生改变，因此可将其作为主动索优选的指标。

对于实际的索杆张力结构，矩阵 $\boldsymbol{S}_{\mathrm{t}}(\boldsymbol{S}_{\mathrm{t}}^{\mathrm{R}})$ 的维度很大。经典的 Jacobi 算法或 QR 算法会同时求得该矩阵的全部特征值和特征向量，但计算相当耗时且得到大量冗余的结果。利用 $\boldsymbol{S}_{\mathrm{t}}(\boldsymbol{S}_{\mathrm{t}}^{\mathrm{R}})$ 特征值快速衰减的特点，采用幂法[96]可直接求解 λ_1 和 $\boldsymbol{v}_1$，在保证计算精度的同时也可有效地减少计算时间。

在给定主动索数的前提下，可以采用遗传算法[97]来进行主动索的优选。设 n 根主动索构成的集合为 $\bar{\boldsymbol{A}}$，候选主动索构成的集合为 $\boldsymbol{H}$。以 λ_1 为优选指标，将其倒数作为遗传算法的适应度函数 $f(\bar{\boldsymbol{A}})$，则主动索的优选可以表示为如下的优化问题：

$$
\begin{aligned}
&\max \quad f(\bar{\boldsymbol{A}})=1/\lambda_1 \\
&\text{s.t.} \quad \bar{\boldsymbol{A}}=\{\bar{\boldsymbol{A}} \mid \bar{\boldsymbol{A}}\subset\boldsymbol{H};\dim(\bar{\boldsymbol{A}})=n\}
\end{aligned}
\tag{10.3.18}
$$

应用遗传算法进行主动索优选的步骤如下：

(1) 对候选主动索进行编码，形成 $\boldsymbol{H}$。该问题中候选主动索的编码采用其单元编号即可，主动索的编码即为种群个体的基因。

(2) 生成初始种群。从 $\boldsymbol{H}$ 中随机选取 m 组数量为 n 的主动索，每组主动索构成一个种群个体，也代表一种张拉方案。为保证初始种群的多样性，随机生成种群个体时应保证不出现个体的重复。

(3) 计算适应度值。针对种群中每个个体对应的主动索，利用式(10.2.13)计算灵敏度矩阵 $\boldsymbol{S}_{\mathrm{t}}^{\mathrm{R}}$，并采用幂法求解 λ_1，然后根据式(10.3.18)计算其对应的适应度值。

(4) 选择。按照种群个体的适应度值占种群总适应度值的比例计算其被选择的概率，依据“赌轮盘”和保存最优个体的策略(即比例越高的个体被选择的概率越大，最优的个体直接保存)选择适应度值高的个体。

(5) 交叉。对种群中的个体随机两两配对，依据交叉概率 P_{c} 对每组配对个体进行判断，决定是否需要交换随机生成的基因点后的基因(即交换部分主动索)。

(6) 变异。依据变异概率 P_{m} 对种群中的每个个体进行判断，决定是否需要改变其中某个位置的基因(即改变单根主动索)，需要变异个体的基因变异位置随机生成。完成步骤(4)～(6)后，种群进化为新的一代。

(7) 重复步骤(3)～(6)，直到获得最优解。

交叉概率 P_{c} 与变异概率 P_{m} 应结合初始种群数量及求解问题的收敛速度进行考虑。文献[98]建议 P_{c} 的取值为 0.40～0.99，P_{m} 为 0.001～0.100。

10.4 桅杆支承斜拉索网的张拉分析

10.4.1 结构模型

以 1.4.5 节中介绍的桅杆支承斜拉索网系统为例，来阐述如何应用本章方法进行索杆系统的预张力偏差分析和张拉控制。建立该桅杆支承斜拉索网系统(见图 1.4.15，不含吊索)的有限元模型，其节点编号与单元编号(外加方括号)如图 10.4.1所示，结构沿 x 和 y 轴对称。表 10.4.1 列出了设计平衡态结构 1/4 节点的坐标。图 1.4.15 中的加黑节点为落地支座点，共 16 个，在计算分析中按照固定支座处理。

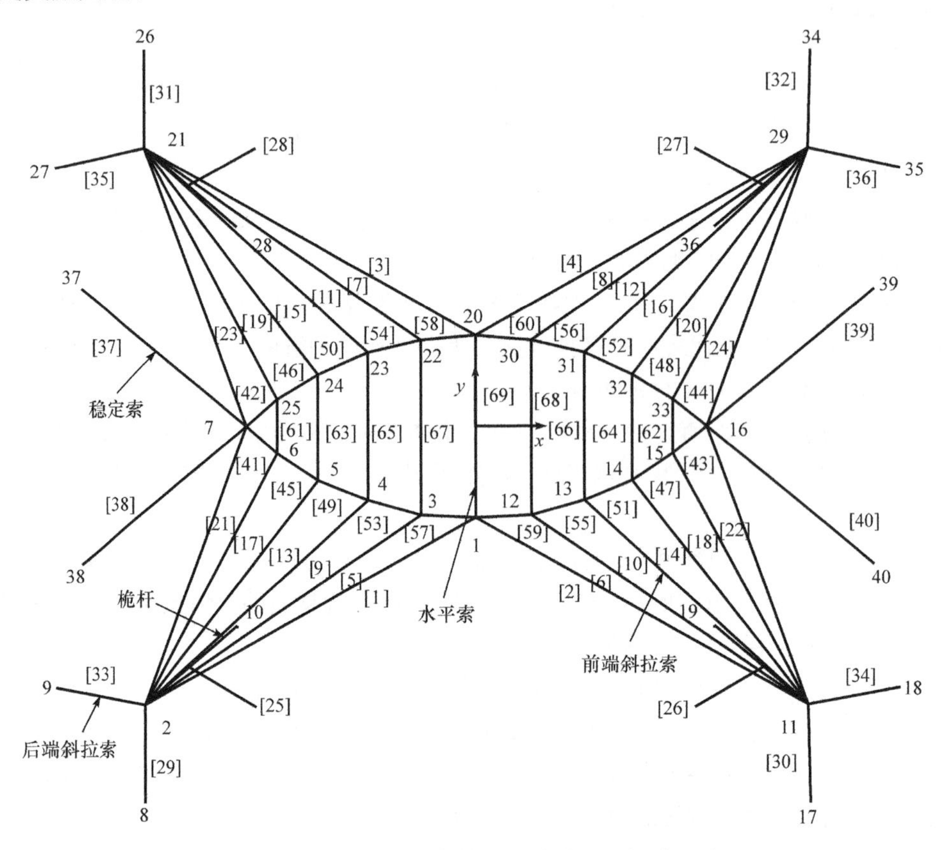

图 10.4.1 桅杆支承斜拉索网系统的节点与单元编号

表 10.4.1　设计平衡态节点坐标

节点号	x/m	y/m	z/m	节点号	x/m	y/m	z/m	节点号	x/m	y/m	z/m
1	0.0000	−14.5821	25.5804	5	−30.2839	−7.3851	21.2572	9	−82.0867	−48.5339	0.0000
2	−64.2216	−52.0055	39.9999	6	−38.2884	−3.6627	19.2163	10	−50.0801	−40.5479	0.0000
3	−10.7119	−13.1580	24.6624	7	−44.6181	0.0000	17.0527	38	−77.0050	−25.7340	1.7130
4	−20.9560	−10.6715	23.1259	8	−64.5401	−70.2021	0.0000				

该桅杆支承斜拉索网系统的所有单元按杆单元处理，单元总数为 69，且根据对称性分成 20 组。表 10.4.2 给出了分组情况、各组单元的轴向刚度 E_iA_i、初始态(包括自重)下的设计张力 t_i^0。假设各索段长度误差相互独立且服从正态分布，参考中国标准[91,99]确定各单元长度误差限值$[-e_i^u, e_i^u]$并采用式(10.1.2)计算其方差 σ_{ei}(注意其均值为零)，以上数据也一并列于表 10.4.2。

表 10.4.2　单元轴向刚度 E_iA_i、设计始预张力 t_i^0 及长度误差的方根 $\sigma_{\xi i}$

单元号	E_iA_i /kN	t_i^0 /kN	$[-e_i^u, e_i^u]$ /mm	$\sigma_{\xi i}$ /mm	单元号	E_iA_i /kN	t_i^0 /kN	$[-e_i^u, e_i^u]$ /mm	$\sigma_{\xi i}$ /mm
[1]~[4]	60.24	1225.0	[−20,20]	6.67	[41]~[44]	1083.45	1972.0	[−15,15]	5.00
[5]~[8]	60.24	528.0	[−20,20]	6.67	[45]~[48]	1083.45	2014.2	[−15,15]	5.00
[9]~[12]	385.64	291.1	[−20,20]	6.67	[49]~[52]	1083.45	2073.2	[−15,15]	5.00
[13]~[16]	255.60	247.3	[−20,20]	6.67	[53]~[56]	1083.45	2208.7	[−15,15]	5.00
[17]~[20]	255.60	322.8	[−20,20]	6.67	[57]~[60]	1083.45	2571.8	[−15,15]	5.00
[21]~[24]	255.60	435.5	[−20,20]	6.67	[61]~[62]	216.38	146.4	[−15,15]	5.00
[25]~[28]	24308.00	−4621.3	[−15,15]	5.00	[63]~[64]	216.38	36.1	[−15,15]	5.00
[29]~[32]	1311.30	2026.1	[−15,15]	5.00	[65]~[66]	216.38	32.1	[−15,15]	5.00
[33]~[36]	1311.30	1433.5	[−15,15]	5.00	[67]~[68]	385.64	124.4	[−15,15]	5.00
[37]~[40]	1083.45	2036.2	[−15,15]	5.00	[69]	385.64	535.5	[−15,15]	5.00

10.4.2　不同施工方案的预张力偏差

对四种施工张拉方案进行讨论：方案一为原长控制，即施工张拉仅保证各索按其原长安装就位；方案二为 4 索索力控制，即将 4 根主稳定索(单元[37]~[40])张拉到设计预张力值；方案三为 8 索索力控制，即将 8 根后端斜拉索(单元[29]~[36])张拉到设计预张力值；方案四为 12 索索力控制，即将 4 根主稳定索和 8 根后端斜拉索一并张拉到设计预张力值。

利用式(10.2.19)，计算以上四种张拉方案下的单元最大预张力偏差率 $\Delta t_{i\max}$/

t_i^0(%)，列于表 10.4.3。由表可以看出：

(1) 即便满足规范规定的索长偏差容许值，对于原长控制法的方案一，主要构件(不包括水平索)的最大预张力偏差大多超过设计张力的 10%以上，前端斜拉索单元[21]～[24]误差达到 18.95%，表明索长误差所造成得预张力偏差难以忽视。

(2) 对于控制主动索索力的方案二～方案四，随着主动索数量的增加，主要构件的最大预张力偏差率有显著下降。方案二比方案一明显降低了前端斜拉索、后端斜拉索和中间稳定索的最大预张力偏差率，而控制 8 根索索力的方案三较方案二对降低前端斜拉索[1]～[4]、[21]～[24]、中间稳定索[41]～[60]的最大预张力偏差率是非常有效的。

(3) 张拉 12 根索的方案四虽然较方案三能进一步减小构件的预张力偏差率，但效果已不明显。因此从张拉设备成本的角度考虑，实际工程中增加张拉索数量也并非越多越好。

(4) 四种施工方案对水平索[61]～[69]最大预张力偏差率的控制有限，说明这些索的预张力偏差对索长误差敏感，同时也与水平索的设计张力值偏小有关。

表 10.4.3　单元最大预张力偏差率($\Delta t_{i\max}/t_{0i}$)　(单位：%)

单元号	构件类别	方案一	方案二	方案三	方案四
[1]～[4]	前端斜拉索	12.80	8.72	2.90	2.87
[5]～[8]		12.58	9.84	9.09	9.09
[9]～[12]		14.66	11.96	10.74	10.72
[13]～[16]		14.02	11.26	10.06	10.05
[17]～[20]		11.44	8.14	7.73	7.73
[21]～[24]		18.96	15.75	4.13	4.05
[25]～[28]	桅杆	−7.62	−3.37	−0.07	−0.02
[29]～[32]	后端斜拉索	8.31	3.14	0.00	0.00
[33]～[36]		10.76	6.32	0.00	0.00
[37]～[40]	主稳定索	10.71	0.00	0.66	0.00
[41]～[44]	中间稳定索	11.09	6.25	1.04	0.81
[45]～[48]		10.89	6.09	1.02	0.81
[49]～[52]		10.81	6.04	1.07	0.87
[53]～[56]		10.75	6.00	1.21	1.03
[57]～[60]		10.37	5.75	1.50	1.37

续表

单元号	构件类别	方案一	方案二	方案三	方案四
[61]~[62]	水平索	17.38	16.09	17.55	17.55
[63]~[64]		66.77	66.61	67.49	67.52
[65]~[66]		82.48	82.49	82.36	82.44
[67]~[68]		28.40	26.44	26.49	26.54
[69]		7.25	6.91	5.89	5.71

10.4.3 结构最不利预张力偏差

针对上述四种施工张拉方案，分别采用式(10.3.16)以及 quadprog 算法和 MINQ 算法来求解结构的最不利预张力偏差。为了鉴别 quadprog 算法及 MINQ 算法的计算结果是否为局部最优解，以上两种方法的初始迭代点 $\boldsymbol{x}_0$ 选取时还考虑了在边界上($\boldsymbol{x}_0=\pm\boldsymbol{e}_u$)和在可行域内($\boldsymbol{x}_0=\boldsymbol{0}$)的三种情况。$\rho_1$ 与 ρ_2 的优化结果如表 10.4.4 所示。四种张拉方案对应的 $\boldsymbol{Q}$ 矩阵的前 15 阶特征值如图 10.4.2 所示，图中纵坐标采用了对数坐标。

表 10.4.4　三种方法求解得到的结构最不利预张力偏差对比

控制指标	张拉方案	quadprog			MINQ			本书方法
		$\boldsymbol{x}_0=\boldsymbol{e}_u$	$\boldsymbol{x}_0=-\boldsymbol{e}_u$	$\boldsymbol{x}_0=\boldsymbol{0}$	$\boldsymbol{x}_0=\boldsymbol{e}_u$	$\boldsymbol{x}_0=-\boldsymbol{e}_u$	$\boldsymbol{x}_0=\boldsymbol{0}$	
$\rho_{1\max}$	方案一	3.78×10^{13}	3.78×10^{13}	3.78×10^{13}	3.78×10^{13}	3.78×10^{13}	3.78×10^{13}	3.78×10^{13}
	方案二	2.10×10^{11}	2.10×10^{11}	1.06×10^{13}	1.01×10^{13}	1.01×10^{13}	1.01×10^{13}	1.06×10^{13}
	方案三	3.34×10^{11}	3.34×10^{11}	3.34×10^{11}	3.41×10^{11}	3.41×10^{11}	3.41×10^{11}	3.36×10^{11}
	方案四	2.12×10^{11}	2.12×10^{11}	2.43×10^{11}	2.84×10^{11}	2.84×10^{11}	2.60×10^{11}	2.37×10^{11}
$\rho_{2\max}$	方案一	18.28	18.28	23.49	28.99	28.99	26.60	28.99
	方案二	12.01	12.01	23.84	23.85	23.85	23.72	23.52
	方案三	11.98	11.98	23.22	23.22	23.22	23.11	23.21
	方案四	11.64	11.64	23.23	23.23	23.23	23.15	23.23

由表 10.4.4 可看出，quadprog 算法的计算结果受初始迭代点影响较大，当初始迭代点在可行域内时计算结果最优。相比之下，MINQ 算法受到初始迭代点选取影响较小，不同初始迭代点下的优化结果基本一致。式(10.3.16)计算结果与这两种算法的最优解非常接近，但计算效率高，说明了该简化计算方法的有效性。

从图 10.4.2 可发现，不同施工张拉方案下 $\boldsymbol{Q}$ 矩阵的特征值确实表现出迅速衰减的特点，这也解释了采用式(10.3.16)就能够较好地求得 ρ 近似最优解的原因。值得注意的是，当 $\rho=\rho_2$ 时，$\boldsymbol{Q}$ 矩阵前两阶特征值特别接近，此时采用第一阶特

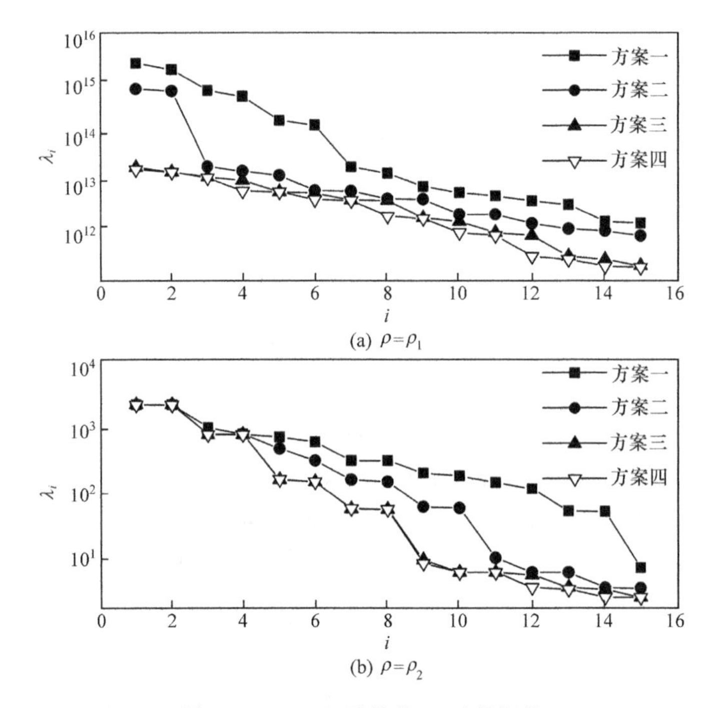

图 10.4.2　$\boldsymbol{Q}$ 矩阵的前 15 阶特征值

征向量或第二阶特征向量求得的 $\rho_{2\max}$ 相差不大，这表明使得结构出现 $\rho_{2\max}$ 的最不利索长误差 $\boldsymbol{e}_0^*$ 并不唯一。

计算四种张拉方案下结构最不利预张力偏差 $\rho_{\max}$（包括 $\rho_{1\max}$ 和 $\rho_{2\max}$ 两种情况）对应的单元预张力偏差值绝对值和相对值，结果列于表 10.4.5。该表中同时也列出了由式(10.2.19)求得的各单元最大绝对和相对预张力偏差。需要指出的是，$\rho_{\max}$ 对应的单元预张力偏差比式(10.2.19)求得的最大预张力偏差大，这是因为该结果是构件索长误差在其容许限值范围内随机组合而可能产生的结构预张力偏差的最不利情况，而最大预张力偏差则是由构件预张力偏差的方差在满足一定的概率保证率条件下间接求得的，是一个统计指标且并不能反映各构件索长误差的组合效应。为便于比较，图 10.4.3 还给出了分别对应 $\rho_{1\max}$、$\rho_{2\max}$ 以及 $\Delta t_{i\max}$[见式(10.2.19)]的整体结构最不利预张力偏差率 f。

分析图 10.4.3 和表 10.4.5，可得到以下结论：

(1) 对于控制原长的施工张拉方案一，结构的最不利预张力偏差率 f 可高达 40%(ρ_1)和 25%(ρ_2)。对于结构的主受力索，最不利情况下前端斜拉索的相对预张力偏差为 32%～47%(ρ_1)以及 3%～59%(ρ_2)，桅杆为 37%(ρ_1)和 23%(ρ_2)，后端斜拉索约为 40%(ρ_1)和 24%(ρ_2)，稳定索约为 43%(ρ_1)和 28%(ρ_2)，这表明该张拉方案下索长误差可能引起的结构预张力偏差相当大。

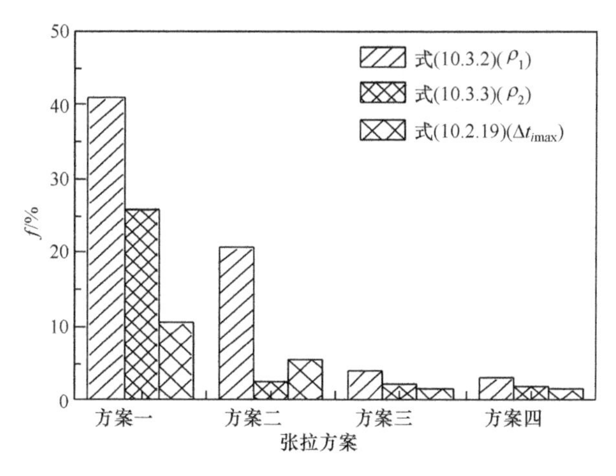

图 10.4.3　结构最不利预张力偏差率

(2) 与方案一相比，张拉并控制 4 根稳定索索力的方案二对于降低结构预张力偏差的效果不明显，而采用方案三或方案四时结构主要受力索的预张力偏差显著降低。比较张拉方案三与方案四，尽管后者要比方前者多张拉 4 根落地稳定索，但两种张拉方案对预张力偏差的控制效果相差不大，这又说明过多增加主动张拉索对于进一步降低结构预张力偏差的效果有限。另外，对于索力控制的施工张拉方案二～方案四，部分前端斜拉索([9]～[20])的预张力偏差没有显著降低，而桅杆的预张力偏差几乎为零，这表明通过控制稳定索或后端斜拉索的张拉力不能有效地减小部分前端斜拉索的预张力偏差，但对降低桅杆的预张力偏差却很有效。

(3) 对于张拉方案三或方案四，采用式(10.2.19)或式(10.3.16)计算得到的结构整体最不利预张力偏差率均在 5%以内，可见选择合适的施工张拉方案是控制结构预张力偏差的重要措施。

(4) 比较图 10.4.2 和图 10.4.3 可以看出，不同张拉方案下 $\boldsymbol{Q}$ 的第一阶特征值 λ_1 与结构整体最不利预张力偏差率的变化规律完全一致，这表明可利用 $\boldsymbol{Q}$ 的第一阶特征值大小来定量评价施工张拉方案的优劣。

(5) 以 ρ_1 为控制目标时，可以有效估计主要受力构件(斜拉索、桅杆、稳定索)在最不利情况下的绝对预张力偏差值。当以 ρ_2 为控制目标时，这些主要受力构件的绝对预张力偏差值被明显低估。这是因为 ρ_2 是一个相对预张力偏差值的指标，而水平索设计张力值本身较小，其相对预张力偏差值较大，故 ρ_2 的最优解主要来自此类构件的贡献，相应地却低估了斜拉索、稳定索等主要构件的最不利预张力偏差。可见对于此桅杆支承斜拉索网系统，ρ_1 是一个能更为客观地评价结构最不利预张力偏差的指标。

表 10.4.5　不同施工张拉方案下单元的绝对和相对预张力偏差

构件类型	构件编号	方案一			方案二			方案三			方案四		
		式(10.2.19)	式(10.3.16)		式(10.2.19)	式(10.3.16)		式(10.2.19)	式(10.3.16)		式(10.2.19)	式(10.3.16)	
			$\rho_{1\max}$	$\rho_{2\max}$		$\rho_{1\max}$	$\rho_{2\max}$		$\rho_{1\max}$	$\rho_{2\max}$		$\rho_{1\max}$	$\rho_{2\max}$
前端斜拉索	[1]～[4]	157(13)	386(32)	209(17)	107(9)	202(17)	11(1)	36(3)	90(7)	17(1)	35(3)	92(8)	16(1)
	[5]～[8]	66(13)	250(47)	117(22)	52(10)	115(22)	22(4)	48(9)	121(23)	30(6)	48(9)	141(27)	29(6)
	[9]～[12]	43(15)	130(45)	171(59)	35(12)	78(27)	97(33)	31(11)	60(21)	93(32)	31(11)	69(24)	93(32)
	[13]～[16]	35(14)	104(42)	7(3)	28(11)	64(26)	67(27)	25(10)	50(20)	70(28)	25(10)	57(23)	70(28)
	[17]～[20]	37(11)	137(42)	116(36)	26(8)	44(14)	37(11)	25(8)	22(7)	35(11)	25(8)	36(11)	31(10)
	[21]～[24]	83(19)	156(36)	107(25)	68(16)	340(78)	8(2)	18(4)	40(9)	14(3)	18(4)	3(1)	10(2)
桅杆	[25]～[28]	352(8)	1721(37)	1055(23)	156(3)	303(7)	61(1)	3(0)	14(0)	1(0)	1(0)	1(0)	1(0)
后端斜拉索	[29]～[32]	168(8)	826(41)	525(26)	64(3)	108(5)	45(2)	0(0)	0(0)	0(0)	0(0)	0(0)	0(0)
	[33]～[36]	154(11)	558(39)	316(22)	90(6)	408(28)	8(1)	0(0)	0(0)	0(0)	0(0)	0(0)	0(0)
稳定索	[37]～[40]	218(11)	885(43)	558(27)	0(0)	0(0)	0(0)	13(1)	69(3)	4(0)	0(0)	0(0)	0(0)
	[41]～[44]	218(11)	851(43)	540(27)	123(6)	631(32)	12(1)	20(1)	62(3)	11(1)	16(1)	7(0)	5(0)
	[45]～[48]	218(11)	867(43)	562(28)	122(6)	625(31)	27(1)	21(1)	63(3)	14(1)	16(1)	22(1)	18(1)
	[49]～[52]	223(11)	890(43)	530(26)	125(6)	635(31)	18(1)	22(1)	89(4)	32(2)	18(1)	10(1)	28(1)
	[53]～[56]	236(11)	950(43)	635(29)	132(6)	669(30)	54(2)	27(1)	46(2)	38(2)	23(1)	37(2)	42(2)
	[57]～[60]	266(10)	1123(44)	713(28)	147(6)	742(29)	38(1)	39(2)	139(5)	16(1)	35(1)	79(3)	20(1)
水平索	[61]～[62]	27(19)	62(42)	72(49)	26(18)	8(5)	41(28)	26(18)	9(6)	44(30)	26(18)	40(28)	35(24)
	[63]～[64]	24(68)	13(37)	67(186)	24(67)	1(3)	72(198)	24(67)	46(126)	73(202)	24(67)	61(168)	74(205)
	[65]～[66]	26(82)	18(55)	93(288)	26(82)	0(1)	87(271)	26(82)	63(197)	85(264)	26(82)	62(192)	84(263)
	[67]～[68]	35(28)	69(55)	10(8)	33(26)	1(1)	22(18)	33(26)	80(64)	26(21)	33(27)	103(83)	27(21)
	[69]	39(7)	86(16)	19(4)	37(7)	14(3)	20(4)	32(6)	134(25)	23(4)	31(6)	115(21)	23(4)

注：表中无括号数值为绝对预张力偏差(kN)；括号中数值为相对预张力偏差(%)。

10.4.4 张拉索的优选

分别设定主动索数量 $n=1,2,\cdots,8$ 八种情况，采用遗传算法以 λ_1 为指标进行主动索的优选。将前端斜拉索([1]～[24])、后端斜拉索([29]～[36])和稳定索([37]～[40])共 36 根拉索作为候选索集合 $\boldsymbol{H}$。采用遗传算法计算时，初始种群数 m 取为 200，交叉概率 P_c 为 0.99，变异概率 P_m 为 0.001。表 10.4.6 列出了八种情况下的最优主动索的求解结果。图 10.4.4 为当 n 分别为 6 和 8 时，适应度函数 $f(\bar{\boldsymbol{A}})$ 在寻优计算过程的变化情况。表 10.4.7 中给出了八种情况下的优选方案以及四种常规张拉方案对应的 $\rho_{1\max}$ 及 λ_1 值。表 10.4.8 为这 12 种张拉方案下，各组构件在最不利情况下的预张力偏差率。考虑到主动索位置不对称时同组构件的预张力偏差率并不相同，表中给出的是它们的平均值。此外，图 10.4.5 为方案一、方案四、"6 索最优"及"8 索最优"四种张拉方案下 $\boldsymbol{S}_t(\boldsymbol{S}_t^R)$ 矩阵的前 50 阶特征值的分布，其中纵坐标轴也采用了对数坐标。

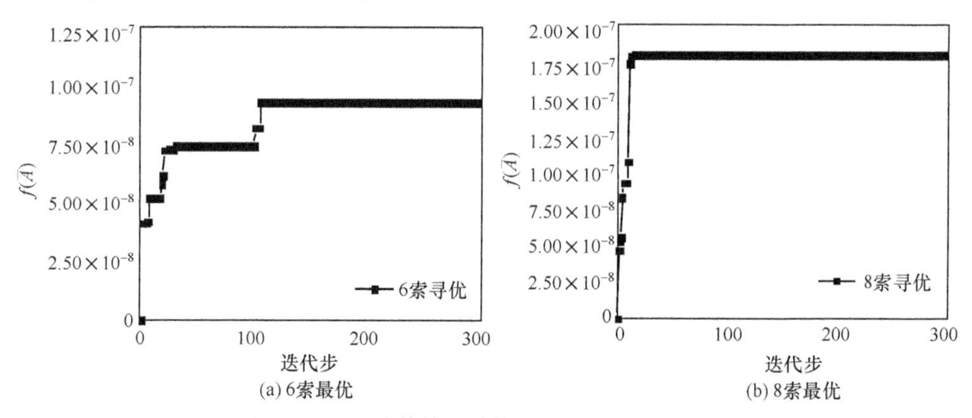

图 10.4.4　遗传算法计算过程中适应度值变化

对以上计算结果进行分析，可以得到如下结论：

(1) 由表 10.4.6 可知，优选得到的主动索存在多解的情况，这主要是由结构的对称性造成的。即便预设的主动索数不同，八种情况下得到的最优主动索仍主要为后端斜拉索、落地稳定索和前端斜拉索的组合，表明控制这些构件的索力对降低整体结构的预张力偏差最为有效。

(2) 从图 10.4.5 的对数坐标可以看出，不同施工张拉方案下 $\boldsymbol{S}_t(\boldsymbol{S}_t^R)$ 矩阵的特征值确实表现出快速衰减的特点。此外，与控制原长的张拉方案一相比，采用控制索力法时 $\boldsymbol{S}_t^R$ 矩阵的各阶特征值显著降低。进一步由表 10.4.7 可知，不同施工张拉方案下 $\boldsymbol{S}_t(\boldsymbol{S}_t^R)$ 矩阵的第一阶特征值 λ_1 与结构最不利预张力偏差指标 $\rho_{\max}$ 的变化规律一致，这表明在 $\boldsymbol{S}_t(\boldsymbol{S}_t^R)$ 矩阵特征值快速衰减的前提下，λ_1 能够作为衡量结构最不利预张力偏差大小的指标。

表 10.4.6　遗传算法得到的最优主动索

优化方案	最优解数	最优主动索	优化方案	最优解数	最优主动索
1 索最优	4	{[29]};{[30]};{[31]};{[32]}	6 索最优	2	{[29],[32],[34],[35],[38],[39]}; {[30],[31],[33],[36],[37],[40]}
2 索最优	2	{[29],[32]};{[30],[31]}			
3 索最优	4	{[21],[29],[31]};{[23],[29],[31]}; {[22],[30],[32]};{[24],[30],[32]}	7 索最优	4	{[30],[31],[33],[36],[37],[40]}. {[31],[33],[34],[35],[36],[37],[40]}; {[32],[33],[34],[35],[36],[38],[39]}; {[29],[33],[34],[35],[36],[38],[39]
4 索最优	1	{[33],[34],[35],[36]}			
5 索最优	4	{[21],[33],[35],[37],[38]}; {[23],[33],[35],[37],[38]}; {[22],[34],[36],[39],[40]}; {[24],[34],[36],[39],[40]}	8 索最优	4	{[1],[29],[33],[34],[35],[36],[38],[39]}; {[4],[32],[33],[34],[35],[36],[38],[39]}; {[2],[31],[33],[34],[35],[36],[37],[40]}; {[3],[30],[33],[34],[35],[36],[37],[40]}

表 10.4.7　不同张拉方案的 ρ_{1max} 及 λ_1

结果	方案一	1 索最优	2 索最优	3 索最优	方案二	4 索最优	5 索最优	6 索最优	方案三	7 索最优	方案四	8 索最优
ρ_{1max}/N^2	3.8×10^{13}	2.1×10^{13}	1.5×10^{13}	1.2×10^{13}	1.1×10^{13}	5.9×10^{12}	3.8×10^{12}	1.0×10^{12}	3.4×10^{11}	3.1×10^{11}	2.4×10^{11}	2.3×10^{11}
λ_1	6.1×10^{7}	5.6×10^{7}	4.3×10^{7}	3.8×10^{7}	3.4×10^{7}	2.7×10^{7}	2.3×10^{7}	1.1×10^{7}	5.8×10^{6}	5.6×10^{6}	5.5×10^{6}	5.4×10^{6}

表 10.4.8　各组构件在最不利情况下的预张力偏差率 $\Delta t_{\mathrm{exm}i}/t_{0i}$

单元编号	构件类别	$\Delta t_{\mathrm{exm}i}/t_{0i}$/%											
		方案一	1 索最优	2 索最优	3 索最优	方案二	4 索最优	5 索最优	6 索最优	方案三	7 索最优	方案四	8 索最优
[1]～[4]	前端斜拉索	32	21	17	21	17	3	16	14	7	7	8	4
[5]～[8]		47	24	31	20	22	9	10	10	23	26	27	20
[9]～[12]		45	33	26	23	27	11	11	8	21	26	24	24
[13]～[16]		42	32	24	23	26	11	10	7	20	20	23	14
[17]～[20]		42	21	26	23	15	13	22	11	7	5	11	4
[21]～[24]		36	20	70	32	79	63	38	12	9	8	1	7
[25]～[28]	桅杆	37	17	19	14	7	14	10	5	0	1	0	1
[29]～[32]	后端斜拉索	41	14	20	12	5	23	13	3	0	2	0	2
[33]～[36]		39	27	22	20	29	0	7	8	0	0	0	0
[37]～[40]	稳定索	43	24	24	20	0	31	9	2	3	1	0	1
[41]～[44]		43	37	23	27	32	13	12	6	3	2	0	2
[45]～[48]		43	36	23	26	31	12	11	6	3	2	1	2
[49]～[52]		43	36	23	26	31	12	11	6	4	3	1	2
[53]～[56]		43	36	23	26	30	12	11	6	2	2	2	3
[57]～[60]		44	34	25	25	29	11	11	6	5	4	3	3
[61]～[62]	水平索	42	26	29	44	9	6	45	23	6	8	28	7
[63]～[64]		37	25	24	26	18	20	16	21	126	132	168	88
[65]～[66]		55	32	41	30	6	38	34	33	197	220	192	190
[67]～[68]		55	36	44	17	5	10	17	26	64	77	83	64
[69]		16	5	1	6	3	3	1	28	25	22	21	13

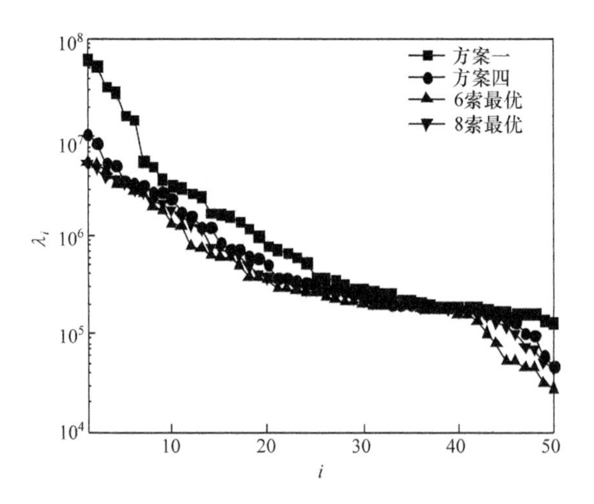

图 10.4.5　四种张拉方案下 $\boldsymbol{S}_t(\boldsymbol{S}_t^R)$矩阵的前 50 阶特征值

(3) 由表 10.4.8 可知，采用控制原长的方案一时，对于结构的主受力构件，前端斜拉索在最不利情况下的相对预张力偏差为 32%～47%，桅杆为 37%，后端斜拉索约为 40%，稳定索约为 43%，说明结构的预张力偏差非常大。而采用控制索力法后，总体上表现出选择的主动索越多，构件的预张力偏差率越小。如采用“3 索最优”方案，前端斜拉索在最不利情况下的相对预张力偏差为 21%～32%，桅杆为 14%，后端斜拉索为 12%～20%，稳定索为 20%～27%，即构件的预张力偏差率较控制原长法得到了一定程度的降低。若采用“8 索最优”方案，此时结构主要受力构件在最不利情况下的预张力偏差率大部分在 3%以下，结构的预张力偏差得到了显著控制。此外，主动索数目也并非越多越好，如“7 索最优”方案与张拉 8 根索的方案三、“8 索最优”方案与张拉 12 根索的方案四相比，均表现出前者对结构预张力偏差的控制效果比后者要更好，这也说明对主动索进行优选的必要性。

(4) 对于设计预张力非常小的水平索，以上各种最优张拉方案对其相对预张力偏差的控制效果非常有限。

第 11 章　索杆张力结构的刚度解析

11.1　基本问题

第 5 章谈到，索杆张力结构需要依靠预张力提供的几何刚度来维持其形态稳定性。几何刚度的根本作用是弥补弹性刚度矩阵的奇异性，使系统当前平衡状态的切线刚度矩阵保持正定。从这个方面来看，索杆张力结构的几何刚度应该与弹性刚度属于同等的量级。观察第 2 章杆单元弹性刚度矩阵和几何刚度矩阵的表达式(2.1.29)和式(2.1.30)，可以发现两者的大小分别由构件轴向线刚度(E_kA_k/l_k)和力密度(t_k^0/l_k)决定。如果要确保两者为同一量级，则需要 E_kA_k 和 t_k^0 处于同一量级。然而值得注意的是，常规结构中单元 E_kA_k 一般远大于 t_k^0。为了达到这个要求，可以发现实际工程中索穹顶、环形索桁结构等典型索杆张力结构的预张力水平会非常高，一般远高于预应力网格结构、斜拉网格结构等刚性结构，这也说明了高预张力是索杆张力结构的最重要特征。

索杆张力结构的设计中，满足结构刚度验算的重要性通常高于强度，主要体现在两个方面。首先，第 5 章重点讨论的如何保证此类几何可变系统的形态稳定性，其本质上就是一个刚度设计的问题；其次，预张力的大小也一般由结构的变形验算所决定。例如，中国现行的《索结构技术规程》[91]依然要求索网、索穹顶结构等结构的挠度限值与刚性网架结构一样严格，即不宜小于跨度的 1/250，而这些严格的变形限值(刚度要求)往往对结构的预张力水平起控制作用。相比之下，索杆张力结构的强度性能在设计中往往容易保证，而且还具有较高的强度储备。除高强度索材一般容易满足拉索截面强度验算外，现行《索结构技术规程》所规定的钢索(含钢拉杆)设计强度也仅为其极限破断强度的 1/2～1/1.7，节点强度也要求超过拉索内力设计值的 1.25～1.5 倍。

除设计方面外，结构刚度也是在役期索杆张力结构性能监测的重要内容。由于担心过大的预张力偏差会造成结构刚度的变化(退化)，结构刚度监测的重点又会落实到预张力上。第 10 章也讨论过，在不合理的施工张拉方案下，由各类误差因素引起的结构预张力偏差往往不可忽视。此外，对于在役期的结构，拉索的松弛、索夹节点的滑移、边缘混凝土构件的徐变、落地锚固点的地基基础变形以及地震、风灾、雪灾等引起的灾后结构残余变形，也都会使结构预张力产生不可恢复的偏差。

理论上，既然索杆张力结构的刚度是弹性刚度和几何刚度的共同贡献，而预张力变化仅影响后者，故对结构刚度进行监测评价时仅关注预张力还是不全面的。以图 11.1.1 所示的一个平面索桁架为例，易知其平面外刚度仅由预张力相关的几何刚度来提供，但其平面内的刚度则应是构件弹性刚度和几何刚度的综合贡献。可见，在结构刚度评价时至少面临回答两个层面的问题。首先在结构层面应该能定量评判弹性刚度和几何刚度对结构整体刚度贡献的大小。其次，还应该从构件层面评价哪些构件对结构整体刚度的贡献大，且其贡献主要来自于构件的弹性刚度还是几何刚度(预张力)。

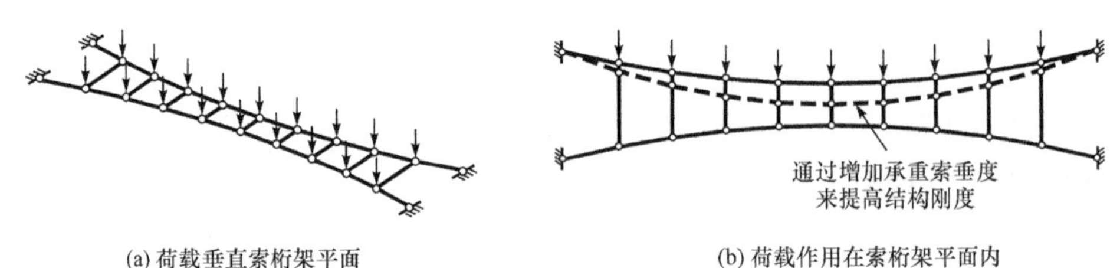

(a) 荷载垂直索桁架平面　　(b) 荷载作用在索桁架平面内

图 11.1.1　不同荷载作用下的索桁架

另外的问题是，虽然一个柔性预张力结构的刚度并不直接与荷载相关，但是不能忽视荷载对结构刚度评价的重要影响。作用在结构上的荷载并非任意，而且控制结构变形的荷载模式(工况)也是有限的，并具有明显的方向性。既然结构主要的功能就是承受荷载，因此能够抵抗那些控制性荷载工况(以下简称“主控荷载”)所产生变形的那部分结构刚度自然是关注的重点，通俗地讲，即最关键的结构刚度(以下简称为“关键刚度”)。例如，对于大多数屋盖结构，无论恒荷、活荷还是风荷载，通常都是以竖向或垂直屋面为主，因此很容易理解结构的整体刚度中对应于竖向或屋面法向的刚度是结构设计中应充分保证的刚度。再以图 11.1.1 所示的平面索桁架为例，如果荷载垂直于索桁架平面，由于桁架平面外仅有几何刚度的贡献，因此提高预张力水平是满足关键刚度设计最有效的措施，当然预张力也应该是在役期该结构监测的重点。但是如果荷载作用在桁架平面内，一定程度上提高预张力来增强结构刚度的效果就未必比提高构件轴向线刚度更有效，自然更比不上加大承重索垂度来增强索桁架面内竖向刚度的效果(即通过改变结构几何来提高弹性刚度)。反过来讲，如果预张力对关键刚度的影响较小，那么即便某些构件可能会发生大的预张力偏差也并不值得重点关注。可见，如果能够对与结构主控荷载相关的关键刚度进行解析，那么设计时可重点对关键刚度进行设计。当对在役期结构进行性能评价时，也可以重点对关键刚度进行监测。

对于一个实际索杆张力结构进行性能评价还存在更多基本问题值得思考，甚至包括监测的思路。前面已经谈到目前索杆张力结构刚度监测的重点是拉索预张力变化。然而，对于一个单元规模不小的结构，实际能够实施内力(索力)监测的构件数总是有限的，而根据有限的实测索力也较难对结构整体刚度性能进行评价。然而，如果转换思路，既然监测索力最重要的目的也是对结构刚度进行评价，那么直接对结构刚度进行监测是非常自然的想法，况且目前存在以动力模态测试[100]为代表的一些方法已经广泛应用于在役期结构刚度的监测和评价。因此，通过直接对结构刚度，特别是关键刚度进行实测，就可进一步借助刚度解析理论对影响结构刚度偏差的因素进行分析，并制定措施对结构刚度偏差进行补偿或调整。

本章主要讨论索杆张力结构的刚度解析方法。首先，这些方法不仅能在结构层面定量分析几何刚度和弹性刚度的贡献大小，还能够在构件层面来定量描述构件自身弹性刚度及预张力对结构整体刚度的贡献。其次，还将对结构关键刚度的解析方法进行讨论，主要回答如何从结构整体刚度中分离出抵抗主控荷载下结构变形的刚度分量。再者，既然可通过动力模态测试方法来对结构的刚度进行识别，还会讨论如何解析最能体现关键刚度的结构动力模态参数，以确定此类结构动力监测的内容。

11.2　单元刚度对结构刚度的贡献

对于要考察的某个特定平衡构型，索杆张力结构的刚度可以通过该构型的切线刚度矩阵 $\boldsymbol{K}_{\mathrm{T}}$ 来描述。如果考虑结构中存在的高预张力而将索单元简化为杆单元，则根据 5.3 节的推导，$\boldsymbol{K}_{\mathrm{T}}$ 可以表示为

$$\boldsymbol{K}_{\mathrm{T}}=\boldsymbol{K}_0+\boldsymbol{K}_{\mathrm{g}} \tag{11.2.1}$$

式中，$\boldsymbol{K}_0$、$\boldsymbol{K}_{\mathrm{g}}$ 分别为结构线弹性刚度矩阵和几何刚度矩阵。两者又可分别写为

$$\boldsymbol{K}_0=\boldsymbol{B}_{\mathrm{L}}^{\mathrm{T}}\boldsymbol{M}\boldsymbol{B}_{\mathrm{L}} \tag{11.2.2}$$

$$\boldsymbol{K}_{\mathrm{g}}\boldsymbol{d}=\boldsymbol{B}_{\mathrm{N1}}^{\mathrm{T}}(\boldsymbol{d})\boldsymbol{t}_0 \tag{11.2.3}$$

式(11.2.2)中，协调矩阵 $\boldsymbol{B}_{\mathrm{L}}^{\mathrm{T}}$ 实际上是当前构型的平衡矩阵 $\boldsymbol{A}$，具体形式见式(3.3.1)。在 3.5 节中已经讨论过，$\boldsymbol{A}$ 可写为如下形式：

$$\boldsymbol{A}=\boldsymbol{B}_{\mathrm{L}}^{\mathrm{T}}=[\boldsymbol{a}_1,\boldsymbol{a}_2,\cdots,\boldsymbol{a}_{k-1},\boldsymbol{a}_k,\boldsymbol{a}_{k+1},\cdots,\boldsymbol{a}_b] \tag{11.2.4}$$

式中，$\boldsymbol{a}_k$ 为 $\boldsymbol{A}$ 的第 $k(k=1,2,\cdots,b)$ 列向量$[(3J-c)\times 1]$，代表单元 k 对 $\boldsymbol{A}$ 的贡献，形式如下：

$$\boldsymbol{a}_k^{\mathrm{T}}=\Big[0\ \cdots\ \overset{i}{\frac{x_i-x_j}{l_k}\ \ \frac{y_i-y_j}{l_k}\ \ \frac{z_i-z_j}{l_k}}\ \cdots\ 0\ \cdots\ \overset{j}{-\frac{x_i-x_j}{l_k}\ \ -\frac{y_i-y_j}{l_k}\ \ -\frac{z_i-z_j}{l_k}}\ \cdots\ 0\Big]_{1\times(3J-c)} \tag{11.2.5}$$

形式上，向量 $\boldsymbol{a}_k[(3J-c)\times 1]$可理解为将单元 $k(k=1,2,\cdots,b)$的方向余弦对应分配到其两端节点 i、j 的自由度上，而在其他自由度位置的元素均为零。后续针对向量(矩阵)也是类似的表达，不再赘述。于是，式(11.2.2)可以表示为

$$\boldsymbol{K}_0 = \boldsymbol{B}_{\mathrm{L}}^{\mathrm{T}}\boldsymbol{M}\boldsymbol{B}_{\mathrm{L}} = \sum_{k=1}^{b}\boldsymbol{k}_{0k} \tag{11.2.6}$$

式中，

$$\boldsymbol{k}_{0k}=\frac{E_kA_k}{l_k}\boldsymbol{a}_k\boldsymbol{a}_k^{\mathrm{T}},\quad k=1,2,\cdots,b \tag{11.2.7}$$

为单元 k 的弹性刚度矩阵$[(3J-c)\times(3J-c)]$，反映了单元 k 对结构总刚度的贡献。

由式(11.2.5)可知，$\boldsymbol{a}_k^{\mathrm{T}}\boldsymbol{a}_k=2$。将式(11.2.7)两边同时乘以 $\boldsymbol{a}_k$，可得

$$\boldsymbol{k}_{0k}\boldsymbol{a}_k=\frac{E_kA_k}{l_k}\boldsymbol{a}_k(\boldsymbol{a}_k^{\mathrm{T}}\boldsymbol{a}_k)=2\frac{E_kA_k}{l_k}\boldsymbol{a}_k,\quad k=1,2,\cdots,b \tag{11.2.8}$$

易知 $\boldsymbol{k}_{0k}$ 为对称半正定矩阵，其秩为 1。于是，式(11.2.8)表明，$\boldsymbol{a}_k$ 是 $\boldsymbol{k}_{0k}$ 的特征向量并且唯一，对应的特征值为单元线弹性刚度的 2 倍。这也说明，在 $3J-c$ 维自由度空间中，单元 k 仅在 $\boldsymbol{a}_k$ 方向的刚度为 $2E_kA_k/l_k$，而在其余方向上没有刚度。此外，单元 k 的轴向线刚度通过方向余弦向量 $\boldsymbol{a}_k$ 分配到两端节点自由度上，$2E_kA_k/l_k$ 是刚度贡献的总和。

式(11.2.3)中，$\boldsymbol{B}_{\mathrm{N1}}^{\mathrm{T}}(\boldsymbol{d})[(3J-c)\times b]$亦可作为如下列向量的形式：

$$\boldsymbol{B}_{\mathrm{N1}}^{\mathrm{T}}=[\tilde{\boldsymbol{a}}_1,\cdots,\tilde{\boldsymbol{a}}_k,\cdots,\tilde{\boldsymbol{a}}_b] \tag{11.2.9}$$

式中，$\tilde{\boldsymbol{a}}_k$ 为矩阵 $\boldsymbol{B}_{\mathrm{N1}}^{\mathrm{T}}$ 的第 $k(k=1,2,\cdots,b)$ 列向量$[(3J-c)\times 1]$。于是，式(11.2.3)也可按单元进行展开：

$$\boldsymbol{K}_{\mathrm{g}}\boldsymbol{d} = \boldsymbol{B}_{\mathrm{N1}}(\boldsymbol{d})\boldsymbol{t}_0 = [\tilde{\boldsymbol{a}}_1,\cdots,\tilde{\boldsymbol{a}}_k,\cdots,\tilde{\boldsymbol{a}}_b][t_1^0,\cdots,t_k^0,\cdots,t_b^0]^{\mathrm{T}} = \sum_{k=1}^{b}t_k^0\tilde{\boldsymbol{a}}_k \tag{11.2.10}$$

同样地，$\tilde{\boldsymbol{a}}_k$ 可表示为

$$\tilde{\boldsymbol{a}}_k^{\mathrm{T}}=\left\{\cdots\ 0\ \cdots\ \overset{i}{\frac{u_i-u_j}{l_k}\ \ \frac{v_i-v_j}{l_k}\ \ \frac{w_i-w_j}{l_k}}\ \cdots\ 0\ \cdots\ \overset{j}{-\frac{u_i-u_j}{l_k}\ \ -\frac{v_i-v_j}{l_k}\ \ -\frac{w_i-w_j}{l_k}}\ \cdots\ 0\ \cdots\right\}_{1\times(3J-c)} \tag{11.2.11}$$

式中，(u_i,v_i,w_i)和(u_j,v_j,w_j)分别为节点 i、j 的位移分量。为将节点位移项 $\boldsymbol{d}$ 从 $\tilde{\boldsymbol{a}}_k$ 中分离出来，可进一步将式(11.2.11)表示为

$$\tilde{\boldsymbol{a}}_k=\frac{1}{l_k}\boldsymbol{G}_k\boldsymbol{d},\quad k=1,2,\cdots,b \tag{11.2.12}$$

式中，$\boldsymbol{d}$ 为节点位移向量$[(3J-c)\times 1]$；$\boldsymbol{G}_k$ 为$[(3J-c)\times(3J-c)]$矩阵，形式如下：

$$\boldsymbol{G}_k=\begin{bmatrix}\cdots & \vdots & \vdots & \vdots & \cdots & \vdots & \vdots & \vdots & \cdots\\ \cdots & 1 & 0 & 0 & \cdots & -1 & 0 & 0 & \cdots\\ \cdots & 0 & 1 & 0 & \cdots & 0 & -1 & 0 & \cdots\\ \cdots & 0 & 0 & 1 & \cdots & 0 & 0 & -1 & \cdots\\ \cdots & \vdots & \vdots & \vdots & \cdots & \vdots & \vdots & \vdots & \cdots\\ \cdots & -1 & 0 & 0 & \cdots & 1 & 0 & 0 & \cdots\\ \cdots & 0 & -1 & 0 & \cdots & 0 & 1 & 0 & \cdots\\ \cdots & 0 & 0 & -1 & \cdots & 0 & 0 & 1 & \cdots\\ \cdots & \vdots & \vdots & \vdots & \cdots & \vdots & \vdots & \vdots & \cdots\end{bmatrix}_{(3J-c)\times(3J-c)} \begin{matrix} \\ i \\ \\ \\ j \\ \\ \end{matrix} \tag{11.2.13}$$

（列标：第 i 节点对应第 2～4 列，第 j 节点对应第 6～8 列）

易知，$\boldsymbol{G}_k$ 也为对称半正定矩阵，其秩为 3，且可进一步写为

$$\boldsymbol{G}_k=\boldsymbol{g}_k\boldsymbol{g}_k^{\mathrm{T}}=[\boldsymbol{g}_{k1},\boldsymbol{g}_{k2},\boldsymbol{g}_{k3}]\begin{bmatrix}\boldsymbol{g}_{k1}^{\mathrm{T}}\\ \boldsymbol{g}_{k2}^{\mathrm{T}}\\ \boldsymbol{g}_{k3}^{\mathrm{T}}\end{bmatrix}=\boldsymbol{g}_{k1}\boldsymbol{g}_{k1}^{\mathrm{T}}+\boldsymbol{g}_{k2}\boldsymbol{g}_{k2}^{\mathrm{T}}+\boldsymbol{g}_{k3}\boldsymbol{g}_{k3}^{\mathrm{T}} \tag{11.2.14}$$

式中，$\boldsymbol{g}_k$ 为 $(3J-c)\times 3$ 矩阵，由 $\boldsymbol{g}_{k1}$、$\boldsymbol{g}_{k2}$ 及 $\boldsymbol{g}_{k3}$ 三个独立的列向量$[(3J-c)\times 1]$构成，具体形式为

$$\boldsymbol{g}_k^{\mathrm{T}}=\begin{bmatrix}\boldsymbol{g}_{k1}^{\mathrm{T}}\\ \boldsymbol{g}_{k2}^{\mathrm{T}}\\ \boldsymbol{g}_{k3}^{\mathrm{T}}\end{bmatrix}=\begin{bmatrix}\cdots & 1 & 0 & 0 & \cdots & -1 & 0 & 0 & \cdots\\ \cdots & 0 & 1 & 0 & \cdots & 0 & -1 & 0 & \cdots\\ \cdots & 0 & 0 & 1 & \cdots & 0 & 0 & -1 & \cdots\end{bmatrix}_{3\times(3J-c)} \tag{11.2.15}$$

（列标：i 对应第 2～4 列，j 对应第 6～8 列）

将式(11.2.14)及式(11.2.12)代入式(11.2.10)中，化简后可得

$$\boldsymbol{K}_{\mathrm{g}}=\sum_{k=1}^{b}\boldsymbol{k}_{\mathrm{g}k}=\sum_{k=1}^{b}\frac{t_k^0}{l_k}\boldsymbol{G}_k=\sum_{k=1}^{b}\frac{t_k^0}{l_k}\boldsymbol{g}_k\boldsymbol{g}_k^{\mathrm{T}} \tag{11.2.16}$$

式中，

$$\boldsymbol{k}_{\mathrm{g}k}=\frac{t_k^0}{l_k}\boldsymbol{g}_k\boldsymbol{g}_k^{\mathrm{T}},\quad k=1,2,\cdots,b \tag{11.2.17}$$

为单元 k 的几何刚度矩阵$[(3J-c)\times(3J-c)]$。

由式(11.2.17)及 $\boldsymbol{g}_{kn}(n=1,2,3)$ 的正交性可知

$$\begin{cases} \boldsymbol{k}_{gk}\boldsymbol{g}_{k1}=\dfrac{t_k^0}{l_k}(\boldsymbol{g}_k\boldsymbol{g}_k^{\mathrm{T}})\boldsymbol{g}_{k1}=2\,\dfrac{t_k^0}{l_k}\boldsymbol{g}_{k1}, \\ \boldsymbol{k}_{gk}\boldsymbol{g}_{k2}=\dfrac{t_k^0}{l_k}(\boldsymbol{g}_k\boldsymbol{g}_k^{\mathrm{T}})\boldsymbol{g}_{k2}=2\,\dfrac{t_k^0}{l_k}\boldsymbol{g}_{k2}, \quad k=1,2,\cdots,b \\ \boldsymbol{k}_{gk}\boldsymbol{g}_{k3}=\dfrac{t_k^0}{l_k}(\boldsymbol{g}_k\boldsymbol{g}_k^{\mathrm{T}})\boldsymbol{g}_{k3}=2\,\dfrac{t_k^0}{l_k}\boldsymbol{g}_{k3}, \end{cases} \tag{11.2.18}$$

式(11.2.18)表明,$\boldsymbol{k}_{gk}$有三个特征向量 $\boldsymbol{g}_{k1}$、$\boldsymbol{g}_{k2}$及 $\boldsymbol{g}_{k3}$,而对应的特征值均为 $2t_k^0/l_k$。可见,单元 k 能够向这三个方向独立地提供几何刚度,且每个方向上提供的几何刚度总贡献为 $2t_k^0/l_k$。实际上,$\boldsymbol{a}_k$ 也可以表示为 $\boldsymbol{g}_{k1}$、$\boldsymbol{g}_{k2}$及 $\boldsymbol{g}_{k3}$的线性组合,即

$$\boldsymbol{a}_k=\frac{x_i-x_j}{l_k}\boldsymbol{g}_{k1}+\frac{y_i-y_j}{l_k}\boldsymbol{g}_{k2}+\frac{z_i-z_j}{l_k}\boldsymbol{g}_{k3} \tag{11.2.19}$$

将式(11.2.6)和式(11.2.16)代入式(11.2.1),可得

$$\boldsymbol{K}_{\mathrm{T}}=\boldsymbol{K}_0+\boldsymbol{K}_{\mathrm{g}}=\sum_{k=1}^{b}(\boldsymbol{k}_{0k}+\boldsymbol{k}_{gk})=\sum_{k=1}^{b}\left(\frac{E_kA_k}{l_k}\boldsymbol{a}_k\boldsymbol{a}_k^{\mathrm{T}}+\frac{t_k^0}{l_k}\boldsymbol{g}_k\boldsymbol{g}_k^{\mathrm{T}}\right) \tag{11.2.20}$$

式(11.2.20)直观地反映了单元刚度(弹性刚度和几何刚度)对结构刚度的贡献,以及单元刚度向自由度转化的过程。

11.3 结构刚度的特征空间分解

设 $\boldsymbol{K}_{\mathrm{T}}$、$\boldsymbol{K}_0$ 及 $\boldsymbol{K}_{\mathrm{g}}$ 的特征值分别为 $\eta_1\leqslant\cdots\leqslant\eta_j\leqslant\cdots\leqslant\eta_{3J-c}$,$\eta_1^{\mathrm{e}}\leqslant\cdots\leqslant\eta_j^{\mathrm{e}}\leqslant\cdots\leqslant\eta_{3J-c}^{\mathrm{e}}$ 和 $\eta_1^{\mathrm{g}}\leqslant\cdots\leqslant\eta_j^{\mathrm{g}}\leqslant\cdots\leqslant\eta_{3J-c}^{\mathrm{g}}$,相应的特征向量矩阵分别为 $\boldsymbol{\Theta}=[\boldsymbol{\theta}_1,\cdots,\boldsymbol{\theta}_j,\cdots,\boldsymbol{\theta}_{3J-c})]$,$\boldsymbol{\Theta}^{\mathrm{e}}=[\boldsymbol{\theta}_1^{\mathrm{e}},\cdots,\boldsymbol{\theta}_j^{\mathrm{e}},\cdots,\boldsymbol{\theta}_{3J-c}^{\mathrm{e}}]$和 $\boldsymbol{\Theta}^{\mathrm{g}}=[\boldsymbol{\theta}_1^{\mathrm{g}},\cdots,\boldsymbol{\theta}_j^{\mathrm{g}},\cdots,\boldsymbol{\theta}_{3J-c}^{\mathrm{g}}]$。由于 $\boldsymbol{\Theta}$、$\boldsymbol{\Theta}^{\mathrm{e}}$ 及 $\boldsymbol{\Theta}^{\mathrm{g}}$ 均为正交矩阵,三者的 $3J-c$ 个列向量均可构成结构自由度空间的基。根据特征值与特征向量间的关系可得

$$\begin{cases} \boldsymbol{K}_{\mathrm{T}}\boldsymbol{\theta}_j=\eta_j\boldsymbol{\theta}_j, \\ \boldsymbol{K}_0\boldsymbol{\theta}_j^{\mathrm{e}}=\eta_j^{\mathrm{e}}\boldsymbol{\theta}_j^{\mathrm{e}}, \quad j=1,2,\cdots,3J-c \\ \boldsymbol{K}_{\mathrm{g}}\boldsymbol{\theta}_j^{\mathrm{g}}=\eta_j^{\mathrm{g}}\boldsymbol{\theta}_j^{\mathrm{g}}, \end{cases} \tag{11.3.1}$$

对于自由度空间中的任意一非零列向量 $\boldsymbol{\beta}[(3J-c)\times1]$,结构弹性刚度 $\boldsymbol{K}_0$ 在 $\boldsymbol{\beta}$ 方向上的特征值可写作

$$\eta_\beta^{\mathrm{e}}=\boldsymbol{\beta}^{\mathrm{T}}\boldsymbol{K}_0\boldsymbol{\beta}=\sum_{k=1}^{b}\frac{E_kA_k}{l_k}(\boldsymbol{a}_k^{\mathrm{T}}\boldsymbol{\beta})^2 \tag{11.3.2}$$

实际上,η_β^{e} 可以理解为结构在 $\boldsymbol{\beta}$ 方向上的弹性刚度。由于实际结构中单元线弹性刚度 $E_kA_k/l_k(k=1,2,\cdots,b)$均为正值,故由式(11.3.2)可知 $\eta_\beta^{\mathrm{e}}\geqslant0$。考虑到 $\boldsymbol{\beta}$

的任意性，由二次型的数学特性说明 $\boldsymbol{K}_0$ 为非负定矩阵，也说明单元弹性刚度对结构刚度的贡献为非负。再者，如果将 $\boldsymbol{\theta}_j^{\mathrm{e}}(j=1,2,\cdots,3J-c)$ 看为 $\boldsymbol{\beta}$ 的特例，则 $\eta_j^{\mathrm{e}}\geqslant 0$。

由式(11.3.2)也易知 $\eta_\beta^{\mathrm{e}}=0$ 的充要条件为

$$\boldsymbol{a}_k^{\mathrm{T}}\boldsymbol{\beta}=0,\quad k=1,2,\cdots,b \tag{11.3.3}$$

前面提到，$\boldsymbol{a}_k(k=1,2,\cdots,b)$ 为 $\boldsymbol{B}_{\mathrm{L}}^{\mathrm{T}}$ 的第 k 列，于是式(11.3.3)可写为

$$\boldsymbol{B}_{\mathrm{L}}\boldsymbol{\beta}=0 \tag{11.3.4}$$

显然，满足式(11.3.3)的向量 $\boldsymbol{\beta}$ 构成了结构弹性刚度矩阵 $\boldsymbol{K}_0$ 的零空间。而由第 3 章的平衡矩阵准则又知，满足式(11.3.4)的向量 $\boldsymbol{\beta}$ 所张成的子空间也就是系统的独立机构位移模态空间 $\boldsymbol{U}_{\mathrm{m}}$。由此表明，$\boldsymbol{K}_0$ 的零空间与 $\boldsymbol{B}_{\mathrm{L}}^{\mathrm{T}}$ 的独立机构位移模态空间是等价的，这与 5.4 节的结论一致。为便于描述，将 $\boldsymbol{K}_0$ 的特征向量矩阵 $\boldsymbol{\Theta}^{\mathrm{e}}$ 写作如下分块形式：

$$\boldsymbol{\Theta}^{\mathrm{e}}=[\boldsymbol{\Theta}_0^{\mathrm{e}},\boldsymbol{\Theta}_+^{\mathrm{e}}] \tag{11.3.5}$$

式中，$\boldsymbol{\Theta}_0^{\mathrm{e}}$ 和 $\boldsymbol{\Theta}_+^{\mathrm{e}}$ 分别为 $\boldsymbol{K}_0$ 的零特征向量和正特征向量张成的子空间，其中 $\boldsymbol{\Theta}_0^{\mathrm{e}}=\boldsymbol{U}_{\mathrm{m}}$ 且 $\boldsymbol{K}_0\boldsymbol{\Theta}_0^{\mathrm{e}}=\boldsymbol{B}_{\mathrm{L}}\boldsymbol{\Theta}_0^{\mathrm{e}}=\boldsymbol{0}$。可设 $\boldsymbol{\Theta}_0^{\mathrm{e}}$ 的维度为 $m^{\mathrm{e}}(0\leqslant m^{\mathrm{e}}\ll 3J-c)$，则 $\boldsymbol{\Theta}_+^{\mathrm{e}}$ 的维度为 $3J-c-m^{\mathrm{e}}$。

同样，结构几何刚度矩阵 $\boldsymbol{K}_{\mathrm{g}}$ 在 $\boldsymbol{\beta}$ 方向上的特征值 η_β^{g} 满足如下关系：

$$\eta_\beta^{\mathrm{g}}=\boldsymbol{\beta}^{\mathrm{T}}\boldsymbol{K}_{\mathrm{g}}\boldsymbol{\beta}=\sum_{k=1}^{b}\frac{t_k^0}{l_k}(\boldsymbol{\beta}^{\mathrm{T}}\boldsymbol{g}_k\boldsymbol{g}_k^{\mathrm{T}}\boldsymbol{\beta}) \tag{11.3.6}$$

式中，$\boldsymbol{g}_k\boldsymbol{g}_k^{\mathrm{T}}(k=1,2,\cdots,b)$ 为半正定矩阵，则 $\boldsymbol{\beta}^{\mathrm{T}}\boldsymbol{g}_k\boldsymbol{g}_k^{\mathrm{T}}\boldsymbol{\beta}\geqslant 0(k=1,2,\cdots,b)$。因而，$\eta_\beta^{\mathrm{g}}$ 的符号(即 $\boldsymbol{K}_{\mathrm{g}}$ 的正定性)取决于 $t_k^0(k=1,2,\cdots,b)$。可见，$\eta_\beta^{\mathrm{g}}(\beta=1,2,\cdots,3J-c)$ 存在正值、零值及负值三种可能，相应地，$\boldsymbol{K}_{\mathrm{g}}$ 对结构刚度也存在正贡献、零贡献及负贡献。将 $\boldsymbol{K}_{\mathrm{g}}$ 的特征向量矩阵也写作为如下分块形式：

$$\boldsymbol{\Theta}^{\mathrm{g}}=[\boldsymbol{\Theta}_{-0}^{\mathrm{g}},\boldsymbol{\Theta}_+^{\mathrm{g}}] \tag{11.3.7}$$

式中，$\boldsymbol{\Theta}_+^{\mathrm{g}}$ 和 $\boldsymbol{\Theta}_{-0}^{\mathrm{g}}$ 分别为 $\boldsymbol{K}_{\mathrm{g}}$ 的正特征向量与非正特征向量张成的子空间。设 $\boldsymbol{\Theta}_{-0}^{\mathrm{g}}$ 的维度为 $m_-^{\mathrm{g}}(0\leqslant m_-^{\mathrm{g}}\ll 3J-c)$，则 $\boldsymbol{\Theta}_+^{\mathrm{g}}$ 的维度为$(3J-c-m_-^{\mathrm{g}})$。

注意到 $\boldsymbol{K}_{\mathrm{T}}$、$\boldsymbol{K}_0$ 和 $\boldsymbol{K}_{\mathrm{g}}$ 均为对称矩阵，且一般情况下 $\eta_{3J-c}^{\mathrm{e}}=\|\boldsymbol{K}_0\|_2\gg\|\boldsymbol{K}_{\mathrm{g}}\|_2=\eta_{3J-c}^{\mathrm{g}}$，于是可将 $\boldsymbol{K}_{\mathrm{T}}$ 看作 $\boldsymbol{K}_0$ 矩阵受 $\boldsymbol{K}_{\mathrm{g}}$ 扰动后的结果。根据 Hermite 矩阵的特征值扰动定理[96]可知，三者的特征值满足如下关系：

$$\eta_j^{\mathrm{e}}+\eta_1^{\mathrm{g}}\leqslant\eta_j\leqslant\eta_j^{\mathrm{e}}+\eta_{3J-c}^{\mathrm{g}},\quad j=1,2,\cdots,3J-c \tag{11.3.8}$$

可以看出，$\boldsymbol{K}_{\mathrm{T}}$ 的特征值包含 $\boldsymbol{K}_0$ 和 $\boldsymbol{K}_{\mathrm{g}}$ 特征值的共同贡献。当 $\eta_{3J-c}^{\mathrm{e}}\gg\eta_{3J-c}^{\mathrm{g}}$ 时，表明 $\boldsymbol{K}_0$ 的谱半径很大，而 $\boldsymbol{K}_{\mathrm{g}}$ 的谱半径很小。假定从第 N^* 阶开始$[N^*\in(1,2,\cdots,3J-c)]$$\boldsymbol{K}_{\mathrm{T}}$ 的特征值满足 $\eta_{N^*}\geqslant\eta_{3J-c}^{\mathrm{g}}$，则表明 $j\geqslant N^*$ 情况下 $\boldsymbol{K}_0$ 的特征值分布在 $\boldsymbol{K}_{\mathrm{g}}$ 的谱半径以外，则 $\eta_j\approx\eta_j^{\mathrm{e}}$，即此时 $\boldsymbol{K}_{\mathrm{T}}$ 的特征值主要来自弹性刚度的贡献。当

$j \leqslant N^*$ 时，$\boldsymbol{K}_\mathrm{T}$ 的低阶特征值存在几何刚度或弹性刚度占绝对贡献的情况。为定量评价每一阶特征值中结构弹性刚度和几何刚度的贡献度，可定义如下形式的特征刚度贡献度因子：

$$\begin{cases} E_j^\mathrm{e} = \dfrac{\boldsymbol{\theta}_j^\mathrm{T} \boldsymbol{K}_0 \boldsymbol{\theta}_j}{\eta_j}, \\ E_j^\mathrm{g} = \dfrac{\boldsymbol{\theta}_j^\mathrm{T} \boldsymbol{K}_\mathrm{g} \boldsymbol{\theta}_j}{\eta_j}, \end{cases} \quad j = 1, 2, \cdots, 3J - c \tag{11.3.9}$$

式中，E_j^e 和 E_j^g 分别为结构弹性刚度和几何刚度的特征刚度贡献度。显然，$E_j^\mathrm{e} + E_j^\mathrm{g} = 1 (j = 1, 2, \cdots, 3J - c)$。

相类似，可定义一个结构几何刚度贡献度的阈值 E_u^g（如 $E_\mathrm{u}^\mathrm{g} = 0.9$）。当 $E_j^\mathrm{g} \geqslant E_\mathrm{u}^\mathrm{g}$ 时（$j = 1, 2, \cdots, 3J - c$），可认为结构的第 j 阶特征刚度主要由几何刚度提供。如果将满足该条件的 j 阶特征刚度构成的集合记为 E_0，则 $\boldsymbol{\theta}_j (j \in E_0)$ 张成的子空间为 $\boldsymbol{\Theta}_0$，可近似称为零弹性刚度子空间。

11.4 结构的关键刚度及其动力模态测试

11.4.1 关键刚度

如前所述，结构的关键刚度是指结构整体刚度中，直接抵抗给定外荷载所引起的结构变形的那部分刚度。一般而言，索杆张力结构的刚度往往由少数荷载工况（以下称为“主控荷载”）作用下的变形验算来确定，因此对应这些主控荷载的关键刚度显然是结构设计的重点。相应地，如果要对在役期的索杆张力结构进行性能评价，则关键刚度也应该是监测重点。

索杆张力结构的有限元基本方程为

$$\boldsymbol{K}_\mathrm{T} \boldsymbol{d} = \boldsymbol{p} \tag{11.4.1}$$

式中，$\boldsymbol{p}$ 为给定的主控荷载向量。由于 $\boldsymbol{K}_\mathrm{T}$ 的特征向量 $\{\boldsymbol{\theta}_1, \cdots, \boldsymbol{\theta}_j, \cdots, \boldsymbol{\theta}_{3J-c}\}$ 构成 $3J - c$ 维自由度空间的基，节点位移向量 $\boldsymbol{d}$ 总是可以表示为如下的线性组合：

$$\boldsymbol{d} = \sum_{j=1}^{3J-c} \alpha_j \boldsymbol{\theta}_j \tag{11.4.2}$$

式中，α_j 为组合系数。将式(11.4.2)代入式(11.4.1)中，并考虑式(11.3.1)的第一式，可得

$$\boldsymbol{K}_\mathrm{T} \sum_{j=1}^{3J-c} \alpha_j \boldsymbol{\theta}_j = \sum_{j=1}^{3J-c} \alpha_j \eta_j \boldsymbol{\theta}_j = \boldsymbol{p} \tag{11.4.3}$$

将式(11.4.3)两边同时左乘以 $\boldsymbol{\theta}_j^\mathrm{T} (j = 1, 2, \cdots, 3J - c)$ 并考虑到 $\{\boldsymbol{\theta}_1, \cdots, \boldsymbol{\theta}_j, \cdots, \boldsymbol{\theta}_{3J-c}\}$ 为正交矩阵，可得如下 $3J - c$ 个方程：

$$\eta_j \alpha_j = \boldsymbol{\theta}_j^{\mathrm{T}} \boldsymbol{p}, \quad j=1,2,\cdots,3J-c \tag{11.4.4}$$

式(11.4.4)实质上为基本方程式(11.4.1)在特征空间上的表达形式，$\boldsymbol{\theta}_j^{\mathrm{T}}\boldsymbol{p}$、$\eta_j$ 及 α_j ($j=1,2,\cdots,3J-c$)分别表示特征方向 $\boldsymbol{\theta}_j$ 上的广义荷载、广义刚度和广义位移。如果在某个特征方向上的广义荷载 $\boldsymbol{\theta}_j^{\mathrm{T}}\boldsymbol{p}$ 接近于零，则表明该特征方向上的刚度基本上不能抵抗 $\boldsymbol{p}$ 引起的结构变形，而仅起到维持结构稳定性的作用。

定义一个较小的广义荷载阈值 α^{p}，如果 $\boldsymbol{\theta}_j^{\mathrm{T}}\boldsymbol{p} \geqslant \alpha^{\mathrm{p}}$ 便认为 $\boldsymbol{\theta}_j$ 方向上的广义刚度 η_j 被外荷载 $\boldsymbol{p}$ 激发，否则认为该方向不对 $\boldsymbol{p}$ 提供刚度贡献。将满足 $\boldsymbol{\theta}_j^{\mathrm{T}}\boldsymbol{p} \geqslant \alpha^{\mathrm{p}}$ 所有特征向量 j 的集合定义为 $\boldsymbol{E}_{\mathrm{p}}$，相应地由 $\boldsymbol{\theta}_j$($j \in \boldsymbol{E}_{\mathrm{p}}$)张成的子空间称为 $\boldsymbol{\Theta}_{\mathrm{p}}$。

由式(11.3.1)的第一式可知，$\boldsymbol{K}_{\mathrm{T}}$ 可表示为如下形式：

$$\boldsymbol{K}_{\mathrm{T}} = \sum_{j=1}^{3J-c} \eta_j \boldsymbol{\theta}_j \boldsymbol{\theta}_j^{\mathrm{T}} \tag{11.4.5}$$

于是根据特征方向刚度是否被外荷载 $\boldsymbol{p}$ 激发，可进一步将 $\boldsymbol{K}_{\mathrm{T}}$ 进行拆分：

$$\boldsymbol{K}_{\mathrm{T}} = \boldsymbol{K}_{\mathrm{p}} + \boldsymbol{K}_{\mathrm{s}} = \sum_{j \in \boldsymbol{E}_{\mathrm{p}}} \eta_j \boldsymbol{\theta}_j \boldsymbol{\theta}_j^{\mathrm{T}} + \sum_{j \notin \boldsymbol{E}_{\mathrm{p}}} \eta_j \boldsymbol{\theta}_j \boldsymbol{\theta}_j^{\mathrm{T}} \tag{11.4.6}$$

式中，$\boldsymbol{K}_{\mathrm{p}} = \sum_{j \in \boldsymbol{E}_{\mathrm{p}}} \eta_j \boldsymbol{\theta}_j \boldsymbol{\theta}_j^{\mathrm{T}}$ 表示参与抵御外荷载 $\boldsymbol{p}$ 的结构刚度矩阵部分；而 $\boldsymbol{K}_{\mathrm{s}} = \sum_{j \notin \boldsymbol{E}_{\mathrm{p}}} \eta_j \boldsymbol{\theta}_j \boldsymbol{\theta}_j^{\mathrm{T}}$ 为仅起维持结构稳定作用的刚度矩阵部分。

求解式(11.4.4)，可得广义位移 α_j 为

$$\alpha_j = \frac{\boldsymbol{\theta}_j^{\mathrm{T}} \boldsymbol{p}}{\eta_j}, \quad j=1,2,\cdots,3J-c \tag{11.4.7}$$

将式(11.4.7)代入式(11.4.2)，于是

$$\boldsymbol{d} = \sum_{j=1}^{3J-c} \frac{\boldsymbol{\theta}_j^{\mathrm{T}} \boldsymbol{p}}{\eta_j} \boldsymbol{\theta}_j = \sum_{j \in E_{\mathrm{p}}} \frac{\boldsymbol{\theta}_j^{\mathrm{T}} \boldsymbol{p}}{\eta_j} \boldsymbol{\theta}_j + \sum_{j \notin E_{\mathrm{p}}} \frac{\boldsymbol{\theta}_j^{\mathrm{T}} \boldsymbol{p}}{\eta_j} \boldsymbol{\theta}_j \tag{11.4.8}$$

由于 $\boldsymbol{\theta}_j^{\mathrm{T}}\boldsymbol{p}$($j \notin E_{\mathrm{p}}$)较小，如果认为 $\sum_{j \notin \boldsymbol{E}_{\mathrm{p}}} \frac{\boldsymbol{\theta}_j^{\mathrm{T}} \boldsymbol{p}}{\eta_j} \boldsymbol{\theta}_j \approx \boldsymbol{0}$，则式(11.4.8)可近似表示为

$$\boldsymbol{d} \approx \sum_{j \in \boldsymbol{E}_{\mathrm{p}}} \frac{\boldsymbol{\theta}_j^{\mathrm{T}} \boldsymbol{p}}{\eta_j} \boldsymbol{\theta}_j \tag{11.4.9}$$

进一步利用 $\boldsymbol{\theta}_j$($j=1,2,\cdots,3J-c$)的正交性，容易证明 $\boldsymbol{K}_{\mathrm{p}}$ 及 $\boldsymbol{K}_{\mathrm{s}}$ 与结构位移 $\boldsymbol{d}$ 满足如下关系：

$$\boldsymbol{K}_{\mathrm{p}} \boldsymbol{d} \approx \boldsymbol{p} \tag{11.4.10}$$

$$\boldsymbol{K}_{\mathrm{s}} \boldsymbol{d} \approx \boldsymbol{0} \tag{11.4.11}$$

根据定义可以看出，$\boldsymbol{K}_{\mathrm{p}}$ 即为对应于主控荷载 $\boldsymbol{p}$ 的“关键刚度”。相应地，$\boldsymbol{K}_{\mathrm{s}}$ 仅起到维持结构稳定的作用，可称为“补偿刚度”。

11.4.2　动力测试的目标模态

动力模态方法是一种监测结构刚度的重要方法，当然也适用于索杆张力结构。

该方法是通过测量结构的振动模态参数，如频率(模态特征值)、振型等，来判断结构刚度是否发生变化甚至重构结构的实际刚度。针对某个需要监控的平衡构型，索杆张力结构的切线刚度也可以表示为

$$\boldsymbol{K}_{\mathrm{T}}=\boldsymbol{M}\left(\sum_{j=1}^{n}\eta_{j}\boldsymbol{\theta}_{j}\boldsymbol{\theta}_{j}^{\mathrm{T}}\right)\boldsymbol{M} \tag{11.4.12}$$

式中，$\boldsymbol{M}$ 为结构的质量矩阵$[(3J-c)\times(3J-c)]$；η_j 为模态 j 的特征值；$\boldsymbol{\theta}_j$ 为对质量归一化后的振型$[(3J-c)\times 1]$，即 $\boldsymbol{\theta}_j^{\mathrm{T}}\boldsymbol{M}\boldsymbol{\theta}_j=1$。

由于索杆张力结构的预张力水平一般很高，$\boldsymbol{K}_{\mathrm{T}}$ 受外荷载 $\boldsymbol{p}$ 的变化较小，故可以近似认为 $\boldsymbol{K}_{\mathrm{T}}$ 恒定。注意式(11.4.12)中 $\boldsymbol{\theta}_j(j=1,2,\cdots,3J-c)$也构成结构自由度空间的基，因此 $\boldsymbol{d}$ 同样可以表示为式(11.4.2)的形式。

对式(11.4.1)两边乘 $\boldsymbol{\theta}_j^{\mathrm{T}}$，并将式(11.4.2)和式(11.4.12)代入，则该式可表示为

$$\boldsymbol{\theta}_j^{\mathrm{T}}\boldsymbol{M}\left(\sum_{j=1}^{3J-c}\eta_{j}\boldsymbol{\theta}_{j}\boldsymbol{\theta}_{j}^{\mathrm{T}}\right)\boldsymbol{M}\left(\sum_{j=1}^{3J-c}\alpha_{j}\boldsymbol{\theta}_{j}\right)=\boldsymbol{\theta}_j^{\mathrm{T}}\boldsymbol{p} \tag{11.4.13}$$

考虑到 $\boldsymbol{\theta}_j(j=1,2,\cdots,3J-c)$已对质量归一化且相互正交，由式(11.4.13)可得

$$\alpha_j=\frac{\boldsymbol{\theta}_j^{\mathrm{T}}\boldsymbol{p}}{\eta_j},\quad j=1,2,\cdots,3J-c \tag{11.4.14}$$

可以发现，式(11.4.14)与式(11.4.7)具有相同的形式，只不过该式中 $\boldsymbol{\theta}_j^{\mathrm{T}}\boldsymbol{p}$、$\eta_j$ 和 α_j 是模态 $\boldsymbol{\theta}_j$ 方向的广义荷载、广义刚度和广义位移。根据能量转换的原则，还可以定义参数 γ_j 来评估模态 j 对关键刚度贡献度：

$$\gamma_j=\frac{\alpha_j\boldsymbol{p}^{\mathrm{T}}\boldsymbol{\theta}_j}{\boldsymbol{p}^{\mathrm{T}}\boldsymbol{d}} \tag{11.4.15}$$

式中，$\boldsymbol{p}^{\mathrm{T}}\boldsymbol{d}$ 为 $\boldsymbol{p}$ 做的功，而 $\alpha_j\boldsymbol{p}^{\mathrm{T}}\boldsymbol{\theta}_j$ 为模态 j 中存储的变形能。根据式(11.4.2)易知，$\sum_{j=1}^{n}\gamma_j=1$。

如果给定一个阈值 $\gamma_{\mathrm{u}}<1$，在所有模态中挑选那些最大的 γ_j 组成模态集合 $\boldsymbol{E}_{\mathrm{p}}$，并满足

$$\sum_{j\in\boldsymbol{E}_{\mathrm{p}}}\gamma_j\geqslant\gamma_{\mathrm{u}} \tag{11.4.16}$$

于是，可将式(11.4.12)写作

$$\boldsymbol{K}_{\mathrm{T}}=\boldsymbol{K}_{\mathrm{p}}+\boldsymbol{K}_{\mathrm{s}} \tag{11.4.17}$$

式中，

$$\boldsymbol{K}_{\mathrm{p}}=\boldsymbol{M}\left(\sum_{j\in\boldsymbol{E}_{\mathrm{p}}}\eta_{j}\boldsymbol{\theta}_{j}\boldsymbol{\theta}_{j}^{\mathrm{T}}\right)\boldsymbol{M} \tag{11.4.18}$$

$$\boldsymbol{K}_{\mathrm{s}}=\boldsymbol{M}\left(\sum_{j\notin\boldsymbol{E}_{\mathrm{p}}}\eta_{j}\boldsymbol{\theta}_{j}\boldsymbol{\theta}_{j}^{\mathrm{T}}\right)\boldsymbol{M} \tag{11.4.19}$$

如果 γ_u 足够大(如 0.99),容易证明 $\boldsymbol{K}_p\boldsymbol{d}\approx\boldsymbol{p}$ 和 $\boldsymbol{K}_s\boldsymbol{d}\approx\boldsymbol{0}$。此时,$\boldsymbol{K}_p$ 也即关键刚度,而 $\boldsymbol{K}_s$ 为补偿刚度。同时也说明,那些包含在 $\boldsymbol{E}_p$ 中的模态就是采用动力模态方法监测结构关键刚度的“目标模态”(target modes)。

11.5　单元刚度的贡献度指标

11.5.1　子空间刚度

数学上,$\boldsymbol{K}_T$ 与其特征值 $\eta_j(j=1,2,\cdots,3J-c)$ 间满足以下关系:

$$\eta_j=\boldsymbol{\theta}_j^{\mathrm{T}}\boldsymbol{K}_{\mathrm{T}}\boldsymbol{\theta}_j \tag{11.5.1}$$

将式(11.2.20)代入,式(11.5.1)可进一步表示为

$$\eta_j=\boldsymbol{\theta}_j^{\mathrm{T}}\left[\sum_{k=1}^{b}\left(\frac{E_kA_k}{l_k}\boldsymbol{a}_k\boldsymbol{a}_k^{\mathrm{T}}+\frac{t_k^0}{l_k}\boldsymbol{g}_k\boldsymbol{g}_k^{\mathrm{T}}\right)\right]\boldsymbol{\theta}_j=\sum_{k=1}^{b}\left(\frac{E_kA_k}{l_k}\gamma_{kj}^{\mathrm{e}}+\frac{t_k^0}{l_k}\gamma_{kj}^{\mathrm{g}}\right) \tag{11.5.2}$$

式中,

$$\begin{aligned}\gamma_{kj}^{\mathrm{e}}&=\boldsymbol{\theta}_j^{\mathrm{T}}\boldsymbol{a}_k\boldsymbol{a}_k^{\mathrm{T}}\boldsymbol{\theta}_j\\ \gamma_{kj}^{\mathrm{g}}&=\boldsymbol{\theta}_j^{\mathrm{T}}\boldsymbol{g}_k\boldsymbol{g}_k^{\mathrm{T}}\boldsymbol{\theta}_j\end{aligned} \tag{11.5.3}$$

式中,γ_{kj}^{e} 和 γ_{kj}^{g} 分别为单元弹性刚度和几何刚度的方向向量 $\boldsymbol{a}_k$、$\boldsymbol{g}_k$ 与特征向量 $\boldsymbol{\theta}_j$ 的点积平方和,也可认为是单元弹性刚度和几何刚度在特征方向上的投影因子。既然 η_j 表征的是结构在 $\boldsymbol{\theta}_j$ 方向的刚度,则单元在 $\boldsymbol{\theta}_j$ 方向上的刚度贡献度由单元自身刚度(弹性或几何刚度)以及投影因子大小共同决定。

在 11.3 节和 11.4 节中分别定义了两个重要的刚度子空间,$\boldsymbol{\Theta}_0$ 和 $\boldsymbol{\Theta}_p$。$\boldsymbol{\Theta}_0$ 中各特征方向上的刚度主要来自于结构几何刚度的贡献,而 $\boldsymbol{\Theta}_p$ 中各特征方向上的刚度对外荷载提供绝对抵抗作用。因此,通过考察单元的几何刚度对 $\boldsymbol{\Theta}_0$ 的贡献大小能够确定哪些单元的预张力应重点关注;而考察单元弹性或几何刚度对 $\boldsymbol{\Theta}_p$ 的刚度贡献,则可以确定哪些单元对关键刚度提供主要贡献。

一般情况下 $\boldsymbol{\Theta}_0$ 和 $\boldsymbol{\Theta}_p$ 均包含多个特征方向,且每个特征方向均相互正交,因而 $\boldsymbol{\Theta}_0$ 和 $\boldsymbol{\Theta}_p$ 子空间刚度可用各特征方向上的刚度(特征值)之和来表征,而每个单元的弹性或几何刚度对结构 $\boldsymbol{\Theta}_0$ 或 $\boldsymbol{\Theta}_p$ 子空间的刚度贡献度则为其在相应子空间各方向上弹性或几何刚度投影的总和。

11.5.2　零弹性刚度的单元贡献度

结构零弹性刚度大小可用式(11.5.4)来评价:

$$R_0=\sum_{j\in\boldsymbol{E}_0}\eta_j=\sum_{k=1}^{b}\left(\frac{E_kA_k}{l_k}\sum_{j\in\boldsymbol{E}_0}\gamma_{kj}^{\mathrm{e}}+\frac{t_k^0}{l_k}\sum_{j\in\boldsymbol{E}_0}\gamma_{kj}^{\mathrm{g}}\right) \tag{11.5.4}$$

则单元 k 的弹性刚度和几何刚度对 R_0 的贡献度 C_{0k}^{e} 和 C_{0k}^{g} 可表示为

$$\begin{cases} C_{0k}^{\mathrm{e}} = \left(\sum\limits_{j=\boldsymbol{E}_0} \dfrac{E_k A_k}{l_k} \gamma_{kj}^{\mathrm{e}} \right) \Big/ R_0, \\ C_{0k}^{\mathrm{g}} = \left(\sum\limits_{j=\boldsymbol{E}_0} \dfrac{t_k^0}{l_k} \gamma_{kj}^{\mathrm{g}} \right) \Big/ R_0, \end{cases} \quad k = 1,2,\cdots,b \tag{11.5.5}$$

那么,结构的弹性刚度和几何刚度对 R_0 的贡献度 C_0^{e} 和 C_0^{g} 可表示为

$$\begin{cases} C_0^{\mathrm{e}} = \sum\limits_{k=1}^{b} C_{0k}^{\mathrm{e}} \\ C_0^{\mathrm{g}} = \sum\limits_{k=1}^{b} C_{0k}^{\mathrm{g}} = 1 - C_0^{\mathrm{e}} \end{cases} \tag{11.5.6}$$

11.5.3 关键刚度的单元贡献度

同理,结构关键刚度大小可以表示为

$$R_{\mathrm{p}} = \sum_{j\in\boldsymbol{E}_{\mathrm{p}}} \eta_j = \sum_{j\in\boldsymbol{E}_{\mathrm{p}}} \boldsymbol{\theta}_j^{\mathrm{T}} \boldsymbol{K}_{\mathrm{p}} \boldsymbol{\theta}_j = \sum_{k=1}^{b} \left[\left(\sum_{j\in\boldsymbol{E}_{\mathrm{p}}} \frac{E_k A_k}{l_k} \gamma_{kj}^{\mathrm{e}} \right) + \left(\sum_{j\in\boldsymbol{E}_{\mathrm{p}}} \frac{t_k^0}{l_k} \gamma_{kj}^{\mathrm{g}} \right) \right] \tag{11.5.7}$$

则单元 k 的弹性刚度和几何刚度对 R_{p} 的贡献因子 $C_{\mathrm{p}k}^{\mathrm{e}}$ 和 $C_{\mathrm{p}k}^{\mathrm{g}}$ 可表示为

$$\begin{cases} C_{\mathrm{p}k}^{\mathrm{e}} = \left(\sum\limits_{j\in\boldsymbol{E}_{\mathrm{p}}} \dfrac{E_k A_k}{l_k} \gamma_{kj}^{\mathrm{e}} \right) \Big/ R_{\mathrm{p}} \\ C_{\mathrm{p}k}^{\mathrm{g}} = \left(\sum\limits_{j\in\boldsymbol{E}_{\mathrm{p}}} \dfrac{t_k^0}{l_k} \gamma_{kj}^{\mathrm{e}} \right) \Big/ R_{\mathrm{p}} \end{cases} \tag{11.5.8}$$

于是,结构的弹性刚度和几何刚度对 R_{p} 的刚度贡献度 $C_{\mathrm{p}}^{\mathrm{e}}$ 和 $C_{\mathrm{p}}^{\mathrm{g}}$ 可以表示为

$$\begin{cases} C_{\mathrm{p}}^{\mathrm{e}} = \sum\limits_{k=1}^{b} C_{\mathrm{p}k}^{\mathrm{e}} \\ C_{\mathrm{p}}^{\mathrm{g}} = \sum\limits_{k=1}^{b} C_{\mathrm{p}k}^{\mathrm{g}} = 1 - C_{\mathrm{p}}^{\mathrm{e}} \end{cases} \tag{11.5.9}$$

11.6 算　　例

图 11.6.1 所示为一平面索桁架结构,其单元、节点编号及单元材料属性也一并列于图中。考虑对称性,表 11.6.1 给出了结构设计平衡态的部分节点坐标。图 11.6.2～图 11.6.4 分别为设计平衡态下单元的预张力、轴向线刚度及力密度分布。由图可以看出,单元的预张力和力密度分布规律基本一致,从大到小依次为稳定索、承重索和吊索,而单元轴向线刚度的大小顺序为承重索、稳定索和吊索。

对系统平衡矩阵进行 SVD 分解，可求得自应力模态数 $s=1$，机构位移模态数为 $m=26$。图 11.6.5 为初始态下 $\boldsymbol{K}_\mathrm{T}$、$\boldsymbol{K}_0$ 及 $\boldsymbol{K}_\mathrm{g}$ 的特征值分布（为表达清楚，图中纵坐标为对数坐标，且 $\boldsymbol{K}_0$ 和 $\boldsymbol{K}_\mathrm{g}$ 的零特征值均用 0.1 代替）。可以看出，$\boldsymbol{K}_0$ 的零特征值数 $m_0^\mathrm{e}=26$，与独立机构位移模态数 m 相等。$\boldsymbol{K}_\mathrm{T}$ 的特征值分布具有明显的"跳跃"现象。当 $j\leqslant 26$ 时，$\boldsymbol{K}_\mathrm{T}$ 的特征值与 $\boldsymbol{K}_\mathrm{g}$ 的正特征值量级一致；而 $j\geqslant 27$ 时，$\boldsymbol{K}_\mathrm{T}$ 的特征值分布曲线与 $\boldsymbol{K}_0$ 基本重合，这与前面的理论分析一致。

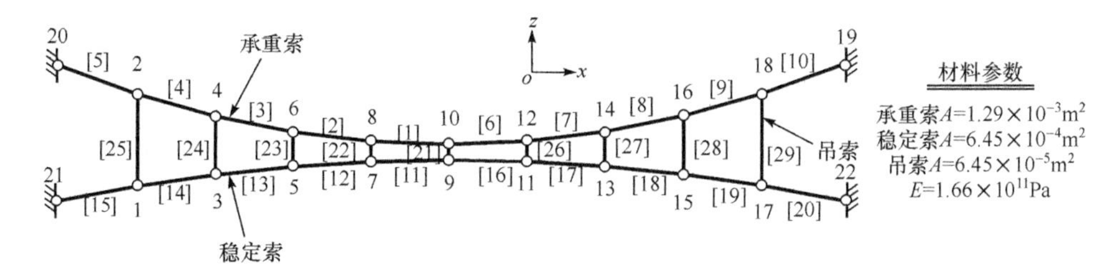

图 11.6.1　平面索桁架结构

表 11.6.1　索桁架设计平衡态的节点坐标

节点号	x/m	y/m	z/m	节点号	x/m	y/m	z/m
1	−12.194	0	−4.633	7	−3.048	0	−3.719
2	−12.194	0	−1.097	8	−3.048	0	−2.926
3	−9.144	0	−4.206	9	0	0	−3.658
4	−9.144	0	−1.951	10	0	0	−3.048
5	−6.096	0	−3.901	20	−15.24	0	0
6	−6.096	0	−2.56	21	−15.24	0	−5.182

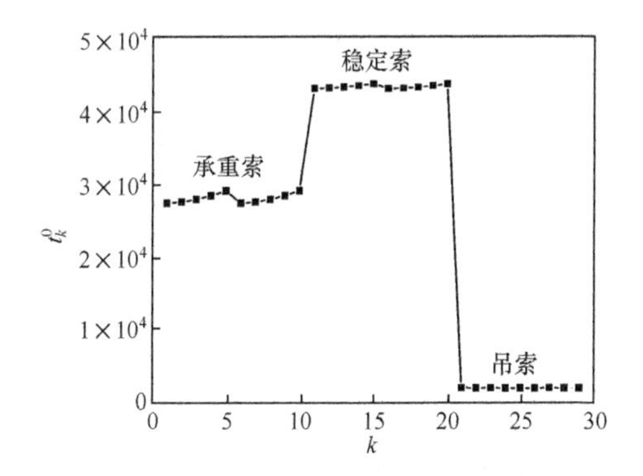

图 11.6.2　设计平衡态单元的预张力分布（单位：N）

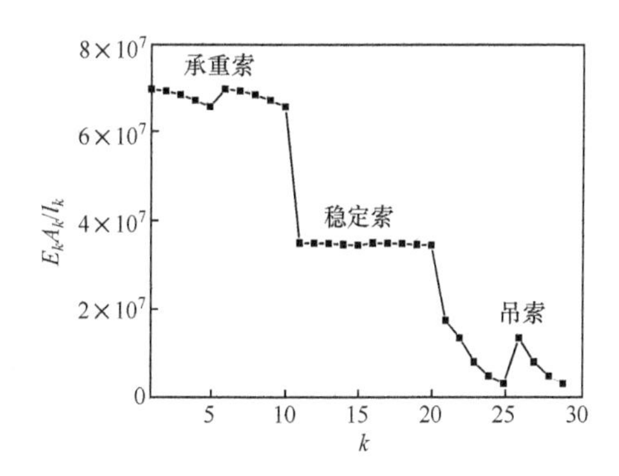

图 11.6.3　单元的轴线刚度分布（单位：N/m）

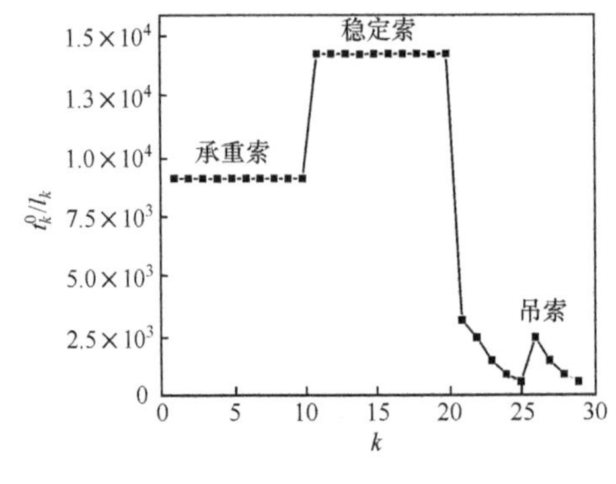

图 11.6.4　单元力密度分布(单位:N/m)

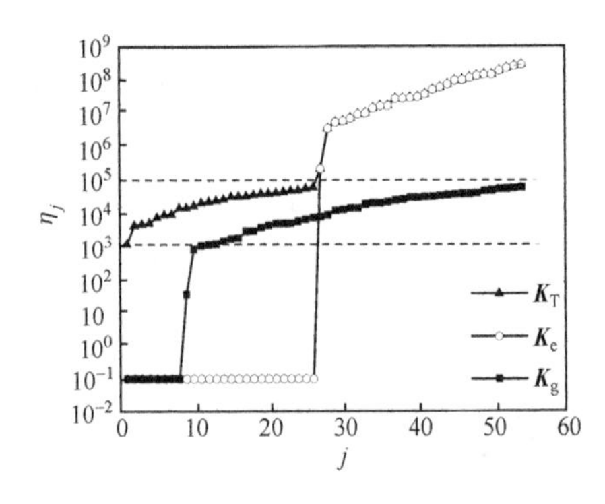

图 11.6.5　结构刚度矩阵的特征值分布(对数坐标)

将图 11.6.6 所示的竖向和平面外两种荷载模式分别作为主控荷载。利用式(11.5.7)和式(11.5.4),可计算结构关键刚度和零弹性刚度指标 R_p 和 R_0,进而利用式(11.5.9)和式(11.5.6)计算结构弹性刚度和几何刚度的贡献度,结果见图 11.6.7。图 11.6.8 和图 11.6.9 还分别显示了单元弹性刚度和几何刚度对 R_p 和 R_0 的贡献度情况。根据计算结果,可以得到如下结论:

(1) 竖向荷载模式下 C_p^e 为 99.95%,而 C_p^g 仅为 0.05%;与此相反,平面外荷载模式下(或零弹性刚度子空间 $\boldsymbol{\Theta}_0$ 方向上)C_p^e(或 C_0^e)为 0.03%以下,而 C_p^g(或 $\boldsymbol{C}_0^g$)却接近 100%。可见,结构在竖向荷载方向的刚度主要由弹性刚度提供,而面外荷载方向(或 $\boldsymbol{\Theta}_0$ 方向)的刚度主要由几何刚度提供。

(2) 由图 11.6.8 和图 11.6.9 可知,竖向荷载作用下承重索的贡献最大,其次为稳定索,而吊索的贡献最小,其对应的 C_{pk}^e 分别为 8%左右、4%左右以及 2%以下。需要说明的是,承重索中单元[1]、[6]、[5]、[10]的 C_{pk}^e 仅为其他单元的 1/2 左右,这是因为单元[1]和[6]的形状基本水平,其弹性刚度沿竖向的投影很小,而单元[5]和[10]均有一个固定节点,计算时仅考虑弹性刚度对其自由节点的刚度贡献。稳定索中单元[11]、[16]、[15]、[20]的 C_{pk}^e 亦有类似现象。另外,竖向荷载下单元的 C_{pk}^g 非常小(0.003%以下),而分布规律总体上与单元的几何刚度分布一致,不同的是带约束节点单元([5]、[10]、[15]、[20])的 C_{pk}^g 仅为其同类型单元的 1/2。

(3) 由图 11.6.10 和图 11.6.11 可知,平面外荷载模式和 $\boldsymbol{\Theta}_0$ 方向上的 C_{pk}^g 或 C_{0k}^g 分布基本一致,承重索为 7%左右,稳定索为 4%左右,吊索为 1%以下。不同的是,单元[1]、[6]和单元[11]、[16]的 C_{pk}^g 比 $\boldsymbol{\Theta}_0$ 方向下相应单元的 C_{0k}^g 大 2%左右,这是因为平面外荷载作用下某些特征方向上这些单元的贡献比较大,而 $\boldsymbol{\Theta}_0$ 子空间并未包含这几个特征方向。由图 11.6.12 可知,$\boldsymbol{\Theta}_0$ 方向上单元的 C_{0k}^e 均很小(0.002%以下)。平面外荷载模式上单元的 C_{pk}^e 均为零,故不能用图来表示出各单

元的 C_{pk}^{e} 分布。

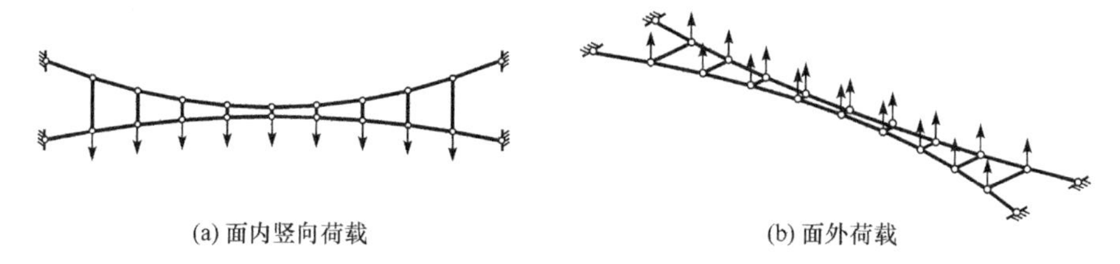

图 11.6.6　索桁架上作用的两种荷载模式

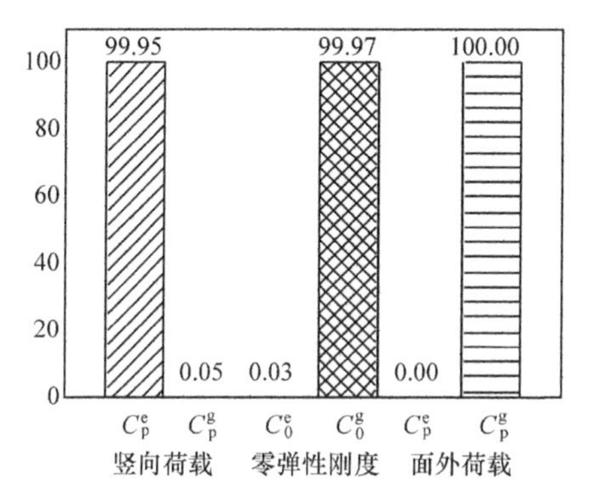

图 11.6.7　三种情况下结构弹性刚度及几何刚度的贡献度(单位:%)

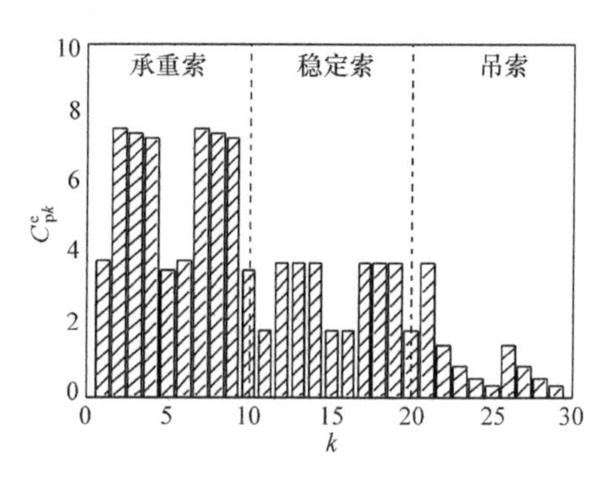

图 11.6.8　单元弹性刚度对竖向荷载模式下关键刚度的贡献度分布(单位:%)

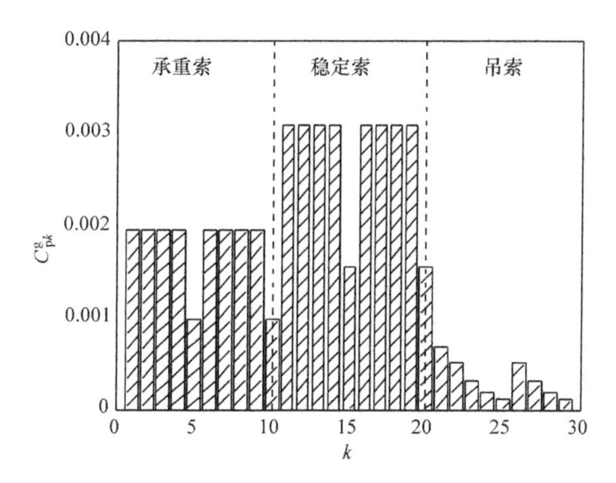

图 11.6.9　单元几何刚度对竖向荷载模式下关键刚度的贡献度分布(单位:%)

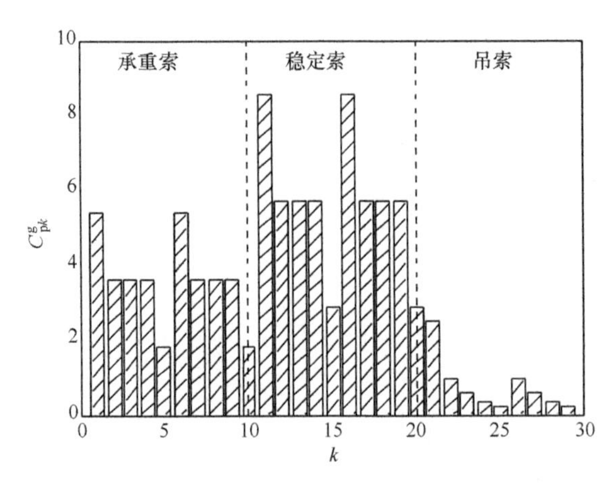

图 11.6.10　单元几何刚度对平面外荷载模式下关键刚度的贡献度分布(单位:%)

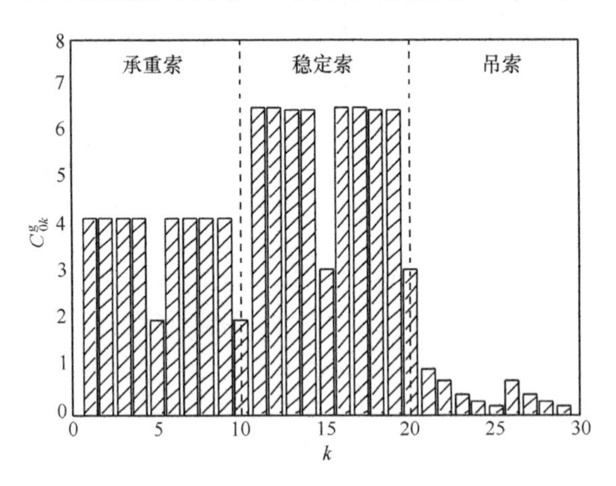

图 11.6.11　单元几何刚度对零弹性刚度的贡献度分布(单位:%)

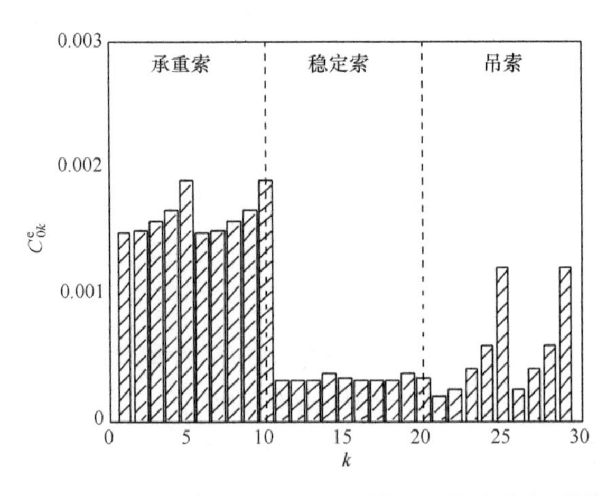

图 11.6.12　单元弹性刚度对零弹性刚度的贡献度分布(单位:%)

采用 11.4.2 节的方法，可分析两种主控荷载模式下索桁架关键刚度动力监测的目标模态。表 11.6.2 给出了竖向荷载模式下[图 11.6.6(a)]对结构关键刚度贡献最大的前七阶模态。取阈值 $\gamma_u=0.99$，可知第 26、30、19、13、6、36 阶模态应作为该平面索桁架关键刚度测试的目标模态。但是如放宽阈值至 $\gamma_u=0.95$，则仅需测量第 26 阶模态就能对结构的关键刚度进行有效评价。

表 11.6.2　对关键刚度贡献度最大的前七阶模态(竖向荷载模式)

模态阶次 j	26	30	19	13	6	36	32
各阶贡献度 γ_j	0.9506	0.0210	0.0059	0.0056	0.0045	0.0038	0.0035
累积贡献度 $\sum\gamma_j$	0.9506	0.9716	0.9775	0.9831	0.9876	0.9914	0.9949

表 11.6.3 给出了平面外荷载模式下[图 11.6.6(b)]对结构关键刚度贡献最大的前七阶模态。为实现结构关键刚度的有效监测，若取阈值为 $\gamma_u=0.99$，则可取第 1、5、4 阶模态作为动力测试的目标模态。

表 11.6.3　对关键刚度贡献度最大的前七阶模态(平面外荷载模式)

模态阶次 j	1	5	4	11	18	15	24
各阶贡献度 γ_j	0.9457	0.0256	0.0254	0.0027	0.0004	0.0001	0.0001
累积贡献度 $\sum\gamma_j$	0.9457	0.9731	0.9967	0.9994	0.9998	0.9999	1.0000

图 11.6.13 给出了以上相关目标模态的振型图。由图可以看出，对应竖向荷载模式的目标模态以面内振动为主，而平面外荷载模式对应的目标模态更明显地呈现出平面外振动的特点。

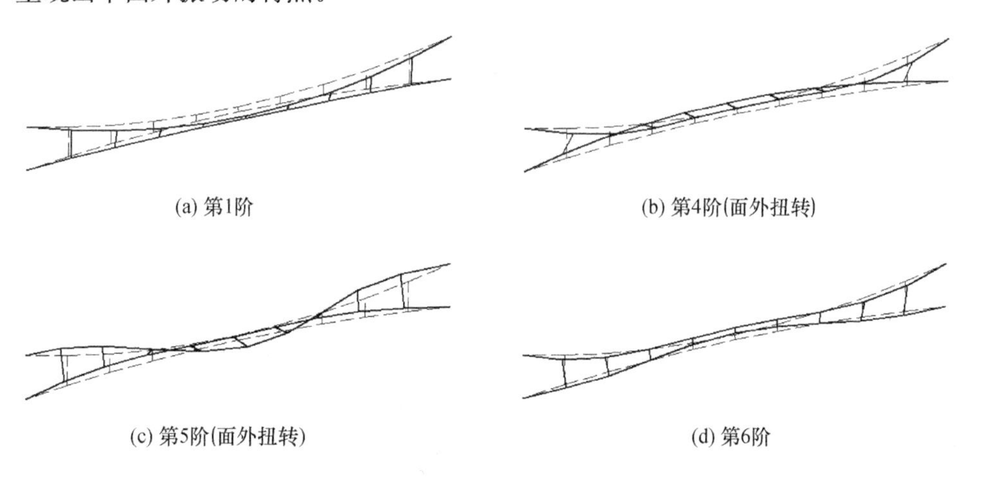

(a) 第1阶　(b) 第4阶(面外扭转)

(c) 第5阶(面外扭转)　(d) 第6阶

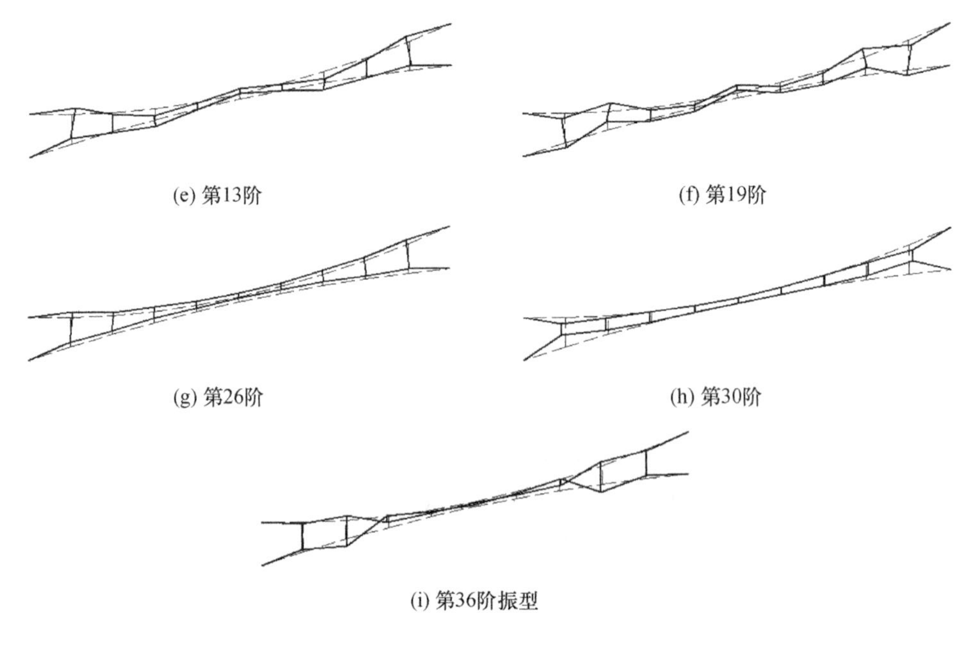

图 11.6.13　索桁架动力测试目标模态的振型图

11.7 讨　　论

将结构切线刚度矩阵表达成按单元组集的形式,便可直观地反映单元刚度对结构刚度的贡献,且形象刻画单元几何刚度和弹性刚度由单元向节点(自由度)转化的过程。利用矩阵特征空间分析理论,还可分析索杆张力结构弹性刚度和几何刚度的一些基本性质。例如,弹性刚度对结构刚度贡献的非负性,几何刚度对结构刚度的贡献与结构预张力分布有关,存在正贡献、零贡献和负贡献三种情况。通过对矩阵的摄动,可以分析结构弹性刚度和几何刚度耦合作用的机理,即结构切线刚度矩阵可视为弹性刚度矩阵受几何刚度矩阵扰动后的结果,结构在零弹性刚度空间 $\boldsymbol{\Theta}_0$ 的刚度主要由几何刚度来提供,而非零弹性刚度空间的刚度主要由弹性刚度提供。对于特定的荷载模式,结构自由度空间中的刚度存在"分区",即关键刚度直接参与抵抗外荷载,另一部分刚度则起到维持结构稳定的作用。刚度矩阵在其特征方向(向量)上的特征值实质上为该方向上的刚度值,单元弹性刚度或几何刚度能否向该特征方向提供刚度取决于自身的刚度大小以及在该特征方向上的投影因子大小。利用以上刚度解析的方法,便可以从结构和单元、弹性刚度和几何刚度(预张力)等多方面定量评价不同参数对结构刚度的贡献度。

零弹性刚度子空间和关键刚度子空间是索杆张力结构自由度空间的两个重要

的子空间。零弹性刚度子空间的刚度主要由几何刚度提供，关键刚度子空间的刚度直接参与抵御外荷载，而对这两个子空间刚度贡献度大的单元为结构的关键刚度路径。如果在模态空间对结构刚度进行分解，则那些对关键刚度提供主要贡献的模态便可作为采用动力法进行在役期索杆张力结构刚度监测的目标。

参考文献

[1] Pullan W. Structure. Cambridge:Cambridge University Press,2000.

[2] Uicker J J,Pennock G R,Shigley J E. Theory of Machines and Mechanisms. New York:Oxford University Press,2003.

[3] Kuznetsov E N. Underconstrained Structural Systems. New York:Springer,1991.

[4] Chen Y. Design of structural mechanisms. Oxford:Oxford University,2003.

[5] Maxwell J C. On the Calculation of the Equilibrium and Stiffness of Frames. Scientific Papers of J. C. Maxwell. Cambridge:Cambridge University Press,1890.

[6] 董石麟,钱若军. 空间网格结构分析理论和计算方法. 北京:中国建筑工业出版社,2000.

[7] 尹思明,荀克成,董绍云. 攀枝花体育馆大跨度多次预应力钢穹网壳屋盖设计. 钢结构,1995,28(10):100-104.

[8] Snelson K. Continuous tension,discontinuous compression structure:US,3169611. 1965.

[9] Fuller B. Tensile-integrity structures:US,3063521. 1962.

[10] Emmerich D G. Construction de reseaux autotendants:France,1377290. 1964.

[11] Emmerich D G. Structures linéaires autotendants:Franch,1377291. 1964.

[12] Vilnay O. Design of tensegric shells. Journal of Structural Engineering, ASCE, 1991, 117(7):1885-1896.

[13] Motro R. Tensegrity:Structural Systems for the Future. London:Hermes Science Publishing. 1998.

[14] Hanaor A,Liao M K. Double-layer tensegrity grids:Static load response. I:Analytical study. Journal of Structural Engineering,ASCE,1991,117(6):1660-1674.

[15] Hanaor A. Double-layer tensegrity grids:Static load response. Ⅱ:Experimental study. Journal of Structural Engineering,ASCE,1991,117(6):1675-1684.

[16] Calladine C R. Buckminster Fuller's tensegrity structures and Clerk Maxwell's rules for the construction of stiff frames. International Journal of Solids and Structures, 1978, 14(2):161-172.

[17] Geiger D H. Roof structure:US,4736553. 1988.

[18] Geiger D H,Stenfaniuk A,Chen D. The design and construction of two cable domes for the Korean Olympics//Proceedings of IASS-ASCE. International Symposium,Osaka,1986:265-272.

[19] Nu STAR. Deployable structure. https://en. wikipedia. org/wiki/Deployable_structure[2017-5-20].

[20] Orbital ATK. Space components. http://www. orbitalatk. com/space-systems/space-components/deployables/default. aspx[2017-5-22].

[21] Northrop Grumman. AstroMesh. http://www. northropgrumman. com/BusinessVentures/AstroAerospace/Products/Pages/Astro Mesh. aspx[2017-5-29].

[22] You Z, Pellegrino S. Cable-stiffened pantographic deployable structures Part 1: Triangular mast. AIAA Journal, 1996, 34(4): 813-820.

[23] You Z, Pellegrino S. Cable-stiffened pantographic deployable structures Part 2: Mesh reflector. AIAA Journal, 1997, 35(8): 1348-1355.

[24] Kawaguchi M, Abe M. On some characteristics of Pantadome system//Proceeding of Lightweight Structures in Civil Engineering, IASS, Warsaw, 2002: 51-57.

[25] 罗尧治, 胡宁, 董石麟. 108m×90m 柱面网壳整体提升施工方法. 科技通报, 2003, 19(4): 323-329.

[26] Kawaguchi&Engineers. Sant Jordi Sports Palace. http://www. kawa-struc. com/projects/projects_0201_e. htm[2017-6-2].

[27] 罗尧治, 王轶, 沈雁彬, 等. 网壳结构"折叠展开式"施工吊点同步控制研究. 施工技术, 2004, (11): 1-3.

[28] Terry W R. Georgia dome cable roof construction techniques//Proceedings of IASS-ASCE International Symposium, Atlanta, 1994: 563-572.

[29] Jeon B S, Lee J H. Cable membrane roof structure with oval opening of stadium for 2002 FIFA World Cup in Busan//Proceedings of Sixth Asian-Pacific Conference on Shell and Spatial Structures, Soul, 2000, 2: 1037-1042.

[30] Melbourne C. Load relieving system//Proceedings of Internation Conference on Non-conventional Structures. London: Springer, 1987: 93-95.

[31] FAST 工程办公室. 500 米口径球面射电望远镜工程. 科学, 2016, 68(4): 6-9.

[32] Peyrot H, Goulois A M. Analysis of flexible transmission lines. Journal of Structural Division, ASCE, 1978, 104(5): 763-779.

[33] O'Brien W T, Francis A J. Cable movements under two dimensional loads. Journal of Structural Division, ASCE, 1964, 90(3): 89-123.

[34] Jayaraman H B. A curved element for the analysis of cable structures. Computers and Structures, 1981, 14(3-4): 325-333.

[35] Tarnai T. Simultaneous static and kinematic indeterminacy of space trusses with cyclic symmetry. International Journal of Solids and Structures, 1980, 16(4): 347-359.

[36] Pellegrino S, Calladine C R. Matrix analysis of statically and kinematically indeterminate frameworks. International Journal of Solids and Structures, 1986, 22(4): 409-428.

[37] West H H, Kar A K. Discretized initial value analysis of cable nets. International Journal of Solids and Structures, 1973, 9(11): 1403-1420.

[38] Roger H A, Johnson C R. Matrix Analysis(Section 7. 3). Cambridge: Cambridge University Press, 1985.

[39] Gaspar Z S, Tarnai T. Finite mechanisms have no higher-order rigidity. Acta Technica Academiae Scientiarum Hungaricae, 1994, 106: 119-125.

[40] Pellegrino S. Analysis of prestressed mechanisms. International Journal of Solids and Structures,1990,26(12):1329-1350.

[41] Kumar P,Pellegrino S. Computation of kinematic paths and bifurcation points. International Journal of Solids and Structures,2000,37(46-47):7003-7027.

[42] Lengyel A,You Z. Bifurcations of SDOF mechanisms using catastrophe theory. International Journal of Solids and Structures,2004,41(2):559-568.

[43] Tarnai T,Szabo J. On the exact equation of inextensional,kinematically indeterminate assemblies. Computers and Structures,2000,75(2):145-155.

[44] Calladine C R,Pellegrino S. First-order infinitesimal mechanisms. International Journal of Solids and Structures,1991,27(4):505-515.

[45] Kuznetsov E N. Singular configurations of structural systems. International Journal of Solids and Structures,1999,36(6):885-897.

[46] Kangwai R D,Guest S D. Detection of finite mechanisms in symmetric structures. International Journal of Solids and Structures,1999,36(36):5507-5527.

[47] Salerno G. How to recognize the order of infinitesimal mechanisms:a numerical approach. International Journal for Numerical Methods in Engineering,1992,35(7):1351-1395.

[48] Becker T,Weispfennin G V,Grobner B. A Computational Approach to Commutative Algebra. NewYork:Springer,1993.

[49] 陆启韶. 分岔与奇异性. 上海:上海科技教育出版社,1995.

[50] 徐荣桥. 结构分析的有限元法与 MATLAB 程序设计. 北京:人民交通出版社,2006.

[51] 同济大学数学系. 高等数学. 6 版. 北京:高等教育出版社,2007.

[52] Kuznetsov E N. On the physical realizability of singular structural systems. International Journal of Solids and Structures,2000,37(21):2937-2950.

[53] Thompson J M T,Hunt G W. A General Theory of Elastic Stability. London:Wiley,1973.

[54] Bazant Z P,Cedolin L. Stability of Structures Elastic,Inelastic,Fracture and Damage Theories. New York:Oxford University Press,1991.

[55] Jennings A. Matrix Computation for Engineers and Scientists. New York:John Wiley & Sons,1977.

[56] Fung Y C. Foundations of Solid Mechanics. New Jersery:Prentice-Hall Inc. Englewood Cliffs,1965.

[57] Mohr O. Beitrag zur theorie des fackwerkes. Der Civilingenieur,1885,30:289-310.

[58] Levi-Civita T,Amaldi U. Lezioni di Meccanica Razionale. 2nd ed. Bologna:Zanichelli,1930.

[59] Tarnai T. Higher order infinitesimal mechanisms. Acta Technica Academiae Scientiarum Hungaricae,1989,102:363-378.

[60] 邓华,董石麟. 拉索预应力空间网格结构的计算分析方法. 浙江大学学报(工学版),1998,32(5):558-562.

[61] 董石麟,邓华. 预应力网架结构的简捷计算法和施工张拉全过程分析. 建筑结构学报,2001,22(2):18-22.

[62]邓华,董石麟. 拉索预应力空间网格结构全过程设计的分析方法. 建筑结构学报,1999,20(4):42-47.

[63] Strang G. Linear Algebra and Its Applications. 3rd ed. New York: Harcourt Brace Jovanovich, 1986.

[64] Saltelli A, Ratto M, Andres T, et al. Global Sensitivity Analysis. Chichester: Wiley, 2008.

[65] Kariya T, Kurata H. Generalized Least Squares. Chichester: Wiley, 2004.

[66] Schek H J. The force density method for form finding and computation of general networks. Computer Methods in Applied Mechanics and Engineering, 1974, 3(1): 115-134.

[67] Day A S. An introduction to dynamic relaxation. The Engineer, 1965, 219: 218-221.

[68] Papadrakakis M. A method for the automatic evaluation of the dynamic relaxation parameters. Computer Methods in Applied Mechanics and Engineering, 1981, 25(1): 35-48.

[69] Barnes M R. Form finding and analysis of tension structures by dynamic relaxation. International Journal of Space Structures, 1999, 14(2): 89-104.

[70] Topping B H V. The application of dynamic relaxation to the design of modular space structures[Ph. D thesis]. London: The City University, 1978.

[71] Lewis W J, Lewis T S. Application of formian and dynamic relaxation to the form finding of minimal surfaces. IASS Journal, 1996, 37(3): 165-186.

[72] Wakefield D S. Engineering Analysis of Tension Structures: Theory and Practice. Bath: Tensys Limited, 1999.

[73] Cundall P. Explicit finite difference methods in geomechanics. Numerical Methods in Engineering//Proceedings of the International Conference on Numerical Methods in Geomechanics, Blacksburg, 1976, 1: 132-150.

[74] Barnes M R. Form and stress engineering of tension structures. Journal of Structural Engineering Review, 1994, 6(3-4): 175-202.

[75] Riks E. An incremental approach to the solution of snapping and buckling problems. International Journal of Solids and Structures, 1979, 15(7): 529-551.

[76] Crisfield M A. An arc-length method including line searches and accelerations. International Journal for Numerical Methods in Engineering, 1983, 19(9): 1269-1289.

[77] Crisfield M A. A fast incremental/iterative solution procedure that handles snap-through. Computers and Structures, 1981, 13(1-3): 55-62.

[78] Crisfield M A. Nonlinear Finite Element Analysis of Solids and Structures, Volume 1: Essentials. Chichester: John Wiley & Sons, 1991.

[79] Crisfield M A. Non-linear Finite Element Analysis of Solids and Structures, Volume 2: Advanced Topics. Chichester: John Wiley & Sons, 1991.

[80] 凌道盛,徐兴. 非线性有限元及程序. 杭州:浙江大学出版社,2004.

[81] Bergan P G, Horrigmoe G, Krakeland B, et al. Solution techniques for nonlinear finite element problems. International Journal of Numerical Methods in Engineering, 1978, 12: 1677-1696.

[82] Bellini P X,Chulya A. An improved automatic incremental algorithm for efficient solution of nonlinear finite element equations. Computers and Structures,1987,26(1-2):99-110.

[83] 蒋振兴,施国梁. 矩阵理论及其应用. 北京:北京航空学院出版社,1988.

[84] Fujii F,Choong K K. Branch-Switching in bifurcation of structures. Journal of Engineering Mechanics,1992,118(8):1578-1592.

[85] Fujii F,Ramm E. Computational bifurcation theory:path-tracing,pinpointing and path-switching. Engineering Structures,1997,19(5):385-392.

[86] Razaiee-Pajand M,Vejdani-Noghreiyan H R. Computation of multiple bifurcation point. Engineering Computations:International Journal for Computer-Aided Engineering and Software,2006,23(5):552-565.

[87] 盛骤,谢式千,潘承毅. 概率论与数理统计. 4 版. 北京:高等教育出版社,2008.

[88] Aladjev V Z,Haritonov V N. General Theory of Statistics. Palo Alto:Fultus Publishing,2006.

[89] 程云鹏. 矩阵论. 西安:西北工业大学出版社,2001.

[90] 陈景良. 特殊矩阵. 北京:清华大学出版社,2001.

[91] 中华人民共和国行业标准. 索结构技术规程(JGJ 257—2012). 北京:中国建筑工业出版社,2012.

[92] Friedlander A,Martinez J M. On the maximization of a concave quadratic function with box constraints. SIAM Journal on Optimization,1994,4(1):177-192.

[93] 高岳林,徐成贤,杨传胜. 带有界约束非凸二次规划问题的整体优化方法. 工程数学学报,2002,19(1):99-103.

[94] Geletu A. Solving optimization problems using the matlab optimization toolbox—A tutorial. https://www. researchgate. net/publication/255586170[2007-12-13].

[95] Neumaier A. MINQ-General definite and bound constrained indefinite quadratic programming. https://www. mat. univie. ac. at[2012-10-12].

[96] 郑慧娆. 数值计算方法. 武汉:武汉大学出版社,2004.

[97] 周明. 遗传算法原理及其应用. 北京:国防工业出版社,2002.

[98] 王小平,曹立明. 遗传算法的理论应用与软件实现. 西安:西安交通大学出版社,2001.

[99] 中华人民共和国国家标准. 钢结构工程施工质量验收规范(GB 50205—2001). 北京:中国计划出版社,2002.

[100] 李国强,李杰. 工程结构动力检测理论与应用. 北京:科学出版社,2002.

作者及其课题组成员发表的相关文章

包红泽,邓华.铰接杆系机构稳定性条件分析.浙江大学学报(工学版),2006,40(1):78-84.

邓华,程军,蒋本卫,楼道安.索杆张力结构的构件长度误差效应,浙江大学学报(工学版),2011,45(1):68-74,86.

邓华,董石麟.拉索预应力空间网格结构的计算分析方法.浙江大学学报(工学版),1998,32(5):558-562.

邓华,董石麟.拉索预应力空间网格结构全过程设计的分析方法.建筑结构学报,1999,20(4):42-47.

邓华,姜群峰.松弛悬索体系几何非稳定平衡状态的找形分析.浙江大学学报(工学版),2004,38(11):1455-1459.

邓华,楼俊晖,徐静.铰接杆系机构的运动路径及其极值点跟踪——一种几何学方法.工程力学,2009,26(10):30-36,49.

邓华,宋荣敏,卓新等.预应力杆系结构的张力偏差监测及补偿.浙江大学学报(工学版),2011,45(7):1269-1275.

邓华,宋荣敏.面向控制随机索长误差效应的索杆张力结构张拉分析.建筑结构学报,2012,33(5):31-38.

邓华,夏巨伟.基于灵敏度矩阵特征值的索杆张力结构主动张拉索优选方法.建筑结构学报,2014,35(9):123-130.

邓华,谢艳花.基于构件层次的铰接杆系结构几何稳定性讨论.固体力学学报.2006,27(2):141-147.

邓华.拉索预应力空间网格结构设计的几个概念.工业建筑,2000,30(10):64-67.

邓华.预应力杆件体系的结构判定.空间结构,2000,6(1):14-21.

蒋本卫,邓华,伍晓顺.平面连杆机构的提升形态及稳定性分析.土木工程学报,2010,43(1):13-21.

蒋旭东,邓华.铰接板机构运动分析的简便协调方程.工程力学,2015,32(3):126-133.

沈金,楼俊晖,邓华.杆系机构的可动性和运动分岔分析.浙江大学学报(工学版),2009,43(6):1083-1089.

伍晓顺,邓华.基于动力松弛法的松弛索杆体系找形分析.计算力学学报,2008,25(2):229-236.

伍晓顺,罗挺,邓华.悬链线索元的协调方程式及其弦向刚度.空间结构,2006,12(4):32-35.

夏巨伟,邓华.索杆张力结构最不利预张力偏差的近似解析方法.工程力学,2015,32(6):8-14.

祖义祯,邓华.基于弧长法的平面连杆机构运动分析.浙江大学学报(工学版),2011,45(12):2159-2168.

祖义祯,邓华.空间杆系机构运动路径的多重分岔分析.工程力学,2013,30(7):129-135.

Deng H,Kwan A S K. Unified classification of stability of pin-jointed bar assemblies. International Journal of Solids and Structures,2005,42(15):4393-4413.

Deng H,Qiang Q F,Kwan A S K. Shape finding of incomplete cable-strut assemblies containing slack and prestressed elements. Computers &Structures,2005,83(21-22):1767-1779.

Deng H,Zhang M R,Liu H C,et al. Numerical analysis of the pretension deviations of a novel crescent-shaped tensile canopy structural system. Engineering Structures, 2016, 119(15): 24-33.

Zu Y Z,Deng H,Wang W. Numerical simulation of the erection process of cable-strut tensile structures using explicit arc-length method. Spatial Structures,2015,21(1):90-96.